論中國夢

翁明賢　主編

淡江大學出版中心

主編序

二十一世紀不管是屬於誰的世紀，由北京所編織的「中國夢」始終是一個熱門的話題。2000 年舉辦北京奧運、2004 年上海世界博覽會，或是 2013 的亞太經濟合作會議，與近幾年中國參與亞太與全球的維和、救災救難活動，透露北京旺盛企圖心與豐沛政經資源，在在讓世人理解中國不僅已經「甦醒」，而且真正「崛起」。身為中共第五代領導人習近平提出的「中國夢」引導下，概括為兩個 100 年：中國共產黨成立 100 周年和中華人民共和國成立 100 周年，以 2021 年與 2049 年為目標，逐步實現中華民族的復興。對內進行反貪腐打老虎工程，對外提出各項倡議，例如於 2013 年提出「一帶一路」：「陸上絲綢之路」與「21 世紀海上絲綢之路」的國家安全發展戰略，其目的就是一項「中國夢」的實踐過程。

事實上，從國際關係理論角度言，任何「國際倡議」的提出，必須要有主導國家的出現，以及相關國家卑從性的追隨，2001 年發生紐約世貿雙星大樓被恐怖主義攻擊事件，美國主導成立「全球反恐聯盟」，世界各國莫不風起雲湧，讓國際恐怖主義成為全球公敵。又例如 2013 年伊斯蘭國（IS）迅速竄起，利用公開傳播媒介（YOUTUBE）播放斬首記者的畫面，屢屢攻城掠地並燒殺掠奪，公然要挾世界民主國家接受其勒索巨款的目標，成為全球公敵，在美國號召「志願者聯盟」下，世界各國直接或間接參與反伊斯蘭國運動。

北京提出「中國夢」的國家安全戰略目標，勢必牽動三個戰略層次的發展：全球體系層次、區域整合方面與國家間互動角度。首先，中國軟硬力量崛起，更有意願參與全球事務，更思考去型塑有利於中國的發展環境，自然牽動目前以美國單極為主的多元體系，所以，美中新型大

國關係於焉形成，華盛頓採取預防性戰略圍堵中國於亞太地區；其次，北京主動參與東協國家為主體的經貿整合，從「東協十加一」、「十加三」到「十加六」，更提出建構「亞太自由貿易區」（FTAAP）的理念，相對域外國家還有美國主導的「跨太平洋經濟合作夥伴關係」（TPP），形成區域經濟整合的競賽場域，中國始終是關鍵的行為體；第三、在國家互動關係方面，東海島嶼主權爭議問題，使得中日關係緊張，從而在釣魚台列嶼海空域機艦對峙情勢；在南海方面，中國與菲律賓、越南島嶼主權與資源開發，相關問題也提交致國際仲裁法院審理，而美、日或多或少介入此一區域事物，使得問題朝向多邊化現象。

上述三個國際戰略層次，都牽扯到「中國夢」下的北京國家總體戰略思維與具體作為。美國中國問題研究學者謝淑麗(Susan L. Shirk)描述，中國受限於內部政治貪腐、民生環境等諸多問題，無疑是個「脆弱的強權」，因此，黎安友(Andrew J. Nathan)與施道安(Andrew Scobell)指出，基於地緣戰略環境迫使北京採取防衛性政策。但是，也有論者認為中國快速發展累積的實力，有足夠的權力屈服周邊鄰國，再次重建過去的歷史盛世。這樣的觀點因為習近平就任後提出中國偉大復興的「中國夢」構想，似乎更增添其可信度。不過，中國周邊鄰國眾多，又存在著領土爭議，北京當是尋求穩定發展大戰略，而非直接挑戰當前國際秩序。但是，從中國夢的建構過程，似乎讓世人聞到不尋常的戰略意涵！

2014 年 4 月舉辦「淡江戰略學派年會」，「中國崛起」成為主要議題，會中發表相當多數量文章，從理論與實踐層面，更全面地思考「中國夢」的本質，以達見樹又見林的成效。以下簡略介紹各篇論文的主題與重點。1.〈中國文化軟實力之研究—以孔子學院為例〉一文，旨在分析中國如何利用孔子學院建構其軟實力，利用傳統中國哲學思想，為中華民族的復興建構一個和平、正向的國際形象。2.〈何為戰略？對戰略研究本體論地位擴展的探討〉探討戰略的本質為何。而面臨學科地位流失的威脅

下，作者認為必須將戰略置於威脅或競爭的環境之中，反映出戰略是一種對立雙方意志辯證之特性。3.〈行動戰略概念架構整合之再研究：從荀子思想的嘗試〉試圖冶中西思想於一爐，將薄富爾行動戰略理論與荀子思想進行整合，從而建構出一套更為完備的行動指導的理論。4.〈建構主義國家身份觀點分析中美亞太戰略競合之研究〉一文，分別剖析中美兩國對自我身分與集體角色的認同，如何影響其對於國家利益的界定與政策之產出。5.〈從「韜光養晦」到「中國夢」：以薄富爾「行動戰略」觀點解析中共崛起過程〉一文分析，從外部環境來看，當前國際體系格局呈現「一超多強」的局面，同時全球性的軍事對抗可能性低。就地緣環境而言，中國周邊環境複雜。可以想見此一複雜情勢勢必影響中國對國家利益的界定與情勢的判斷。

6.〈從美中網軍建置探討資訊網路戰運用〉一文，分析解放軍不斷調整其軍事戰略方針，從打贏「高技術條件下的局部戰爭」，到「不對稱戰爭」、「點穴戰」，然後是打贏「資訊化條件下的局部戰爭」之建軍構想下的「網電一體戰」作戰方式。7.〈人權兩國際公約發展下的中國「煽動顛覆國家政權罪」與政法變遷〉一文指出，中國不具有批准 ICCPR 與廢除顛覆國家政權罪的可能性。而這也是西方國家對於中國是否會接受西方式的生活模式、價值理念，抱持懷疑態度之原因。

8.〈中國大陸非政府組織國際參與之研究〉試圖探究中國非政府組織國際參與的行為與模式，從四個指標進行觀察：1. 聯合國經濟暨社會理事會；2.具有國際非政府組織會員資格的情況；3.與國際非政府組織互動的議題與方式；4.兩岸非政府組織的國際競爭。9.〈國家安全決策的建構認知途徑：兼論中國組建國家安全委員會之研究〉藉由整合溫特（Alexander Wendt）的社會建構主義與傑維斯（Robert Jervis）「認知心理學派」，試圖建構出一個認知的決策分析途徑。並以「中國夢」與組建中國國家安全委員會，檢證本建構認知的決策途徑的適用性，與後續

安全決策研究的精進之道。10.〈物質力量與戰爭結果：以雙邊戰爭結果對 CINC 指標進行初步檢討〉一文，若是爆發大國間的衝突，孰者更有勝算？ 第一，大多數戰爭都有三個以上的參戰方，純粹的兩國間戰爭數目非常少。第二，CINC 指標在解釋和預測戰爭結果具有一定程度的價值性。第三，針對 CINC 所不能解釋的案例，戰爭的勝負受軍事開支的影響較大，相較之下鋼鐵產量的影響較小。第四，CINC 在解釋與預測中國時，可能會發生高估的情形。

　　11.〈中國大陸對台次區域戰略構想與運作模式〉旨在探究區域整合對兩岸關係發展的意義，以及中國所規劃的「海西區」戰略意圖與政策目的。「海西區」目前有中國政府的大力背書，北京希冀透過兩岸經濟合作協議，進而加強「海西區」次區域對台灣經濟吸納能力 。12.〈新瓶舊酒？東亞海權爭奪戰中的中國海警〉一文分析，建設海洋強國或多或少反映出中國地緣政治與周邊環境的複雜性、敏感性與脆弱性。透過海上警察作為維權手段，進而達成總體戰略目標，北京開始推動行政組織的發展與再造，維權力度的提升已引起周邊國家的憂慮與戒心。13.〈台灣國際戰略的再省思：戰略思考的觀點〉一文解析，面對實力絕對不對稱的中國，台灣行動自由無疑受到相當大的限制。但從全球視野觀之，當前全球變動與驅動力使得國際環境情勢轉變，從而給予台灣可操作之機，透過多元化的外交作為凸顯兩岸差異，進而強調台灣是一個主權獨立國家。14.〈不對稱與創新：台灣國防思維的迷思與挑戰〉一文指出，任何軍事理論或思維，其產生必然根源於自身需求，盲目地引進與移植未必能切合自身的需求。目前並無具體的論述與行動能適切地反映出此一軍事概念，結局自然是兩岸軍力的日漸失衡。15.〈從「新型大國關係」看中國戰略向西位移的發展與侷限〉分析，對於美國是否衰弱，一直有正負觀點的辯論，即便中美之間建立新型大國關係，但在亞太中國卻遭到美國夥同其他國家進行戰略包圍。「一帶一路」在這種包圍態

勢下產生，北京希冀藉由戰略西移鞏固後院，持續努力沿海戰略核心區域。

　　本書能夠順利付梓問世，首先。感謝校長張家宜博士對於學術專書出版的大力支持，以及本校出版中心主任林信成與總編輯吳秋霞、張瑜倫等人，在內文編輯與封面設計過程，不遺餘力，並在本所專任老師協助下，由陳文政老師擔任執行編輯，運籌帷幄、指揮協調，實功不可沒；助理陳秀真細心且有耐性的行政支援；博士候選人江昱蓁不眠有休的與各作者協調、聯絡；碩士生蘇尹崧辛苦戮力於校對、排版等繁瑣的工作，才得以讓此專書於最短時間出爐。俗語稱「文章千古事、方寸在胸中」，期盼這本專書論能夠激起更多人對中國夢議題的研究，從而使本所戮力建構的「淡江戰略學派」具有實證性研究基礎，更加持續地成長茁壯，以達本所發展的總體戰略目標：「國內領先、國際知名」。

翁明賢

誌於

2015 年 2 月 26 日

淡江大學淡水校園驚聲大樓 1209 研究室

目　次

中國文化軟實力之研究─以孔子學院為例
China's Cultural Soft Power: Confucius Institute

戴紹安

（淡江大學國際事務與戰略研究所碩士）

摘要

軟權力一詞緣起於約瑟夫・奈伊（Joseph S. Nye, Jr），至此概念發展至今已有 20 餘年之久。雖然發展過程中已經有不同面向詮釋，但是，對於中國所提倡的「和平發展」更是不謀而合，相較於「軟權力」，中國所提倡的是「軟實力」，這代表中國希望消弭外界的疑慮與擔憂。同時中國也積極對外傳播悠久的中華文化，透過積極設置「孔子學院」作為文化推廣的據點。特別是，運用「孔子學院」來做為中共「文化軟實力」的建立新形象。雖然國際上對於孔子學院在全球的建立抱持著懷疑的態度，但就目前看來孔子學院在全球的據點仍不斷的增加，必須要了解其中的意涵及動機何在。

是以，本文探討以「文化軟實力」與「孔子學院」兩個為主要議題，說明中國如何透過孔子學院來發展其文化軟實力。內容著重三個部分，首先，探討到軟實力定義與軟實力中的文化因素，其次，說明中國推展對外漢語的發展現況與孔子學院發展的過程，最後，探討孔子學院發展之成效分析。此種分析下，可以了解中國運作孔子學院成效分析，並進而了解孔子學院未來趨勢與走向，不過，兩岸在中華文化同質性的糾結下，台灣面臨的兩岸互動戰略思維如何？除了台灣民主價值的柔性權力作

為之外，台灣書院融合中華傳統文化與台灣本土文化雙元特色，是有其特殊背景及意義。

關鍵字：
軟實力、文化軟實力、孔子學院、台灣書院

壹、前言

　　2002 年 11 月中共召開十六屆一中全會上胡錦濤當選為中共總書記，次年 5 月在訪問俄羅斯期間首先提出「和平與發展仍是當今時代的主題。維護世界和平，促進共同發展，是世界各國人民的共同願望。實現持久和平和共同繁榮，國際社會要通力合作，不懈努力，建設和諧世界。」[1]的主張，先後在亦各種不同場合闡述「和諧世界」的內涵。

　　在 2003、2004 年間，胡錦濤、溫家寶都曾在講話中提出「和平崛起」。為了消弭國際社會對「中國威脅論」的疑慮，從 2004 年後半年起，中國對外不再提「和平崛起」，代之以「和平發展」為國家發展方針。2005 年 12 月 12 日，中國發表了《中國和平發展道路》白皮書，[2]為此二十一世紀國家戰略定了基調與釋疑。2007 年 10 月 15 日，中國召開第十七大全國代表大會將「和諧世界」的概念，[3]正式定調為國家安全戰略的主軸。2013 年 12 月 30 日，中共新任領導人習近平在政治局第十二次集體學習時強調，提高國家文化軟實力，是中華民族偉大復興中國夢的實現。[4]因此，中國推動文化軟實力具有政策延續性，在於提升國家形象，建立「和平發展」主軸，進而實踐中國夢的國家戰略目標。

---

[1] 胡錦濤，〈世代在睦鄰友好共同發展繁榮—在莫斯科國際關係學院的演講〉，《中華人民共和國外交部》，2003 年 5 月 29 日，<http://big5.xinhuanet.com/gate/big5/news.xinhuanet.com/world/2003-05/29/content_891410.htm>。

[2] 中國國務院新聞辦公室，〈《中國的和平發展道路》白皮書（全文）〉，《新華網》，2005 年 12 月 22 日，<http://news.xinhuanet.com/politics/2005-12/22/content_3954937.htm>。

[3] 胡錦濤，〈高舉中國特色社會主義偉大旗幟 為奪取全面建設小康社會新勝利而奮鬥—在中國共產黨第十七次全國代表大會上的報告〉，《中央政府門戶網站》，2007 年 10 月 15 日，<http://big5.gov.cn/gate/big5/www.gov.cn/ldhd/2007-10/24/content_785431.htm>。

[4] 習近平，〈建設社會主義文化強國 著力提高國家文化軟實力〉，《新華網》，2013 年 12 月 31 日，<http://news.xinhuanet.com/politics/2013-12/31/c_118788013.htm>。

事實上，本文認為全球化的趨勢下，文化對國家的影響開始受到重視。中國把文化從傳統觀念中國家與民族的特色，躍升為國家戰略的發展重點。中國在 1978 年鄧小平推行改革開放下，中國開始快速的發展經濟規模，軍力同時提升，致使周邊國家產生「中國威脅論」的疑慮，促使中國以「和平發展」來維持周邊國家的睦鄰關係。胡錦濤在十七大時說：「加強對外文化交流，吸收各國優秀文明成果，增強中華文化國際影響力。」可以了解中國積極到世界各國宣傳中國漢語文化的同時，也吸收各國文化的精華。透過積極設置「孔子學院」作為文化推廣的據點。運用「孔子學院」來做為中國文化軟實力的新形象。

因此，本文首先將從軟實力之概念與軟實力中文化因素開始分析，進而針對中國推展對外漢語的發展現況以及孔子學院的發展與孔子學院發展之成效分析等，加以評估其特色成果及限制因素，最後檢視孔子學院未來發展趨勢，相較的台灣民主發展已具有多元、自由的文化氛圍，發揚繁體字、中華文物保存等文化優勢，以台灣書院推行初步已具有其特色，融合中華傳統文化與台灣本土文化雙元特色，應加以廣為推展到世界各角落，是值得探究的議題。

貳、軟實力定義與軟實力中的文化因素

一、軟實力的定義

1990 年，美國哈佛大學約瑟夫・奈伊（Joseph S. Nye, Jr）率先提出軟實力的概念，軟實力是一種懷柔招安、近悅遠服的能力，而不是強壓人低頭或用錢收買以達到自身所欲的目的。一國的文化、政治理想及政策為人所接受喜愛，軟實力就由此誕生了。若是別人認為我們的政策是正確的，就增加了我們的軟實力。奈伊進一步對軟實力一詞做了基本的定義：「一個國家可能因為別的國家想要追隨他，而達到本國想在國際

政治中所要達到的，例如他的價值、國家的成功範例、希望達到和那個
國家一樣等級的繁榮與開放。這種面向的權力：使得別人想要你所要的
東西的權力，我稱為軟實力。相對於壓迫，它可吸納他人。」[5]換言之，
硬實力是強加於人，屬於硬性、剛性的一面；相對的，軟實力是不強加
於人，是吸納他人屬於軟性、柔性的一面。有關奈伊提出對硬實力與軟
實力的界定光譜。（參見表1：硬實力與軟實力光譜表）

表1：硬實力與軟實力光譜表

	剛	柔
行為類型	命令　威嚇　勸誘　←——————→	議題設定　好感　同化
最可能的資源	武力制裁　收買賄賂	制度　價值 文化 政策

資料來源：整理自 Joseph S. Nye. Jr. 著，吳家恆、方祖方譯，《柔性權力》（台北：遠流
出版事業股份有限公司，2006年），頁37。

　　從上表可知，一國在國際政治中具有兩種光譜與力量聯動性，其一
光譜為威嚇、勸誘等方式，採取命令手段，是屬於剛性的一面，就如運
用武力制裁、收買賄賂等有形力量的最可能的資源。而另一光譜則為好
感、吸引力、議題設定等方式，採取同化手段，是屬於柔性的一面，就

---

[5]Joseph S. Nye Jr., *The Paradox of American Power* (New York: Oxford University Press, 2002),
p. 9.

如運用制度、價值、文化、政策等無形力量的最可能的資源，換言之，軟實力的行為和資源光譜上類屬於同化那一端比較有關，相對的，硬實力的行為和資源光譜上類屬於命令與強制另一端有關。

　　不過，上海國際問題研究學術委員會主任俞新天認為，界定軟實力之前，必先瞭解軟實力與硬權力的概念。他強調硬實力是「物質性」的「具體」實力；軟實力是「非物質性」的「抽象」實力。因此，可以計量的軍事力量、經濟力量等，屬於硬實力的範圍；而文化、觀念和制度不可計量的，則為軟實力的內容。[6]軟實力的內涵來自於三方面：第一、能對他國產生吸引力的「文化」；第二、在海外內都能真正實踐的「政治價值觀」；第三、具有合法性及道德威信的「外交政策」。[7]換言之，「軟實力」的效用，可以促使別的國家追隨她，基於對其價值觀的崇尚，以及作為模範的學習，期望達到她的繁榮及開放程度。一國的文化普遍性，與她建立一系列令人喜愛的規矩與制度的能力，並以此治理國際互動的舞臺，為一項關鍵的權力資源。

　　簡言之，軟實力的定義上述學者論述的觀點大致是相同，主要在於透過非壓迫性的手段，透過不同的方式，來吸引他人，進而使他人認同我方所建立文化與價值觀的共有觀念，俾能建立國家對外的良好形象。不過，存在觀點主要差異在於東西文化與價值觀不同，必須加以探討才能了解其中不同背景及因素所在。

---

[6]俞新天，《掌握國際關係密鑰：文化、軟實力與中國對外戰略》（上海：上海人民出版社，2010年），頁138-139。

[7]Joseph S. Nye Jr., *Soft Power: The Means to Success in World Politics* (New York: Basic Books, 2004), p. 11.

二、軟實力中的文化因素

　　軟實力中的文化因素對國家在發展軟實力上，也是一項重要的因素之一。奈伊提到「一國通過自身的吸引力、而非強制力，在國際事務中實現預想目標的能力。」、「通過勸導他人或他人追隨或讓他們認同我方的價值規範和制度安排，進而產生我方所想要的行為。」[8]透過文化上的傳播，來增加國家的吸引力。而在國家文化軟實力的傳播中，它的意義就在於轉化其它國家對我國的看法，透過國家的文化（包含宗教信仰、價值觀念、意識型態以及其規範和制度），去轉化別的國家。一個國家的文化用其獨有的方式，成為他國國民進而感動感化其民心，改變其信仰與價值偏好，從而使他國政府針對本國的外交政策做出影響，最終採取有利於本國的政策、態度和行動。[9]

　　奈伊又指出，一國的文化之所以可能轉化為軟實力，其原因在於：第一，如果本國文化和意識形態對他國有吸引力，本國文化就會被欣賞、追隨、仿效，進而同化他國文化。第二，文化上的親近將使主導國在政治和法理上較容易贏的追隨國的理解和認同。第三，如果一國能夠使其力量在別國看來是合法的，那麼它在本國文化基礎上推行自己的意志和創建國際規範時，遇到的抵抗就會較小，也就沒有必要動輒使用武力來達到目的。[10]

　　另外，中國學者門洪華認為文化是一個國家軟實力的基礎，軟實力中的吸引力主要是透過文化來展現的，文化價值觀、政治價值觀的認同

---

[8] Joseph S. Nye and William Owens, "America's Information Edge," *Foreign Affairs*, March/April 1996, p. 21.

[9] 李智，《文化外交 一種傳播學的解讀》（北京：北京大學出版社，2006 年），頁 53。

[10] Joseph S. Nye Jr., *Bound to Lead: The Changing Nature of American Power* (Nashville: Lightning Source Inc, 1991), pp. 32-33.

與影響力是一個國家的核心。[11]另一位中國學者孟亮就把文化軟實力的層次結構通過來表示（參見圖1：文化軟實力的層次結構圖）。

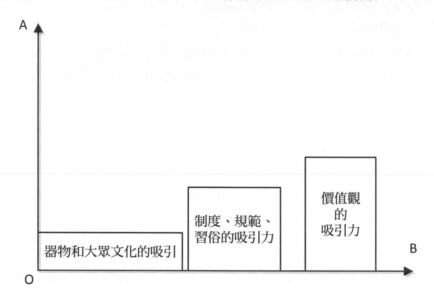

圖1：文化軟實力的層次結構圖

資料來源：孟亮，《大國策：通向大國之路的軟實力》（北京：人民日報出版社，2008年），頁55。

從上圖可知，OB 表示文化資源的層次深度和文化實力形成與消失的時間，越向 B 發展，文化資源的層次就越深，文化形成的時間越長；OA 表示文化軟實力的強度，越向 A 發展，文化軟實力的吸引力越大。簡言之，文化資源的層次越深，其所產生的吸引力就越大，但該吸引力的形成和消失的時間也都相對較長；文化資源層次越淺，所產生的軟實力吸引力相對較小，該吸引力形成和消失的時間也相對較短。

---

[11] 門洪華，《中國：軟實力方略》（浙江：浙江人民出版社，2007年），頁11。

因此，國家透過文化軟實力的方式，在於吸引力、有吸引他人的特色。吸引的方式是多元的，不僅展示國家所擁有的特色，也影響到政治與經濟的領域。因此，推廣中國歷史悠久獨特的傳統文化傳播到世界各地，透過中國傳統文化宣傳作用，能使中國在國際上發揮影響力。

目前中國的理念以傳統文化為基礎，同時又體現出歷史繼承性與時代創新性兼具的特徵，以仁、禮、德、和等傳統思想為基礎，強調以和為貴，和諧共生的目標發展。中國吸取到西方歷史發展的失敗之處，西方文明曾經以功利強權一般，認為唯有透過「侵略」才能壯大自己。因為歷史借鏡，中國理解到「武力」並非決定國家強弱的要件，這也與孔子「遠人不服，則修文德以來之」相呼應，目前中國想把自己塑造成一種良好形象，建立起一個富有鮮明度與吸引力的好口碑，而孔子學院就是一個很好向外推廣中國文化的方法。

不可諱言，中國希望透過孔子的和平、和諧的價值觀，且孔子所創立的儒學一直是中國傳統文化的主流；儒家文化不僅在整個中國、在東南亞、在世界華人地區，乃至發達國家，都有獨特的魅力。[12]換言之，中國文化推展作用包括：一方面提升國家的良好形象，另一方面消弭外國人對於中國迅速崛起的擔憂。中共全國政協外事委員會副主任就趙啟正指出：「中國絕不稱霸。但作為一個擁有五千年文明史的文化發源地，擁有極其燦爛和豐富文化的文明中國，如果只出口電視機，不出口電視機播放的內容，也就是不出口思想觀念，就成了一個「硬體加工廠。文化不是化石，化石可以憑藉其古老而價值不衰。文化也不是文物，只強調其考古價值。文化是需要在發展和傳播中獲得持續的生命力的。[13]簡

---

[12] 杜玲玉，〈中國大陸推動文化『走出去』戰略之研究－以設立孔子學院為例〉，《展望與探索》，第 11 卷，第 1 期（2013 年），頁 60。

[13] 趙啟正，〈中國文化在傳播中增強生命力〉，《人民日報》，2006 年 11 月 07 日，<http://theory.people.com.cn/GB/49157/49165/5006111.html>。

言之，中國反對西方功利強權的霸道文化，並藉由中國歷史悠久傳統文化特質，希望推廣儒家主張和平、和諧的價值觀來改變國際間對於中國形象的認知與了解，因此，孔子學院的輸出、推展對外漢語教學就成為文化軟實力最佳代言的宣傳工具。

參、中國推展對外漢語的發展現況

從前述文化軟實力是中國運用悠久歷來中國傳統文化的特色，發揮中國傳統文化在國際上影響力的作用，而其中善用語言推展作為傳播文化重要平台。語言是國家的資源之一，雖然語言是無形的，而一般人也不容易感覺語言的存在，但是語言對於一般大眾與國家都具有相當大的影響力，如語言可以使國人了解外國的文化，擴充視野，並能進而使外國人了解本國文化，達到文化交流的目的。因此語言的確為國家發展過程中的資源之一。[14]

再者中國也積極的參與和融入國際體系的結構之中，希望透過中國的傳統文化思維和道德觀念來增進中國在國際舞台上的發展空間。希望透過文化上的傳播，讓世界各國能夠更深入的了解中國的文化，進而塑造出一種以和平為主要發展的重要形象。因此，透過中國對外漢語教學之發展，也可以檢視中國對於文化軟實力的積極作為。

事實上，中國的對外漢語教學工作開始於 1950 年，由清華大學籌建東歐交換生中國語言專修班，這正是中國對外漢語教學的開始，1951年開始有外國學生赴中國學習漢語。1962 年，北京外語學院建立了「外國留學生高等預備學校」，1964 年該校改名為北京語言學院（後改制為北京語言大學），到此時中國開始有專門從事對外漢語教學的學校。1950

---

[14] 謝國平，《語言學概論》（台北：三民書局，1985 年），頁 397。

至 1965 年之間，是中國開始發展其對外漢語教學之時期。1966 年 8 月，中共召開「第八屆十一全中會」，在毛澤東與四人幫主導下，通過「中共中央關於無產階級文化大革命的決定」；在文化大革命期間，中國對外漢語教學的發展停滯，直到 1972 年周恩來批准北京語言學校復校，北京學院復校後，其他學校也陸陸續續的恢復對外漢語教學。[15]

1978 年 6 月 2 日，鄧小平在全軍政治工作會議上號召「打破精神枷鎖，使我們思想大解放。」[16]激化了中國的「文化熱」。儒家文化在這波熱潮下，放下過去政治權力干預的色彩，重新獲得思想評價與文化定位。[17]1978 年 12 月中共十一屆三中全會後，鄧小平提出以「建設有中國有特色的社會主義」和「改革開放」等政策，隨著改革開放的進行，中國經濟開始蓬勃發展，逐漸受到國際社會的關注，在此發展之下，許多人開始對中國進行交流，這也使中國了解到漢語是溝通中國與世界的橋樑之一。

1987 年 7 月 24 日經中國國務院批准成立國家對外漢語教學領導小組與小組的常設機構辦公室，後改名為中國國家漢語國際推廣領導小組與小組辦公室（簡稱國家漢辦），負責領導全國對外漢語教學工作，教育部為主管機關。1987 至 1998 年領導小組由教育部、國務院僑務辦公室、國務院外事辦公室（後改為國務院新聞辦公室）、外交部、文化部、廣播電影電視部、新聞出版署、國家語言文字工作委員會 8 個部門和北京語言學院的領導組成。1998 年，根據對外漢語教學形勢發展的需要，經請示國務院批准，領導小組成員單位增加了財政部、國家發展計畫委

---

[15] 習世蘭，〈對外漢語教學的現狀與發展趨勢〉，《遼寧行政學院學報》，第 12 卷，第 8 期（2010 年），頁 84。

[16] 中共中央文獻編輯委員會，《鄧小平文選（1975-1982 年）》（北京：人民出版社，1983 年），頁 114。

[17] 楊以彬，〈儒家文化與中共柔性權力：以廣設「孔子學院」為例〉，《展望與探索》，第 5 卷，第 7 期（2007 年），頁 28。

員會、對外貿易經濟合作部等 3 個部門。國家漢語國際推廣領導小組的任務是：[18]

1. 在國務院的領導下，負責制定國家開展對外漢語教學工作的方針政策、發展戰略、事業規劃以及有關規定。
2. 審定在漢語教學方面的援外計畫和對外交流與合作的重大專案。
3. 協調有關部委和省、自治區、直轄市的對外漢語教學工作。
4. 領導中國對外漢語教學學會。
5. 處理對外漢語教學工作中的重大問題。
6. 核對外漢語教學專項經費預算。

　　另外，中國國家漢語國際推廣領導小組設有辦公室，是國家對外漢語教學領導小組　（簡稱國家漢辦）下設的日常辦事機構，從以下四點可以了解國家漢辦對外漢語發展的具體作為。[19]

1. 制定各種大綱，規範學科發展

　　由國家漢辦修訂與編寫的《漢語水平等級標準和等級大綱》、《對外漢語教學語法大綱》等，對各種教材及工具書的編寫律定相關作法。

2. 推出漢語水平考試

　　漢語水平考試是測量母語非漢語者而設立的國家及標準化考試。於 1984 年開始規劃辦理，於 1990 年通過鑑定，包括初中等考試於 1990 開始實行、高等考試於 1993 年實行、基礎考試於 1998 年實行。並先後出版初中等、高等、基礎漢語教材大綱。至 2005 年已在 34 個國家和地區設立 151 個考試地點，成為世界上具有影響性的漢語標準化考試。

---

[18] 〈國家對外漢語教學領導小組簡介〉，《中華人民共和國教育部網站》，
<http://www.moe.gov.cn/publicfiles/business/htmlfiles/moe/moe_852/200506/8590.html>
。

[19] 周小兵，《對外漢語教學入門》（廣州：中山大學出版社，2004 年），頁 214。

3. 實施資格審定辦法，規範師資隊伍

1990 年，中國教育部發布了《對外漢語教師審定辦法》，並於 1991 年開始實施。同年教育部與國家漢辦在中國境內部分城市實施對外漢語師資考試和《對外漢語教師資格證書》頒發工作。2005 年《對外漢語教師資格證書》改為《漢語做為外語教學能力證書》。

對於非中國境內的漢語教師培訓也是國家漢辦重要工作之一，透過國家漢辦所組織中國國內的漢語專家與資深教師到國外培訓漢語教師，又或者是國外漢語教師前往中國深造與培訓。

4. 針對不同需要，加快教材編寫

國家漢辦成立以來，透過資助等形式，加快了教材編寫。這一時期，教材的數量與質量都有大幅提高。在編寫教材上也針對不同與語言和國家的教材，如韓語教材、泰國教材等；也有針對不同職業與階層的教材，如商務漢語教材、旅遊教材等。

簡言之，從上述說明中國國家漢辦負責對外漢語教學工作，並了解中國努力經營向外推廣漢語文化的過程，希望透過漢語文化的傳播，培養專業知識和實際技能的複合型人才，建立中外文化交流友好關係和專業的漢語團隊，進而達到國家對外的良好形象，全面提升中國文化軟實力的實踐。

肆、孔子學院的發展過程

中國為了要向外推動漢語文化，讓世界瞭解到中國文化的精神和內涵，2002 年在教育部與管轄下的「國家漢語國際推廣領導小組辦公室」來統籌規劃，中國孔子學院大致以英國文化協會 （British Council）、法國文化協會 （Alliance Francaise）和哥德學院 （Goethe Institut）為仿

效對象。[20]這些國家最大特徵,即是在學院名稱前冠上本國典範文學家或傑出哲學家的大名,以彰顯學院的價值與地位,也獲得不錯的評價,中國在此靈感的啟示下,也學習他國經驗,將中國最具代表性的思想家孔子來命名。[21]

事實上,孔子學院代表了中國向世界弘揚中華民族文化的本意。孔子學院是中國實施最全面向、多層次的軟實力要項。[22]其實,孔子學院也不是一般的營利機構,它的用意就在於並沒有局限性,在社會上各界人士都可以參加,以利於中國傳統文化推廣到各個階層。

在中國國家漢辦的指導下,2004 年 11 月正式在南韓首爾市成立第一所孔子學院。2007 年 4 月,孔子學院總部於北京成立。就組織架構而言,孔子學院最高的指導機關為教育部,負責推動孔子學院業務的是其轄下的國家漢辦,下設孔子學院總部,負責監督、評估及協助全球各地孔子學院的運作(參見圖 2:孔子學院組織架構圖)。

---

[20] Martin Jacques, When China Rules The World:The Rise of the Middle Kingdom and the End of the Western World (London:Allen Lane, 2009), p. 399.

[21] 楊以彬,〈儒家文化與中共柔性權力:以廣設「孔子學院」為例〉,頁 39。

[22] Michael Barr, Who's Afraid of China?The Challenge of Chinese Soft Power (London; New York:Zed Books, 2011), p. 77.

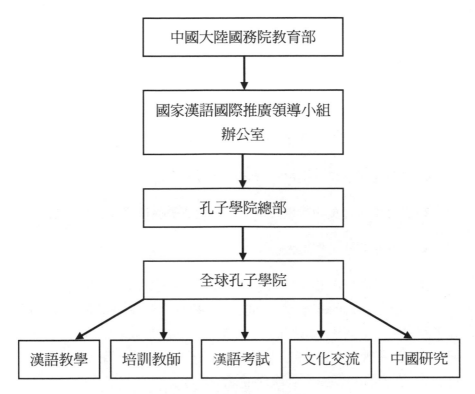

圖 2：孔子學院組織架構圖

資料來源：廖箴，〈兩岸海外漢學推廣的競與合：以「孔子學院」及「臺灣書院」為例〉，
《國家圖書館館刊》，第 2 期（2011 年），頁 120。

　　就孔子學院的職能而言，屬於中外合作辦學之非營利的教育機構，包括有以下六點：[23]

　　1. 制訂孔子學院建設規劃和設置、評估標準。

　　2. 審批設置孔子學院。

　　3. 指導、評估孔子學院辦學活動，對孔子學院運行進行品質管制。

　　4. 為各地孔子學院提供教學資源支援與服務。

　　5. 選派中方院長和教學人員，培訓孔子學院管理人員和教師。

　　6. 組織召開孔子學院大會。

　　就孔子學院的分布而言，而根據孔子學院總部統計，截至 2013 年底，中國已在 115 個國家和地區建立了 440 所孔子學院和 646 所中小學孔子課堂。[24]顯示孔子學院和孔子課堂已成為漢語教學推廣與中國文化傳播的全球品牌和平台，在中國政府支持下，初步已具備一些成果。（參見表 2：孔子學院/課堂在全球分布概況）

---

[23] 〈孔子學院總部〉，《國家漢辦/孔子學院總部》，
<http://www.hanban.edu.cn/hb/node_7446.htm>。

[24] 〈孔子學院總部〉，《國家漢辦/孔子學院總部》，
<http://www.hanban.edu.cn/hb/node_7446.htm>。

表 2：孔子學院/課堂在全球分布概況

	孔子學院 （單位：所）	孔子課堂 （單位：所）	補充說明
歐洲	149	153	歐洲以英國設置數量最多為 24 所孔子學院與 92 所孔子講堂。
美洲	144	384	美洲以美國設置數量最多為 100 所孔子學院與 356 所孔子講堂。
亞洲	93	50	亞洲以韓國設置數量最多為 19 所孔子學院與 4 所孔子課堂。
非洲	37	10	非洲以南非設置數量最多為 4 所孔子學院與 2 所孔子講堂。
大洋洲	17	49	大洋洲為澳洲設置數量最多為 13 所孔子學院與 35 所孔子講堂。
小計	440	646	

資料來源：整理自〈關於孔子學院/課堂〉，《孔子學院總部/國家漢辦》，
<http://www.hanban.edu.cn/confuciousinstitutes/node_10961.htm>。

因此，推動漢語教育是中國文化軟實力發展的重要手段，有利於「和平發展」為國家戰略規劃，也中國公共外交政策最重要的一環。不過，從表 2 可知，中國施行軟實力最主要的針對的國家為美國，從孔子學院設立最多的國家以美國最好的檢證。由於美國面臨財政困境，在國際政治及經濟上都需要中國的合作，形成有利於中國運用文化的力量，透過孔子學院推行漢語推廣，將文化的渲染與潤澤，增加互信，欣賞彼此文化特徵，促使彼此關係發展達到雙贏的局面。

另外，孔子學院設立主要採取的是中外合作的形式開辦，中國國內的大學是孔子學院的支援單位，再與各國教學機構合作，但是每個國家都有其特點，所以孔子學院也開始走向因地制宜開辦的方式。舉例來說，第一個「旅遊型」孔子學院就在澳大利亞成立。澳大利亞在推動觀光上是大家有目共睹的，2011 年 4 月，中國礦業大學與公認為擁有全澳大利

亞最好的酒店管理和旅遊專業的格里菲斯大學　（Griffith University）在
澳大利亞東部昆士蘭州共同合作成立「中國礦業大學旅遊孔子學院」（又
稱「格里菲斯大學旅遊孔子學院」）。[25]由此可知，近年來中國正在積極
的把孔子學院這塊招牌迅速的推廣到世界各地去，通過因地制宜的方式，
以取得當地居民的認同與好感，提升中國在海外的良好形象。

伍、孔子學院發展之成效分析

一、孔子學院發展特色成果

（一）網路與據點學習漢語人數不斷增加

　　漢語在國際上愈來愈重要。首先，在資訊網路運用「漢語潮」發揮
了功能。2000-2008 年，網路運用漢語的人數增加了 750％，而使用英語
的人數只增加了 200％。而且漢語在網路運用上使用量第二大語言，僅
次於英語，而中國的網友數量比其他國家都多。[26]其次，2005 年第一所
孔子學院於南韓創立後，2006 年孔子學院計有 122 所，截至 2012 年已
達 935 所，可預見未來在全球的據點與人數將會不斷的攀升（參見圖 3：
2006-2012 年孔子學院（課堂）成長趨勢），同樣的，孔子學院　（課堂）
註冊學習漢語的人數也是逐年增加，漢語學習熱潮初步已具成效。（參
見圖 4：2006-2012 孔子學院　（課堂）註冊學習漢語人數）。

---

[25] 杜玲玉，〈中國大陸推動文化『走出去』戰略之研究－以設立孔子學院為例〉，頁 62。
[26] Michael Barr, Who's Afraid of China? The Challenge of Chinese Soft Power, pp. 72-73.

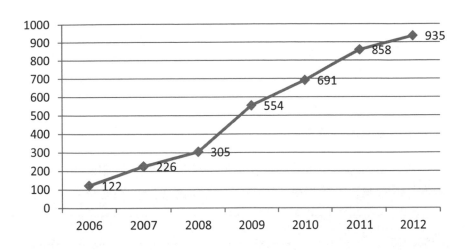

圖 3：2006-2012 年孔子學院（課堂）成長趨勢

資料來源：整理自〈2006-2012 年孔子學院年度報告〉，《孔子學院總部/國家漢辦》，
<http://www.hanban.edu.cn/report/index.html>。

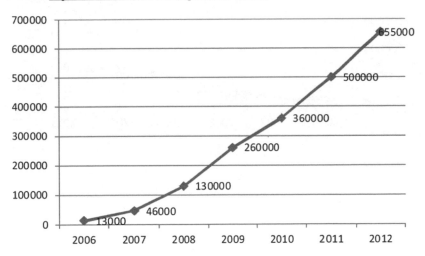

圖 4：2006-2012 孔子學院（課堂）註冊學習漢語人數

資料來源：整理自〈2006-2012 年孔子學院年度報告〉，《孔子學院總部/國家漢辦》，
<http://www.hanban.edu.cn/report/index.html>。

　　從圖 3 及圖 4 可以了解孔子學院據點與人數持續的攀升，達到全球
布局的境界，對於世界對於漢語熱的風潮仍舊有增無減，是以，漢語優
勢在國際間語言溝通與運用具有文化魅力，對於中國在提升文化軟實力
必然有一定程度的助益。

（二）漢語考試人數增加

　　1990 年推行漢語考試以來，2006-2012 年國際間參加漢語考生也有
不斷增加的趨勢。（參見圖 5：2006-2012 年國際間參加漢語考試人數）

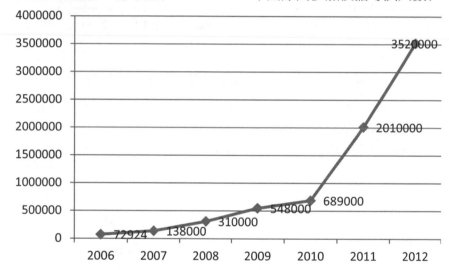

圖 5：2006-2012 年國際間參加漢語考試人數

資料來源：整理自〈2006-2012 年孔子學院年度報告〉，《孔子學院總部/國家漢辦》，
　　　　　<http://www.hanban.edu.cn/report/index.html> 。

　　從圖 5 可以了解 2006 年至 2012 年間的成長趨勢，可以清楚地理解
國際間對於漢語學習的重視程度，突顯海外對於漢語人才需求量增加。

（三）海外師資人數增加

　　隨這波漢語熱潮中，特別是 2006-2012 年國際間對於參加漢語考試人數不斷增加，促使中國必須派遣更多的師資前往不同的國家或地區進行漢語教學。（參見圖 6：2006-2012 年中國海外漢語師資人數）

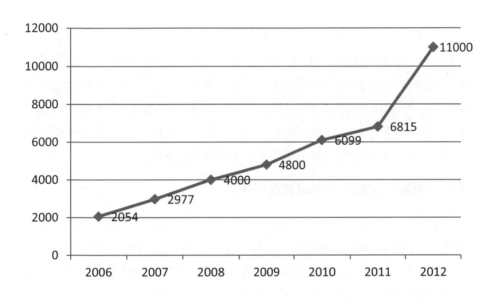

圖 6：2006-2012 年中國海外漢語師資人數

資料來源：整理自〈2006-2012 年孔子學院年度報告〉，《孔子學院總部/國家漢辦》，
　　　　　<http://www.hanban.edu.cn/report/index.html>。

　　從圖 6 可以了解中國海外漢語師資人數持續成長，尤其 2011 年師資人數由原 6,815 人提升為 2012 年 11,000 人，顯示中國對於漢語推廣師資培訓的重視。

二、孔子學院在發展上所遇到的問題

（一）較難以達成中國傳統儒家思想的意涵

　　雖然中國極力想把孔子這塊招牌推廣到世界各地去，但是還是有不少的懷疑與反對的聲浪，如中國網報導稱，僅管冠以孔子之名，孔子學院最大功能並不是宣揚孔子思想，而是「推廣漢語文化的非營利教育和文化交流機構」，主要內容就是教外國人學漢語。北京師範大學教授韓兆琦說：「最初我聽說『孔子學院』特別高興，但後來發現，許多孔子學院就是依個普通的漢語推廣班，『孔子學院』這四個字無非一個名稱而已。」[27]這也很明顯的瞭解到，中國向外輸出其文化時，只把表面的中國文化傳播出去，並沒有把仁、義、禮、德等傳統思想美德傳播至世界藉以吸引他國慕名而來中國學習與欣賞傳統價值文化。

（二）限制信仰自由作為師資進用標準

　　加拿大麥馬斯特（McMaster）大學在其網站貼出公告，因為中方合作單位在中國招聘教師的標準受到質疑，宣佈將於 2013 年夏天關閉校內的孔子學院。因為孔子學院總部漢辦在要求簽訂的招聘合同上有「不參加法輪功組織」的條款。這使得麥馬斯特大學認為，這並不符合他們的標準，進而宣布關閉該校的孔子學院。[28]雖然目前國際上因這類事件關閉孔子學院的情形，只發生在麥馬斯特大學，但是這也開始讓西方國家開始省思孔子學院對自己國家的影響。[29]因為目前中國仍是單一政黨的團體身份，牽制人民的思想與信仰自由，當然國內的思想都已經被牽

---

[27] 康彰榮，〈廣設孔子學院 遭質疑文化侵略〉，《工商時報》，2010 年 03 月 02 日，版 A12。

[28] 〈被控信仰歧視 加拿大大學關閉孔子學院〉，《新唐人電視台》，2013 年 2 月 13 日，<http://www.ntdtv.com/xtr/b5/2013/02/13/atext846917.html>。

[29] 〈英媒：西方大學重新考慮中國孔子學院〉，《BBC 中文網》，2013 年 4 月 4 日，<http://www.bbc.co.uk/zhongwen/simp/press_review/2013/04/130404_press_confucius_institute.shtml>。

制住了，那更別說中國想要去對國際上展現中國的悠久文化，這也就導致國際上不得不對中國的文化軟實力政策上打上一個問號。

（三）軟硬體設施運用遭受質疑

孔子學院因國際間需求高漲，以致在擴張速度太快，2004 年到 2009 年間，全球已經有 88 個國家和地區建立起了 282 所孔子學院，平均每年 56 所，差不多每 6 天世界上就會多一所孔子學院。現階段以普遍浮現教學、管理人才不足，以及教材編撰等執行難題，學習中文的需求增加也意味著對中文輸出的挑戰增大。英國倫敦大學亞非學院院長威伯利（Paul Webley）就表示：我們現在正面臨著教師瓶頸，至少在英國，就嚴重缺乏有經驗的教師力量。[30]

中共十八大報告中說明：「推動社會主義文化大發展大繁榮，興起社會主義文化建設新高潮，提高國家文化軟實力。」[31]從內容瞭解，中國文化軟實力的建設，文化具有不可替代的作用；軟實力競爭非零和遊戲、文化地位也非零和競爭。中國自改革開放以來採納了以國家利益為核心的現實主義，中國應該把國際主義與愛國主義結合起來，使人民支持中國的對外文化戰略。[32]特別是國家不僅要注重硬實力，還要注重軟實力，軟實力的增長屬於大國社會性成長的範圍。[33]這種論述不難理解，其背後都有一定動機與目的。

---

[30]〈孔子學院負責人述漢語教學困境：師資教材怎麼辦〉，《鳳凰網》，2010 年 01 月 28 日，<http://big5.ifeng.com/gate/big5/news.ifeng.com/opinion/topic/kongzixueyuan/201001/0128_9368_1529211.shtml>。

[31]〈胡錦濤在中國共產黨第十八次全國代表大會上的報告〉，《新華社網》，2012 年 11 月 17 日，<http://news.xinhuanet.com/18cpcnc/2012-11/17/c_113711665.htm>。

[32] 俞新天，〈中國對外戰略的文化思考〉，《現代國際關係》，第 12 期（2004 年），頁 20-26。

[33] 郭樹勇，《中國軟實力戰略》（北京：時事出版社，2012 年），頁 27。

其實，中國學者方長平認為美國面臨財政懸崖困境，在國際政治及經濟上都需要與中共的合作，形成有利於中共運用文化的力量，推廣軟實力戰略達到進行自我身份塑造。[34]特別是，中國自 2006 年開始極力想把孔子這塊招牌推廣到世界各地去，但是還是有不少的懷疑與反對的聲浪。中國學者董璐認為，在海外孔子學院鮮見孔子《論語》的譯本，也沒有以孔子為代表的其他儒家思想的著述譯本。[35]在以孔子冠名的全球性中國文化傳播機構，只有孔子名稱，未能反映孔子思想和中國文化精髓的作品引入，可能會成為孔子學院傳播中國文化的瓶頸。

陸、結語

本文前述提到中國積極到世界各國宣傳中國漢語文化的同時，也吸收各國文化的精華，透過積極設置「孔子學院」作為文化推廣的據點，並運用「孔子學院」來做為中國文化軟實力的新形象。是以，本文進一步針對以下部分加以論述，首先說明中國文化軟實力與孔子學院執行成效，次則說明孔子學院未來發展，最後則說明面對中國孔子學院推展文化軟實力大國形象，及兩岸中華文化的同質性糾結下，台灣面臨的兩岸戰略思維如何？除了台灣民主價值的柔性權力作為之外，應以台灣書院的發展與特色就別具意義。

一、文化軟實力與孔子學院執行成效

而語言既是文化發展的媒介，又是文化組成的一部分。隨著中國經濟改革開放後，使得全球對於中國的崛起開始關注，也引發全球一股漢

---

[34] 方長平，〈中國軟實力比較〉，門洪華主編，《中國：軟實力方略》（浙江：浙江人民出版社，2007 年），頁 167。

[35] 董璐，〈孔子學院與歌德學院：不同理念下的跨文化傳播〉，《國際關係學院學報》，第 4 期（2011 年），頁 102。

語熱潮。中國抓住非常好的時機，創立孔子學院來提升國家在文化軟實力方面的能力。奈伊的硬實力與軟實力的光譜表中提及到文化可以對他國產生吸引力，而中國本身就擁有悠久的傳統文化，再者從圖 1：文化軟實力層次結構圖中了解，大眾文化與器物是最容易能使他人接觸該國的文化，透過這種方式使他人對該國文化產生吸引力，因此，中國了解到必須透過建立孔子學院，向外推展中國獨特的傳統文化。

是以，從表 2：孔子學院/課堂在全球分布概況知悉，距今不到十年的時間，孔子學院推行已經獲得初步成果，特別是從圖 3：2006-2012年孔子學院（課堂）成長趨勢、圖 4：2006-2012 孔子學院（課堂）註冊學習漢語人數、圖 5：2006-2012 年國際間參加漢語考試人數、圖 6：2006-2012 年中國海外漢語師資人數等數據可知，在全球孔子學院的據點與人數將會不斷的攀升，可預見未來漢語將超越英語將成為全世界第一大語言，對於提升中國文化軟實力有極大助益。

不過，在各國建立起孔子學院設施，係透過孔子學院來建立起屬於中國的國家形象指標，即是和平發展的形象。從孔子學院的徽章中就可看出端倪，徽章中並不是放上孔子圖像或者是熊貓，而是鴿子。鴿子所代表即是和平的概念。從這就可以了解中共透過孔子學院來表示和平發展的願景。

簡言之，西方國家對於孔子學院仍然保持觀察，但目前看來基本上沒有證據顯示孔子學院在西方國家有干涉學術自由或有政治間諜的情況出現，但是其中還是有許多問題存在；前述討論到中國是否能把真正的中華文化發揚光大，又或者是在這麼迅速的發展之下，是否孔子學院的質量會逐漸下滑，也可能損及中華文化在國際上的地位。儘管國際上對孔子學院還是有存在某些疑問，但是孔子學院已經在國際上蓬勃發展已經是不爭的事實。

二、孔子學院未來發展

2012 年中國國家漢辦在官方網站上公佈「孔子學院發展規劃（2012－2020 年）」擬訂出未來孔子學院的發展方針，報導指出，中國規劃到 2015 年，全球孔子學院達到 500 所，中小學孔子課堂達到 1000 所，學員達到 150 萬人，其中孔子學院（課堂）面授學員 100 萬人，網路孔子學院註冊學員 50 萬人。專兼職合格教師達到 5 萬人，其中，中方派出 2 萬人，各國本土聘用 3 萬人。大力發展網路、廣播、電視孔子學院。

而中國更規劃到 2020 年，基本完成孔子學院全球佈局，做到統一品質標準、統一考試認證、統一選派和培訓教師。基本建成一支品質合格、適應需要的中外專兼職教師隊伍。基本實現國際漢語教材多語種、廣覆蓋。基本建立功能較全、覆蓋廣泛的中國語言文化全球傳播體系。國內國際、政府民間共同推動的體制機制進一步完善，使漢語成為外國人廣泛學習使用的語言之一。[36]可以瞭解到中國目前還是努力的想把孔子學院推廣到世界各地去，來顯示出中國希望透過中國文化來與世界各國進行更多的交流，在此國際交流的結果之下，將會賦予中共在國際舞台上的重要責任，這也就是中國在未來積極推動孔子學院的因素：透過孔子學院來增加自己在國際舞台上的空間。

事實上，美國邁阿密大學政治學教授金德芳（June Teufel Dreyer）說：「孔子學院歪曲歷史，例如他們在澳大利亞邀請講座者來學校為中國政府月臺，吹噓西藏人民是多麼的幸福。但在中國統治下，西藏人正不斷自焚。」[37]由於西方世界一直在批評中國缺乏民主、人權、宗教自由和法治。儘管中國的外交正在增強它對亞洲鄰國的吸引力；另一方面，

---

[36] 〈孔子學院發展規劃（2012—2020 年）〉，《人民理論網》，2013 年 3 月 1 日，<http://www.ccpph.com.cn/res/wzzk/jj_1/201303/t20130301_118491.shtml>。

[37] 〈孔子學院歪曲歷史『令人尷尬的中國熱』〉，《看中國》，2013 年 4 月 14 日，<http://m.kanzhongguo.com/node/493662>。

缺乏足夠透明度的顯著軍力增長也引發了這一區域其他國家的安全關切，這將會影響中國文化軟實力的建立。因此，如何將中國傳統文化中儒家思想加以深化社會與生活層面，這也是未來中國以孔子學院來建立國家形象所必須加以著重之處。

三、台灣華語文推展規劃與構想

華語文是中華文化之根源，台灣在政府及民間積極推動華語文教育工作與執行。華語文教育有別於傳統的中文教育，主要服務對象為母語非中文的外國人，因應全球市場劇增的需求，華語文教育服務產業的性質逐漸形成。台灣發展華語文教育產業必須有突破思維及引入新觀念，強化台灣現有有利條件，善用國際經貿組織或協定的簽訂來協助產業向海外推展，使台灣確能邁向華語文教育產業輸出大國。

隨著中國成為全球第二大經濟體，在經濟高速成長及 13 億人口龐大市場商機，吸引全球資金挹入。全球化現象下，開發中國市場的國際人才需求，使華語文學習熱潮持續擴展。正因全球化之核心體系是經濟活動，商品化與市場化的擴張，形成文化發展產生一定效能，呈現功利的一面。學習華語文傾向以做為營生工具者為多，強化功利性，降低各國的排斥與防衛，也使得中國與台灣遂以國家力量向外推廣國家語言的機會與市場。（參見表 3：台灣與中國華語文教育發展現況比較表）

表 6-2：台灣與中國華語文教育發展現況比較表

		台　　　灣	中　　　國
華語文推動單位	官方	教育部、文化部、科技部、僑委會、經濟部工業局。	中國教育部直屬單位-國家漢辦。
	資源投入	透過華語文先導計畫及國家型科技計畫等經費之投入，培訓華語師資、佈建海外數位學習中心、發展華語文產品等方式以進入海外華語文市場。	1.國家漢辦 2012 年預算約 122,345 萬元人民幣，2012 年派約 1 萬 1 千多人至海外服務。 2.孔子學院出版 45 個語種之 9 套漢語教材和工具書，並贈送圖書 40 多萬冊。
	其他單位	1.各大學華語文中心（30 餘所）。 2.數位華語文業者。 3.華語文出版業者。	1.各省各大學皆設語言學習中心。 2.僑辦在大陸中央省縣市各地中國海外交流協會。
市場分佈		全球通路合作分佈五大洲 20 餘國，約 1 百家以上國際合作通路。	全球分布五大洲 2012 年已達 935 所孔子學院及孔子學堂。
檢定考試		華語文能力測驗（TOCFL） （累計報考人數：約 3.4 萬人）	中國漢語水平考試（HSK） （2012 年累計報考人數： 已達約 352 萬人）

資料來源：整理自〈邁向華語文教育產業輸出大國八年計畫（102-109）〉，《中華民國教育部國際及兩岸教育司》，
<http://www.edu.tw/userfiles/url/20140529105812/%EF%BC%88%E7%AC%AC3%E7%89%88%EF%BC%89%E9%82%81%E5%90%91%E8%8F%AF%E8%AA%9E%E6%96%87%E7%94%A2%E6%A5%AD%E8%BC%B8%E5%87%BA%E5%A4%A7%E5%9C%8B%E5%85%AB%E5%B9%B4%E8%A8%88%E7%95%AB1030526-%E4%BE%9D%E5%9C%8B%E7%99%BC%E6%9C%83%E6%84%8F%E8%A6%8B%E4%BF%AE.pdf>；〈2007-2012 年孔子學院年度報告〉，《孔子學院總部/國家漢辦》，
<http://www.hanban.edu.cn/report/index.html>。

　　事實上，台灣與中國都具有中華文化「同質性」的淵源，台灣也不會與中國實施華語擴展市場的競爭，台灣在華語推動單位係由教育部、文化部、科技部、僑委會、經濟部工業局主導，預算由各單位編列，由於本位主義卻形成「各行其是」的窘境，這也是亟待克服的問題。至於人才方面，台灣在孔子學院尚未成立之前，一直都是海外華文教學的重鎮，這也就是至今台灣仍具有文化上的優勢，但隨著台灣文化人才的流失，文化上優勢已不存在。其實，國際知名導演李安曾在 2006 年 5 月初在新聞局舉辦的座談會上，大聲疾呼台灣必須留住文化人才。台灣必須省思如何留住這些文化人才，使台灣在國際上的知名度可以大增。

　　同樣的，中國在漢語發展中挹注龐大資金而加速全球市場的開發，由於因應全球師資短缺，2004 年起以三個月速成培訓，即將國際漢語教師中國志願者派遣至全球社區學校任教，雖能解決師資短缺問題，但整體教學品質，仍是有待商榷的議題。

　　再如，2011 年 10 月台灣書院在紐約、休士頓、洛杉磯三地同時開幕。台灣書院的成立對於台灣在文化軟實力方面，有莫大的幫助。雖然台灣沒有如同向中國方面的資金雄厚，在數量上也沒有比孔子學院來得多，但是台灣書院可以走向「小而美」的精緻化方式，把我們所生活的傳統文化，推廣到世界各地去。換言之,台灣應該推廣擁有的獨特文化，利用台灣多元、自由的文化風氣，發揚繁體字、文言文、中文能力、中華文物等文化優勢，透過這些方式，使台灣獨特的本土文化與中華傳統文化結合，引起全世界上的重視，並且吸引各國對於台灣在文化上的深根發展，進而可以展現出台灣在國際舞台中的軟實力。

　　因此，台灣發展華語文教育產業必須有突破思維及引入新觀念，強化台灣現有利基，善用國際經貿組織或協定的簽訂來協助產業向海外推展。在教育部推動《邁向華語文教育產業輸出大國八年計畫（102-109）》案，在計畫階段，召集產官學民諮詢會議、分工協商會議、座談會等會議，以集思廣益並凝聚共識，以利於計畫推動及實施。

何為戰略？對戰略研究本體論地位擴展的探討
What is the strategy?
The research of the extended ontological status of strategic studies

羅慶生

（淡江大學國際事務與戰略研究所博士）

摘要

「何為戰略」是戰略研究的重要問題，因為在界定「何為戰略？」的同時，也決定了哪些議題屬於戰略研究？哪些不是？戰略原本具強烈的武力意涵，因而在冷戰時期因兩強對峙有豐富的研究議題，冷戰結束則議題大幅萎縮。雖然如此，戰略/strategy 詞彙反而愈來愈被廣泛的使用；不僅民間大學研究者出現「經濟『戰略』」、「文化『戰略』」、「政治『戰略』」或「外交『戰略』」等研究主題，戰略研究則常被更名為「軍事『戰略』」的研究；企業或廣告公司也有經營戰略與行銷戰略的稱謂。這顯示戰略概念有「非武力化」或「去武力化」的演變趨勢。非武力化或去武力化的發展雖然有機會使戰略研究呈現新的面貌，但也可能造成更多的困擾或危機；戰略是個好用的概念，如果「戰略」成為各領域研究者用以描述其計畫與行動的普通名詞，則「戰略研究」就可能喪失其專業領域的學術地位；正如 Strachan 所指出：戰略如果是包羅萬象，那戰略就什麼都不是。

本研究將透過相關概念的疏理，以及戰略學術發展過程的歷史性檢視，探討戰略研究本體論地位的擴展與其主要問題。核心概念在處理「戰略的本質」，釐清戰略的構成要素，以論證「非武力化」與「去武力化」

究竟是戰略概念的誤用？亦或擴展？最後再提出個人觀點，強調戰略概念雖有個長期擴展的歷史過程，但都是在有利於國家面臨愈趨複雜之競爭或衝突環境時的問題解決，才具有意義。

關鍵字：

戰略、戰略研究、戰略主體、戰略工具箱

壹、前言

　　「何為戰略」是戰略研究的重要問題，因為在界定「何為戰略？」的同時，也決定了哪些議題屬於戰略研究？哪些不是？傳統上戰略具有強烈的武力意涵，Halle 即界定戰略研究為：「政治學科項下探討國家間政治關係中使用武力意義的研究」。[1]此一研究範疇的界定在冷戰時代因美蘇兩強的核武對峙而有豐富議題，冷戰結束後則因傳統敵國消失與核子陰影淡化使研究議題大幅萎縮。雖然如此，戰略/ strategy 詞彙反而愈來愈被廣泛的使用；不僅政府各部門擬定戰略，企業或廣告公司也有行銷戰略，「戰略研究在商學院的發展已勝過在國際學院」。[2]對台灣使用中文的讀者而言，strategy 這詞彙因為在商學院被翻譯成「策略」，可以與國際學院所慣用的「戰略」形成明顯區別而不致混淆；但民間大學的戰略研究者已出現「經濟『戰略』」、「文化『戰略』」、「政治『戰略』」或「外交『戰略』」等新興研究主題，戰略研究則常被更名為「軍事『戰略』」的研究。[3]運用國際關係或其它理論探討台灣在後武力或後對抗時代兩岸戰略的論文也並不少見。[4]這顯示戰略概念「非武力」與「去武力化」的演變趨勢：在戰略研究者發展非武力的研究主題，以延伸研究觸角的同時，戰略詞彙也被愈來愈多的其他領域研究者或文學作者使用。

---

[1] Louis J. Halle, The Elements of International Strategy：A Primer for Nuclear Age, Vol. X; American Values Projected Abro (London: University Press of America, 1984), p. 4

[2] Hew Strachan, "The Lost Meaning of Strategy," Survival, Vol. 47, No. 3 (2005), p. 34.

[3] 陳文政、羅慶生，〈戰略研究的學科化與科學化〉，發表於「2012 年國關年會」暨學術研討會（台中：中華民國國際關係學會，2012 年 10 月 26 日），頁 16。

[4] 例如翁明賢即運用建構主義理論探討台灣 2000-2008 年的國家安全戰略。請參閱：翁明賢，《解構與建構：台灣的國家安全戰略研究》（台北：五南，2010 年）。

非武力或去武力化的發展雖然有機會使戰略研究呈現新的面貌，但也可能造成更多的紛擾或危機。戰略是個好用的概念，然而不同領域學者在運用時常基於研究需要，而引入其他學科的某些觀點；這或許是造成戰略概念複雜多元的主要原因。[5]戰略研究必須是以可以明確劃界的專業領域而存在；如果經濟戰略、文化戰略、政治戰略、外交戰略或其它「OO 戰略」的「戰略」概念，可以與戰略研究的「戰略」為不同指涉而被讀者廣泛接受，則「戰略」就可能成為各領域研究者描述其計畫與行動概念的普通名詞，而不再是個專業領域的特定術語。正如 Strachan 所指出：戰略如果是包羅萬象，那戰略就什麼都不是；[6]戰略研究將因此面臨難以說服讀者其為獨立存在之專業領域的危機。

本文將透過對相關概念的疏理與理論反思，[7]探討戰略研究本體論地位的擴展。[8]戰略意涵的非武力或去武力化可以有兩個不同的觀點，一個是概念的誤用，另一個是意涵的擴展；本文將以「戰略的本質」為判准，釐清戰略研究者探討非武力議題，或其他作者使用「OO 戰略」詞彙，是概念誤用亦或是意涵擴展的問題。本文認為，「戰略」之所以為「戰略」，是因為其存在獨特可劃界的本質，戰略意涵無論如何擴展，都不能超越戰略本質的界線。研究者只有在此界線內選擇研究主題，才能表

---

[5] 例如政治學者 Hedley Bull 認為：「戰略是在任何領域的衝突中，如何運用手段達成目的的藝術或科學」；見：Hedley Bull, "Strategic Studies and its Critics," World Politics, Vol. 20, No. 4 (1968), p. 594; 經濟學者 Schelling 則強調：「戰略其實並不關切力量使用的效能，而是如何運用潛藏的能力……；戰略所關切的不是敵人的好惡問題，而是夥伴的信任程度」。Thomas C. Schelling , The Strategy of Conflict (Cambridge: Harvard University Press, 1999), p. 5.

[6] Hew Strachan, ibid, p. 47.

[7] 本文所謂「反思」就是審視理論的前提，釐清其理論命題背後未明言的假定。

[8] 本文對本體論採科學哲學的界定，指研究途徑對社會實體構成的主張與假定，包括實體如何存在、外觀如何、由哪些單元組成及這些單元間如何互動等；請參閱：Norman Blaikie, Approaches to Social Enquiry (Cambridge: Polity Press.1993), pp. 6-7。本文行文時，「戰略意涵的擴展」與「戰略研究本體論地位的擴展」為同一指涉。

現戰略研究作為應用科學的專業性，[9]有利於國家面臨愈趨複雜之競爭或衝突環境時的問題解決。如此，戰略研究本體論地位的擴展才有意義。

貳、問題的背景

「何為戰略」之所以會成為問題，與戰略研究本身的學科化歷程有關，本文將先從此一角度呈現此研究問題的背景。

一、戰略研究的學科危機

對戰略的研究原本屬於軍人的專業領域，二戰結束後因為文人學者的參與以及採用實證主義與行為主義的科學方法，使戰略研究在社會科學領域建立其國際關係分支的學科地位，並因美蘇兩強的核武對峙而在冷戰期間有過輝煌的黃金時期。[10]此時在核子嚇阻的研究主題下，戰略研究雖已由文人主導，戰略概念卻仍強調武力意義。而超越武力意涵，被古典戰略研究者視為最後一位大師的 Liddell Hart（1895-1970）所提出的大戰略（Grand Strategy）概念，[11]則在當時戰略學者的理解中狹隘的集中在與對手保持軍事平衡上。[12]這使戰略研究在冷戰結束後遭受了一連串的批判與質疑，甚至危及其學科地位。[13]此一學科危機雖然與戰

---

[9] 早在 1949 年當建立戰略研究學科地位之初，Brodie 即指出戰略如同其他政治學的分支，像是應用科學而不是純科學。此一學科性質的定位已為大多數戰略學者同意。Bernard Brodie, "Strategy as a Science" World Politics, Vol.1, No.4 (1949), p. 468.

[10] 有關戰略研究學科的建立與發展，可參閱 Ken Booth, "Strategy" in A. J. R. Groom and Margot Light, eds. *Contemporary International Relations: A Guide to Theory* (London: Mansfield Publishing Limited, 1994), pp. 109-19.

[11] 有關 Liddell Hart 被古典戰略研究者視為最後一位大師的論述，請參閱鈕先鐘，《西方戰略思想史》（台北：麥田出版，1995 年），頁 469。

[12] Richard Rosecrance and Arthur A. Stein, eds., *The Domestic Bases of Grand Strategy* (Ithaca: Cornell University Press, 1993), p. 5.

[13] 請參閱 Richard K. Betts 的論文："Should Strategic Studies Survive?" *World Politics*, Vol. 50, No. 1, Fiftieth Anniversary Special Issue (Oct 1997), pp. 7-33; 以及"Is Strategy an Illu-

略理論的科學化障礙，包括決策者理性假定被指為偏頗、[14]理論多不具預測性及通則化等缺失遭到嚴厲批判有關，[15]但受武力意義的侷限，以致冷戰時代以核子嚇阻為主的議題喪失後缺乏後繼的研究主題更是重要原因。Buzen 即指出以冷戰為主的戰略研究舊典範已經過時，但新典範卻未產生的問題；[16]Booth 甚至提出冷戰結束就是戰略研究結束的觀點。[17]此時雖然還有研究者列出反恐、非正規作戰與種族衝突，[18]以及對大規模毀滅性武器擁有者進行嚇阻等議題，[19]但對文人學者而言過於狹隘。戰略學者若不能就其研究主題在大學開課，戰略研究的學科地位就面臨危機。[20]因此，包括 Buzan 與 Walt 等戰略與安全研究學者都認為，戰略研究因過於侷限其軍事意義，無法涵蓋與解決當前的國際社會主要的安全議題，因此應由安全研究取代戰略研究；[21]或至少如 Groom and Light

---

sions?" *International Security,* Vol. 25, No. 2 (2000), pp. 5-50. 這兩篇論述整理了各方對戰略研究的批判與質疑，並有相關回應。

[14] 可參閱：Arthur A Stein, "The Limits of Strategic Choice: Constrained Rationality and Incomplete Explanation," in David A. Lake and Robert Powell, eds., *Strategic Choice and International Relation* (New Jersey: Princeton University Press, 1999), pp. 211-212.

[15] 可參閱：陳偉華，〈戰略研究的批判與反思：典範的困境〉,《東吳政治學報》，第 27 卷，第 4 期（2009 年），頁 27-28。

[16] Barry Buzan, *Security: A New Framework for Analysis* (London: Lynne Rienner Publishers, 1998), pp. 33-35.

[17] Ken Booth, "Strategy," p. 119.

[18] John Chipman, "The Future of Strategic Studies," *Survival*, Vol. 34, No. 1 (1992), pp. 109-131.

[19] Keith B. Payne, *The Fallacies of Cold war Deterrence and a New Direction* (Lexington: Kentucky University Press, 2001), pp. 7-15.

[20] 包括 Freedman 與 Beets 等學者都如此主張。他們認為戰略研究若要繼續存在，就必須能存活於大學之中。Lawrence Freedman, *The Evolution of Nuclear Strategy* (Oxford: Clarendon Press, 1992), p. 333; Richard K. Betts, "Should Strategic Studies Survive?" p. 24.

[21] Barry Buzan, *People, States and Fear：An Agenda For International Security Studies In The Post-Cold War Era* (New York：Harvester Wheatsheaf, 1991), pp. 368-74. Stephen M. Walt, "The Renaissance of Security Studies?" *International Studies Quarterly,* Vol. 35, No. 2 (1991), pp. 211-239.

所主張的以安全研究為知識老家（intellectual home），以獲得學術合法性。[22]

二、戰略研究的學科再定位

以安全研究為知識老家意味著戰略研究學科的再定位或新的安排。戰略研究雖面臨議題萎縮以至學術合法性遭質疑的窘境，但主流學者並沒有選擇擴展戰略意涵以擴大研究範疇的途徑。他們堅持戰略概念的武力意義，認為安全研究才具有學術合法性，因而將戰略研究重新定位為安全研究的次領域，在戰略研究之下的次領域則是軍事科學（如圖1）；[23]期望透過此一安排解決戰略研究的學術合法性爭議。

圖 1：安全研究、戰略研究與軍事科學的學科新安排

資料來源：依據 Richard K. Betts, "Is Strategy an Illusions?" p.7-9，三個同心圓概念製。

---

[22] A. J. R. Groom and Margot Light, *Contemporary International Relations: A Guide to Theory* (London: Pinter Publishers Ltd, 1994), p. 118.

[23] 持此一立場的戰略研究學者至少包括 Betts, Baylis 與 Buzan 等人；請參閱 Richard K. Betts, "Is Strategy an Illusion?" p. 7-9; John. Baylis, et al., *Strategy in the Contemporary World: An Introduction to Strategic Studies* (Oxford: Oxford University Press, 2002), p. 11-12; Barry Buzan and Lene Hansen, *The Evolution of International Security Studies* (Cambridge: Cambridge University Press, 2009), p. 1-3. 部分國內學者也同意此一安排，施正鋒還認為在此安排下，戰略研究可成為安全研究與和平研究的重要介面。請參閱：施正鋒，〈戰略研究的過去與現在〉，施正鋒主編，《當前台灣戰略的發展與挑戰》（台北：台灣國際研究學會，2010 年），頁 23-4。

此一學科地位的重新安排，意味著安全研究與戰略研究在研究領域上的重新分工。由於研究領域的重疊，冷戰時代的安全研究在相當長一段時期內與戰略研究是同義語；[24]Suchy 即認為，當安全研究逐漸吸納戰略研究，兩者幾乎無從分辨彼此理論上的差異。[25]冷戰結束後在安全意涵的擴展下，這兩個難以區隔的學科才開始差異化。1990 年代中期，堅持安全研究軍事意涵的「傳統派」與主張以綜合性安全（comprehensive security）取代傳統軍事安全的「擴展派」經過一番激烈論戰，擴展派取得全面勝利。[26]安全意涵於是從國家安全擴張到個人安全與國際安全，從軍事安全延伸到政治、經濟、社會、環境及人類安全。[27]安全研究的本體論地位，在區分「傳統安全」與「非傳統安全」後得以大幅擴展。

安全範疇成功擴展後的安全研究，在研究領域上因而區隔出傳統與非傳統安全的兩大區塊：前者仍延續傳統安全研究以武力為核心的部分，後者則跨足到環境、社會、政治、經濟等安全的議題。在綜合安全觀下，非傳統安全的安全研究已成為另一種不同的研究典範；[28]而以往安全研究既與戰略研究為同義語，安全研究的傳統派就是戰略研究，[29]則戰略研究作為研究範疇擴展後的安全研究次領域為理所當然的安排（如圖 2）。

---

[24] 羅天虹，〈論西方戰略與安全研究的轉變〉，《世界經濟與政治》，2005 年第 10 期，頁32。

[25] Petr. Suchy, "Role of Security and Strategy Studies within International Relations Studies." *Defense and Strategy*, 2003, No. 2, pp. 8-9.

[26] 有關安全研究「傳統派」與「擴展派」在 1990 年代初的論戰，可參閱：莫大華，〈『安全研究』論戰的評析〉，《問題與研究》，第 38 卷，第 8 期（1998 年），頁 19-33。該文中 comprehensive security 係翻譯為「全面性安全」。

[27] Emma Rothschild, "What is Security?" *Daedalus*, Vol. 124, No. 3 (Summer 1995), p. 55.

[28] 綜合性安全觀與傳統安全觀的內涵不同，研究議題、分析面向、對威脅來源與價值的假定都不相同，可視為不同的研究典範，可參閱：劉復國，〈綜合性安全與國家安全：亞太安全概念適用性之探討〉，《問題與研究》，第 38 卷，第 2 期（1998 年），頁 21-38。

[29] 莫大華，前揭文，頁 23。

在這種安排下，戰略意涵無須擴展，戰略研究的本體論地位應仍保持原本的武力意義，才能維持其作為安全研究次領域的內部邏輯聯繫。

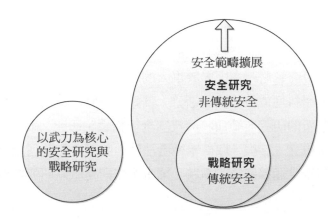

圖 2：安全研究與戰略研究在安全範疇擴展前後之領域劃分

資料來源：作者自行繪製

　　對安全研究來說，這種安排處理了領域內部的分工；但對戰略研究來說，卻可能面臨另一個遭軍事科學擠壓的危機。處於安全研究與軍事科學之間的戰略研究，議題空間很容易遭到兩者擠壓，[30]可供研究的議題，將只限於超出軍事範疇，也不為安全研究者所重視者為限。[31]同時，若不能釐清戰略意涵，反可能遭到讀者誤解而陷入定位矛盾。因為，讀者若接受戰略研究的本體－武力意義的戰略概念－即為軍事戰略，「戰

[30] 陳文政即質疑：在計量的複雜度上，軍事科學的量化程度凌駕戰略研究；在質性的嚴密度上，國際關係乃至安全研究的理論水平也超過戰略研究，在內外擠壓下，戰略研究的議題空間在哪裡？陳文政，〈戰略研究的方法論與方法：克勞塞維茲的古典戰略途徑〉，發表於「鈕先鐘百歲紀念戰略思想」學術研討會（南投：極忠文教基金會，2012 年 9 月 2 日），頁 65。

[31] Keith B. Payne, *The Fallacies of Cold war Deterrence and a New Direction* (Lexington: The University Press of Kentucky, 2001), pp. 7-15.

略」研究就是「軍事戰略」的研究，則在軍事戰略被歸類為軍事科學的一部分下，戰略研究應為軍事科學的次領域，而不是相反。

三、戰略研究的「戰略」與軍事科學的「戰略」比較

就概念的源起而言，戰略研究的「戰略」與軍事戰略的「戰略」其實並無差異；研究戰略原本即屬於軍人的專業領域，是在文人參與並建立戰略研究的學科地位後才出現區分。就如同冷戰結束後安全意涵擴展，安全研究形成新的研究典範而將傳統安全留給戰略研究；戰略研究同樣是在二戰結束後文人參與，取得學術合法性而將軍事戰略留給軍事科學。傳統安全是安全意涵擴展後的遺跡，軍事戰略則是戰略研究搬遷至大學後遺留的基石。

就如同「安全」、「戰略」等概念經常界定不明，「軍事」概念對讀者來說同樣是龐雜而且模糊。若將「軍事」界定為與戰爭有關的知識領域，則在應用研究上幾乎與所有的基礎科學都有關聯；[32]因而各國軍事學者界定軍事科學時多限定在作戰或軍事行動上，而不是與戰爭本身相關。例如英國認為軍事科學是研究作戰以及其相關的戰略、戰術及後勤原則的一門學問；[33]美國則界定為對指導作戰的諸原則與規律的研究，目的在改進未來的戰略、戰術與武器；[34]在這個範疇限制下，「軍事戰略」作為軍事科學的主要部分，無論如何界定，核心論述都聚焦在武力的使用上。

---

[32] 例如化學－軍事化學、生物學－軍事生物學、社會學－軍事社會學、法學－軍事法學等。軍事科學的本體論與研究範疇是另一個重大的爭辯。請參閱：陳緯華，《軍事研究方法論》（桃園：國防大學，2003 年），第一章。

[33] 廖揚銘主編，《大不列顛百科全書 第七冊》（台北：丹青圖書，1987 年），頁 482。

[34] 美國百科全書，轉引自：中共軍事科學出版社，《戰爭與軍事科學：國外廿二種百科全書軍事條目選編》（北京：軍事科學出版社，1990 年），頁 47。

　　戰略研究的「戰略」則不同；屬於社會科學的戰略研究是探討國家間政治關係中使用武力的意義，這意義除武力的「使用」外，還有「不使用」的部分。Gray 即定義「戰略是軍事力量與政治意圖之間的橋樑，既不是軍事力量，也不是政治意圖，而是為了達成政策目的，選擇使用或不使用武力之研究」。[35]冷戰時代對核子戰略的研究即聚焦於核子武器的「不使用」上，甚至認為若「使用」即是嚇阻戰略的失敗。相對於軍事科學的「軍事戰略」只探討如何使用武力以達到軍事目標，戰略研究則是聚焦在如何使用或不使用武力以達到政治目的。這更寬廣的意涵，才使軍事科學作為戰略研究次領域的安排為合理。

　　雖然都具有武力意義，但「戰略」研究並不是「軍事戰略」的研究；戰略研究的「戰略」除武力的使用外還有不使用的部分。至於這「不使用武力」的指涉，與「非武力」或「去武力化」的概念有何差異？以下將從戰略概念發展的角度，進一步釐清除了武力之外，還有哪些意涵被包含以及如何被包含於「戰略」的概念中。

參、戰略概念的發展

　　戰略是古老的知識領域，雖然相關概念無論在西、東方都至少可以追溯到二、三千年前的古希臘或中國的春秋戰國時代，[36]但直至當代，戰略的概念仍非常多元，幾乎找不到完全一樣的戰略定義。[37]對戰略作概念界定是困難或複雜的，某些學者例如 Buzan 甚至迴避此一問題，認為戰略研究的文獻廣泛又龐雜，難以明確的賦予假說與定義，因此並未界定戰略，只表示他相信戰略研究的主題深受政治結構與科技發展影響。

---

[35] Colin S. Gray, *Modern Strategy* (Oxford: Oxford University Press, 1999), p. 17.

[36] 鈕先鐘，《西方戰略思想史》，頁 3。

[37] 軍事科學院研究部，《戰略學》（北京：軍事科學出版社，2001 年），頁 10。

[38]既然界定戰略的爭議甚大，那麼從戰略知識的面向切入，或許可以較清楚的理解當代戰略概念到底包含哪些意涵。戰略概念雖然複雜多元，但幾乎所有的學者都同意戰略知識與戰爭有關，或至少戰略是隨著戰爭實踐的發展而產生與發展的。[39]

從戰略知識的角度，戰略概念的發展大致可區分為以下三個階段：

一、戰略研究學術化前期

如果我們同意當人類理解戰爭不再僅是單純的鬥力還包括鬥智的部分時，戰略就隨著戰爭而出現；[40]或者如施正權所指出：戰略概念的起源其實是人類在與不同對象互動的過程中，智慧地運用力量以爭取生存與發展；[41]那麼在近代戰略研究學術化之前，戰略知識的累積已經有一段長達數千年的歷程。經歷過戰爭的將領記錄其勝利或失敗的經驗，其後的研究者則研究這些紀錄並發展出自己的觀點；陳文政即指出，戰略研究與歷史具有密切的血緣關係，戰略學者不僅從戰史中發掘研究主題與素材，也常用歷史的方法進行推理。[42]此時的戰略知識主要表現在個別研究者對歷史資料的文本詮釋，雖然也有系統性的研究如中國古代的《孫子》一書，但分配到數千年的時間長河中，仍是零散、曲折或缺乏持續發展的延續性。

---

[38] Barry Buzan, *An Introduction to Strategic Studies: Military Technology and International Relations* (London: Macmillan, 1987), pp. 1-8.

[39] 軍事科學院研究部，前揭書，頁 3。

[40] 鈕先鍾，《戰略研究入門》（台北：麥田出版，1998 年），頁 12。

[41] 施正權，〈建構一般戰略理論之可能趨向的分析〉，《世界新聞傳播學院學報》，第 2 期（1992 年），頁 3。

[42] 陳文政，〈西方戰略研究的歷史途徑：演進、範圍與方法〉，發表於「元智大學第三屆國防通識教育」學術研討會（新竹：元智大學，2009 年 5 月 8 日），頁 79。

　　多數學者同意，戰略詞彙源自希臘文的將帥之道（generalship）：西元 580 年東羅馬帝國皇帝毛里斯（Maurice, 539–602）編撰了一部書名為「strategicon」（or Strategikon, Greek: Στρατηγικόν）的軍事教科書給他的將軍們，被視為使用「戰略/ strategy」這一詞彙的開始。[43]這本共區分為 12 章的軍事手冊內容龐雜，包括步、騎兵的編組與戰術，以及以指令或格言形式對訓練、行軍、宿營、作戰的指導，另外還有軍法條款與罰則。[44]如果這是稱之為「戰略」的系統性知識的開始（至少在西方而言），那麼我們可以把這最初系統性的戰略知識稱之為打贏戰爭的「方法」或「注意事項」。這組知識既然是為「打贏戰爭」而存在，自然就包括了所有與軍事武力組成與運用的相關論述。與中國古代的軍事經典如《武經七書》相比，東西方編輯這組知識的理念並沒有差異。此時的戰略概念雖然與戰術還沒有區分，但至少編輯這些知識的學者或將領們已經理解，他們所企圖掌握的「打贏戰爭的方法」中，有一部份並不隨著環境或武器的發展而改變。他們因此研究以往戰爭的歷史，但不是戰爭或歷史本身。這數千年間零散的戰略研究者所具有的共同特徵是：他們只對如何運用武力以打贏戰爭感興趣，至於戰爭為何以及如何發生？戰爭過程中真正發生了什麼事？並不為他們所關切。

二、古典戰略論述時期

　　經過長達數千年的累積，戰略知識到了 17 世紀末開始飛躍發展。18 世紀後戰略與戰術的概念開始區分並予以明確界定，[45]這是戰略知識的重大突破，也是對戰略的研究學術化的開始。1648 年西伐利亞條約（Westphalia Treaty）簽訂後民族國家出現，彼此競爭而不斷發生的戰爭

---

[43] 鈕先鍾與大陸軍科院出版的《戰略學》均採此說。鈕先鍾，《戰略研究入門》，頁 12-13。軍事科學院研究部，前揭書，頁 7-8。

[44] 請參閱：Charles Petersen, "The Strategikon: A forgotten military classic," *Military Review,* August 1992, <http://www.au.af.mil/au/awc/awcgate/strategikon/strategikon.htm>.

[45] 軍事科學院研究部，前揭書，頁 8。

提供了戰略學術的市場需求，啟蒙運動後理性主義風行的學術環境，則
提供了戰略學術發展的知識土壤。戰略研究者已不再是零散出現或不相
關，而是許多具有貴族與軍職身分的學者們同時進行研究，並且相互激
盪，使戰略知識得到適當的整理而快速發展。[46]

　　集大成並使戰略學術理論化的開創者是克勞塞維茲（Carl　Von
Clausewitz, 1780-1831），他除了消化前人的戰略知識外還直接從拿破崙
戰爭中吸取養分。如果說茅元儀（1594-1640）在其名著《武備志》中以
「先孫子者孫子不遺，後孫子者不能遺孫子」是恰如其分的形容了《孫
子》在中國兵學上的崇高地位，那麼用同樣的說法來形容克勞塞維茲的
《戰爭論》在戰略學術的影響力將同樣恰當。冷戰結束後，當核子嚇阻、
軍備競賽等曾經風靡一時的理論幾乎從戰略著述中消失的同時，克勞塞
維茲的論述卻是被愈來愈多的戰略學者所重視與研究。[47]

---

[46] 這些整理過重要的戰略知識或文獻至少包括 1732 年塞克斯元帥（Maurice de Saxe,
1696-1750)的「我對戰爭藝術之夢想」、1747 年斐特列大帝(Frederick II of Prussia, 1712–
1786）的「對將軍們的訓詞」，以及拿破崙的軍事箴言。1964 年 Thomas R. Phillips 替
美國陸軍編輯了《戰略的根基》（Roots of Strategy）一書，共選取了五部重要的軍事經
典，即包括前述這三部。另兩部則是《孫子》與西元 390 年維基喜阿斯（Publius Flavius
Vegetius Renatus, 生卒年不明）的《羅馬軍制》。請參閱 Thomas R. Phillips 編，王正已
等譯，《戰略之根基》（台北：三軍大學，1973 年）。

[47] 當代曾為文探討克勞塞維茲的學者至少包括 Luttwak、Handel、Gray、Watts、Sumida、
Beyerchen 等。他們都注意到克勞塞維茲所提出的如不可預測性、摩擦、心理作用等有
關戰爭本質的論述；Luttwak 與 Gray 是將這些概念運用到戰略的邏輯，Hande 與 Sumida
則直接探討或重新解讀克勞塞維茲。Beyerchen 則運用非線性理論印證克勞塞維茲的戰
爭不可預測性。請參閱：Edward N. Luttwak, *Strategy: The Logic of War and Peace*
(Cambridge: Harvard University Press, 1987); Michael I. Handel, *Masters of War: Classical
Strategic Though* (London: Routkedge, 1992); Colin S. Gray, *Modern Strategy*; Barry D.
Watts, *Clausewitzian Friction and Future War* (Washington D.C.: Institute for National
Strategic Studies, Nation Defense University, 2004); Jon T. Sumida, *Decoding Clausewitz:
A New Approach to On War* (Lawrence: University of Kansas, 2008); Alan Beyerchen,
"Clausewitz, Nonlinearity and the Unpredictability of War," *International Security*, Vol. 17,
No. 3 (Winter, 1992), pp. 59-90.

克勞塞維茲延續「打贏戰爭的方法」的理念，在區隔出戰術概念後將戰略界定為「用戰鬥手段來獲取戰爭的目標」。[48]這可能是戰略最初的定義雖然不夠周延，卻指出了戰略具有「手段」與「目標」的思維結構，爾後學者無論對戰略的定義如何複雜多元，都不能否定此一基本結構。

在克勞塞維茲開創之後，後繼的古典戰略家們也在其基礎上持續補強；例如 Liddell Hart 界定「戰略是分配與運用軍事手段達成戰爭的政策目標的藝術」，[49]強化了「軍事手段」與「政策目標」的戰略思維結構。Andre Beaufre（1902-1975）則定義「戰略是武力辯證的藝術，或者更精確的說，是意志對立的雙方使用武力解決爭端的辯證藝術」，[50]則進一步凸顯了戰略的武力本質。雖然 Liddell Hart 重視分配與運用的部分與 Andre Beaufre 的武力辯證說略有差異，但他們都強調戰略的藝術性，這是古典戰略論述的重要特徵。

三、戰略研究時期

相對於古典戰略論述強調戰略的藝術性，當代戰略研究則是強調科學性；以致兩者雖然都是以戰略為研究對象，卻是不同的學術典範。

二次世界大戰後，政治學界掀起的行為主義革命也迅速的向戰略領域擴散；1949 年，Bernard Brodie 在《Strategy as Science》一書中即提出以「科學方法」研究戰略的主張，[51]因而被 Betts 認為開啟了以個案進

---

[48] Carl Van Clausewitz 著，鈕先鍾譯，《戰爭論全集 上》（台北：軍事譯粹社，1980 年），頁 178。

[49] Liddell Hart 著，鈕先鍾譯，《戰略論》（台北：軍事譯粹社，1985 增訂 5 版），頁 382。

[50] Andre Beaufre, R. H. Barry trans, *Strategy of Action*, (New York: Frederick A. Praeger, 1967), p. 22.

[51] 請參閱 Bernard Brodie, "Strategy as a Science," *World Politics*, Vol. 1, No. 4 (1949), pp. 467-488.

行戰略研究的方法。[52]Quincy Wright 在 1942 年出版的《A Study of War》，則被 Syder 認為是當代戰略研究的開始。[53]在 1950-60 年代行為主義革命對「科學化」的要求下，戰略學者重視的是戰略算數(strategy arithmetic)，當時以 RAND 公司為主的一批文人學者即認為以往從歷史途徑研究戰略是落伍的方法，企圖以作業研究與系統分析的量化模式建立戰略研究的科學地位。[54] Booth 綜合指出 1945-1955 年間的戰略研究的概念形成期。[55]鈕先鐘也認為 1945 年進入核子時代後，差不多又過了十年的時間，戰略思想演進始慢慢跨入現代的階段。[56]

在文人學者的參與及努力下，戰略研究脫離了由軍職學者獨占的局面，也脫離了以往的史學傳承，在社會科學領域中取得一席之地。戰略學者雖然將戰略意涵中的「武力」意義擴展到使用或不使用上，但並沒有改變「軍事手段」與「政策目標」的思維結構，甚至加入「連結」概念予以補強；Betts 即認為：戰略是軍事手段與政治目的之間的連結，更是一種手段與目的之間的連結；[57]然而他們對戰略理論效能的期許，卻和古典戰略家們不同。

古典戰略家們強調戰略的藝術性，認為藝術是將領或其參謀們成功達成作戰任務的表現，[58]理論的本質在於分析，功能在於教育，[59]因而雖

---

[52] Richard K. Betts, "Should Strategic Studies Survive?" p. 9.

[53] Craig A. Syder, *Contemporary Security and Strategy* (London: Macmillan Press, 1999), p. 5.

[54] 鈕先鐘，《戰略研究與戰略思想》（台北：軍事譯粹社，1988 年），頁 3。

[55] Ken Booth & Eric Herring eds., *Key Guide to Information Sources in Strategic Studies*. pp. 110-111.

[56] 鈕先鐘，《現代戰略思潮》（台北：黎明文化，1985 年），頁 135。

[57] Richard K. Betts, "Is Strategy an Illusion?" p. 5.

[58] Michael A. Hennessy and B. J. C. McKercher, "Introduction," in B. J. C. McKercher and Michael A. Hennessy eds., *The Operational Art: Developments in the Theories of War* (Westport: Praeger, 1996), p. 1.

提出戰略理論卻反對將領們依賴理論採取行動。克勞塞維茲即如此警告
他的讀者們：

> 建立這種（理論）原則與規律的意圖，是當一個有思想的
> 人在根據其所訓練採取行動時，向其提供一種參考架構，
> 而不是當作一種指南，以便在行動時精確的規定其所必須
> 採取的路線。[60]

　　主張科學性的當代戰略學者則站在實證主義立場，認為理論是能描
述、解釋、預測與控制的通則。戰略研究既然是社會科學，戰略理論就
應該具預測性與通則化；如果不能，戰略的有效性就將遭到質疑：

> 如果有效的軍事戰略是真實而不是虛幻的，人們必須能制
> 定一個透過打擊或威脅以達到目標的合理計劃；運用武力
> 以使該計劃實現；面對敵人的反應（應預計在計劃內）仍
> 能保持計畫的運作；並完成能接近目標的某些事情。[61]

　　戰略藝術性與科學性爭議，聚焦在戰略結構之軍事手段與政治目的
之外的第三個要素，即前述兩者間的「連結」。翁明賢即指出，戰略是
目的（ends）、途徑（ways）與工具（means）三者計算後的相互關係；
[62]所謂「途徑」，即為連結「工具/手段」與「目的/目標」的方法。古典
戰略家們懷疑連結的有效性，主張理論只提供參考架構；當代戰略學者
則認為連結的效果可以預測，理論就是預測的工具。整理古典戰略論述
與當代戰略研究對戰略意涵的比較（如表1）。透過該比較可理解，當代

---

[59] 陳文政、羅慶生，前揭文，頁10。

[60] Carl Van Clausewitz 著，《戰爭論全集 上》，頁207。

[61] Richard K. Betts, " Is Strategy an Illusion?" p. 6.

[62] 翁明賢，〈國家安全戰略研究典範的轉移：建構淡江戰略學派之芻議〉，施正鋒主編，《當前台灣戰略的發展與挑戰》，頁58-9。

戰略研究與古典戰略論述雖然有認識論與方法論的差異，但本體論地位則無不同；核心概念都是如何理論或辯證藝術，以連結目的（目標）與工具（手段）。作為工具的武力意義，則是此戰略知識的核心。

表 1：古典戰略論述與當代戰略研究的戰略意涵比較表

區　　　分	知　識　領　域	戰　　略　　結　　構		
		目的/目標	工具/手段	連結/途徑
當代戰略研究	為達成政治目的使用或不使用武力的研究	政治目的	武力	透過理論預測及理性選擇
古典戰略論述	為達成戰爭的政策目標分配與運用軍事手段的藝術	戰爭的政治目標	武力	以理論為參考架構的藝術

資料來源：作者自行整理

　　因此，Liddell Hart 所提出的「大戰略」概念，是值得注意的發展。這個古典戰略論述末期才出現的概念雖在冷戰時代遭到忽視，冷戰結束後卻有愈來愈多的學者注意到這概念的特殊意涵。國際關係學者 Rosecrance 與 Stein 即將大戰略界定為「調整國內和國際所有資源以實現國家安全」，主張國家要考慮可以支配的全部資源(不僅是軍事資源)，以有效運用確保平時和戰時的國家安全；並分別從理論與實務兩部份探討美國的大戰略，指出現實主義者僅重視國際結構，而忽略國內因素的狹隘。[63]

　　Liddell Hart 提出「大戰略」概念時的原意，是指超越僅運用武力工具的「戰略」概念之高級戰略，任務是協調與指導一個國家的一切力量，

---

[63] 同註 12。

使其達到戰爭的政策目的。[64]並認為兩者雖然關係密切，戰略也受大戰略的控制，但大戰略的許多原理卻與戰略相反。[65]從大戰略的觀點，戰爭的政治目的不是勝利，而是要獲得一個比較好的和平，即令這個所謂的較好，僅僅是就自己的觀點而言。[66]大戰略的工具因而不僅軍事手段一項，對所期望獲得和平而言，直接投入武力可能不如其他手段來得有效，所衍生的暴力也可能產生相反的效果。因而他強調大戰略的視野應跨越戰爭的地平線，而看到戰後的和平。

Rosecrance 與 Stein 所界定的大戰略概念與 Liddell Hart 略有差異；Liddell Hart 的大戰略指涉戰時，而 Rosecrance 與 Stein 則進一步運用於平時。這個由國際關係學者所推動的進化，使大戰略概念變得更為好用。無論戰時或平時，國家都應有個一致的戰略思維，以協調所有力量或資源達到國家目標。而這個國家目標，在平時是國家安全，在戰時則是條件較好的和平；即便這「國家安全」或「較好的和平」都只是抽象模糊的概念，不同的政治菁英在各自條件下將有不同的界定。至於戰略工具箱，則同樣都包括了國家的一切力量或資源。就這些指涉而言，冷戰結束後進化的「大戰略」意涵，已超越了冷戰時代強調武力使用或不使用的「戰略」概念；因為後者的工具箱仍只有武力一項，只是增加了如何透過「不使用」或「威脅使用」，而獲得「使用」所達不到的效果。如果我們同意國家除面對核武外，還有其它的安全威脅，即便在傳統敵國消失及核子陰影淡化的戰略環境，仍必須維持特定武力以配合其他工具作為回應；那麼進化後的「大戰略」概念，將可以彌補核子議題消失後「戰略」概念的不足。

---

[64] Liddell Hart 著，鈕先鍾譯，前揭書，頁 380。
[65] Liddell Hart 著，鈕先鍾譯，前揭書，頁 423。
[66] Liddell Hart 著，鈕先鍾譯，前揭書，頁 404、423。

　　戰略研究者發展「非武力」的研究主題，正表現戰略工具愈趨多元的現象；武力仍是最有效的工具，只是在國際政治經濟環境或權力結構的制約下，武力的使用或威脅使用遭到嚴重限制，研究者必須探討如何運用其它非武力工具以達到政策目標。如此，此一由國際關係學者推動的進化，將是冷戰結束後戰略意涵的重要擴展。

　　梳理戰略概念發展的過程，可發現戰略意涵逐漸擴展的現象：從原本區隔出戰術概念後的軍事指涉，到擴展武力使用或不使用的意義，進而到超越武力意義的非武力概念；戰略工具箱已包括所有可動用的力量或資源，而不只是軍事手段而已（如圖 3）。不過，這不意味著「去武力化」同樣為戰略意涵的擴展；「非武力」與「去武力化」是不同概念，前者是理解達到目標的過程中使用其它工具或手段或許有更佳效果，後者則是將戰略概念運用於國家安全之外的其它議題或其它的研究領域；如此是戰略意涵的擴展抑或是概念的誤用或混淆？還有待進一步釐清。

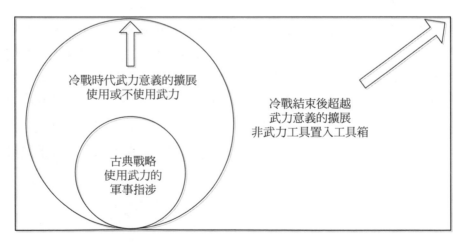

圖 3：戰略意涵的擴展

資料來源：作者自行繪製

肆、戰略的本質與戰略意涵的進一步擴展

戰略意涵是逐漸擴展的。此一歷史現實使戰略概念是誤用亦或是擴展的界線難以明確劃分；因為今日的誤用，明日可能視為擴展。對克勞塞維茲時代的將領們來說，戰略是他們的專業領域，不會甚至不屑與文人學者分享其戰略理念；而今日的戰略研究，已成為政治學科項下的一門社會科學。然而，無論我們如何界定戰略概念，如果同意「戰略」之所以為「戰略」是因為其具有獨特可劃界的本質，也就是 Gray 所指出：在所有歷史期間裡所發生的戰略經驗存在個本質上的一致性（essential unity），[67]則此一不變的本質可作為戰略與其它概念的分界：戰略意涵無論如何擴展，都不能超越戰略本質的界線。

一、戰略的本質

大多數戰略學者同意，戰略具有實用性目的；[68]這表示戰略是個處理問題的概念。這個被古典戰略家 Beaufre 強調為非教條的思想方法（method of though），[69]有其特定的思維結構，但因與同樣是處理問題的「政策」與「策略」等概念類似，因而容易遭到混淆或誤用。

（一）戰略結構

自克勞塞維茲界定戰略是「用戰鬥手段來獲取戰爭目標」，突出了戰略具有「手段」與「目標」的基本結構後，當代戰略學者進一步補強了「連結」的概念。目標（目的）、手段（工具）、連結（途徑）的三結

---

[67] Gray S. Colin, *Modern Strategy*, p. 1

[68] 請參閱：Bernard Brodie, *War and Politics* (New York: Macmillan Publishing Co, 1973), p. 452; Colin S. Gray, *Strategic Studies and Public Policy: The American Experience* (Lexington: University of Kentucky, 1982), p. 2; Edward N. Luttwak, *On The Meaning of Victory: Essays on Strategy* (New York: Simon and Schuster, 1986), p. 234.

[69] Andre Beaufre, R. H. Barry trans, ibid, p. 54.

構是戰略思維的特徵，使我們在回顧歷史上的戰爭時可以清楚的判斷：
何者為戰略行動？何者為戰術？或者其它。

但具有類似的結構特徵並不表示即為「戰略」，政治學的「政策」
學術領域同樣強調目標、計畫、行動與實踐。Friedrich 即指出：政策就
是一個有計畫與目的的行為過程。[70]Kaplan 也將政策定義為：一個有目
標價值的預定計畫與實踐。[71]因而若將連結目標與手段視為計畫與行動
的過程，則戰略與政策概念的確有重疊之處。

然而，即便同樣是探討國家對外問題的處理，「戰略研究」與「外
交政策分析」也是國際關係領域的不同分支，兩者不僅研究典範不同，
彼此也沒有內在邏輯思維的聯繫。[72]這是因為政策與戰略的思維結構有
不同重點。在三結構中，政策科學重視的是「目標」的決策者與決策過
程，[73]戰略研究的核心則是「連結」。Garnett 即指出：戰略計畫者惟一感
興趣的是如何有效利用已有軍事資源達到政治目標；他們的工作只是為
了國家利益而利用軍事力量，並沒有延伸到決定在特定情形下國家的利
益是什麼。[74]戰略研究不探討軍事力量如何產出，那是軍事科學的專業
領域；也不界定國家利益或探討政策目標如何形成，那是外交政策分析

---

[70] Carl J. Friedrich, *Man and His Government* (New York: McGraw-Hill Book Co., 1963), p. 79.

[71] Abraham Kaplan, and Harold D. Lasswell, *Power and Society* (New Haven: Yale University Press, 1950), p. 71.

[72] 羅天紅，前揭文，頁 34。

[73] 原屬公共行政的政策科學是探討政策制定程序，1950 年代後受行為科學的影響而將研究重點置於政策決策者的確認與政策制定過程，並發展出政治決策制定理論與系統分析理論。請參閱：James C. Gharlesworth ed., *Contemporary Political Analysis* (New York: Free Press, 1967); 以及 David Easton, *The Political System* (New York: Alfred A. Knopf, 1953).

[74] John Garnett, *Strategic Studies and Its Assumptions*,轉引自：羅天虹，前揭文，頁 33。

所要處理的問題。雖然這專業分工有其狹隘可議之處，但顯示「政策」與「戰略」的思維因重點不同，即便結構類似卻分屬不同的學術領域。

戰略不僅強調「連結」，而且其強調的「連結」也與政策的「連結」有重大差異。戰略的血緣來自戰爭，不僅戰略概念隨著戰爭的實踐產生與發展，戰略理論也來自戰爭實踐或準備的相關經驗。這使戰略在連結手段與目標時，除了連結本身的效果外，不受任何規則或社會價值如法律、道德、輿論……等規範的限制，甚至將這些社會價值納入戰略工具箱操作。相較政策是透過法律與命令，連結其政策目標與工具，戰略不受限制的特性是崇尚詐謀，至少靈活多變。「戰略」來自戰爭經驗，面對的是敵人，「連結」的效果通常能決定生存或死亡；這與面對民眾進行權威性價值分配，強調誠信原則的「政策」，本質不同。

（二）工具箱與戰略問題

與「戰略」具有類似思維結構的概念除了「政策」外，還有商學院的「策略」；策略管理即是戰略概念導入商業領域的結果。[75]策略與戰略的血脈相連，超過政策與戰略僅是同樣處理公共事務的緊密。策略同樣重視三結構中的「連結」，與戰略的差異主要在「手段」：戰略工具箱有武力，策略工具箱則沒有。

這是因為兩者處理的問題不同。雖然都有意志衝突的特性，但戰略處理的是國家生存與發展的問題，策略則是處理企業的市場競爭。對戰略而言，武力是達到目標最直接有效的工具，只是因可能造成目標之外的其他損害，或者製造出嚴重的反效果，研究者才會探討非武力議題。戰略超越武力意義並不是將武力移出戰略工具箱，而是將其它工具置入，

---

[75] 1930 年代，管理學家 Chester I. Barnard (1886-1961)在《經理人員的職能》(*The Functions of the Executive*, Cambridge: Harvard University Press, 1938)一書中首次將戰略概念導入企業管理，認為企業領導人主要的工作是管理和擬訂戰略計畫，而成為當代管理科學的先行者。

以擴充工具箱；武力仍是戰略工具箱中最重要的工具或最後手段。正如 Waltz 所指出，國際社會充斥著暴力和妥協，國家必須依靠自己的力量才能維持生存，武力是解決國際紛爭初始及最終的裁判。[76]因此，如果我們界定戰略所處的理問題是「戰略問題」，則此「戰略問題」必然是可以透過武力來處理的；即便使用或威脅使用的機會，在特定環境下低到微乎其微甚至常被忽略。這是區別「戰略問題」與「策略」或「政策」所處理問題的界線；如此才能使來自戰爭實踐經驗的戰略概念及理論命題，在處理「戰略問題」時具有意義。

因此，研究者使用經濟戰略、外交戰略、文化戰略、政治戰略或其它「OO 戰略」等詞彙時，必須先有這些問題是戰略問題的認知，運用戰略概念處理才具合理性，否則就是誤用或與政策、策略等概念的混淆。[77]但研究者有此認知，是否即屬於戰略意涵超越武力意義後，具學術合法性的運用？則還要釐清戰略主體與客體的問題。

（三）戰略主體、客體與行為者

戰略既然是隨著戰爭的實踐產生與發展，而戰爭是處理意志衝突，克勞塞維茲即定義「戰爭為一種強迫敵人遵從我方意志的武力行動」（War is thus an act of force to compel our enemy to do our will）[78]；則戰略的本質中必然包含兩個或以上獨立意志的衝突。這些獨立意志的載體，我們可以稱之為「戰略主體」，戰略主體操作戰略的對象，即為「戰略客體」。因此在一個單純（只有兩個敵對意志）的衝突環境中，各戰略主體將互為對方的戰略客體。至於大多數複雜的戰略環境，則可能存在

---

[76] Kenneth N. Waltz 著，胡祖慶譯，《國際政治體系理論解析》（台北：五南圖書，1997年），頁 140。

[77] 研究者如果重視的是目標與計畫過程，則應使用「OO 政策」術語；如果重點是連結，但工具箱中沒有使用武力的潛在假定，則使用「OO 策略」較符合所要處理問題的特性。

[78] 克勞塞維茲，鈕先鍾譯，前揭書，頁 110。

多個互不統屬，各自對抗、合作或試圖置身事外的獨立意志載體；這些獨立意志載體，即為是戰略行動的行為者。

所有的戰略規劃，都潛藏著特定主體與客體的設定。雖然邏輯上所有不同層級，只要具獨立意志的行為者都可以成為戰略主體，包括國家、軍隊集團、企業、政府部門、社團組織，甚至家族或部落，但戰略概念的發展在主體設定上卻有特定歷程。最初從戰術分離出戰略概念時，戰略主體是武力集團或軍隊（無論這軍隊隸屬何者或無隸屬），大軍統帥作為該獨立意志的代表，指揮各部隊作戰以屈服敵人意志；當代戰略研究則將戰略主體設定為國家。這是因為只有國家，才被當代的國際政治視為唯一的合法武力擁有者，武力被理解為服從國家意志作戰，而不是統帥（總統）個人；以國家作為戰略主體是合理的發展。而在相對概念下，戰略客體也被設定為國家。這是冷戰時代，Haller 將戰略研究界定為「政治學科項下探討國家間政治關係中使用武力意義的研究」時的潛在假定。

不過在冷戰後的實務發展，如果我們將反恐、非正規作戰、種族衝突，以及對大規模毀滅性武器擁有者進行嚇阻等議題，都歸屬於戰略研究，則戰略客體將不再只是國家，還包括如恐怖組織、跨國犯罪集團、叛亂團體……等非法擁有武力的非國家或超國家組織；至於戰略主體則仍限定為國家，除非是站在恐怖組織、跨國犯罪集團或叛亂團體的立場立論。

因此，如果研究者使用經濟戰略、外交戰略、文化戰略、政治戰略或其他「OO 戰略」等詞彙，其主體設定為國家並且有明確的戰略客體，則所謂「OO 戰略」就是國家針對特定對象，運用特定之「OO」工具，以達到特定目標的研究。這是戰略意涵的合法運用；研究者認知所處理的是戰略問題，理解武力所扮演的決定性角色，只是因為使用或威脅使用武力將造成目標之外的損害或反效果，因而才探討此戰略問題中的非

武力議題。然而，如果研究者的主體設定是政府的特定部門（如經濟部、外交部……），客體則是不具針對性的非特定行為者，那就牽涉到戰略意涵的進一步擴展，以及是否適切的問題了。

二、戰略意涵的進一步擴展？

從前述戰略的本質已釐清，戰略意涵超越武力意義的擴展表現在戰略工具箱的擴充，若有進一步擴展的問題，則將圍繞在戰略的主、客體地位上。如此可歸納為兩個層次的問題。

（一）戰略客體的概念延伸與研究範疇

戰略意涵的擴展就是戰略研究本體論地位的擴展，因而將帶動戰略研究範疇的變動。冷戰時代，戰略研究對戰略主體與客體的設定都是國家，戰略研究因而被界定為「探討國家間政治關係中使用武力意義的研究」；21 世紀後因為恐怖主義的問題，使世人認知到超國家武力存在的現象，在戰略主體仍為國家下，戰略客體已延伸到非法擁有武力的恐怖組織、跨國犯罪集團、叛亂團體等超國家或非國家組織。然而，當前的國際政治經濟環境，國家使用或不使用武力，除本身意志外還受國際權力結構的制約，因而此時做為國際關係分支的戰略研究，研究範疇已成為「探討國家在國際權力結構下使用武力意義的研究」。

然而，此一範疇的界定仍聚焦於武力使用的意義上，並未涵括戰略工具箱擴大的概念。戰略研究者之所以發展非武力的研究主題，除了國際權力結構制約了武力使用，使研究者必須著眼於戰略工具箱的非武力部分外，還因為冷戰結束後國家所面對的戰略問題具不確定性，即便有較明確的假想敵，意料之外的獨立意志行為者可能突如其來的，就成為國家安全的威脅來源。如此，將戰略客體界定為「戰略問題的載體」或許是個更好的安排；以回應安全威脅是來自國家、超國家武力集團，抑或其它具獨立意志行為者的不確定性。在這種發展下，戰略研究範疇可

進一步調整為「國家在國際權力結構下能動性的研究」（如表 2），以區隔國際關係領域：國際關係探討國際政治權力下的結構，戰略則探討能動性。

（二）戰略主體的擴大與專業化流失

若戰略客體向抽象概念延伸以配合戰略工具箱的擴充，是戰略研究本體論地位擴展的主要方向；則戰略主體的擴大對戰略意涵的衝擊又為何？同意戰略主體擴大為非國家行為者的觀點並不乏人，例如政治學者 Hedley Bull 所主張的「戰略是在任何領域的衝突中，如何運用手段達成目的的藝術或科學」即為典型。不過，若我們同意戰略主體擴大到非國家行為者，則戰略概念將可以運用到所有的衝突甚至競爭性場域；因為所有的競爭也都隱含有「奪標」之類的意志衝突，包括球賽、企業發展、甚至個人事業競爭與考試。正如前述，戰略是個很好用的概念，不受限制連結手段與目標的屬性很吸引人。只是經過如此擴展的戰略概念，已不是戰略研究的戰略；「戰略」將變成任何領域的作者強調其計畫與行動的普通名詞，而不是專有名詞，戰略研究也將難以說服讀者其為獨立存在之專業領域。

表 2：戰略研究範疇的變動

戰略主體	戰略客體概念的延伸	研究範疇	工具箱
國家	戰略問題的載體 ⇑ 國家或超國家武力 ⇑ 國家	國家在國際權力結構下能動性的研究	武力與非武力
		國家在國際權力結構下使用武力意義的研究	武力的使用或不使用
		國家間政治關係中使用武力意義的研究	

資料來源：作者自行整理

戰略主體擴大為非國家行為者的觀點，存在著「人類所有衝突或競爭領域與戰爭具有相同本質」的假定。包括戰爭在內，所有競爭或衝突的核心都是「意志」的衝突，而不是武力本身的衝突；武力只是工具之一，只要能屈服對手意志，無論是透過武力或其他力量，並無區別。由此推論：戰略概念，以及來自戰爭經驗的戰略理論，對所有的衝突或競爭領域同樣適用。

然而，此一假定忽視了戰爭的暴力本質。「戰爭」是因為武力的使用才謂之為「戰爭」，沒有武力衝突的「戰爭」只是文學上的修辭。在戰爭或戰略問題的處理中，武力不只是工具之一，而是必備工具；是因為武力工具的存在，才使非武力工具有意義。使用武力、不使用武力、非武力化、去武力化等四組概念的區別（如表3）。

戰爭由於具暴力本質而有特殊性，「人類所有衝突或競爭領域與戰爭具有相同本質」的假定並不合理；戰略理論適用於其它衝突或競爭領域的推論，也難以成立，更無論其完全缺乏實證基礎。因此，戰略主體擴大為非國家行為者，將戰略概念運用於競爭性或衝突領域，是戰略研究專業化的流失。作者或許可將「OO戰略」或「OO戰場」作為文學上的修辭或譬喻，但不能透過戰略概念與理論使問題更明晰，或更有利問題的處理。戰略主體的擴展，本文認為並不具有學術上的意義。

表3：戰略意涵之武力概念比較表

區分	概念	工具箱	定位
使用武力	使用武力以達到軍事目標	僅有武力	古典或軍事戰略的武力指涉
不使用武力	威脅使用武力以達到政治目的	僅有武力	冷戰時期的戰略意涵
非武力化	武力工具存在下使用非武力工具以達到政治目的	武力與非武力工具	冷戰結束後的戰略意涵
去武力化	運用戰略概念在非武力議題	僅有非武力工具	戰略概念的誤用

資料來源：作者自行整理

伍、結論

　　戰略是個變遷的概念，隨著戰爭的實踐產生與發展，也隨著戰略環境的轉變與學術的進展而不斷擴展其意涵。本文從戰略知識的角度，梳理戰略概念發展的脈絡，指出戰略原只具使用武力的軍事指涉，二戰結束後隨著美蘇冷戰的核武對峙，在文人參與下擴充了武力的意義為使用或不使用，而在核子嚇阻戰略上取得重大成就。戰略研究在社會科學領域的學科地位，是在文人參與下經過本體論地位的擴展而取得。冷戰結束後，傳統敵國消失，核子陰影淡化，武力意義的研究議題萎縮，研究者開始發展非武力的研究主題，以延伸戰略學術的研究觸角。戰略意涵超越武力的發展，雖然有很好的機會帶給戰略研究新生命，研究者在戰略工具箱的「非武力」工具中有廣大議題可供探討，但同時也造成戰略概念「去武力化」的誤解，使戰略詞彙被愈來愈多的其他領域研究者或文學作者誤用。

　　戰略詞彙愈被廣泛的誤用，愈容易造成戰略研究專業化的流失，因而有必要釐清概念誤用與意涵擴展的界線。本文強調「戰略」有其不變的本質，戰略意涵無論如何擴展，都必須符合戰略本質，超越本質的界線即為誤用。冷戰後的戰略環境是威脅來源不確定，武力使用則被國際權力結構所制約，因而提出：戰略客體向「戰略問題載體」的抽象概念延伸、戰略工具箱擴充為「包括武力在內所有力量或資源」之戰略研究本體論地位擴展的論述；戰略研究範疇，將因此調整為「國家在國際權力結構下能動性的研究」。但認為戰略主體的擴大，亦即將戰略概念運用於任何衝突或競爭領域的觀點，將違反戰略的武力的本質。「非武力」與「去武力」是不同的概念；戰略問題容許用非武力工具處理，但不具武力概念的問題不是戰略問題。在國家是唯一合法武力擁有者的國際政治環境中，只有國家才是戰略研究的戰略主體；其它衝突或競爭領域，

因主體不能合法擁有武力，所處理的問題就不是戰略問題（或許為政治問題或法律問題），即不能用戰略概念理解或運用來自戰爭經驗的戰略理論處理，因而不具學術意義。

　　在這種發展下，戰略研究的「戰略」，與國際關係學者所演化的「大戰略」、安全研究學者所推動的「國家安全戰略」、軍事學者所發展出的「國家戰略」等概念，只有學術脈絡的區別，並沒有指涉上的差異。國家無論平時與戰時，都應有一套完整的戰略思維，運用包括武力或非武力在內的所有其他工具，以達到確保國家安全（平時）或條件更好的和平（戰時）的政治目的。只有回應戰略環境轉變，有利於國家面臨愈趨複雜的競爭或衝突時的問題解決，戰略研究本體論地位的擴展才有意義。

行動戰略概念架構整合之再研究：
從荀子思想的嘗試

Rethinking of the Integration to Concept Framework of Strategy of Action: A Perspective form Xun Zi

江昱蓁

（淡江大學國際事務與戰略研究所博士生）

摘要

戰國時代儒家代表分別為孟子與荀子。如果孟子為儒家正統，則荀子可視為儒家的改革派。荀子思想有因襲儒家傳統觀點者，亦有改革與創新之處。就前者而言，以「王道」、「得民心」、「以德兼人」為主；論及後者，荀子議兵之深，為孔孟所不及。甚至荀子雖主張兵以仁義為本，但也認為惟有軍事力量才能維持國際秩序，仁義不足時惟有以兵解決。這些讓荀子的思想較孔孟更務實、更具現實感，也較符合當代戰略思想。本文因此選擇荀子與薄富爾的行動戰略之概念進行整合，試圖從古人的思想結晶尋找對當代戰略思想之啟示，進而使薄富爾的行動戰略之概念能夠更加的完備。

其次，現有對薄富爾行動戰略理論進行整合之文獻，乃是選擇《孫子》一書為對象。然《孫子》為兵家之代表，其主要觀點乃以「強兵」為主，而不及於「富國」。然而，荀子則兩者兼備，不但追求「富國強兵」，經濟實力更是軍事力量的基礎。因此，本文選擇荀子作為與薄富爾整合之

對象，以提出不同於《孫子》的觀點，一方面從另一角度完備薄富爾的行動戰略理論，另一方面提出一更能完整解釋與分析國家行動之理論。

概括而論，荀子行動戰略之最高政治目標為「以德兼人」，即爭取民心以王天下，並透過總體的戰略計畫加以完成。就政治戰略而言，為尊君、禮治與尚賢；就經濟戰略而言，為節用與裕民；就軍事戰略而言，包括義兵、附民與壹民，其選將的標準包括六術、五權、三至。此外，荀子的戰略行動為間接且總體的，最高境界為不戰，之後逐漸累積暴力程度，最後以直接的軍事打擊「奪地」為最高暴力行動。而貫穿此一思想、計畫、行動之過程者，乃是相信人為的積極戰略思考。

關鍵字：
行動戰略、戰略思想、戰略計畫、戰略行動、薄富爾、荀子

壹、新形勢下的新思維

　　當歷史進入 21 世紀，整個國際戰略環境呈現劇烈地變動，[1]國際形勢也因此呈現弔詭地發展。[2]誠如克勞塞維茨（Carl Von Clause-witz,1978-1831）所指出地：「戰爭不僅僅只是一種政策的行動，更是一種真正的政策工具。」。[3]傳統上，政府合法地壟斷武力的使用，戰爭成為政策工具的一種。[4]但是，隨著全球化的推展，國與國之間的互賴性與日俱增，武力做為政策的工具，其效益正日益降低。[5]甚至，早在 1899年，布羅赫（Ivan Bloch,1836-1902）即前瞻性的指出，隨著國與國間的經濟互賴上升，各國難以像過去一樣地維持自給自足的生活模式，貿易成為一種必要的生活方式。而每當戰爭發生時，交戰國即失去利用彼此商品與資源的機會。因此，工業大國間的戰爭，與自殺並無二異。[6]換言之，全球化的時代各國彼此高度互賴，武力的使用因此成本日增，從而使戰爭發生的頻率及其做為處理衝突工具的效益隨之遞減。[7]而這樣地趨勢又因以下因素而深化：第一，核子武器強大的破壞力，使得武力使用

---

[1] 施正權，〈戰略思考與戰略方向之研究：兼論台灣國家安全戰略之思考與方向〉，戴萬欽主編《2009 年台灣與世界關係》（台北：時英出版社，2009 年），頁 14。

[2] 施正權，〈孫逸仙思想與後冷戰時期戰爭／和平問題之可能演展：一個前瞻性解決問題思考取向的分析〉，《世界新聞傳播學院人文學報》，第 4 期（1996 年 1 月），頁 159。

[3] Carl Von Clausewitz, *On War* (New York: Knopf, 1993), p. 99.

[4] Joseph S. Nye, Understanding International Conflicts: An Introduction to Theory and History, 7th ed. (New York: Pearson/Longman, 2009), pp. 2-3.

[5] Joseph S. Nye, *The Future of Power* (New York: PublicAffairs, 2011), pp. 29-31.

[6] Ivan S. Bloch, Is War Now Impossible? Being an Abridgement of The War of the Future in Its Technical, Economic and Political Relations (Hampshire, England: Gregg Revivals in association with Dept. of War Studies, King's College, 1991).

[7] Klaus Knorr, The Power of Nations: The Political Economy of International Relations (New York: Basic Books, 1975), p. 105, 107.

的行動自由，範圍日益縮小。[8]第二，武力的使用受到國內的制約。特別是在民主國家，更容易產生此一現象。第三，網際網路使得社會更容易動員，更容易激起民族主義，對於這類的社會使用武力，往往所費不貲。[9]總總因素的交雜下，如同約翰‧米勒（John E. Muelle）所說地：傳統的戰爭正逐漸地退出舞台。[10]

正如前面所提及國際形勢呈現弔詭的發展。雖然學者指出當前戰爭的式微，人類似乎已經脫離戰爭的陰影，但亦有學者認為，戰爭並未消失，而是以新的型態呈現。這類的戰爭常常被描述為內戰或低強度衝突，甚或是文明衝突。[11]總體而言，新形態戰爭具有暴力私人化的特質。[12]換言之，前述政府壟斷武力使用的現象，如今正被打破。其次，傳統的戰爭，往往在國家之間進行。但是，今日的戰爭行為者多為次國家行為者，甚或有組織的政治單位。[13]因此，新型態的戰爭可能是由國家或有組織的政治團體所發動，其目的是為了滿足其政治目的所發動的暴力行為；也可能是有組織的民間團體所為，為了私人利益（往往與毒品或金錢利益有關）而採取暴力行動；又可能是國家或政治團體，採取侵害個體人權的行動。換言之，這類的行為難以清楚界定其究竟為傳統的戰爭，抑或是犯罪集團，還是國家對個人權利的侵害。[14]從而，先前拿著武器保

---

[8] Andre Beaufre, *An Introduction to Strategy* (London: Faber and Faber Limited, 1965), p. 101.

[9] Nye, *The Future of Power*, pp. 30-31.

[10] John E. Muelle, *The Remnants of War* (Ithaca: Cornell University Press, 2004), p. 1.

[11] Samuel P. Huntington, *The Clash of Civilizations and the Remaking of World Order* (New York: Simon & Schuster, 1996).

[12] Mary Kaldor, *New & Old Wars: Organised Violence in a Global Era*, 2nd (Malden, MA: Polity Press, 2006), pp. 1-3. 不約而同地，Nye 也認為戰爭的頻率與武力的重要性或許下降，但它們從未消失，而是以新形勢存續下去。請參閱：Nye, *The Future of Power*, p. 32.

[13] Michael Howard, "When Are Wars Decisive," *Survial*, Vol. 41, No. 1 (1999), p. 126.

[14] Kaldor, *New & Old Wars: Organised Violence in a Global Era*, pp. 2-3.

護百姓抵抗外來侵入勢力的軍人，很可能搖身一變成為打家劫舍的土匪，或是進行毒品交易的犯罪組織。[15]

傳統上，戰略被界定為以詭道的方式運用暴力來贏取戰爭的藝術。[16]換言之，戰略即在於思考戰爭。[17]戰略家的任務往往是思考如何贏得一場勝利，以達成政治目標。如李德哈特（B. H. Liddell Hart1895-1970）將戰略界定為：「戰略為分配和使用軍事工具，以達到政策目標的藝術。」[18]但誠如前面所指出地，戰爭做為政策工具的效率日益遞減。此時，軍事力量難以成為國家的首要工具。國家尚須運用政治、經濟或心理等等工具，方能有效達成其政治目標。[19]特別是核子時代所引發的「行動癱瘓」，政府勢必須更側重非軍事手段，方能有效的行動，進而達成國家目標。誠如薄富爾所指出地：「戰略並非一種單純固定得教條，而是一種思想方法。」[20]面對國際形勢的劇烈轉變，政府需要一套新的思考方法，來因應此一變局，而不能拘泥於舊有做事方法。

此外，前述的低強度衝突，往往可以看到全球化的痕跡，包含各樣非政府組織與國際組織的身影穿梭其中。前者如國際紅十字會、無國界醫師組織；後者如聯合國難民事務高級公署（Office of the UN High Commissioner for Refugees, UNHCR）、歐洲安全合作組織（Organization for Security and Co-operation in Europe, OSCE）。[21]雖然當前國家仍未消逝，

---

[15] Muelle, *The Remnants of War*, chap. 5.

[16] Lawrence Freedman, *Strategy: A History* (New York: Oxford University Press, 2013), p. 3.

[17] Beatrice Heuser, *The Evolution of Strategy: Thinking War from Antiquity to the Present* (New York: Cambridge University Press, 2010), p. 3.

[18] B.H. Liddell Hart, *Strategy*, 2nd (New York, N.Y., U.S.A.: Meridian, 1991), p. 335.

[19] 周丕啟，《大戰略分析》(上海：上海人民出版社，2009 年)，頁 4-7。

[20] Beaufre, *An Introduction to Strategy*, p. 13.

[21] Kaldor, *New & Old Wars: Organised Violence in a Global Era*, pp. 2-3.

但此一趨勢反映出當前國際體系中的行為者多元化。國家不再是國際環境中的唯一行為者。

　　概括言之，克里斯多夫‧希爾（Christopher Hill）將非國家行為者概分為以下幾種：第一，領土型。這類型的行為者與國家相同，或尋求取得領土，或是使用領土，例如巴勒斯坦解放組織。由於彼等試圖加入主權國家的行列，固可能成為現有國家的對手。另一種領土型的行為者為次國家單位。例如城市、地區或聯邦制國家，或多或少皆有地方性對外政策。此等行為體對於中央政府壟斷對外政策有所不滿，一方面利用其選民的支持，涉足國際事務；另一方面，依靠所建構的國際形象，進而獲得國內的政治利益。長期而言，這類的行為者將利於促進公民社會的形成。有時它們讓政府行動受到制約，或是為自己創造了在國際上的權力。[22]無論如何，這類的行為者，將可能成為國際體系中與國家競爭對手。

　　第二，意識型態或文化型。這類行為者的焦點不在於傳統權力或領土的掠取，而是思想觀念的傳播。雖然彼等本身並不具備實現其目標的能力。但在國際環境中，它們往往利用傳播理念，影響廣大視聽群眾，進而影響國家的政策，以達成自身目標。因此，這類的行為者往往是尋求解決單一問題的組織，或是宣揚某種生活理念的團體。彼等的存在，有助於建構全球統一性的政治語言。[23]

　　第三，經濟型的跨國行為者。這類型的行為者最為人熟悉的，就是跨國企業。[24]跨國企業雖然缺少部分權力要素，但由於部分跨國企業甚

---

[22] Christopher Hill, *The Changing Politics of Foreign Policy* (New York: Palgrave MacMillan, 2003), pp. 194-196.

[23] Hill, *The Changing Politics of Foreign Policy*, pp. 196-198.

[24] Hill, *The Changing Politics of Foreign Policy*, p. 201.

至富可敵國，因此可以大大的影響一國經濟。[25]由於彼等能直接影響數百萬人的生計，是故政府在進行經濟決策的過程中，不得不重視跨國企業的態度。換言之，在國際經濟環境中，跨國公司能夠施加強大的壓力，如減免稅率、貿易自由化等等。而跨國企業的聯合，有時更能對國家產生直接的影響。[26]

不論哪一種類型的非國家行為者，其背後或多或少都反映出當前國家的權力，流散到非國家行為者手中。而網際網路的流行，更深化了前述現象。伴隨著網際網路地普及，個人主義更為興盛。許多網際網路的使用者，將其認同的對象，由傳統的主權國家，轉向網路空間中的社群團體。[27]當國家認同感的流失，間接地將其所擁有的部分權力，傳遞到所認同的新對象手中。因此，造成了國家權力流散的結果。同樣地，隨著科技的進步打破了地理上的國界，大量的新移民的移入、外來文化的滲透，雖產生了多元文化，但也造成了國家認同的崩解。例如美國在大量新移民移入後，不但傳統的政治信念有所動搖，族群融合也成為一大問題。這些使美國面臨國家認同崩解，甚至國家可能因此有分裂危機。[28]

前述非國家行為者的出現，成為國家在國際環境的新對手。而權力的流散，或多或少約束了國家的行動。換言之，傳統主權國家如要在當前行為者多元化的國際環境，有效的行動或是利用、操控非國家行為者，都需要一套新的行動指導原則。或許如同薄富爾所指出地，當前時代巨

---

[25] Nye, *Understanding International Conflicts: An Introduction to Theory and History*, pp. 10-11.

[26] Hill, *The Changing Politics of Foreign Policy*, pp. 201-202.

[27] Tim Jordan, *Cyberpower: the Culture and Politics of Cyberspace and the Interne*t (New York: Routledge, 1999), chap. 1.

[28] Samuel P. Huntington, *Who Are We: the Challenges to America's National Identity* (New York: Simon & Schuster, 2004).

大的變動，但是人類卻缺少了兩個重要的因素。一個是指導的原則，也就是哲學；一個是行動的觀念，也就是戰略。人類因為缺少這兩種指導的光線，以致於面臨新挑戰時，往往兵敗如山倒，毫無抵抗能力。[29]

　　因此，本文試圖將薄富爾的行動戰略概念架構，與荀子進行整合。一方面藉由此種整合完備薄富爾的行動戰略之理論；另一方面，建構指導國家行動的理論，以提供政府在劇變中的國際環境，能有指引方向的行動原則。此外，目前對行動戰略理論進行研究之文獻，僅有施正權所撰之〈行動戰略概念架構之研究：古典與現代的可能整合〉。該筆文獻是將《孫子兵法》與薄富爾的理論進行整合。[30]然《孫子》為兵家之代表，其主要觀點乃以「強兵」為主，而不及於「富國」。然而，荀子則兩者兼備，不但追求「富國強兵」，經濟實力更是軍事力量的基礎。因此，本文選擇荀子作為與薄富爾整合之對象，以提出不同於《孫子》的觀點。

貳、《荀子》的行動戰略概念架構

　　行動戰略是由戰略思想、戰略計畫與戰略行動三個部分所構成。概括而言，思想為行動的基礎，指出行動的方向；計畫作為連結思想與行動的橋梁，一方面將思想實質地表達出來，另一方面又成為行動的綜合指導；而行動旨在依計畫的指引，完成思想所欲達成之目標。[31]本文以此方向，將《荀子》一書的行動戰略概念分述如下：

---

[29] Beaufre, *An Introduction to Strategy*, pp. 11-13.

[30] 施正權，〈行動戰略概念架構之研究：古典與現代的可能整合〉，翁明賢主編，《戰略安全：理論建構與政策研析》(新北市：淡江大學出版中心，2013 年)，頁 105-144。

[31] 鈕先鍾，《戰略研究入門》(台北：麥田出版，1998 年)，頁 211-212。

一、戰略思想核心：得民心以王天下

　　春秋至戰國末期，整個時代的特徵為由兼併轉至劇烈兼併。[32]社會各階層無不因此受到影響。農業雖有技術革新，但因頻繁的戰爭使農產量無顯著提升。激烈兼併下人民無法休息養生，自然會希望統一以安養。[33]而荀子為戰國末期時人，此時秦併天下的情勢更為明顯，對於統一影響的思考必然會更深入。如《荀子》一書提出統一的好處包括：「一天下，財萬物，長養人民，兼利天下，通達之屬莫不從服」。[34]換言之，統一對天下是有利的，不但使萬物養成，更使百姓得到長期休養生長。但是，荀子所採取的統一手段有別於當時的主流論述，並非以軍事力量為主。荀子認為：「用彊者：人之城守，人之出戰，而我以力勝之也，則傷人之民必甚矣；傷人之民甚，則人之民必惡我甚矣；人之民惡我甚，則日欲與我鬥。人之城守，人之出戰，而我以力勝之，則傷吾民必甚矣；傷吾民甚，則吾民之惡我必甚矣；吾民之惡我甚，則日不欲為我鬥。人之民日欲與我鬥，吾民日不欲為我鬥，是彊者之所以反弱也。」[35]僅憑武力也不能統一天下，因為戰爭不但傷害敵方百姓，同時也造成我方百姓的損傷，因此敵民不但抵抗我，我民也不為我所用，所以徒然使用武力者，強者反而變弱。

　　既然武力損人不利己，那麼如何稱王於天下？對此，荀子主張爭取民心，以德兼人。「王奪之人，霸奪之與，彊奪之地。奪之人者臣諸侯，奪之與者友諸侯，奪之地者敵諸侯。臣諸侯者王，友諸侯者霸，敵諸侯者危。」反之，失去民心者，民不為己用，不為己死，想要求取軍隊擁有旺盛戰鬥立，城池穩固不可破，不可得也。而爭取民心後，將可產生

---

[32] 范文瀾，《中國通史簡編》(北京：人民出版社，1964 年)，頁 156，231。

[33] 張文儒，《中國兵學文化》(北京，北京大學出版，2000 年)，頁 187。

[34] 王忠林註譯，《新譯荀子讀本》(台北：三民書局，1974 年)，頁 106。

[35] 王忠林註譯，《新譯荀子讀本》，頁 142。

以下效益：第一，得百姓之力，因而國富；第二，得百姓之死，因而兵強國亦強；第三，得百姓之譽，國因而榮。三者皆備，則天下歸之而王。[36]

　　總言之，《荀子》戰略思想的核心為爭取民心，以求稱王天下。得民心是富國與強兵的基礎。政府欲求富國強兵，關鍵即在於愛民與利民，進而建立對敵我之民的吸引力。可以說，《荀子》通書有關於富國、裕民、尊君、隆禮等諸般論述，其目的皆指向建立良好的政治與生活環境，以達到利民、愛民，進而得敵我之民心，最終達成王天下的目的。

二、戰略計畫

　　戰略計畫將根據前述思想，發展、建立、協調國家的各種權力，以供後續行動之用。就《荀子》一書而言，對於國家權力的整建是總體化的，包含政治、軍事與經濟，略述於下：

（一）政治

　　政治戰略為建立與運用政治力的藝術，使國家在政治利益與外政發展上，能達到所期望的成果。[37]就《荀子》而言，其所建構之政治力，在於建構良好的環境與有效能的政府，以遂行民心之取得。包括：

1.以禮治

　　禮起源自人的欲望。但人的欲望不能滿足時，就會產生爭亂。為避免爭亂，故制禮以分之，以養人之欲，給人所求，使他欲望得以滿足，

---

[36] 王忠林註譯，《新譯荀子讀本》，頁141、185、200。

[37] 王桂巖，〈政治戰略〉，中華戰略學會編，《認識戰略》(台北：中華戰略研究學會，1997年)，頁307。

如此即可避免爭亂。換言之，禮具有養的作用，及滿足人的欲望。而這種欲望不分賢愚，都會擁有。[38]

另外，因為人性本惡，故《荀子》強調以禮矯治人性情的缺陷。在《荀子》的觀點中，禮的功能與範圍廣泛。禮不但牽涉到政治安定，還關乎軍事的強弱與經濟的富足。第一，禮可以使國家得治理，而不會混亂失序。士、農、工、商、君主，如果皆按禮行事而不踰矩，則國家沒有不得治的：第二，以禮治軍則兵強。第三，禮與足國裕民有關。《荀子》認為欲達節用，必須以禮。第四，國君用人，必須參之以禮，「故古之人為之不然：其取人有道，其用人有法。取人之道，參之以禮」。第五，一國的治與亂，全在於禮之有無。因此，禮是治國的規範，強國的根本。「禮者、治辨之極也，強固之本也，威行之道也，功名之總也，王公由之所以得天下也，不由所以隕社稷也。」「隆禮貴義者其國治，簡禮賤義者其國亂」「國無禮則不正」。細言之，禮使人民有分，進而讓國家止亂致治。人類社會的資源有限，但人的欲望無窮，當物質無法滿足時，彼此的勢與位分又相進，就會產生相爭，進而造成國家的動盪。為了避免這種動亂，故制禮義以分之。「執位齊，而欲惡同，物不能澹則必爭；爭則必亂，亂則窮矣。先王惡其亂也，故制禮義以分之，使有貧富貴賤之等，足以相兼臨者，是養天下之本也。」[39]

概括地說，為避免勢與位的相等，造成爭執時的混亂，透過禮分別貴賤、長幼、智愚。當人人各安其分，則國家就會維持和諧的秩序。「故先王案為之制禮義以分之，使有貴賤之等，長幼之差，知愚能不能之分，皆使人載其事，而各得其宜。」[40]

---

[38] 王忠林註譯，《新譯荀子讀本》，頁 284-285。

[39] 王忠林註譯，《新譯荀子讀本》，頁 159、165、140-141、183-184、203、228、232。

[40] 王忠林註譯，《新譯荀子讀本》，頁 88。

2.以義分

「水火有氣而無生，草木有生而無知，禽獸有知而無義，人有氣、有生、有知，亦且有義，故最為天下貴也。力不若牛，走不若馬，而牛馬為用，何也？曰：人能群，彼不能群也。人何以能群？曰：分。分何以能行？曰：義。故義以分則和，和則一，一則多力，多力則彊，彊則勝物；故宮室可得而居也。故序四時，裁萬物，兼利天下，無它故焉，得之分義也。」[41]《荀子》認為，人為群居的動物，人不能無群，但群而無分，就會造成大亂。因此，無分為人之大害。那麼，分的標準又安在？對此，《荀子》指出：依義求分，方能合宜。當分別得宜時，人就無怨懟之心，則社會就能團結合一，並產生力量，進而控制環境，使生活富裕。可見得禮與義兩者為相輔相成者。

3.尊君

《荀子》重君權，主張尊君，故云：「君者、國之隆也，父者、家之隆也。隆一而治，二而亂。自古及今，未有二隆爭重，而能長久者。」這樣尊君的思想，不外乎延續「明貴賤，別異同」的主張。雖然主張尊君，但與法家強調專制有所不同，荀子心中的君主除了是政務主持者，也是道德操守的典範。由於國君總攬國家大政，自然需要有相稱的地位與權力。[42]

而君主在政府中角色為何？《荀子》指出：「君者，善 也。」換言之，為君主的任務在於使群居的人民和諧相處。「君者何也？曰能群也。」人君必須能夠讓人民善 。而如何至此，則有賴「四統」：第一統，「善生養人者也」。也就是為人君者，須精於生養民眾。《荀子》進一步界定生養之道為：「省工賈，眾農夫，禁盜賊，除姦邪」。換言之，

---

[41] 王忠林註譯，《新譯荀子讀本》，頁 144-145。

[42] 王忠林註譯，《新譯荀子讀本》，頁 43、221、223。

除了給予安全的保護，還必須滿足人的衣食需求。第二統，「善班治人者」，即設立完備與良好的官僚體系，使之分工並輔佐君主處理政事。「天子三公，諸侯一相，大夫擅官，士保職，莫不法度而公：是所以班治之也。」第三統，「善顯設人」，指善於用人，使賢與不賢能有其適當的官位，讓人才得運用效率達到最高。「論德而定次，量能而授官，皆使人載其事，而各得其所宜，上賢使之為三公，次賢使之為諸侯，下賢使之為士大夫：是所以顯設之也。」第四統，「善藩飾人者也」，利用功名利祿，按官員的能力與職責，給與相稱的待遇。「修冠弁衣裳，黼黻文章，琱琢刻鏤，皆有等差：是所以藩飾之也。」[43]

其次，為人君者，除了要休養己德，尚須利其民，使人民願意為國效力。就修德而言，君王為人民典範，君正則百姓正。就利民愛民而言，君王利於民，才能自民身上取利為國，必先愛其民，才能得民效死為國用。[44]

4.愛民

然則，君主與人民之間關係為何？雖然《荀子》重君，但是承續儒家「民本」的概念。[45]其指出：「天之生民非為君也，天之立君以為民也」。進一步地，他主張民與君的關係為「君者、舟也，庶人者、水也；水則載舟，水則覆舟。」因此，「故君人者，欲安、則莫若平政愛民矣；欲榮、則莫若隆禮敬士矣；欲立功名、則莫若尚賢使能矣。－是人君之大節也。三節者當，則其餘莫不當矣。三節者不當，則其餘雖曲當，猶將無益也。」[46]要言之，雖然重君權，但同樣地認識到人主的平安在於愛民、隆禮、敬士、尚賢使能。甚至，可以認為君王、人民與士吏，三者

---

[43] 王忠林註譯，《新譯荀子讀本》，頁 201。

[44] 王忠林註譯，《新譯荀子讀本》，頁 164。

[45] 鈕先鍾，《中國戰略思想史》(台北：黎明事業文化股份有限公司，1992 年)，頁 132。

[46] 王忠林註譯，《新譯荀子讀本》，頁 141。

之間得到適當的平衡，即可確保國家安定，而串連這三者之間的藥引子，
為隆禮、尚賢與愛民。

5.尚賢

　　《荀子》重視法，強調治法，但更重視治人。《荀子》認為：「法者，
治之端也；君之者，法之源」。法雖然很重要，但是法是由人所制訂的，
故人比法又更為重要。[47]

　　從另一角度觀之，法不能自行，須有人運用才能得宜，從此可知人
之重要性。「禹之法猶存，而夏不世王。故法不能獨立，類不能自行；
得其人則存，失其人則亡。」甚至，雖然法是好的，但是可能因為沒有
適當的人員來執行，反而成為搜刮詐取的法門。「合符節，別契券者，
所以為信也；上好權謀，則臣下百吏誕詐之人乘是而後欺。探籌、投鉤
者，所以為公也；上好曲私，則臣下百吏乘是而後偏。衡石稱縣者，所
以為平也；上好覆傾，則臣下百吏乘是而後險。斗斛敦概者，所以為嘖
也；上好貪利，則臣下百吏乘是而後豐取刻與，以無度取於民。」[48]

　　因此，《荀子》尚賢。認為徒法而無賢才，仍會產生諸種弊端，使
天下混亂。須有賢才，又有良法，天下方能治。而賢才的標準包括：第
一，心志。充滿抱負，足以為人民盡責任；第二，品德。具備相稱德性，
足以教化天下；第三，智慧。足以治國政、應萬變。[49]

（二）外交

　　《荀子》反對以力兼人。認為以力兼人者，因為敵我之民皆厭棄我，
反而因此更弱。雖反對軍事擴張，但對於戰國時流行的割地以求和平，

---

[47]　鈕先鍾，《中國戰略思想史》，頁 131-132。

[48]　王忠林註譯，《新譯荀子讀本》，頁 197-198。

[49]　王忠林註譯，《新譯荀子讀本》，頁 54-55。

荀子也不認同。其指出：「事強暴之國難，使強暴之國事我易。事之以貨寶，則貨寶單，而交不結；約信盟誓，則約定而畔無日；割國之錙銖以賂之，則割定而欲無厭。事之彌煩，其侵人愈甚，必至於資單國舉然後已。雖左堯而右舜，未有能以此道得免焉者也」[50]

　　荀子反對割地求和。認為此做種法所帶來的不利益，反而不如使強暴事我。其方法不外乎修禮、正法、平政、齊民。換言之，透過政治戰略，使內部形成向心力與安定力，進而團結合一，使政治力、軍事力、社會力良好協調以為國家所用，最後使強暴事我。「故明君不道也。必將脩禮以齊朝，正法以齊官，平政以齊民；然後節奏齊於朝，百事齊於官，眾庶齊於下。如是，則近者競親，遠方致願，上下一心，三軍同力，名聲足以暴炙之，威強足以捶笞之，拱揖指揮，而強暴之國莫不趨使，譬之是猶烏獲與焦僥搏也。故曰：事強暴之國難，使強暴之國事我易。此之謂也」[51]

（三）軍事

　　軍事戰略為建立與運用武力，以達成國家目標的一種藝術。[52]《荀子》一書中，軍事力量的建構表現在對將帥的選擇，以及壹民的概念，最終以義戰的方式投射。

1.附民與壹民

　　這方面顯示政治與軍事相輔相成。用兵的根本在於使民心一致。《荀子》認為，善用兵者必善附民。透過愛民、利民，建立起民眾的向心力，最後達成人民與國君欲望一致的「壹民」境界。「臣所聞古之道，凡用兵攻戰之本，在乎壹民。弓矢不調，則羿不能以中微；六馬不和，則造

[50]　王忠林註譯，《新譯荀子讀本》，頁167。

[51]　王忠林註譯，《新譯荀子讀本》，頁167。

[52]　劉漸高，〈軍事戰略〉，中華戰略學會，《認識戰略》，頁442。

父不能以致遠；士民不親附，則湯武不能以必勝也。故善附民者，是乃善用兵者也。故兵要在乎善附民而已。」[53]

2.義兵

義兵與壹民相輔相成，密切相關。要得民心，就要施仁政，則發義兵討伐失民心的暴君，自然就得到人民的支持。因此，面對暴君，可用戰爭的手段放伐。「世俗之為說者曰：桀紂有天下，湯武篡而奪之。是不然。以桀紂為常有天下之籍則然，親有天下之籍則不然，天下謂在桀紂則不然。……聖王之子也，有天下之後也，埶籍之所在也，天下之宗室也，然而不材不中，內則百姓疾之，外則諸侯叛之，近者境內不一，遙者諸侯不聽，令不行於境內，甚者諸侯侵削之，攻伐之。若是，則雖未亡，吾謂之無天下矣。聖王沒，有埶籍者罷不足以縣天下，天下無君；諸侯有能德明威積，海內之民莫不願得以為君師；然而暴國獨侈，安能誅之，必不傷害無罪之民，誅暴國之君，若誅獨夫。若是，則可謂能用天下矣。能用天下之謂王。湯武非取天下也，脩其道，行其義，興天下之同利，除天下之同害，而天下歸之也。桀紂非去天下也，反禹湯之德，亂禮義之分，禽獸之行，積其凶，全其惡，而天下去之也。天下歸之之謂王，天下去之之謂亡。故桀紂無天下，湯武不弑君，由此效之也。」[54]

換言之，戰爭的目的在於「禁暴除害」。為除暴而興兵，則是義兵；反之，則是為利益，而非義兵。但《荀子》並非反對為利而戰，只是義需在利之先，若純為利益，則不可發動戰爭。[55]

---

[53] 王忠林註譯，《新譯荀子讀本》，頁 227。

[54] 王忠林註譯，《新譯荀子讀本》，頁 265-267。

[55] 金基洞，《中國歷代兵法家軍事思想》(台北：幼獅文化，1987 年)，頁 101-102。

　　除了義戰，《荀子》也主張戰爭過程不可殘殺軍民與掠奪其財產，應嚴守仁義的原則。[56]戰爭並非以百姓為敵，而是以亂百姓的首腦為敵。「不殺老弱，不獵禾稼，服者不禽，格者不舍，奔命者不獲。凡誅，非誅其百姓也，誅其亂百姓者也；百姓有扞其賊，則是亦賊也。以故順刃者生，蘇刃者死，奔命者貢。」[57]

3.論將帥

　　除了壹民與附民，以及義兵。將帥在武裝力量之整建無疑是處於相當重要的地位。而對於將帥的標準，《荀子》主張：「謹行此六術、五權、三至，而處之以恭敬無壙，夫是之謂天下之將，則通於神明矣。」[58]細言之，包括：第一，六術。六術主要為軍隊的指揮與管制。「制號政令欲嚴以威，慶賞刑罰欲必以信，處舍收藏欲周以固，徙舉進退欲安以重，欲疾以速；窺敵觀變欲潛以深，欲伍以參；遇敵決戰必道吾所明，無道吾所疑：夫是之謂六術。」第二，五權。五權則與將帥性格有關。「無欲將而惡廢，無急勝而忘敗，無威內而輕外，無見利而不顧其害，凡慮事欲孰而用財欲泰：夫是之謂五權。」第三，三至。「所以不受命於主有三：可殺而不可使處不完，可殺而不可使擊不勝，可殺而不可使欺百姓：夫是之謂三至。」第四，五無壙。同樣是規範將領的性格，為將者不能有五種怠惰：「敬謀無壙，敬事無壙，敬吏無壙，敬眾無壙，敬敵無壙：夫是之謂五無壙」。[59]

　　前述諸般條件，除了對於將道的要求，還包括的對品德、態度的標準。與前述壹民、義戰的論述相比較，不外乎呼應前述戰略思想─得民心以王天下，最後達成以德兼人之結果：「凡兼人者有三術：有以德兼

---

[56] 鈕先鍾，《中國戰略思想史》，頁 137。

[57] 王忠林註譯，《新譯荀子讀本》，頁 230-231。

[58] 王忠林註譯，《新譯荀子讀本》，頁 230。

[59] 王忠林註譯，《新譯荀子讀本》，頁 230。

人者，有以力兼人者，有以富兼人者。彼貴我名聲，美我德行，欲為我民，故辟門除涂，以迎吾入。因其民，襲其處，而百姓皆安。立法施令，莫不順比。是故得地而權彌重，兼人而兵俞強：是以德兼人者也。」[60]

（四）經濟

《荀子》一書試圖以節用而裕民，最後達成富國之目標。其認為：「不富無以養民情」。所以，「故王者富民，霸者富士，僅存之國富大夫，亡國富筐篋，實府庫。」[61]要言之，《荀子》一書主張藏富於民，民富則國富。

1.節用

節用可以分幾個層面，一方面指政府的節用，「上以法取」、「節用以禮」；另一方面指涉人民的節用。就前者而言，政府應減少開支與人民賦稅，進而達成足國裕民。不論是冗員過多，或是開支沒有控制，都是財政的浪費。同時，政府減輕賦稅，則農民、商人、百工都能安心生產，則人民自然富裕。民富政府自然足用。當然，雖然主張節用，但若過分發展，造成國家體制傷害，或是使政令無法推行，則不可。因此，《荀子》反對向墨子那樣的節儉。[62]

2.以政裕民

經濟政策必須由政府所統籌規劃與推動，政府要策劃如何利用土地、資源以即人力，促成經濟發達並富國富民。「量地而立國，計利而畜民，度人力而授事，使民必勝事，事必出利，利足以生民，皆使衣食百用出入相揜，必時臧餘，謂之稱數。故自天子通於庶人，事無大小多少，由

---

[60] 王忠林註譯，《新譯荀子讀本》，頁 234。

[61] 王忠林註譯，《新譯荀子讀本》，頁 49。

[62] 王忠林註譯，《新譯荀子讀本》，頁 160。

是推之。故曰：朝無幸位，民無幸生。此之謂也。輕田野之賦，平關市之征，省商賈之數，罕興力役，無奪農時，如是則國富矣。夫是之謂以政裕民。」[63]

三、戰略行動—間接戰略

戰略行動乃國家運用所累積的國力，在國際體系中採取行動。《荀子》的戰略行動是間接且總體的，最高境界為不戰，依序往下是外交、攻城。茲述於下：

（一）不戰而勝

《荀子》戰略行動的最高境界為「不戰而勝，不攻而得，甲兵不勞而天下服」。何以能達到此一境界，則有賴於王道，以即施行仁政與義所帶來的威勢。[64]

「仁眇天下，義眇天下，威眇天下。仁眇天下，故天下莫不親也；義眇天下，故天下莫不貴也；威眇天下，故天下莫敢敵也。以不敵之威，輔服人之道，故不戰而勝，不攻而得，甲兵不勞而天下服，是知王道者也。知此三具者，欲王而王，欲霸而霸，欲彊而彊矣。」[65]

（二）伐謀—王奪之人

退而求其次，透過前述政治、軍事與經濟戰略，奪取敵我之民心，進而使敵方之謀無法遂行。[66]

---

[63] 王忠林註譯，《新譯荀子讀本》，頁 260。
[64] 鈕先鍾，《中國戰略思想史》，頁 139-140。
[65] 王忠林註譯，《新譯荀子讀本》，頁 143。
[66] 鈕先鍾，《中國戰略思想史》，頁 139。

（三）伐交—霸奪之與

伐謀不可成時，則透過奪取對方盟國，進而達成我長彼消之勢。當然，要奪取對方盟國，勢必要與他親善，不可敵之，這之間的運作又與前述之王道密切扣合。[67]

（四）攻城—強奪之地

主要透過軍事打擊迫使敵屈服。不過，誠如前述，這種行動往往造成敵我民心的怨恨，即便得勝，亦可能勝敵而益弱。[68]

總結地說，不同於當時流行以軍事力量兼併各國。荀子所運用的方式，乃是以德兼人。以吸引力吸附人心歸來，使敵人政府無法有效動員人力與資源，進而癱瘓其行動。這種方式荀子認為可以兼人而兵越強。其思維乃是一種總體戰略的運作，對於國家各種權力的綜合且協調的運作，特別重視間接性。

四、戰略思考

貫穿前述思想、計畫與行動者，為戰略思考。就《荀子》一書而言，主要為主動取向，反對消極無為，使天能夠為人之助，為人所用。同時，一反當時因楊五行與道家看法，荀子重人為，相信人可勝天，不認為人應該服從天命，或是效法天而無為。[69]

---

[67] 鈕先鍾，《中國戰略思想史》，頁 139。

[68] 鈕先鍾，《中國戰略思想史》，頁 139。

[69] 鈕先鍾，《中國戰略思想史》，頁 129。

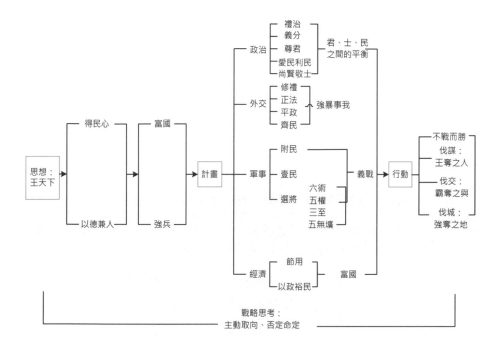

圖 1：荀子行動戰略概念架構

資料來源：筆者整理自繪

參、薄富爾的行動戰略的概念架構

在《戰略緒論》（*An Introduction to Strategy*）一書中，薄富爾將行動戰略畫分為直接與間接戰略兩種模式，由軍事力量所佔比例的多寡來決定。若軍事力量居於優勢地位，則為直接戰略；反之，則為間接戰略。而行動戰略與嚇阻戰略，兩者合併則構成總體戰略。[70]

---

[70] André Beaufre, *Strategy of Action* (New York: Frederick A. Praeger, 1967), p. 103.

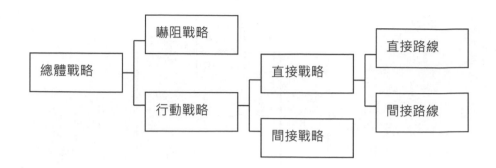

圖 2：總體戰略、間接戰略、行動戰略關係圖

資料來源：鈕先鍾，〈附錄：薄富爾的戰略思想〉，薄富爾著，鈕先鍾譯，《戰略緒論》（*An Introduction to Strategy*）（台北：麥田出版，2000），頁 188。

　　前面所述僅為一初步的架構。嚴格地說，薄富爾行動戰略的概念，散見於其多本著作中。然在《行動戰略》（*Strategy of Acton*）一書的第四章，薄富爾約略的說明此一概念的概括流程（如圖 2）。本文依此概念，整理如下：

一、最高政治目標

　　政策為行動戰略的起點，並決定戰略所要達成之目標。因此，政策對於戰略應該處於支配之地位。[71]換言之，通常戰略行動的選擇，是由最高政治目標所決定與指導。此一目標往往源於一國的理念、歷史或經驗，比如意識形態。[72]其次，政策設定最高政治目標後，將分配可用的資源，並透過行動之執行達成目標。而行動的執行即為戰略。換言之，戰略為採取行動以完成政策所設定的目標。[73]

---

[71] Beaufre, *Strategy of Acton* p. 20, 46, 74.

[72] 施正權，〈論戰略思考—創造、轉化與應用〉，翁明賢，《變遷中的亞太戰略情勢》（新北市：淡江大學國際事務與戰略研究所，2012 年），頁 200。

[73] Beaufre, *An Introduction to Strategy*, p. 23, 107, 126, 130, 134, 135; Beaufre, *Strategy of Acton,* p. 21.

二、政治診斷

　　了解當前事件的發展趨勢，並指出可利用或抗拒的力量，此即政治診斷的任務。在《行動戰略》一書中，薄富爾乃是以歐洲的歷史作為政治診斷的例子，並概略的提出了診斷的標準：1.過去為何與如何傾覆；2.現今情勢的特徵為何；3.未來危險要如何防範；4.我們追求期待的未來是如何的。[74]

　　透過對當前趨勢的評估與判斷，政府可以驗證前述最高政治目標是否允當。而經過診斷之後，政府可以了解當前威脅為何與可茲利用之處，從而依威脅的嚴重程度與急迫性，排列出優先順序。此一診斷的結果，將指出戰略應選擇何種工具來行動，甚至可評估行動成功的機率。[75]

三、戰略診斷

　　政治診斷構成戰略診斷之基礎。政治診斷的結果，如果發現最高政治目標窒礙難行，政府可以修正或改變最高政治目標。反之，若為可行，將依此政治目標，形成一行動指導方針，進而構成戰略目標。而戰略診斷將在此一目標下，評估各層次裡，何處有潛力足供行動。同時評估與比較各行動的效率，依此找出最有效的路線。[76]這種評估過程包含兩種推論程序，彼此雖不同卻互相依賴，分別是：[77]第一，分析國際環境。將國際體系中的行為者分成敵、我與第三方國家三個群組。評估各行為者的弱點、資源、可能行動、可攻擊方法，以即對我態度。最後，形成初步的行動計畫。第二，評估並選擇最合適行動路線。[78]

---

[74] Beaufre, *Strategy of Acton*, p. 38.

[75] Beaufre, *Strategy of Acton*, pp. 35-37.

[76] 施正權，〈論戰略思考─創造、轉化與應用〉，頁 200。

[77] Beaufre, *Strategy of Acton*, pp. 57-59.

[78] Beaufre, *Strategy of Acton*, pp. 88-91.

四、戰略計畫

　　根據戰略診斷所形成的計畫，涵蓋一系列的分項行動。每一個行動內含欲達成目標、預測、所做決策，以及風險評估與備案。同時，為保持計畫彈性地運作，隨著情勢的轉變，可調整目標，進而修正所採取行動。[79]

　　而薄富爾依照雙方所能動員的資源，以及爭取目標的重要性，將戰略計劃區分五種模式，略述於下：[80]

（一）直接威脅（the direct threat）

　　目標重要性輕微，可動用資源巨大。那麼，只要以這些資源威脅對方，很可能就逼使其接受我方條件。

（二）間接壓迫（the indirect pressure）

　　當目標的重要性較輕微，所能動員的資源卻不足以產生決定性威脅。此時必須採取詭道，以利於目標之達成。其行動種類涵蓋政治、外交或經濟等等手段。當行動自由受到限制時，適合採取此種戰略計畫。

（三）一系列連續行動（a series of successive actions）

　　當目標具有巨大地重要性，但我方所能動員的資源與行動自由皆相當有限。此時，須採取一系列地連續行動。行動將包含間接性地壓迫與直接性地威脅，而武力必須有限地使用。1935 至 1939 年，德國所採取地臘腸戰術，就是典型的例子。

---

[79] Beaufre, *Strategy of Acton*, pp. 97-102.

[80] Beaufre, *An Introduction to Strategy*, pp. 26-29.

（四）長期鬥爭（a protracted struggle）

當所能動員的資源，根本無法取得軍事性的決定，但我方擁有遠勝過對手的行動自由，則長期鬥爭是較佳的選項。這種戰略計畫往往為雙方精神意志的競爭。我方必須有相當的精神忍耐力，是因為強烈的感情因素所導致，或是起源於高度的民族主義團結。敵方往往因長期損失而使精神消耗殆盡，最後自行放棄。值得注意的是，此時所爭的目標對我方的重要性往往遠超過對敵人的。

（五）軍事勝利（military victory）。

當軍事資源充足，即可透過軍事勝利來尋求決定。其特徵為時間短、節奏快，並且程度猛烈。

總結地說，第一種和第五種類型，軍事力量的使用是居於主要地位，故屬於熱戰層次，為直接戰略；第二種和第四種類型，軍事力量僅為輔助性角色，屬於冷戰層次，為間接戰略；第三種介乎兩者之間。[81]

五、行動模式

行動模式可分為直接模式與間接模式兩種。[82]在薄富爾概念中，行動應以間接模式為主。儘管如此，行動時並非不使用軍事權力，而是連同政治、經濟、軍事、心理等權力一起運作。換言之，軍事權力僅佔一小部分。甚至，所追求的勝利也並非戰場上的勝利，而是總體性地勝利。[83]

而當國家採取間接模式的行動戰略時，其將同時運作內部與外部動作的，進而使敵我雙方的行動自由，呈現不對稱的態勢。

---

[81] 鈕先鍾，《戰略研究入門》，頁 279。

[82] Beaufre, *Strategy of Acton*, pp. 102-103.

[83] 鈕先鍾，〈附錄：薄富爾的戰略思想〉，頁 187。

（一）外部動作（exterior manoeuvre）

薄富爾將外部區域界定為相關地理區域以外的領域。而一國的行動自由大或小，往往是由外部區域的因素加以決定。如國際組織的支持與否、中立國的態度取向、國際思潮的轉變等等。相較而言，地理區以內的事件，反而不具決定性。因此，在國際體系層級是否能有效行動（外部動作），將決定國家在內部區域行動的成功或失敗。[84]

外部動作成功的先決條件，薄富爾認為包括：第一，為避免對手施加大規模的回應行動於我身上，我方應擁有全面的嚇阻能力。以薄富爾所處的時代來看，應當指絕對的核嚇阻能力。第二，行動服從最高政治目標的指導。換言之，行動不可與政策路線相矛盾。[85]

外部行動的種類涵蓋政治、經濟、外交、軍事等等。行動可以從最輕微外交言辭，逐漸累積至最高暴力地戰爭。所有的行動都應產生心理效應，或是爭取國際支持，或是破壞、癱瘓、遲滯、弱化、嚇阻對手行動。不論採取何種行動，這些動作都只有一個目的－阻敵人行動。[86]

（二）內部動作

相較於外部環境，相關行為者所處的地理區域，即為內部環境。而在該區域內所採行的行動，即為內部動作。國家該採取何種內部動作，薄富爾認為由一國的物質力量、時間與精神力量加以決定。這三種因素互相關聯，又不停地變動。因此，整體情勢處於不停變動之中，更增加了行動的困難性與不確定性。前面提到，外部動作將決定內部行動的勝

---

[84]　Beaufre, *Strategy of Acton*, pp. 110-111.

[85]　Beaufre, *An Introduction to Strategy*, p. 111.

[86]　Beaufre, *Strategy of Acton*, pp. 110-111.

負。不過，即使我方透過外部動作，獲得並維持相當程度地行動自由。但假使國家不緊接著採取內部動作，仍無法獲得一個決定性的結果。[87]

　　相較於行動計畫，薄富爾在《行動戰略》一書，對內部動作的描述較為簡略。僅有兩類型：第一，蠶食方法（piecemeal method）。此時我方的物質優勢遠勝過對手。因此往往透過物質力量直接地完成階段目標，並於稍事休息後，繼續追求長期目標。這時，精神因素顯地較不重要，但行動並須快捷，且外部動作須能夠提供相當地行動自由。第二，腐蝕方法（erosion method）。由於能動員的物質資源少，因此需要強大的精神力，以支持行動的長期化。換言之，利用長期鬥爭，磨損對方意志，使敵人因意志耗損而放棄。[88]而不論是五種類型的行動計畫，抑或是兩種內部動作，決定所採取的模式皆決定於物質資源的多少、目標的重要性、行動自由的範圍以及時間的長短。

　　概括地說，薄富爾行動戰略概念中的最高政治目標，可以反映出該國之利益所在。政治診斷在前述目表所指示的方向裡，對國際環境、敵我資源與限制等因素，做成完整的評估，從而提供戰略診斷尋找最合適的行動選項。最後，以實際行動完成最高政治目標。整個過程為一循環且變動不停地創造性思考。這與薄富爾所說的：「戰略並非一種單純固定得教條，而是一種思想方法。」若合符節。[89]

---

[87] Beaufre, *Strategy of Acton*, p. 113.

[88] Beaufre, *Strategy of Acton*, p. 113.

[89] Beaufre, *An Introduction to Strategy*, p. 13.

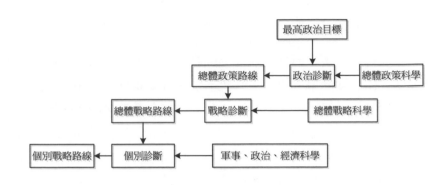

圖 3：薄富爾行動戰略概念架構

資料來源：Beaufre, *Strategy of Acton*, p. 99.

肆、《荀子》與薄富爾思想的整合

在此將以前述薄富爾的概念架構，來分析《荀子》一書的思想。概述如下：

一、最高政治目標

雖然行動戰略的起點為政策，政策由最高政治目標所決定。但是薄富爾卻沒有明確界定此一政治目標是如何產生，以及其實質內涵。[90]李楠認為，具體的政策目標反映在國家的基本需求、政策取向，以及國家所處之地位。更白話地說，國家利益決定政策目標。[91]而摩根索（Hans J. Morgenthau, 1904-1980）更是簡潔地指出「想要了解政治家的思想和行

---

[90] 施正權，〈行動戰略概念架構之研究：古典與現代的可能整合〉，頁 133-134。

[91] 李楠，《現當代西方大戰略理論探就》(北京：世界知識出版社，2010 年)，頁 40。

動，以利益為準。」[92]既然國家利益界定了國家的最高政治目標，那國家利益與戰略的關聯性為何？薄富爾認為戰略就是整理事件，照著彼等的優先順序加以排列，然後從中選擇最有效的行動路線。[93]而這種優先順序的評判標準，即在於國家在不同層次的利益。[94]換言之，利益決定政策目標，並成為評斷事件優先順序與選擇行動路線的標準。而馬平更具體地指出，界定國家利益是戰略計劃的起點。惟有清楚界定國家利益，才知道國家所要保護與爭取的目標為何，才能認清國家面臨地威脅與挑戰，更了解國際競爭關係中，誰是對手誰是夥伴。[95]

而國家利益的內涵與種類，湯瑪士‧羅賓森（Thomas Robinson）認為有六種：1.生存利益：通常指涉的是國家基本且長期的目標。這類的利益不易變動。2.非重要利益：這類的利益涵蓋一國實際需求的各層面。相當程度上，國家願意在這類的利益上做出讓步。3.一般利益：通常是依國對較大地理範圍、較多國家，或特殊領域所適用利益，如區域和平穩定。4.特定利益：此乃產生自國家明確界定的有限目標。5.可變利益：往往是國家在某區域、某事件的發展，所做出的反應。6.永久利益：長期來說，這類的利益具不易變動性。[96]

揆諸前述利益的種類，似可將國家利益的內涵概括界定為生存安全與發展需求兩種。然而這樣地說法過於空泛。若依鈕先鍾的看法，利益通常為抽象概念的描述，目標為利益的具體表現。換言之，目標為利益

---

[92] Hans J. Morgenthau, *Politics among nations: the struggle for power and peace*, 7th ed. (Boston: McGraw-Hill Higher Education, 2006), p. 5.

[93] Beaufre, *An Introduction to Strategy*, p. 13.

[94] 李楠，《現當代西方大戰略理論探就》，頁 40。

[95] 馬平，〈國家利益與軍事安全〉，鄧曉寶主編，《強國之略：國家利益卷》（北京：解放軍出版社，2014 年），頁 33。

[96] Thomas Robinson, "National Interests," James N. Rosenau ed., *International Politics and Foreign Policy: A Reader in Research and Theory* (New York: Free Press, 1969), pp. 184-185.

的具體澄清。目標較具有彈性，可隨著環境與時間的變化而修正；利益相較於目標，較難有變化。[97]

若以前述觀念來分析《荀子》一書，其所追求的利益包括：

（一）生存利益

荀子處在戰國末年，秦國兼併天下之勢更為明顯。如何維持齊國的生存，自然成為其所思考的問題。而「禮治」、「義分」、「尚賢」、「尊君」、「附民」、「壹民」，則為針對如何求生存所開出的藥單。

（二）一般利益

也就是《荀子》所追求的統一。更清楚地界定，為建構全國統一地中央集權政府。[98]而這種政府將帶來經濟上、社會安定上的利益。

（三）特定利益

在《荀子》一書中，這類利益的表現為富國裕民，也就是經濟上的發展。更進一步地，經濟的發展還可成為軍事權力的後盾，進而有利於生存利益。

根據前述的國家利益，進而建構出《荀子》的最高政策目標：王天下。在此一目標指導下，又可衍生出次級目標，即得天下民心與德兼天下，以及追求富國強兵。當然，德眇天下的理想固然崇高，但是也有可能被視為包裝霸權政策的糖衣。特別是當雙方來自歷史文化、意識型態、生活習慣囚然不同的國家時，一方提出的道德論述，就很可能被他者視作霸權行動的道德掩護。[99]

---

[97] 鈕先鍾，《大戰略漫談》(台北：華欣，1977 年)，頁 51-52。

[98] 張文儒，《中國兵學文化》，頁 187。

[99] 這類的例子，最明顯的例子就是美國。美國的道德訴求，往往被視為其政策的掩護工具。詳請參閱：龐存生、藩增禮，〈美國國家利益對其國家戰略的影響〉，鄧曉寶主編，

二、政治診斷

薄富爾政治診斷的概念，在於解釋與評估當前重大事件，進而了解當前事件的發展趨勢，並指出可利用或抗拒的力量。然解釋與評估該等事件的標準，在《行動戰略》一書中，僅概略地提出四個指標：1. 過去為何與如何傾覆；2. 現今情勢的特徵為何；3.未來危險要如何防範；4. 我們追求期待的未來是如何的。因此被評為不夠清楚地界定。[100]

若以前四個指標來分析《荀子》一書的概念，包括：

（一）過去為何與如何傾覆？

戰國末年兼併戰爭劇烈地進行。《荀子》認為戰爭的原因歸咎於人性本惡。人的欲望無止境，又不能完全滿足，各人又不安於自己的位分，於是便產生鬥爭。換言之，當人無法滿足欲望時，便會以戰爭的手段奪取資源。社會的秩序破壞與人類違反位分，都是人性使然。[101]

（二）現今情勢的特徵為何？

除了戰爭頻繁、兼併劇烈，弱國往往以割地的方式求和。然而，這種以財寶事強暴的手段，往往帶來更多的不利益。

（三）未來危險要如何防範？

對於這種劇烈兼併的情勢，《荀子》有硬得一手，也有軟得一手。就前者而言，主張義戰來加以解決，禁暴止亂；就後者而言，為得民心與德兼天下。

《強國之略：國家利益卷》（北京：解放軍出版社，2014 年），頁 240-252。

[100] 施正權，〈行動戰略概念架構之研究：古典與現代的可能整合〉，頁 134。

[101] 人們為何會投入戰爭，則看法不一。約翰・米勒歸納出戰爭的原因有七種：(1) 人的天性。換言之，人類發動戰爭是因為利益與人性中的暴力傾向。(2) 酒精或藥物麻痺下所引發的戰爭。(3) 被政府強迫趨戰。(4) 同袍的兄弟情誼。(5) 榮譽感、責任感或羞恥感的趨使。(6) 信仰因素。(7) 長期紀律與訓練下，服從權威而戰鬥。詳參閱 John E. Muelle, *The Remnants of War*, chap. 1.

（四）我們追求期待的未來是如何的？

很明顯地，《荀子》所求的為建構全國統一地中央集權政府。

從前述分析結果來看，以薄富爾所提供的四個指標做為解釋與評估的標準，顯然過於空泛。若從評估國家權力的角度來看，衡量對手、我國與第三國的國家權力，將更能了解力量對比，進而掌握整體情勢的趨勢，並了解應避免之危險與可利用之機。

今天，評估一國權力往往由三大項所構成：第一，針對國家資源進行評估。評估項目包括技術、人力資源、物質資源、金融資源等。第二，針對國家績效進行評估。涵蓋政府組織效率、官僚素質、社會控制與整合程度、政府支持度。第三，針對軍事能力進行評估：包含國防預算、基礎設施、軍事研發、戰略良窳，以及轉化各項資源為軍力的能力，以及轉化後的作戰效能。[102]

而《荀子》對國家權力的評估，包含幾項：1. 君主的品質。君主行禮、愛民、信賞罰、領導統御能力，將影響軍事力量。君主好功好利，將影響國家經濟權力。「上不隆禮則兵弱，上不愛民則兵弱，已諾不信則兵弱，慶賞不漸則兵弱，將率不能則兵弱。上好功則國貧，上好利則國貧」[103]此外，君主能不能生養民眾，能否設立完備與良好的官僚體系，使之分工並輔佐君主處理政事，能否善於用人，能否按官員的能力與職責，給與相稱的待遇。這些評斷君主能力標準之指標。2. 政治菁英的質與量。質是由尚賢加以提升。量若是過多，將拖垮政府財政。3. 君主、政治菁英與人民之間關係的協調程度。4. 將帥能力。審核標準為六術、

---

[102] Ashley J. Tellis, Janice Bially, Christopher Layne, and Melissa McPherson , *Measuring National Power in the Postindustrial Age* (Santa Monica, Calif.: Rand, 2000).

[103] 王忠林註譯，《新譯荀子讀本》，頁 165。

五權、三至與五無壙。5. 仁政所建構的吸引力。這是地廣人多也比不上的要素。

　　相較於當前國家權力的評估指標，《荀子》的標準當然過於簡陋。但是可發現《荀子》著重於國家積效以及軍事能力，而以國家資源的評估，稍嫌不足。這是因為《荀子》重視精神上的仁政，較輕視土地、人口等實體資源。換言之，荀子認為倚靠仁與義，即可超越土地、人口等資源不如人的限制，而王天下。

三、戰略診斷

　　薄富爾戰略診斷在於評估與選則最適合行動路線。而《荀子》的最適行動路線包含政、經、軍、外交各層次，可分述如下：

（一）政治：

　　透過「禮治」、「義分」、「尊君」、「愛民利民」、「尚賢敬士」，最終達到君、士、民三者協調的關係。

（二）外交：

　　透過「修禮」、「正法」、「平政」、「齊民」，使強暴以事我。

（三）軍事：

　　先求「附民」、「壹民」，而以「義戰行動」

（四）經濟：

　　政府必須「以政裕民」，人民必須「節用」，如此足以富國。

　　雖然彼此行動路線看似各不相干，然實則環環相扣。《荀子》軍事權力的基礎，實建立在仁政的基礎上。[104]當政策合乎民心，軍隊戰鬥力才能持續發揮，並且財政補給不匱乏（附民）；當百姓上下一心，則全軍合力彼此照應，將產生強大的戰鬥力。[105]

四、行動模式

　　在前述的戰略診斷中，可以發現《荀子》協調地運用政治、經濟、軍事與外交等工具。其思想具備總體性。而其行動模式，乃是以間接戰略為主，直接戰略為輔，與薄富爾總體戰略以間接戰略為主的概念相近。由於強調間接性，故《荀子》一書中，對軍事的描述主要集中在為何而戰，而對於戰場的實際用兵，論述較少。[106]

　　就實質行動而言，《荀子》對暴力的使用，乃是逐級遞增。最高境界為「不戰而勝，不攻而得，甲兵不勞而天下服」，靠的是德兼天下。次一等為伐謀，藉由奪取敵人的政治菁英與百姓，使敵人計劃不能遂行。當然，這種方式仍是非暴力性的，以仁政為主要途徑。再下者為伐交，藉由仁德吸引敵國陣營或是中立國的投靠，使對手聯盟戰略無法運作。最下層則為暴力的使用，透過軍事打擊取得對方土地。[107]

　　分析前述行動，荀子認為以軍事權力兼併他國，敵國人民雖然懼於威勢，不敢有貳心。但隨著軍隊的長期駐守，軍疲財耗將導致一國由強變弱。而使用經濟力量吸引他國，需要長時間才能見到效果，同樣也不利益。只有以德兼人，所揮發的吸引力才能使我們得人得地，勝敵益強。

---

[104]　金基洞，《中國歷代兵法家軍事思想》，頁 93。

[105]　張文儒，《中國兵學文化》，頁 187。

[106]　金基洞，《中國歷代兵法家軍事思想》，頁 93。

[107]　鈕先鍾，《中國戰略思想史》，頁 139-140。

若以巧實力的角度來看，巧實力由軟實力與硬實力結合而成。[108]而《荀子》以德政建構對敵我人民之吸引力，仁德不足時，則以武備濟之，兼具軟硬實力，無疑是巧實力的運作。

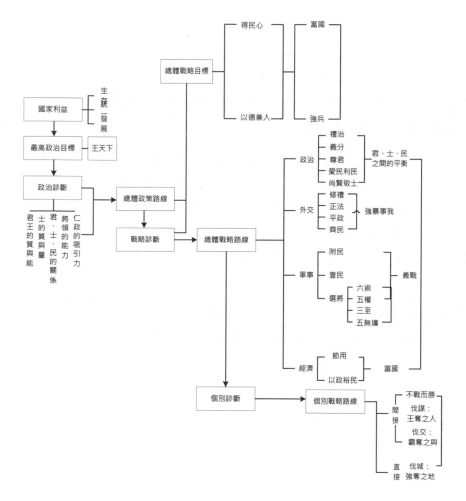

圖 4：荀子與薄富爾概念整合圖

資料來源：筆者自繪

---

[108] Nye, *The Future of Power*, pp. 209-210.

伍、結論

誠如本文一開始所述，當前國際情勢呈現弔詭地發展。和平與戰爭並存，非國家行為者與國家行為者的並立。從最高政治目標而言，後冷戰時代軍事權力的效益逐漸遞減，各國無不追求經濟發展。《荀子》主張爭取民心、以德服人，不以軍事手段為主要政策工具，與此一發展趨勢相符合。而其以禮治、義分、尚賢等途徑，建構一個穩定有秩序的社會環境，也利於國家追求發展。

就政治診斷而言，當前發展中國家持續不停的內戰，主要原因來自於政府效能的低落。而《荀子》強調人民、官僚團體與國家元首的協調關係，政治領袖領導的能力、政府精英團體的素質與數量，相當程度地建構強而有效率的政府，可謂前述問題的一帖良藥。而隨著非國家行為者的興起，對國家的認同開始轉至各種國際組織宣揚其理念，一方面形成了公民。

就戰略行動言之，《荀子》提出總體的行動路線，結合軟硬實力，進而形成巧實力。面對當前林立的各項功能性國際組織，這種道德性的訴求將較能吸引彼等的認同，進而支持我方政策。同時，當前對國家的認同正快速流失，轉向其他網際網路團體。「愛民」、「利民」的做法，似可做為解決此一認同流失之解決方案。

在此僅以前述國際情勢的檢證，做為評估本文整合的成效。初步看來，此一概念的整合似乎具備操作性。然國際情勢仍持續的變化，面對未來挑戰，諸如人類安全的問題，此一概念架構是否仍具解釋性與操作性，則有待後續研究。

建構主義國家身份觀點分析
中美亞太戰略競合之研究

The Analysis Study of Asia-Pacific Strategy Co-competition
between China and U.S.A. from Social Constructivism
nation identity viewpoint

戴振良

（淡江大學國際事務與戰略研究所博士）

摘要

2013 年 11 月中國國防部公告東海防空識別區範圍，並宣稱這是有效行使自衛權的必要措施，不針對任何特定國家和目標；但是，中國此一連串有備而來的大動作，主要是針對日本而來。其實，在釣魚台主權爭議中，中日兩國一直處於不對等的關係。日本對釣魚台不但具有實質控制的事實，也存在國有化的法制優勢；加以日本憑藉美國支援，中國與美日聯盟對抗不一定有勝算把握。換言之，從此事件觀察藉由建構主義國家身份的概念，是可以解釋中國在中美新的亞太戰略競合中產生國家身份變動的互動過程。

事實上，中國期望透過一定程序來改變國際社會權力分配的現狀。中美亞太戰略之競合，真正取決於中美兩國之互動關係，也影響到未來中美國家身份的認知。因此，本文藉由建構主義論述邏輯，亞歷山大・溫特（Alexander Wendt）認為國家有四種身份：個人或團體、類屬、角色與集體身份。前兩種是國家自由主導可以形成的身份關係，後兩者必須在

國際社會與其他行為體互動才可以實現的身份現象。不過,中國是單一政黨團體身份組成,並無立即產生分裂的危機發生可能性,個人或團體身份類型本文不加論述。因此,本文著重於中國的類屬、角色與集體身份三種類型。其實,中美兩國國家身份在國際無政府互動下,雖呈現不同類屬、角色與集體身份型態。但是中美兩國是一個背景特殊的關係結構,其國家身份呈現競爭與合作的格局。

換言之,中國在習近平主政下如何去影響中美兩國行為體的互動過程、結構的變化、身份與利益的形成。在中美角逐亞太戰略情勢下,可能產生國家身份的變動包括中美類屬身份之差異性、中美競合角色身份之變動、中美互動下區域穩定的集體身份之建立等,而台灣在此一情勢下,應該如何發揮應有的地緣戰略位置,成為中美競逐下,不可或缺的戰略關鍵支撐點,是值得探討的議題。

關鍵字:
建構主義、國家身份、中美關係、安全戰略

壹、前言

2013 年 2 月宣稱中國軍艦在東海，以射控雷達瞄準日本海上自衛隊艦艇以來，中日關係即陷入僵局，且愈陷愈深。至 11 月中國國防部 23 日公告東海防空識別區範圍，儘管中國國防部宣稱，這是有效行使自衛權的必要措施，不針對任何特定國家和目標；但是，中國此一連串有備而來的大動作，主要是「劍指日本」。[1]此期間，華盛頓更多次派遣特使前往兩造進行外交斡旋，甚至透過軍事部署與演習，表達維護該地區和平穩定局勢的決心。[2]意味著中日兩國東海釣魚台的衝突，逐漸白熱化也拉高中美亞太戰略競合局面形成敵對的霍布斯文化。

事實上，從歷史視角來看，中美關係錯綜複雜，傳統的國際關係理論均無法有效解釋或預測兩國未來走向，近代現實主義（Realism）以及自由主義（Liberalism）在經過一段時間的辯論，在類似的命題假設下，使得兩種理論研究的面向逐漸趨於接近，尤其後實證主義（Postpositivism）批判主流理論的實證主義哲學基礎。[3]本文認為國際關係另一學派建構主義（constructivism）理論，可以提供思考中美關係的另類途徑。不過，如果中美兩國沒有建立一個共有認知，相互理解的「身份」，就無法建立雙方可接受的各自「利益」，自然任何雙方的互信就無法達到雙方既定的目標。

---

[1] 陳一新，〈陸防空識別區　大動作針對日本〉，《中時電子報》，2013 年 11 月 25 日，<http://news.chinatimes.com/forum/11051404/112013112500346.html>。

[2] 余元傑、張蜀誠，〈中日權力關係轉變：釣魚台案例分析〉，翁明賢、吳建德等主編，《國際關係新論》（台北：五南圖書出版公司，2013 年），頁 465。

[3] 莫大華，《建構主義國際關係理論與安全研究》（台北：時英出版社，2003 年），頁 36。

　　因此，本文首先從建構主義角度著手，分析建構主義的國家身份概念，亞歷山大‧溫特（Alexander Wendt）認為國家有四種身份：個人或團體、類屬、角色與集體身份。其次，中國是單一政黨團體身份組成，並無立即產生分裂的危機的可能性，相較的，美國是民主與共和黨等兩個政黨團體身份組成，基本上，對國家利益的觀點是一致的，國家也無立即面臨危機的發生，基此，個人或團體身份類型本文不加論述。本文僅針對中美兩國類屬、角色與集體身份三種類型加以分析，其一，從中國社會主義與美國資本主義類屬身份分別說明，其二，解析國際無政府文化下所指導的中美角色身份，其三，分析國際無政府文化下所指導的中美集體身份等加以探討。不過，台灣位於中美兩強之中，如何建構國家安全戰略新思維，以作為政策制定參考。

貳、建構主義的國家身份概念

一、國家身份的種類

　　建構主義認為國家如同在國內社會中的個人一般，可以擁有不同身份（identity），而身份的取得必須經歷不同的程序而產生職務頭銜與職稱。建構主義主要代表學者溫特認為身份有下列四種，包括：個人或團體身份（personal or corporate identity）、類屬身份（type identity）、角色身份（role identity）、集體身份（collective identity）等。[4]（參見圖1：身份的種類圖）

---

[4] Alexander Wendt, *Social Theory of International Politics* (Cambridge: Cambridge University Press, 1999), pp. 224-230.

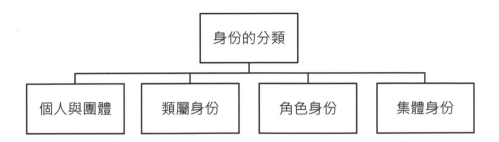

圖 1：身份的種類圖

資料來源：翁明賢，《解構與建構：台灣的國家安全戰略研究（2000-2008）》（台北：五
　　　　　南出版公司，2010 年），頁 91。

（一）個人與團體身份

　　個人身份本意，如果是組織則屬團體身份——是由自行組織、均衡的
結構建構的行為體。這種身份是以物質為基礎，對個人來說，是他的身
體；對國家而言是諸多個人與領土的集合，其形式個人方面如某 A、某
B；國家方面如德國、英國等。

（二）類屬身份

　　類屬身份係指一個社會類別或者用於「個人的一種標誌，這樣的人
在外貌、行為特徵、態度、價值觀念、技能、知識、觀點、經歷、歷史
共性（如出生地點）等諸方面，有一種或多重相同的特點。」這種既有
自行組織又有社會作用的特徵尤其明顯地表現在國家體系中，類屬身份
的對應是「政權類型」（regime types）或「國家形式」（forms of state）
等。

（三）角色身份

　　角色身份依賴於文化，所以對他者的依賴也就加大，而且，角色身份的形成，並非基於內在屬性，而是存在於與他者的關係中，此角色在社會結構中佔據一個位置，並且以符合行為規範的方式與具有反向身份（counter-identity）的人互動，才具有一定的角色身份。

（四）集體身份

　　集體身份把自我和他者（Self and Other）的關係，透過邏輯得出的結果，形成一種認同（identification）的產生過程。因此，集體身份是角色身份和類屬身份的獨特結合，他具有因果力量，致使行為體把他者的利益定義為自我利益的一部份，亦即具有「利他性」，這種現象的深化會產生群體的認同，進而使國家能遵守某些規範。

　　上述這四種身份，除了第一種之外，其他三種都可以在同一行為體本身同時表現出多種形式，每個人有許多身份，國家同樣如此。每一種身份在不同程度方面由文化形式構成，涉及在某種情境中建立的不同國家身份種類。不過，中國共產黨所領導單一政黨團體身份，在黨的絕對領導下中央主政決策較易落實政策的一致性，並無立即產生國家分裂危機的可能性，相較的，美國是民主與共和黨等兩個政黨團體身份組成，基本上，對國家利益的觀點是一致的，國家也無立即面臨危機的可能性，因此，個人或團體身份類型本文不加論述。

二、影響集體身份的因素

　　溫特認為處於洛克文化的國家相互往來，可以推動集體身份形成，包括四種主要變項：第一類因素包括：相互依存（interdependence）、共同命運（common fate）、同質性（homogeneity）等三種，是集體身份形成主動或有效原因；第二類因素：自我約束（self-restraint），是能夠允許或許可原因。（參見圖 2：影響集體身份的變項圖）

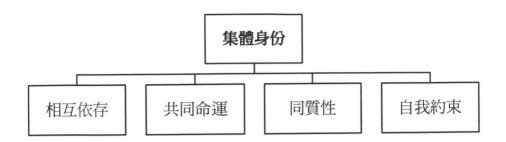

圖 2：影響集體身份的變項圖

資料來源：翁明賢，《解構與建構：台灣的國家安全戰略研究（2000-2008）》（台北：五
　　　　南出版公司，2010 年），頁 106。

（一）相互依存

　　如果互動對方一方彼此產生的結果取決相對應一方的選擇，行為體
就存在於相互依存狀態。誠如基歐漢（George and Keohane）和奈伊
（Joseph S. Nye）認為依存（dependence）是外力所支配或其巨大影響的
一種狀態。換言之，相互依存即彼此相互依賴（mutual dependence），在
國際政治中的相互依存即指國家間或不同行為體之間的相互影響關係。
[5]

（二）共同命運

　　一般所謂共同命運是由一個群體面臨的外來威脅所造成的。相互依
存與共同命運的分別在於：前者指涉行為體的選擇會影響到相互面臨的
結果，產生於雙方互動，包含互動的內容，而後者則不包含互動內容，
是把雙方作為一個群體對待的第三方建構的。[6]

---

[5]　Robert O. Keohane and Joseph S. Nye 著，門洪華譯，《權力與相互依賴》（北京：北京大
　　學出版社，2012 年），頁 9。

[6]　Alexander Wendt, Social Theory of International Politics, p. 349.

（三）同質性

　　一般稱為相似性，就是說明組織行為體在團體身份與類屬身份兩方面相似，團體身份指行為體在基本組織型態、功能、因果權力等方面的相同性，在世界政治上國家就是相似單位。在類屬身份方面，對於國家而言，這種不同只國家內部的政治權威組織形勢的不同，亦即政權類型的不同。[7]

（四）自我約束

　　以上三種影響因素（相互依存、共同命運、同質性）都是集體身份形成結構變化的有效原因，這些因素加強會使行為體更加具有從事「親社會」（prosocial）行為的動因。因為，親社會行為削弱自我的利己邊界，並將這一邊界擴大到能夠包括他者的範圍。不過此一進程只有在行為體實際上或是心理上，克服了可能會被即將認同的行為體吞沒的憂慮之後，才能夠繼續發展。[8]

　　一言之，影響集體身份的變項有兩類，第一類為充分要件：相互依存、共同命運、同質性等三種；第二類為必要條件為自我約束，亦即，尊重相互之間的差異性，才是成功的建構集體身份的關鍵。[9]因此，在中美兩國現有特殊結構中，要從洛克無政府文化邁向康德無政府文化發展的進程，瞭解彼此異質化是比較重要議題，要建立共有理解必須透過上述三項形成自我約束，促成服從規範、國內政治體制與自我束縛（self-binding），[10]國家瞭解其他國家有意願相互尊重，讓中美亞太戰略競合朝良性發展邁進。

---

[7]　Alexander Wendt, Social Theory of International Politics, pp. 353-354.

[8]　Alexander Wendt, Social Theory of International Politics, p. 357.

[9]　翁明賢，〈解析兩岸國共九二共識集體身份之建構與影響〉，戴萬欽主編，《世界新格局與兩岸關係：穩定與深化合作的展望》（台北市：時英出版社，2012 年），頁 91。

[10]　自我束縛：在於說明通過單方面行為來減輕「他者」對於「自我」意願的擔心，自我

參、國際無政府文化下中美的類屬身份

一、中國社會主義類屬身份

（一）社會主義國家與發展中的大國

　　中國建政迄今，不但屬於全世界人口最多的社會主義國家，而且也是發展中最大的國家。中國外交部前副部長王毅認為中國類屬身份定位有三要素：第一、中國是一個社會主義國家。中國必須堅持獨立自主的和平外交政策，堅持和平共處五項原則，堅決維護和平、反對戰爭，反對一切形式的霸權主義，在世界上仗義執言；第二、中國是一個發展中大國。中國人口眾多、幅員遼闊，但資源有限，生產力發展水準還不高。[11]換言之，中國堅持社會主義類屬身份，主要在於建立有別於西方資本主義類屬身份的差別。

　　顯見這種「類屬身份」的屬性就是價值觀、制度和意識形態建構而成的國家。特別是中國自稱是世界上唯一的社會主義國家、最大的發展中國家及國際行為也具有一定程度影響力的國家，中國要堅持走向社會主義道路，在意識形態領域中堅持選擇自我發展道路的主張，而不是以西方的民主理念作為價值觀，也就形成對美國和西方國家發展的重大挑戰。[12]因此，中國屬性認定很自然地將所有實行社會主義國家和亞、非、拉國家規範於社會主義國家「類屬身份」的屬性；相對的，以美國為首的西方民主國家體系，就規範於資本主義國家「類屬身份」屬性。

束縛不要求具體的回報。See Jon Elster, *Ulysses and the Sirens* (Cambridge: Cambridge University Press, 1979).

[11]　王毅，〈中國的國際地位和外交政策〉，《新華網》，2004 年 4 月 9 日，<http://news.xinhuanet.com/newscenter/2004-04/09/content_1411273.htm>。

[12]　葉自成，〈中國實行大國外交戰略勢在必行—關於中國外交戰略的幾點思考〉，金燦榮主編，《中國學者看世界-大國戰略卷》（香港：和平圖書公司，2006 年），頁 173。

　　事實上，中共領導人習近平在上任後首次公開發表的外交政策講話中說，「中國永遠不會用其所認為的領土和安全等核心利益做交易。」[13] 習近平進一步對軍方也強調「實現中國夢的軍事層面，可以說，這個夢想是強國夢，對軍隊來說，也是強軍夢。我們要實現中華民族偉大復興，必須堅持富國和強軍相統一。」[14] 是以，習近平主政初期持續維護主權完整，提升社會主義國家與發展中的大國綜合國力，從「中國夢」、「強國夢」、「強軍夢」達成的全方位實踐與目標。

（二）反對霸權主義與對外戰略身份轉變

　　中國的類屬身份就是一個社會主義國家，這種身份與國際社會中占主導地位的西方國家在社會制度和意識形態方面存在著巨大差異。然而，在不同的歷史條件下，中國不斷調整著對自我類屬身份的認知，並且根據體系規範以及他者的預期修正了自己類屬身份中的相關部分，達到了與體系的身份認同，反映了中國類屬身份與所在國際體系之間互相建構的關係。[15]

　　毛澤東時期中國的國家安全戰略大致經過 1950 年代的「聯蘇反美」、1960 年代中期以後「反兩霸」，到 1970 年代的「聯美制蘇」等變化，對於國際社會的變化做出不同程度的身份的轉變。1978 年中共十一屆三中全會為標誌，在鄧小平主導下，中國的國家戰略主軸開始由「戰爭與革命」轉向「和平與發展」。鄧小平時期的外交政策是以「實用主義」為主，拋棄毛澤東時期的「教條主義」。放棄了「一條線」的反蘇戰略，

---

[13]　〈習近平外交政策講話強調國家核心利益〉，《中國評論新聞網》，2013 年 1 月 30 日，<http://www.chinareviewnews.com/doc/1024/2/3/3/102423357.html?coluid=58&kindid=1214&docid=102423357&mdate=0130101533>。

[14]　〈習近平視察海軍，強調富國與強軍相統一〉，《紐約時報中文網》，2012 年 12 月 18 日，<http://cn.nytimes.com/article/china/2012/12/18/c18guangzhou/>。

[15]　夏建平，〈中國國家身份的建構及其和平內涵 1〉，《中國政治學網》，2006 年 1 月 4 日，<http://www.cp.org.cn/show.asp?NewsID=666>。

例如鄧小平在 1985 年明確指出美蘇兩國因為擁有互相保證毀滅對方的核子武力，因此，雙方都不敢動手；並認為世界問題不在於戰爭，而是和平與發展等，種種的改變也影響了外交政策，其提出和平與發展是現階段的外交主題。[16]

事實上，在冷戰終結後，為反對霸權主義、強權政治，促進國際關係朝向和平方向發展，在江澤民主政時期，突破傳統軍事安全的限制，依國際情勢的變遷，首先提出堅決反對霸權主義的軍事干涉行徑，同時在軍事領域開展必要合作，增強信任，維護共同安全。[17]至胡錦濤主政時期更強調維護世界和平，促進共同發展，是世界各國人民的共同願望。實現持久和平和共同繁榮，國際社會要通力合作，不懈努力，建設和諧世界。[18]直至習近平主政時期與美國總統歐巴馬（Barack Obama）舉行上任後首次中美元首會晤後表示，中國將堅定不移走和平發展道路，堅定不移深化改革、擴大開放，努力實現中華民族偉大復興的中國夢，努力促進人類和平與發展的崇高事業。[19]

其實，從中國歷屆領導人的觀點分析，可以得知反對霸權主義與對外戰略身份，歷經毛澤東、鄧小平、江澤民、胡錦濤、習近平等五代國家領導人而漸成形，特別是，隨著中國國力提升對於中國國家安全戰略之指導就有所轉變。因此，2013 年 11 月中共第十八屆三中全會提出成

---

[16] 謝銘元，〈中共外交政策〉，張五岳主編，《中國大陸研究》（台北：新文京開發出版股份有限公司，2012 年），頁 111。

[17] 束必銓，〈從三代領導集體看中國國家安全觀之演變〉，上海社會科學院世界經濟與政治研究院編，《多邊合作與中國外交》（北京：時事出版社，2010 年)，頁 106。

[18] 胡錦濤，〈世代在睦鄰友好共同發展繁榮—在莫斯科國際關係學院的演講〉，《中華人民共和國外交部》，2003 年 5 月 29 日，<http://big5.fmprc.gov.cn/gate/big5/www.fmprc.gov.cn/chn/gxh/zlb/ldzyjh/t24652.htm>。

[19] 〈社評：習奧會為中美新型關係奠基〉，《中國評論新聞網》，2013 年 6 月 11 日，<http://www.chinareviewnews.com/doc/1025/7/2/6/102572653.html?coluid=9&kindid=9590&docid=102572653>。

立國家安全委員會，將由總書記習近平出任主席或主任，國安會將統領軍事、國安、公安、情報、外交等系統，習近平不僅得以藉此鞏固「核心」領導地位，也將成為自鄧小平之後中國權力最大的領導人，也對中國國家安全戰略對外政策產生一定的影響。

二、美國資本主義類屬身份

（一）資本主義國家與民主體制國家

1620 年美國以英國移民為主所建立民族大熔爐的國家，自始即有自由民主為價值的立國精神，一直站在普世價值的同一邊，高舉資本主義的大旗。[20]換言之，美國從 1783 年獨立建國至今，其政權類型都是屬於資本主義的民主國家。其對經濟市場主張自由市場經濟，在政治制度上則是建立在民主體制的選舉制度。[21]因此，美國的類屬身份建國至今都沒改變，一直是屬於資本主義模式的民主國家體制。

是以，美國學者哈特（Gary Hart）認為美國可以選擇在世界上應該扮演的角色，或是提出自己想扮演的角色，也就是一個致力於提供機會與民主自由的角色，它是建立在眾人追求的互助合作、國際主義與法律秩序的基礎之上。[22]另外，英國學者翁羅素（Russell Ong）認為，中國始終緊握社會主義旗幟，維持極權政治體制；相對地，美國標榜自由民主的擁護者，而且不時運用武力將其價值觀散播到全球各地。[23]

---

[20] 〈新型大國或新型大黨？〉，《聯合新聞網》，2013 年 6 月 11 日，<http://udn.com/NEWS/OPINION/OPI1/7956194.shtml>。

[21] 張金鑑，《美國政府》（台北：三民書局股份有限公司，1995 年），頁 13-19。

[22] Gary Hart, *The fourth Power: A Grand Strategy for the United States in the Twenty-First Century* (New York: Oxford University Press, 2004), pp. 58-59.

[23] Russell Ong, *China's Strategic Competition with the United States* (Oxon: Routledge, 2012), p. 25.

　　基本上，民主是美國是普世價值，其他國家應該體認美國利益和全球密不可分是必然的結果。美國新保守主義人士或許是推廣民主戰略的主要推手。他們強烈支持美國外交政策應該積極，有時甚至強行散播民主價值。就如米爾斯海默（John Mearsheimer）形容新保守主義的小布希（George Walker Bush）原則是「帶有利牙的威爾遜主義」（Wilsonianism with teeth）。[24]不過，歐巴馬對小布希外交政策的批評，主要在於小布希政府揚棄傳統多邊外交，專注於單邊主義，並隨時訴諸軍事力量，這導致美國在國際不受歡迎與信用度下降，同時也把應要投注在阿富汗反恐戰爭的資源，轉移至伊拉克，導致恐怖主義的問題惡化。[25]相較的，歐巴馬致力於多邊主義尋求與其他國家合作解決金融危機，在阿富汗問題上尋求與俄羅斯、中國、伊朗等周邊國家合作，重新塑造美國世界新形象。[26]因此，美國致力於提供自由民主的理念，儘管單邊主義或是多邊主義的不同主張，都是以散播資本主義模式的民主國家體制作為手段，來促進世界和平為目的。

（二）自由民主與人權的外交政策

　　美國立國精神所強調民主與人權的普世價值，受到西方國家廣泛的支持。由於美國認定西方文化與政治制度的優越性，美國人民認為其他國家的人民應當效法所實行的制度，尤其是社會主義國家。學者翁羅素認為：美國除了推廣民主價值，美國也標榜人權這也是中美意識形態對抗的一環。[27]就如 1989 年天安門事件將中美雙方對於民主與人權觀點產

---

[24] Russell Ong, *China's Strategic Competition with the United States*, p. 26.

[25] Barack Obama, "Renewing American Leadership," *Foreign Affairs*, Vol. 86, No. 4 (2007), <http://www.foreignaffairs.com/articles/62636/barack-obama/renewing-american-leadership>.

[26] 楊潔勉等著，《國際危機泛化與中美共同應對》（北京：時事出版社，2009 年），頁 242。

[27] Russell Ong, *China's Strategic Competition with the United States*, pp. 32-33.

生「類屬身份」的敵對態勢。特別是，美國結合西方國家和日本對中國施予制裁。

　　同時，美國運用多種途徑企圖施壓中國改善人權，如國務院透過《各國人權報告》（Country Report on Human Rights Practices）公開批評中國的人權紀錄。[28]國會則在 2002 年制定《美國—香港政策法報告》（U.S.-Hong Kong Policy Act Report），希望能夠推進香港民主，但成效不如預期。[29]從 1991 年起，美國每年亦在聯合國人權委員會（United Nations Commission on Human Rights, UNCHR）提案譴責中國迫害人權。[30]但是這些舉動都遭到中國反對而沒能成功。不過，美國並沒有立即放棄，自 1999 年起，美國前總統柯林頓（William Jefferson Clinton）開始支持有關促進中國民主發展的援助方案，國會隨後配合採取類似法案行動。2000 年 10 月柯林頓簽署一項法案，該法案授權總統給與中國永久「最惠國待遇」。同時，國會成立「國會與行政部門中國委員會」（Congressional-Executive Commission on China, CECC），專門監督中國人權，而且每年提供報告與總統和國會。[31]

　　就如 2013 年 10 月美國國會發佈《中國人權狀況與法治發展年度報告》中說，在習近平主政後，對於中國在保障公民享有言論自由、集會自由、宗教自由與約束中國共產黨權力和建立法治方面缺乏進展。報告更進一步說明當局壓制並脅迫推動公共權益的組織和個人，涉及政治敏

---

[28] U.S. Department of State, *Human Rights Reports (2013),* <http://www.state.gov/j/drl/rls/hrrpt/>.

[29] U.S. Department of State, *U.S.-Hong Kong Policy Act Report*, March 31, 2002, *U.S. Department of State Archive*, <http://2001-2009.state.gov/p/eap/rls/rpt/9319.htm>.

[30] United Nations, "Commission on Human Rights (2013)," *Office of the High Commissioner for Human Rights*, <http://www2.ohchr.org/english/bodies/chr/>.

[31] Congressional-Executive Commission on China, *Congressional-Executive Commission on China Annual Report (2002),* <http://www.cecc.gov/publications/annual-reports/2002-annual-report>.

感的組織與個人活動仍持續面臨限制，當中包括集會、信仰和行動自由。
對於異議人士，尤其是所謂的人權鬥士，更會遭到中國強力的人權壓迫，
連其家屬都會受到軟禁。[32]

　　一言之，民主與人權是中美兩國價值觀認知的不同，形成中美兩國
意識形態對立與衝突。主要是美國認為民主是推進人權的最好方法，如
果中國實現民主化，人權必然獲得改善。美國將民主、人權與宗教自由
提升到全球安全戰略層次方面。基本上，北京當局努力推動基層選舉、
民主法治建設和體制改革等政治改革，不過，人權政策的推動成效仍有
所侷限，主要是在維繫於單一政黨主政下能確保政治安定以達到政權穩
定性。因此，北京實施民主與人權問題成為華盛頓外交政策的重點。

三、中美兩國類屬身份之比較

（一）「北京共識」與「華盛頓共識」的挑戰

　　中國目前是屬於單一政黨的團體身份，但是它在過去三十年改革開
放實現了國內生產總值翻三番，這一政治與經濟的成就也讓很多發展中
國家羨慕不已。在亞洲地區，中國穩固掌控的政治體制加以市場經濟的
「北京共識」（Beijing Consensus），比起西方式民主政體加市場經濟
的「華盛頓共識」（Washington Consensus）更受歡迎。[33]換言之，「北
京共識」也具有挑戰「華盛頓共識」真實面。

　　是以，英國學者翁羅素認為中國施行全國人民代表大會和政治局模
式的制度。從北京觀點來看，其目標係不斷證明西方的自由民主，在社
會穩定、經濟發展和提升人民生活水平等議題，並不適合中國現狀。中

---

[32] Congressional-Executive Commission on China, *Congressional-Executive Commission on China Annual Report (2013)*,
<http://www.gpo.gov/fdsys/pkg/CHRG-113hhrg85010/pdf/CHRG-113hhrg85010.pdf>.

[33] Drew Thompson, "China　s Soft Power in Africa: From the Beijing Consensus to Health Diplomacy," *China Brief*, Vol. V, Issue 21 (October 13, 2005), pp. 1-4.

國認為採用西方民主政體的開發中國家，不是迅速陷入政治混亂、歷經軍事政變，就是爆發種族暴力；尤其，經濟生產將隨之走下坡，這是全力蓄積國力的中國特意想避免的。[34]換言之，中國崛起所創造的中國模式，似乎給予了東亞地區一個新的衝擊。在過去的民主化浪潮的情況下，在世界上主要國家無法阻擋所謂的人性、人類發展的基本需求，而會走向更自由、更開放的民主政制的形式。

不過，台灣學者林正義認為中國經濟發展模式的「北京共識」對「華盛頓共識」的挑戰，中國人民幣升值問題、中美鉅額貿易逆差，說明經濟領域上也並非全然合作。[35]換言之，「華盛頓共識」也對中國領導層形成壓力，也因此限制了中國政府在國際社會上配合、遵守西方自由主義典範的空間。對中國而言，國內經濟成長是最重要的事情，但是，持續的成長需要的是天然資源、外國市場、以及維持中國全球形象的外交支持。[36]

不可諱言，中國在改革開放後國內生產總值成長快速，尤以政治與經濟的成就也讓很多發展中國家所接受與認同。特別是中國實施單一政黨的政治體制加上改革開放市場經濟的「北京共識」，比起西方式民主政體加上自由市場經濟的「華盛頓共識」更受支持與歡迎。相較的，中國面臨人民幣升值、民主與人權、新聞自由以及中美鉅額貿易逆差等問題。因此，中美兩國「類屬身份」呈現價值觀、制度和意識形態的對立，產生共有知識的觀點不同，進而形成中美兩國呈現衝突與合作的國際無政府文化狀態。

---

[34] Russell Ong, *China's Strategic Competition with the United States*, pp. 29-30.

[35] 林正義，〈中國對美國外交－分歧與合作〉，吳釗燮主編，《台海兩岸關係與中國國際戰略》（台北：新台灣國策智庫有限公司，2011年），頁347。

[36] Joshua Kurlantzick, *Charm Offensive: How China's Soft Power is Transforming the World* (New Haven, CT: Yale University Press, 2007), p. 171.

（二）「中國崛起」與「美國衰弱」的長消

　　自 2007 年 3 月美國次級房貸風暴，至 2008 年 9 月雷曼兄弟（Lehman Brothers Holdings Inc.）宣布破產後引發的全球金融危機，卻導致形成中國綜合實力日益增高，相對的，美國國力則日漸下滑。主因是美國國內經濟、反恐戰爭纏身而對亞太區域事務分身乏術。由於中國處於經濟與地緣的優勢，使得在亞太地區的影響力逐步升高。因此，一長一消之下，中國影響力漸增而美國卻在逐漸遞減當中，美國在亞太地區需要中國的合作，導致國際間出現許多看似會擴大的紛爭，不久後即煙消雲散。[37]

　　是以，美國學者白禮博與孟儒（Richard Bernstein, Ross H. Munro）認為中國是全世界人口最多的國家，美國則是全世界最強大的國家，中美兩國已經在全球成為對手，這兩個國家之間的關係緊繃，利益相衝突，而且這兩個國家所面對的未來，都要較以往更為艱辛，更為危險。[38]不過，美國學者凱普（Robert A. Kapp）認為如果美中關係惡化，任何有利的商業環境都無法讓雙方經貿欣欣向榮。因為美中關係緊繃會讓他們喪失一些商機，美國希望經由經貿關係，維持兩國政治關係穩定，防止不必要的破裂。[39]換言之，中美兩國競爭的局面，也未必形成衝突的賽局，在一定的良性互動中雙方彼此的合作會形成一些共識，以降低競爭不利因素。

　　因此，在國家主導的資本主義使得北京比西方的競爭者具有明顯的優勢。國家通過補助企業，激勵企業追求原本無利可圖的海外擴張，藉

---

[37] 陳奕儒、林中斌等著，《鬥而不破－北京與華府的後金融危機關係》（台北：秀威資訊科技股份有限公司，2012 年），頁 19; 165-166。

[38] Richard Bernstein and Ross H. Munro, *The Coming Conflict with China* (New York: Alfred A. Knopf: Distributed by Random House, 1997), p. 3.

[39] Robert A. Kapp, "The Matter of Business," in Carola McGiffert, ed., *China in the American Political Imagination* (Washington, D.C.: CSIS Press, 2003), pp. 90-91.

此中國實現投資提升經濟成長的國家安全戰略。[40]顯見中國正積極追求全球影響力並設法獲取資源和市場，而且與世界大多數反民主政權建立共同的目標。[41]中國企圖在亞洲建立一個吸引其他國家，讓他們產生依賴，從而尊敬北京的看法。中國認為，如此才能盡量減少他國的抑制行為並擴大其行動自由。[42]但是，單一政黨體制是否符合主權在民、民主國會監督、議會審議等功能，也是值得觀察之處。

肆、國際無政府文化下的中美角色身份

一、全球負責任大國角色身份

（一）中國扮演新型大國關係角色

　　2012 年 2 月中國國家副主席習近平訪美，提出中美要構建「新型大國關係」的角色身份。[43]當時華盛頓對北京所倡導「新型大國關係」的反應相當低調，不會對北京所主張的核心利益「照單全收」。[44]同年 5 月在北京召開的中美戰略與經濟對話期間，以中美雙方構建「新型大國關係」作為主題。[45]2013 年 3 月國務院總理李克強亦說明中美兩國各領域

[40] Stefan Halper ,*The Beijing Consensus: How China's Authoritarian Model Will Dominate the Twenty-First Century* (New York: Basic Books, 2010), p. 104.

[41] Richard D. Fisher Jr. , *Foreword by Arthur Waldron, China's Military Modernization: Building for Regional and Global Reach* (Stanford, Calif.: Stanford Security Studies, 2010), p. 1.

[42] Evan S. Medeiros, *China's International Behavior: Activism, Opportunism, and Diversification* (Santa Monica, CA: RAND, 2009), p. xx.

[43] 習近平，〈共創中美合作夥伴關係的美好明天——在美國友好團體歡迎午宴上的演講〉，《中華人民共和國外交部》，2012 年 2 月 16 日，<http://www.fmprc.gov.cn/mfa_chn/ziliao_611306/zyjh_611308/t905507.shtml>。

[44] 張旭成，〈21 世紀的美國對華政策〉，施正鋒、翁明賢等主編，《全球中國政策》（台北市：財團法人國家展望文教基金會，2013 年），頁 24-25。

[45] 〈社評：構建新型大國關係　中美要有新思考〉，《中國評論新聞網》，2012 年 7 月 26

合作創造更好條件，共同努力構建「新型大國關係」。[46]2014 年 4 月美國
國防部長查克・黑格爾（Chuck Hagel）在北京國防大學演講時強調，一
個強大，負責任的中國符合美國的利益，構建一個穩定、安全、繁榮的
世界環境也符合所有國家利益。[47]因此，中美兩國對大國認知角度都有
所期待，只是如何界定新型大國關係角色存在認知差異。

　　事實上，「新型大國關係」的角色身份認定，主因在於中國綜合國
力提升，希望與美國構建大國關係的角色身份。其實，中美雙方觀點、
態度也影響如何建立大國關係的角色身份。2012 年 11 月 23 日筆者訪談
北京某大學教授提出要構建「新型大國關係」，中美需要創新思維、相
互信任、平等互諒、積極行動、厚植友誼，要以「摸著石頭過河」的耐
心和智慧，去摸索構建「新型大國關係」之路。[48]中國學者王敏也認為
中美兩國國情不同，處在不同發展階段，彼此相處應以禮為重，和而不
同，求同存異；應當超越政治制度障礙，超越意識形態分歧。[49]換言之，
中美兩國關係複雜呈現價值觀、制度和意識形態的對立。中美兩國關係
雖然時有緊張，也不一定會有衝突，但兩國在競爭中有合作，或在合作
中有衝突，在交互作用中，似可從摸索中去調適相處之道。

日，
<http://www.chinareviewnews.com/doc/1021/7/2/0/102172098.html?coluid=35&kindid=60
6&docid=102172098&mdate=0726000545>。

[46] 〈李克強：中美關係正處於承前啟後的關鍵階段〉，《中國評論新聞網》，2013 年 3 月 20 日，
<http://www.chinareviewnews.com/doc/1024/7/6/5/102476556.html?coluid=0&kindid=0&do
cid=102476556>。

[47] 〈美防長：任何國家都不會強大到不需要朋友〉，《鳳凰網》，2014 年 4 月 8 日，
<http://news.ifeng.com/mainland/special/hageerfanghua/content-5/detail_2014_04/08/35577
009_0.shtml>。

[48] 戴振良、湯文淵、翁明賢等，當面訪談，某大學教授，北京，2012 年 11 月 23 日。

[49] 王敏，〈探索中國對外戰略新思維〉，《FT 中文網》，2013 年 3 月 28 日，
<http://big5.ftchinese.com/story/001049658>。

　　不過，台灣學者楊開煌則表示，中國提出「新型大國關係」，只是強調了中美兩國的協商關係，但看不出來有何特點及具體論述。「新型大國關係」，但都只有名詞，而沒有邏輯敘述，大國如何相處，還沒有自己的話語權。中美之間能否建立新型的外交關係，還待觀察。[50]因此，中美兩國需要建立共有知識的概念，才能構建「新型大國關係」的無政府文化，換言之，如果中美兩國沒有建立一個共有知識，相互理解「新型大國關係」的角色身份意涵，就無法邏輯上符合雙方的各自「利益」，對於任何雙方的政策就無法達到雙方既定的目標。

（二）文化軟實力與大國形象

　　美國學者約瑟夫‧奈伊（Joseph S. Nye, Jr）指出，國際政治中的兩種力量，其一為軍事與經濟力量等有形力量組成的「硬實力」，其依靠威脅或引誘的手段促使他人改變立場。而另一則為相對於硬實力的間接力量，此種力量能使其他人做你想讓他們做的事，亦即「軟實力」的概念。[51]

　　是以，中國學者郭樹勇認為國家不僅要注重硬實力，還要注重軟實力，軟實力的增長屬於大國社會性成長的範圍。但是，國家的社會性成長內容遠不止軟實力的增長。大國社會性成長的基本特徵包含有五個因素：第一、大國的成長方式要符合國際政治文化的要求，即要遵守以主權原則為核心的現代國際法的基本內容。第二、大國把追求軟實力而不是物質利益作為基本的戰略目標。第三、大國的具體的國際交往手段主要是合法的手段，而不是違反國際法或是違反國際社會意志的手段。第四、大國成長必須處理好與世界秩序的關係，因而一般應該為符合秩序

---

[50] 〈陸學者：中美可建立大國協調機制〉，《聯合新聞網》，2012 年 11 月 27 日，
<http://scrapbase.blogspot.com/2012/11/blog-post_7970.html#1L-4038485L>。

[51] Joseph S. Nye, Jr., *Bound to Lead-The Changing Nature of American Power* (New York: Basic Books, Inc., Publishers, 1990), pp. 2-9, 31-34.

性成長，當然並不排除在融入秩序的同時去改造秩序。第五、大國的社會性成長要有自已的國際文明貢獻。[52]

其實，中國文化軟實力可以視為北京政府想要創造一種良好中國新的國際形象。也就是說，對北京當局而言，所要做的是重新建構一種大國社會性成長的條件。對中國而言，戰略面是硬的，但是政策面是軟的。不僅要提高國家硬實力，還要發展軟實力，如何用軟的面向來包裝與行銷自己的意圖，就是中國軟實力所要做的。

因此，西方世界一直在批評中國缺乏民主、人權、宗教自由和法治。儘管「北京共識」能夠吸引那些抗拒西方式民主的發展國家，但是中國發展模式的適用性和可持續性尚待進一步檢驗。一方面，中國的外交正在增強它對亞洲鄰國的吸引力；另一方面，缺乏足夠透明度的顯著軍力增長也引發了這一區域其他國家的安全關切，這將會影響中國文化軟實力的建立。一言之，如何將中國傳統文化中儒家思想仁愛思想加以深化社會與安全層面，這也是必須加以著重之處。

二、區域組織競爭者角色身份

（一）中國成立上合組織的角色身份

2001 年 6 月 14 日成立上海合作組織（The Shanghai Cooperation Organization, SCO，簡稱上合組織），這是中國首次在其境內成立跨國性組織，及以其城市命名，聚焦表現在「上海精神」方面，以解決各成員國間的邊境問題。上合組織是由中國、俄羅斯、哈薩克、吉爾吉斯、塔吉克和烏茲別克等 6 個國家組成的一個國際組織，另外有 5 個觀察員國包括：蒙古國、伊朗、巴基斯坦、印度和阿富汗；對話夥伴包括：白俄羅斯、斯里蘭卡、土耳其等國。成員國總面積為 3018.9 萬平方公里，即

---

[52] 郭樹勇，《中國軟實力戰略》（北京：時事出版社，2012 年），頁 27。

歐亞大陸總面積的 3/5，人口約 16 億，為世界總人口的 1/4。[53]中國強調上合組織不是封閉的軍事政治集團，該組織防務安全始終遵循公開、開放和透明的原則，奉行不結盟、不對抗、不針對任何其他國家和組織的原則，一直倡導互信、互利、平等、協作的新安全觀。[54]

　　事實上，中國意圖透過上合組織與周邊國家進行安全合作，作為提升中國在區域組織競爭者角色。中國積極的介入中亞國際事務，除了確保邊境地區的安定外，且可藉此組織因應亞太國際情勢對中國所造成的不利，如防止「中國威脅論」的擴大、平衡或削弱美國的影響力，或是防範台海問題等。另外，中國成立上合組織目的就是欲建立其亞太地區的區域霸權地位，利於其在國際事務中的影響力。事實上，中國運用此一組織在亞太地區，有助於「全球的多極化」，係一「多邊合作組織」，作為提升國際地位的影響力，[55]特別是，制衡美、日，稱霸亞洲，為其創造一有利的國際環境，對中國而言乃是在區域組織競爭者角色發揮功能與作用的重大實踐。

　　因此，上合組織的功能還不能等同於北約等區域組織。但是如果中國能夠將上合組織轉型為類似北約的區域組織，那麼中國就將和當今的美國一樣逐漸拋棄聯合國的維持和平行動作為。因為，擔任區域組織的領導者的國家往往可以憑藉該組織處理一些本國極為關切的安全問題。[56]換言之，上合組織成為與會各方尋求國家發展的重要平台，此一組織的成立，對於冷戰結束後歐亞大陸地緣政治有著重要影響，尤其是當中

---

[53] 〈上海合作組織〉，《上海合作組織網站》，2013 年 7 月 22 日，
　　<http://www.sectsco.org/CN11/shownews.asp?id=609>。

[54] 〈上海合作組織『和平使命－2007』聯合軍演〉，《中華網軍事》，2007 年 8 月 18 日，
　　<http://military.china.com/zh_cn/dljl/sh2007/>。

[55] 〈上海五國今升格合作組織〉，《聯合報》，2001 年 6 月 15 日，版 13。

[56] 王龍林，〈中國對聯合國維和行動的政策轉變及參與現狀〉，《國際經濟》，第 4 期（2012年），頁 83。

的民族、宗教、能源、經濟等問題的交互相疊,與國際反恐、反極端、反分裂議題的縱橫交錯而更顯重要,事實上,上合組織所衍生之相關議題,成為中國在區域組織扮演者角色的重要課題。

(二)美國推動亞太再平衡的角色身份

2009 年 1 月歐巴馬就任總統以來,進行亞太戰略調整。同年 11 月歐巴馬在東京就美國亞洲政策發表演說時強調,美國作為太平洋國家要增強並繼續保持在太平洋地區的主導地位。[57]美國之所以實施亞太戰略調整,主要有三個方面的考量:第一、隨著亞太地區逐漸成為世界政治與經濟中心,美國希望確保在亞洲的影響力和主導地位。第二、出於對中國崛起的擔憂,旨在制衡中國。第三,覬覦亞太的資源。[58]是否意味著歐巴馬在亞太戰略進行調整與變革,試圖運用美國的亞太聯盟體系,重新確立並提升美國在亞太地區主導地位,及制衡中國崛起,避免形成地區不穩定的因素。

事實上,從 2011 年 8 月美國正式組建「空海一體戰」(Air-Sea Battle)辦公室。特別是將「空海一體戰」的構想上升至國家戰略層級,成為美國戰略轉型和亞太再平衡的軍事支撐與理論基礎。其中「空海一體戰」以中美軍事衝突為場景想定,在防禦和進攻階段均賦予日本自衛隊極為重要的職責。因此,在美國的「空海一體戰」體系中,日本是關鍵的一環。如果離開日本自衛隊的支撐,美軍在力量投送和前沿陣地後勤補給等方面都將面臨較大掣肘。[59]

---

[57] The White House, "Remarks by President Barack Obama at Suntory Hall(2009) ," November 14, 2009, *The White House*,
<http://www.whitehouse.gov/the-press-office/remarks-president-barack-obama-suntory-hall>.

[58] 全球政治與安全報告課題組,〈2009-2010 年全球政治與安全形勢:分析與展望〉,李慎明、張宇燕主編,《全球政治與安全報告(2011)》(北京:社會科學文獻出版社,2011年),頁 9。

[59] 〈日本自衛隊:美國『空海一體戰』的打手?〉,《中國新聞網》,2013 年 6 月 3 日,

　　是以，2012 年 5 月美國國防部提交給國會的年度《中國軍事與安全發展報告》，強調中國領導人繼續支持發展對反介入/區域拒止（anti-access/area-denial, A2/AD）任務所需武器，如巡弋飛彈、中短程常規彈道飛彈、反艦彈道飛彈、反太空武器和網絡戰能力。中國在先進戰機研製方面的能力也得到了明顯提升，標誌性事件是 J-20 於 2011 年進行的首次試飛；而首艘航母進行試航，也標誌著中國具備了有限的力量投送能力。中國還在綜合防空、水下戰爭、核威懾與戰略打擊、作戰指揮控制能力、陸海空協同訓練和演習等方面取得了長足進步。[60]

　　其實，對於中美亞太的戰略競合對區域的影響，2012 年 11 月 23 日筆者訪談中國北京某智庫專家認為：美國亞太再平衡戰略主要目的有二：對付北韓、嚇阻中國崛起。以維持美國亞太地位及穩定。亞太區域一體化，以形成以中國為中心的一體化，使美國越來越感受亞太地位衰弱，形成失落感。美國加強亞太軍事部署提出的「空海一體戰」概念，也就是直指中國而來，換言之，中國軍方感受壓力很大，提出反介入/區域拒止戰略，希望達到對美國的威懾手段與運用。[61]

　　因此，美國推動亞太再平衡戰略的角色身份，首在確認戰略目標：持續維持亞太超強地位，不允許改變；次再決定戰略途徑：與盟國結盟維持穩定與提供當地資源，最後運用戰略工具：以「空海一體戰」來遂行反介入戰略之目的。換言之，美國推動亞太再平衡戰略對區域穩定也產生一定程度作用。相對的，為避免中美兩國軍事對峙的升高，必須消除「戰略互疑」的情境，建立「戰略互信」的認知。

　　<http://big5.chinanews.com:89/gj/2013/06-03/4885415.shtml>。

[60]　The Office of the Secretary of Defense, Annual Report to Congress. "Military and Security Developments Involving the People's Republic of China 2012, " *Department of Defense*, <http://www.defense.gov/pubs/pdfs/2012_CMPR_Final.pdf>.

[61]　戴振良、湯文淵、翁明賢等，當面訪談，某智庫專家，北京，2012 年 11 月 23 日。

三、兩岸關係變動下中美競合角色身份

（一）美國對兩岸「維持現狀」角色身份

2009 年 11 月歐巴馬訪問中國，發表《中美聯合聲明》中表示，美國奉行一個中國政策，遵守中美三個聯合公報的原則。美方歡迎台灣海峽兩岸關係和平發展，期待兩岸加強經濟、政治及其他領域的對話與交流，建立更加積極、穩定的關係。[62]顯示從雙方共同聲明觀察美國只提三公報，並未提《台灣關係法》，是否意味著美國似乎有意將台美關係切割。

2011 年 1 月胡錦濤訪問美國，美國也在《中美聯合聲明》中表示，美國讚揚台灣海峽兩岸《經濟合作架構協議》（The Economic Cooperation Framework Agreement, ECFA），歡迎兩岸間建立新的溝通管道。美國支持兩岸關係和平發展，期待兩岸加強經濟、政治及其他領域的對話與互動，建立更加積極穩定的關係。[63]若以兩者相較，後者較前者不但提出兩岸協商談判的新成果《經濟合作架構協議》，而且首次說明支持雙方的對話與互動。

事實上，中美關係的互動也牽動國際與區域的安全，當然也會對兩岸形成一定程度的影響，在 2013 年 11 月 23 日筆者訪談北京某智庫專家認為：從美國亞太的再平衡戰略調整來看，兩岸關係發展順利與否與美國亞太的再平衡的成效有決定關係，相信美國也樂見穩定的兩岸關係發展，將對於亞太穩定有一定作用，台灣的立場，持續以九二共識、一中各表為基礎，擴大兩岸交流，有利於兩岸穩定發展。[64]

---

[62]〈歐胡會『中美聯合聲明』（全文）〉，《多維新聞》，2009 年 11 月 17 日，<http://politics.dwnews.com/news/2009-11-17/55065747-2.html>。

[63]〈胡歐會『中美聯合聲明』（全文）〉，《新華網》，2011 年 1 月 20 日，<http://news.xinhuanet.com/world/2011-01/20/c_121001428.htm>。

[64] 戴振良、湯文淵、翁明賢等，當面訪談，某智庫專家，北京，2012 年 11 月 23 日。

　　不過，美國學者德魯（A. Cooper Drury）認為美國對兩岸政策看法基本上是：如果美國偏向台灣，將使一個崛起的強權以及重要的貿易夥伴關係心生嫌隙甚至敵意，經濟成本損失對兩造而言都是互蒙其害。再者一味地圍堵中國不是個理想的選項，因為這個戰略只會使美國不見容於國際社群。同樣地，美國偏向中國形同放棄台灣，我們必須正視台灣民主發展，放棄台灣等於中止了中國最終走向民主化的可能。[65]

　　一言之，美國在兩岸關係中期望台灣與中國建立經貿往來的夥伴關係，也同時重視台灣民主發展的成果。更期望兩岸雙方舉行和平對話，緩和緊張關係，美國維持台海現狀的戰略目標在於處理兩岸關係上採取「阻統防獨」及「促談不促統」的角色身份。

（二）中國對兩岸同屬「一個中國」角色身份

　　2012 年 3 月溫家寶在十一屆全國人大五次會議開幕會及政府工作報告中強調，反對「台獨」、認同「九二共識」，鞏固交流合作成果，促進兩岸關係和平發展，日益成為兩岸同胞的共同意願。[66]這也是中國官方首次將「九二共識」寫入政府工作報告內。2013 年 6 月國民黨榮譽主席吳伯雄與中共新任總書記習近平就一個中國問題建立了進一步的共識，吳伯雄代表國民黨提出了「一個中國架構」的概念，表示兩岸各自的法律、體制都主張一個中國原則，都用「一個中國架構」來定位兩岸關係，而非國與國的關係。這個「一個中國架構」的提出，當然是回應了中共十八大政治報告在對台政策中提出的「一個中國框架」概念。習近平在

---

[65] A. Cooper Drury, "Ambiguity and US Foreign Policy on China-Taiwan Relations," in Uk Heo and Shale A. Horowitz, eds., *Conflict in Asia: Korea, China-Taiwan, and India-Pakistan* (Westport, Conn.: Praeger, 2003), p. 64.

[66] 〈溫家寶作 2012 年政府工作報告（全文）〉，《香港文匯報》，2012 年 3 月 5 日，<http://sp.wenweipo.com/lh2012/?action-viewnews-itemid-647>。

吳習會上就表示，中國大陸和台灣雖然尚未統一，但同屬一個中國，是不可分割的整體，國共兩黨理應要共同維護「一個中國框架」。[67]

不過，學者林正義認為國民黨以「一個中國架構」取代「九二共識」，就是意味要拋棄「九二共識」，認為「九二共識」已不足夠，需要以更高的「一個中國架構」政治承諾，來滿足北京的政治要求。國民黨會自我解釋沒有拋棄「九二共識」用語，或是「九二共識」與「一個中國架構」兩名詞交叉並用，但當國民黨的榮譽主席在北京提出「一個中國架構」，就意味根本改變其重回執政以來只用「九二共識」，來規範兩岸關係進展的立場。[68]

是以，中國對兩岸同屬「一個中國」角色身份認定，疏忽與國內反對黨或第三勢力崛起所建立國家發展與兩岸關係的共識，造成國家團體身份的分裂，亦即國內主權統治文化的分裂，也影響未來兩岸關係發展的變數。因此，台灣是屬於多黨政治的民主國家，論及重大國家政策與作為，執政黨必須先行與各政黨協商，建立兩岸關係發展的共識，以避免執行政策導致窒礙難行困境產生。

---

[67] 〈社評－憲政是一中架構不可動搖的基石〉，《中時電子報》，2013 年 6 月 25 日，<http://news.chinatimes.com/forum/11051404/112013062500612.html>。

[68] 林正義，〈九二共識一中架構一個不如一個〉，《自由時報電子報》，2013 年 6 月 28 日，<http://www.libertytimes.com.tw/2013/new/jun/28/today-o3.htm>。

伍、國際無政府文化下的中美集體身份

一、中美互動下全球反恐的集體身份

（一）九一一事件全球反恐的集體身份

　　九一一事件發生時，恐怖份子以「聖戰」為名直接攻擊美國本土，美國透過「自我」力量結合全球反恐聯盟的「他者」關係，以「義戰」為名共同對抗恐怖組織，採取全球反恐聯盟的集體身份，正式展開對恐怖組織長期作戰序幕，對美國國家安全戰略產生深遠的影響。隨後小布希政府呼籲組成全球反恐怖主義聯盟。顯示小布希政府經過此事件衝擊，已深刻體認到在全球反恐的重要性，要解決重大國際問題，單靠美國一己力量是不夠的，而必須在國與國之間的利益協調整合，建立國際聯盟戰略。[69]

　　2013 年 5 月美國總統歐巴馬在華盛頓特區麥克奈爾堡（Fort McNair）的國防大學（National Defense University）強調：過去國際反恐戰略中的一個重要層面是反恐合作，它使我們得以蒐集和共享情報，逮捕並起訴世界各地的恐怖主義份子。美國將繼續利用有效的全球夥伴關係，大力打擊恐怖主義分子和恐怖主義團體。他說，美國的應對措施不能僅靠軍事或執法行動，而是要通過一系列有夥伴和其他國家參與的行動。[70]

　　不過，台灣學者裴兆琳認為中美兩國反恐合作，表面上雖然可以增加華盛頓與北京合作的契機，但是中美之間的矛盾與衝突並沒有因此消

---

[69] 戴振良，〈『九一一』恐怖攻擊事件對美國防思維之影響〉，《陸軍學術月刊》，第 38 卷，第 439 期（2002 年 3 月），頁 82。

[70] International Information Programs, "U.S. Department of State's Bureau,(2013)," *Department of Defense*,
<http://iipdigital.ait.org.tw/st/english/article/2013/05/20130524147966.html#axzz2bbyIwTIy>.

失，雙邊經貿議題與人民幣升值、反核武擴散問題、對台飛彈威脅以及人權等等問題依然存在，打擊恐怖主義的行動或可暫時將過去爭議的問題擱置，但是未來仍將會浮現。[71]

因此，中美兩國在九一一事件發生後，為面臨國際恐怖主義長期存在的威脅，為避免發生國內社會與經濟的問題，產生政局穩定性疑慮，基本上，北京雖可運用上合組織在亞太地區的反恐機制，有助於地區穩定與發展，並希望藉由支持華盛頓的反恐戰爭，以免損害中美雙方的經濟利益，中美雙方已然成形反恐聯盟集體身份，但是雙方民主與人權的共有知識觀點不同，產生認知與價值觀立場各異與背離。

（二）聯合國組織維和的集體身份

1990 年中國向聯合國中東維和任務區派遣 5 名軍事觀察員，首次參加聯合國維和行動。1992 年向聯合國柬埔寨維和任務區派出 400 人的工兵部隊，首次派遣軍事部隊。至 2012 年 12 月人民解放軍共參加 23 項聯合國維和行動，累計派出維和軍事人員 2.2 萬人次。特別是，中國是聯合國安理會 5 個常任理事國中派遣維和軍事人員最多的國家，是聯合國 115 個維和出兵國中派出工兵、運輸和醫療等保障分隊最多的國家，是繳納維和攤款最多的發展中國家。[72]

是以，瑞典學者殷伊（Yin HE）認為 2004 年中國派遣至海地維和行動時，即使美國國務院給予正面評價，但仍引起了不少美國媒體關注，並以中國派兵進入「西半球」、「美國後院」來描述。[73]不過，學者王龍

---

[71] 裘兆琳，〈美台中三角關係之挑戰與國家安全〉，丁渝洲主編，《台灣安全戰略評估 2003-2004》（台北市：財團法人兩岸交流遠景基金會，2004 年），頁 149。

[72] 〈國防白皮書：中國武裝力量的多樣化運用（全文）〉，《新華網》，2013 年 4 月 16 日，<http://news.xinhuanet.com/politics/2013-04/16/c_115403491.htm>。

[73] Yin HE, "China's Changing Policy on UN Peacekeeping Operations," 2007, *Central Asia-Caucasus Institute and the Silk Road Studies Program*, <http://www.silkroadstudies.org/new/docs/Silkroadpapers/2007/YinHe0409073.pdf>.

林認為聯合國組織維和行動的挑戰，要遠比古巴飛彈危機中蘇聯的行為
要收斂的多。[74]其實，為避免挑起美國的敏感神經，中國行動中只派遣
了防暴專業部門而非解放軍參與維和行動。顯示也符合中國倡導所謂的
「新安全觀」的概念，避免中美兩國衝突，中國希望循多邊外交途徑，
來解決國際爭端問題。

　　因此，國際間維和行動的轉變，中國無法選擇採取消極參與國際組
織，而是把參與國際組織作為現代化國家發展戰略與目標。中國如何積
極參與國際事務，如何透過國際組織強化國家安全戰略與政策制定，建
立聯合國組織維和的集體身份認定，必須權衡國際情勢變遷以及不影響
國內主權統治文化穩定性，以積極參與國際事務、加強國際合作等方式
以維護國家利益，形成了中國外交政策的重要過程。

二、中美互動下區域穩定的集體身份

（一）北韓核武危機的集體身份

　　2010 年 5 月北韓最高領導人金正日親赴中國，強調堅持朝鮮半島無
核化立場沒有任何改變，北韓願同各方一道為重啟六方會談創造有利條
件；[75]同年 12 月胡錦濤與美國總統歐巴馬通電話提出，實現半島無核化，
通過對話談判以和平方式解決朝鮮半島核問題，維護朝鮮半島和東北亞
和平穩定。歐巴馬表示，美方希望通過有成效的對話和接觸和平解決半
島問題，將就此同中方保持溝通。[76]顯見在維護朝鮮半島及東北亞和平

---

[74] 王龍林，〈中國對聯合國維和行動的政策轉變及參與現狀〉，頁 83。

[75] 中華人民共和國國務院，〈應胡錦濤總書記邀請朝鮮勞動黨總書記金正日對我國進行非
　　正式訪問〉，《中國政府網》，2010 年 5 月 7 日，
　　<http://www.gov.cn/ldhd/2010-05/07/content_1601030.htm>。

[76] 〈胡錦濤主席同美國總統歐巴馬通電話〉，《新華網》，2010 年 12 月 6 日，
　　<http://news.xinhuanet.com/politics/2010-12/06/c_12852444.htm>。

穩定方面，中國與美國以及北韓三方領導人基本上已具有集體身份共識，
更不願見到北韓核武議題提升到東北亞危機升高的局面。

　　事實上，2013 年北韓新領導人金正恩掌握政權後，不顧國際社會譴
責與制裁，執意進行核試，除了顯見更讓區域國家瞭解其不向西方國家
低頭的決心，然而北韓此舉卻為美國與中國帶來不同的困境。[77]在北韓
核武危機爆發後，北韓與美國各自堅持立場，互不示弱，危機漸次升高，
潛藏軍事衝突的危險，雙方雖然都表達有對話談判的意願，但是對話的
方式仍有歧見，陷入難以調解的僵局。美國希望將北韓核武危機交給中
國處理。[78]換言之，如果北韓核武危機無法妥善解決，可能引發東北亞
地區的軍備競賽，甚至大規模戰爭發生。因此，美國希望中國能夠在北
韓核武危機發生時所扮演的關鍵角色，將危機傷害降低。

　　不過，中國與北韓皆是僅存少數社會主義國家之一，也具有一黨主
政的政治色彩的背景、有同質性的政治體制與社會結構，因此，中國被
視為對北韓最具影響力者，並成為各國在制定對北韓政策時，不可忽略
的國家。美國不但對中國在六方會談上的貢獻，作出肯定，甚至希望藉
由中國影響北韓核武讓步。中國進行很大的努力促使六方會談取得一些
成果。[79]由於歷史、政治、經濟和地緣等原因，再加上中國是聯合國安
理會常任理事國之一，必須與北韓都保持著比較穩定的關係，顯見中國
在推動北韓核武問題的和平解決方面集體身份獨特，影響力更為重要
性。

---

[77] 陳鐵肩，〈北韓核試風暴－北韓擁核 美中同陷困境〉，《中時電子報》，2013 年 2 月 18
日，<http://news.chinatimes.com/forum/11051404/112013021800396.html>。

[78] Yoichi Funabashi, *The Peninsula Question: A Chronicle of the Second Korean Nuclear
Crisis* (Washington, D.C.: Brooking Institute Press, 2007), pp. 305-307.

[79] International Information Programs, "U.S. Department of State's Bureau,(2005) ," *IIP Digi-
tal*,
<http://iipdigital.usembassy.gov/st/english/texttrans/2005/08/20050803144054ajesrom0.744
9152.html#axzz2bAAWyeDI>.

　　一言之，中國權衡東北亞情勢考量下，也擔心北韓因為國內外壓力而導致核武危機的可能。如果北韓將核武賣給其境內分離份子或恐怖份子等組織，以及刺激日本、南韓與台灣發展核武試驗，將會影響區域穩定。因此，促使中國重啟六方會談的多邊機制功能，加強進行外交談判，以化解北韓核武危機發生的可能，只有建立朝鮮半島無核化的集體身份，才能達到朝鮮半島和平與穩定的環境。

（二）東協組織機制的集體身份

　　1967 年的東南亞國家協會組織（Association of Southeast Asian Nations, ASEAN，簡稱東協），是整合東南亞國家的區域組織。[80]在冷戰結束後，各國局勢較為穩定後，加上會員國的天然資源豐富，轉向彼此間的經貿、社會、文化合作，但也有南海主權爭議的衝突，也可能成為未來潛在衝突的導火線。因此，東協組織的集體身份也因應當時環境需要而建立。

　　事實上，中國與東協雙方關係進行兩項作為：經濟上簽署與東協的自由貿易區、博鰲亞洲論壇，積極向東協以外的國家培養合作關係；區域安全上簽署《南海各方行為宣言》，化解東協對中國的軍事安全疑慮。（參見圖 3：中國與東協雙方關係示意圖）

---

[80] 〈東盟〉，《MBA 智庫百科網》，最後修訂：2013 年 1 月 16 日，
　　<http://wiki.mbalib.com/zh-tw/%E4%B8%9C%E7%9B%9F>。

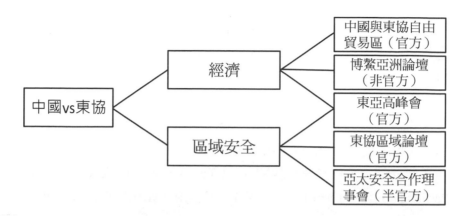

圖 3：中國與東協雙方關係示意圖

資料來源：郝培芝，〈中國對東南亞外交〉，吳釗燮主編，《台海兩岸關係與中國國際戰略》（台北：新台灣國策智庫有限公司，2011 年），頁 423。

　　就經濟發展層面而言，回顧東協於 1967 年 8 月 8 日在泰國曼谷成立，五個創始會員國為印尼、馬來西亞、菲律賓、新加坡及泰國。其後汶萊於 1984 年 1 月 8 日加入、越南於 1995 年 7 月 28 日加入、寮國和緬甸於 1997 年 7 月 23 日加入，柬埔寨於 1999 年 4 月 30 日加入，形成東協十國，持續至今。[81]此外，有中國、日、韓三國的東協加三，及印度、澳大利亞、紐西蘭總共十六國與會的東協加六。2012 年 8 月東協加六經濟部長會議通過決議，在 11 月召開的領袖會議上共同推出《區域全面經濟夥伴關係》（Regional Comprehensive Economic Partnership,以下簡稱 RCEP）。按照 RCEP 組建將於 2015 年年底完成談判，之後進入實施階段，而東協經濟共同體將於 2015 年建成，這為 RCEP 的組建也提供了有利條件。[82]RCEP 將是區域經濟一體化發展的最新經濟體，對經濟發展也將產生新的機遇和挑戰。

---

[81] 〈東協發展簡介〉，《台灣東南亞國家協會研究中心網站》，最後修訂：2013 年 1 月 2日，<http://www.aseancenter.org.tw/ASEANintro.aspx>。

[82] 許宵寧，〈RCEP：東盟主導的區域全面經濟夥伴關係〉，《東南亞縱橫》，2012 年 10 月，頁 35。

　　特別是，中國持續關注美國推動的《泛太平洋戰略經濟夥伴關係協定》（Trans-Pacific Strategic Economic Partnership Agreement,以下簡稱TPP）談判進度，似有對抗之意味。[83]事實上，學者陳一新認為 TPP 是美國「經貿圍堵」中國的一項陰謀，而北京以 RCEP 作為因應。[84]RCEP 因涵蓋被 TPP 明顯排擠的中國，故而更加突顯其現實性及亞洲特質。[85]2013 年 2 月美國總統歐巴馬在國情咨文中談到與歐盟，將建立《跨大西洋雙邊的貿易與投資夥伴關係》（Transatlantic Trade and Investment Partnership,以下簡稱TTIP），美國政府將啟動TTIP與EU的談判與合作。[86]

　　就區域安全層面而言，2002 年 11 月與東協在柬埔寨簽署《南海各方行為宣言》（Declaration on the Conduct of Parties in the South China Sea, DOC），建立「擱置爭議、和平解決、共同開發」之共識，強調通過友好協商與談判，以和平方式解決南海有關爭議。[87]意味著中國加強睦鄰外交政策，以消除東協國家存在有「中國威脅論」的疑慮。2007 年 1 在菲律賓宿霧召開之「第十屆東協—中國高峰會」中，各國宣布將儘速通過執行綱領，以落實已簽署之《南海各方行為宣言》，俾朝日後簽署《南海共同行為準則》（Code of Conduct in the South China Sea, COC），將南

[83]　廖舜右，〈TPP 談判發展與相關經濟體之動向分析〉，翁明賢、吳建德等主編，《國際關係新論》，頁 235-236。

[84]　陳一新，〈名家—歐巴馬第二任　中美合作與矛盾並舉〉，《中時電子報》，2013 年 1 月 29 日，<http://news.chinatimes.com/forum/11051404/112013012900542.html>。

[85]　〈社評—放緩 TPP　優先加入 RCEP〉，《中時電子報》，2012 年 11 月 28 日，<http://news.chinatimes.com/forum/11051404/112012112800531.html>。

[86]　The Office of the United States Trade Representative, "Fact Sheet: United States to Negotiate Transatlantic Trade and Investment Partnership with the European Union," 2013, *USTR*, <http://www.ustr.gov/about-us/press-office/fact-sheets/2013/february/US-EU-TTIP>.

[87]　郝培芝，〈中國對東南亞外交〉，載於吳釗燮主編，《台海兩岸關係與中國國際戰略》，頁 437-438。

海合作法理化及建制化。2011 年 11 月溫家寶強調落實《南海各方行為宣言》，並朝著在協商共識下最終制定《南海共同行為準則》而努力。[88]

　　一言之，東協組織機制存在有競爭與對抗態勢，特別是中國與美國在經濟及區域安全方面的關係，也就是一方面有洛克文化的關係，也有霍布斯文化的色彩。若中美兩國領導層級能先以雙邊及多邊會談方式，採協商代替對抗，彼此能參加對方的貿易體組織，再談經貿自由化的期程，不僅有助於提升中美兩國改善關係，也符合亞太各國參與區域組織的共同利益，進而提升中美兩國彼此能達到良性競爭的洛克無政府文化的局面。

三、中美互動下共管台海的集體身份

（一）美國以維持台海現狀的集體身份

　　影響集體身份的三個次要變項：「共同命運」、「同質性」與「相互依存」，加上主要變項：「自我約束」等變項，來驗證台美在社會、經濟與文化上的集體身份，並分析此四種身份相互影響下台美雙方在維持台海現狀的集體身份。

1.主要變項：自我約束

　　主導影響台海現狀的集體身份成功與否的關鍵因素，在於決策者是否能達到「自我約束」。是故，台美「決策者」的「自我約束」為影響兩者維持台海集體身份的因素。[89]2009 年 11 月歐巴馬總統上任後於首次訪問中國，到上海和青年對話亦提出支持「一中」原則的承諾，他也承

---

[88] 〈溫家寶：中方願同東盟探討制訂南海行為準則〉，《新浪網》，2011 年 11 月 18 日，<http://news.sina.com.cn/c/2011-11-18/153223488390.shtml>。

[89] 翁明賢，《解構與建構：台灣的國家安全戰略研究(2000-2008)》（台北：五南圖書出版公司，2010 年），頁 405。

諾任內不會改變。[90]顯見美國「決策者」對於兩岸關係的發展都是以「一中」原則維持台海集體身份的承諾。

　　事實上，2009 年 11 月美國總統歐巴馬訪問中國之後，到 2011 年 1 月訪美之前，美國與中國關係因對台軍售、西藏精神領袖達賴訪問白宮而陷入一連串的緊張。2011 年 1 月美國國防部長蓋茲（Robert Gates）訪問中國、胡錦濤訪美，雖然雙方緊張緩和，但是中美國家安全利益分歧未減。其中，對台軍售成為中美長期角力的焦點。[91]

　　由於台海兩岸近幾年嘗試改善兩岸關係，華盛頓強烈支持北京和台北的努力；而華盛頓對台海維持和平穩定有長久利益，也會堅定遵守基於美中三公報和《台灣關係法》的一個中國政策。[92]換言之，美國反對中國或台灣任何一方改變現狀，對於中國而言，在解決台灣問題的時機沒有成熟之前也希望維持現狀。顯見中美兩國也不會因為台灣問題而產生衝突，雙方已建構維持台海現狀的集體身份。[93]是以，中國與美國都瞭解，雙方能維持正常的關係將有助於台海的穩定關係。

2.次要變項：相互依存、共同命運、同質性

（1）相互依存方面

　　就美國的觀點而言，維護台海的和平與穩固以及穩定發展的美中關係是同樣重要的。在中國反對「台獨」和兩岸缺乏對話的前提下，兩岸

---

[90] 〈台灣問題　歐巴馬：一個中國不變〉，《TVBS 網》，2009 年 11 月 18 日，<http://www.tvbs.com.tw/news/news_list.asp?no=sunkiss20091116142758&&dd=2013/1/25%20%A4W%20%A4%C8%2009:02:07>。

[91] 林正義，〈中國對美國外交—分歧與合作〉，吳釗燮主編，《台海兩岸關係與中國國際戰略》，頁 350。

[92] 〈美：亞洲再平衡　台灣應有適當角色〉，《聯合新聞網》，2013 年 3 月 1 日，<http://www.udn.com/2013/3/1/NEWS/MAINLAND/MAI1/7728731.shtml>。

[93] 戴振良，〈中共十八大後中美互動關係之探討：以建構主義觀點分析〉，翁明賢主編，《戰略安全理論建構與政策研析》（新北市：淡江出版中心，2013 年），頁 373。

的平穩逐漸依賴軍事方面的嚇阻關係，也就是中國透過武力來嚇阻台灣獨立，台灣則是透過武力來預防中國達成統一的目標。[94]

美國學者卜睿哲與歐漢龍（Richard C. Bush＆Michael E. O'Hanlon）認為小布希總統任期開始時對台灣比較友善，特別是承諾「美國將盡一切努力」（do whatever it takes）協助台灣進行防衛，後來小布希卻轉而批評台灣。但是，在美國基於國家利益考量，政策執行面仍然向台灣傾斜（中國的影響也不是不重要，而是比較不可能引發危機）。[95]美國亦認定中國快速倍增的軍事預算與軍事現代化，以及加強對台作戰的準備是改變現狀的舉動，因此，美國透過對台軍售來調整兩岸軍力失衡的現象。[96]顯示出台美亦可建立軍事合作的相互依存態勢，及美國對台軍售的重要性。

基本上，美國對台軍售及美台軍事合作，都是屬於美國在西太平洋整體戰略佈局的部份。台美雖沒有正式邦交關係的前提下，雙方已建立軍事交流與合作的相互依存的關係，這也是台灣所處的亞太地區重要地緣位置與民主價值的觀點較符合美國國家利益之所在。

（2）共同命運方面

台灣地緣戰略（geo-strategy）位於西太平洋島鏈的中心點。台灣的地理位置連接東北亞與東南亞，且位於太平洋第一島鏈的中心位置；對

---

[94] Michael D. Swaine, "Taiwan's Defense Reforms and Military Modernization Program: Objectives, Achievements, and Obstacles," in Nancy Bernkopf Tucker, ed., *Dangerous Strait: The U.S.-Taiwan-China Crisis* (New York: Columbia University Press, 2005), p. 131.

[95] Richard C. Bush and Michael E. O'Hanlon, *A War Like No Other: The Truth About China's Challenge To America* (New Jersey: John Wiley & Sons, Inc., 2007), pp. 80-81.

[96] The office of the Secretary of Defense, "The Military Power of the People's Republic of China (2005), " *Department of Defense*, <http://www.defense.gov/news/jul2005/d20050719china.pdf>.

中國而言，可扼控中國發展海洋戰略、突破美國第一島鏈戰略防線，向第二島鏈擴張進出太平洋的跳板。此一戰略位置具備向周邊海洋投射武力之便利性，並且對美國、日本、中國在西太平洋戰略利益的互動上具有平衡作用，為亞太地區穩定與發展的關鍵槓桿。[97]

事實上，台灣屬於海、陸對抗的邊緣地帶，美國如果採取維持歐亞大陸均勢的策略，也就是：「中國強，支持俄國；俄國強，則支持中國」，台灣對美國的重要性就降低。但是如果中國崛起且與俄國聯盟的話，台灣的戰略地位就非常重要：台灣如果加入陸權這一邊，則亞洲陸權就可以東出太平洋而挑戰太平洋海權；如果加入海權這一邊，則太平洋海權就可以封鎖亞洲陸權。[98]

因此，就美國的國家利益而言，台灣在美國的地緣戰略中，所處的亞太定位一直都是都是扮演民主陣營的集體身份，同時，善於運用台灣地緣戰略的平衡作用，為亞太地區穩定與發展的關鍵槓桿，進而維護東北亞國家海上交通線的安全，亦能對中國東向太平洋發展產生關鍵性制衡作用。

（3）同質性方面

在第三波民主化浪潮之下，台灣已逐步實踐民主轉型，並朝向民主鞏固邁進，這與台灣民眾的民主價值息息相關。民主是台灣最寶貴的資產，這份資產將使台灣引領兩岸關係，往符合國際社會所期待的價值與方向前進，國際間對台灣的支持，即是對民主、對台海和平最大的肯定。

---

[97] 國防部「國防報告書」編纂委員會，《中華民國 95 年國防報告書》(台北市：國防部出版，2006 年)，頁 41。

[98] 羅慶生，〈地緣戰略理論的回顧與前瞻〉，發表於「2010 年「兩岸關係與全民國防」學術研討會」(台北市：中華經略國防知識協會等，2010 年 4 月 10 日)，頁 229。

亞洲的安全需要國際社會的支持力量，捍衛自由民主的同盟安全戰略關係中，不該讓台灣缺席。[99]

是以，美國學者譚慎格（John Tkacik）認為美國承諾協防台灣的主要原因是：台灣是亞洲最有活力且活躍的民主政體之一。然而，美國在台灣的真正利益，在於維護台灣的民主成果，這是戰後美國在亞洲的重要成就之一。由於國家認同是兩岸緊張情勢的核心，依照台灣實施的資本主義體制現況，台灣不可能如北京所要求實施社會主義體制，及臣服北京所屬的地方政府。因此，除非中國改變，否則兩岸沒有建立友好關係的可能。[100]

一言之，從台美雙方在維持台海現狀的集體身份理論的檢證可知，自我約束是主要變項，同質性，相互依存、共同命運是次要變項。因此，決策者的自我約束是主導維持台海現狀集體身份的必要條件，至於台海現狀集體身份的充分條件為：軍事合作與對台軍售的相互依存、島鏈地緣位置的共同命運、民主政體價值的同質性。有關華盛頓與台北對維持台海現狀的集體身份變項檢證區分表，如表1：

---

[99] 賴幸媛，〈中華民國的民主成就，是建構兩岸關係永續和平的核心力量〉，《行政院大陸委員會》，2012 年 2 月 7 日，
<http://www.mac.gov.tw/ct.asp?xItem=101113&ctNode=6409&mp=1>。

[100] John Tkacik , "Taiwan Politics and Leadership," in Stephen J. Flanagan and Michael E.Marti, eds., *The People's Liberation Army and China in Transition* (Washington, D.C.: National Defense University Press , 2003), p. 219.

表 1：華盛頓與台北對維持台海現狀的集體身份變項檢證區分表

區分		華盛頓	台北
主要變項	自我約束	1.中國不武、台灣不獨、兩岸和平對話。 2.入聯公投就是改變台海現狀。	1.李登輝提出兩國論。 2.陳水扁提出四不一沒有政策、一邊一國論、入聯公投。 3.馬英九提出不統、不獨、不武三不政策、維持現狀。
次要變項	相互依存	1.台灣防衛的重要性。 2.軍事合作、對台軍售。	1.亞太戰略考量。 2.維持兩岸軍力平衡。
	共同命運	1.確保西太平洋戰略平衡。 2.制衡中國向太平洋進出。	1.台灣在西太平洋島鏈的中心。 2.維護海上交通線的安全。
	同質性	1.推行資本主義制度 2.實踐民主價值理念。	1.民主、人權是台灣的軟實力。 2.自由、經濟是台灣的續存力。

資料來源：筆者自行整理。

（二）中國以「九二共識」與反對「台獨」的集體身份

前面提到集體身份的三個次要變項：共同命運、同質性與相互依存，加上主要變項：自我約束等四個變項，可以驗證兩岸在社會、經濟與文化上的集體身份，並分析此四種身份相互影響下中國反對「台獨」的集體身份。

1.主要變項：自我約束

2005 年 4 月連戰以國民黨榮譽主席身份赴中國「和平之旅」，進行了國共兩黨主席時隔六十年的會談，連戰與中共總書記胡錦濤共同發表《新聞公報》，提出「兩岸關係和平發展五項願景」的共識。[101]同年 5 月，中國國務院台灣辦公室發表聲明（稱為五一七聲明），除重提「一中原則」、「九二共識」等論點外，主要是提出了以適當方式保持兩岸密切聯繫、實現兩岸全面、直接、雙向三通等具體建議。[102]

事實上，中國一手在重彈「和平統一、一國兩制」老調的柔性政治訴求同時，另一手則卻採取強硬手段，在全國人大於 2005 年 3 月制訂《反分裂國家法》，聲明「台灣是中國的一部分。國家絕不允許『台獨』分裂勢力以任何名義、任何方式把台灣從中國分裂出去。」，並強調一旦發生「台灣獨立的事實」、「導致台灣獨立的重大事變」或「和平統一的可能性完全喪失」，中國將採取非和平及其他必要措施，以維護國家主權與領土完整。[103]

---

[101] 〈胡錦濤與連戰新聞公報〉，《新華網》，2005 年 4 月 29 日，
<http://big5.xinhuanet.com/gate/big5/news.xinhuanet.com/tw/2010-04/15/c_1235330.htm>。

[102] 〈中台辦、國台辦授權就當前兩岸關係發表聲明〉，《人民網》，2004 年 5 月 17 日，
<http://www.people.com.cn/GB/shizheng/1026/2500277.html>。

[103] 《反分裂國家法》，載自中共中央文獻研究室編，《十六大以來重要文獻選編，中冊》，頁 828-830。

顯而易見，胡錦濤對台「硬的更硬、軟的更軟」，很可能也將是習近平的對台基調。[104]其實習近平很清楚如果施壓台灣要求政治談判，會引起台灣人民反感。習近平上任後，北京方面有技巧的偶爾會提讓兩岸「社會人士」進行「政治對話」。[105]是以，這些因素實際上影響兩岸的集體身份方面，特別是決策者的自我克制的表現，雙方互信不足也影響未來兩岸和平發展進程。

2.次要變項：相互依存、共同命運、同質性

（1）相互依存方面

2012 年 6 月海協、海基兩會第九次會談在上海舉行，雙方並將簽署《兩岸服務貿易協議》，這項協議對兩岸經貿往來具有重大而劃時代的意義，台灣服務業者最希望赴大陸經營電子商務、文創、運輸、金融、醫療、電信及觀光旅遊等服務業，中國開放八十項，每項都是世界貿易組織待遇。至於大陸服務業關切的金融、醫療、電信等服務業，台灣也開放了六十四項。[106]因此，簽訂的 ECFA 不僅僅是兩岸關係發展的里程碑，也象徵彼此之間一種廣義的信心建立措施（Confident Building Measures, CBMs）。

同時，台灣與中國改善關係的同時，藉由 ECFA 簽訂，亦提升台灣及其他國家主要貿易夥伴洽簽類似自由貿易協定（Free Trade Agreement, FTA）或經濟合作協議的入門磚；同時提升區域或其他國家與台灣之經

---

[104] 〈快評：習近平對台會展現個人的風格〉，《中國評論新聞網》，2012 年 11 月 26 日，<http://www.chinareviewnews.com/doc/1023/1/0/6/102310616.html?coluid=7&kindid=0&docid=102310616>。

[105] 林中斌，〈林中斌：習近平目前對台作法—深耕經濟、淺探政治、人事整合、少說多做〉，《天下雜誌網站》，2013 年 5 月 31 日，<http://opinion.cw.com.tw/blog/profile/70/article/377>。

[106] 〈兩岸兩會第九次高層會談簽署海峽兩岸服務貿易協議，並達成解決金門用水問題共同意見〉，《ECFA 兩岸經濟合作架構協議網站》，2013 年 6 月 21 日，<http://www.ecfa.org.tw/ShowNews.aspx?id=568&year=all&pid=2&cid=2>。

貿往來提升往來層次。不過，2008 年 6 月到 2014 年 2 月，兩會一共舉辦了十次會談，簽署廿一項協議，為兩岸關係發展建構嶄新藍圖；但不可諱言，兩岸協商也逐漸面臨一些瓶頸，2014 年 3 月台灣內部形成支持服貿與反對服貿的對立與衝突，導致太陽花學運佔領立法院，公民意識抬頭。因此，兩岸雙方互動中必須共同理解問題所在，加強宣導與溝通，才能尋求突破之道。

（2）共同命運方面

2005 年 4 月，國民黨榮譽主席連戰與中國共產黨總書記胡錦濤進行歷史性會談，建立了反對「台獨」、堅持「九二共識」的共同政治基礎，達成了促進兩岸關係和平發展的共同願景。[107]換言之，台灣內部的國民黨與中國共產黨卻形成一種反「台獨」的集體身份。基本上，這是國共兩黨掌握針對民進黨主張「台獨」下的反對共識，亦即雙方在「九二共識」立場下，建立反「台獨」的集體身份，自然有利於雙方進一步思考，未來兩岸關係佈局，促成此一影響 2008 年以後的兩岸交流與發展。[108]

另外，在兩岸關係的互動過程中，非傳統安全的合作也是影響雙方共同命運的重要因素，如 2013 年 5 月台灣「廣大興二十八號」遭菲律賓槍擊案，馬英九提出四項要求，包括要求菲律賓正式道歉、賠償、懲兇以及啟動漁業談判等，但是菲方不予理會。台灣即對菲律賓做出十一項制裁措施，包括凍結菲律賓勞工來台灣等。此外，中國解放軍少將朱成虎認為，兩岸取得政治互信前，軍事互信可先做，包括建立海上救援機制、聯合護漁；兩岸可透過海巡、海警、漁政、海監等單位聯合護漁，

---

[107]〈連戰大陸行——「破冰之旅」開啟兩岸交流新篇章〉，《中國網》，2013 年 2 月 22 日，<http://big5.china.com.cn/news/txt/2013-02/22/content_28032242.htm>。

[108] 翁明賢，〈中國大陸對兩岸和平協議發展之探討：建構主義機制與過程的視野〉，吳建德、王海良等主編，《對立的和諧：跨越兩岸關係深水區》（台北市：黎明文化公司，2013 年），頁 456。

軍方也可提供協助。[109]不可諱言,兩岸具有語言相同、文化同源、共同血緣的同文同種關係,也有共同捍衛主權、漁權的決心。事實上,在執行軍事互信機制過程中,貴在雙方有意願及誠意,始能圓滿達成各項作為。換言之,台北軍事互信機制的觀點視為政治議題,與北京主張的「先軍後政」有所不同,這是兩岸雙方必須進一步建立共識之處。

(3) 同質性方面

　　2013 年北京舉辦「築信研討會」會議宣言說明,兩岸應以中華文化的止戈與立信精神,及同為一家人的理念,為兩岸關係和平發展作出進一步安排。[110]換言之,中華文化的同質性,不僅是說明兩岸具有同文同種的特質,兩岸應該共同維護中華民族的文化與資產,似應以共同捍衛台海和平維護的一致目標而努力。

　　其實,2012 年馬英九在第二任期總統就職演說中兩次提到「中華民族」,他強調:「台灣實施民主的經驗,證明中華民族的土壤,毫不排斥外來的民主制度。期盼中國的政治參與逐步開放,人權與法治日漸完善,公民社會自主成長,以進一步縮短兩岸人民的心理距離。」[111]事實上,台灣不斷朝向民主化發展方向,透過七次修憲憲法條文修正與政治體制運作,已達民主國家的特質。台灣應該強化操之在我的軟性層面,擴大自由民主的利基,主要是基於兩岸皆屬於中華文化同質性的特質。[112]

---

[109] 〈陸:兩岸談軍事互信不容美日插手〉,《多維新聞網》,2013 年 6 月 25 日,
<http://taiwan.dwnews.com/news/2013-06-25/59242848.html>。

[110] 〈築信研討會達北京共識　張亞中宣讀〉,《中國評論新聞網》,2013 年 6 月 26 日,
<http://www.chinareviewnews.com/doc/1025/9/8/6/102598675.html?coluid=3&kindid=12
&docid=102598675&mdate=0626001451>。

[111] 中華民國總統府,〈中華民國第 13 任總統就職演說─堅持理想、攜手改革、打造幸福
台灣〉,2012 年 5 月 20 日,《中華民國總統府》,
<http://www.president.gov.tw/Default.aspx?tabid=1103&itemid=27201>。

[112] 戴振良,〈兩岸建立軍事互信機制之實踐:建構主義集體身份觀點〉,吳建德、陳士良
等主編,《和諧的對立:共創兩岸和平新願景》(高雄市:樹德科大兩岸和平研究中心,

　　一言之，兩岸以「九二共識」與反對「台獨」的集體身份理論的檢證可知，自我約束是主要變項，同質性，相互依存、共同命運是次要變項。有關兩岸對「九二共識」與反對「台獨」的集體身份變項檢證區分表，如表 2：

表 2：兩岸對「九二共識」與反對「台獨」的集體身份變項檢證區分表

區分		北京	台北
主要變項	自我約束	1.建立「九二共識」認知。 2.推出《反分裂國家法》不放棄武力犯台立場。 3.適時進行「政治對話」。	1.統、獨、武的戰。 2.和中、友日、親美的原則。 3.簽訂 ECFA 時，可視為軍事互信機制。
次要變項	相互依存	ECFA 協議總體上對中國經濟發展具有正面效益。	ECFA 協議已舉行十次會談已建立兩岸制度化的協商機制。
	共同命運	1.反對「台獨」、堅持「九二共識」的共同政治基礎。 2.非傳統威脅兩岸合作思維。 3.建立海上救援機制、聯合護漁作為。	1.「九二共識」達成兩岸和平發展，卻形成台灣主體意識的抗爭。 2.非傳統威脅兩岸合作認知。 3.捍衛主權、加強護漁。
	同質性	1.推動文化軟實力的建設。 2.捍衛中華民族的文化與資產。	1.兩岸有共同的血緣、文化。 2.兩岸互動中相互理解，重視台灣自由民主的軟性層面。

資料來源：筆者自行整理。

陸、結語

　　本文一開始就提到中美兩國行為體互動下導引出中國的類屬、角色與集體身份的關係，進而影響國家利益與政策產出的過程等方面。不過，本文研究過程發現，國家身份影響國家主客觀利益的聯動性，也是國家能否建構完整安全戰略的主因。以下部分，先進行建構主義國家身份觀點分析中美戰略互動關係，次則身處在中美兩強的台灣如何因應，並提出安全戰略的建議。

一、建構主義國家身份觀點分析中美戰略互動關係

　　建構主義者認為，在國際無政府文化下身份決定著利益，利益影響政策，並反饋至國家之間的互動過程。國際社會行為體，必須先從雙方行為體彼此互動與交往，從而形成國際無政府文化，以主導國家身份認定，再確立利益與政策，形成一種循環回饋過程。因此，國家身份觀點影響中美戰略互動關係，包括有三個面向：

　　第一、在國際無政府文化下，中美兩國分屬社會主義與資本主義的類屬身份，在雙方認知差異下，形成「北京共識」與「華盛頓共識」的矛盾與糾結。中國類屬身份是屬於社會主義國家與發展中的大國，也就是中國要堅持走向社會主義道路，而不是以西方的資本主義的民主模式，形成對美國和西方的重大挑戰。相較的，美國的類屬身份屬於資本主義模式的民主國家體制。美國立國精神所強調民主與人權的普世價值，受到西方民主國家廣泛的支持。

　　事實上，中國未來經濟發展的規模持續成長也將會對美國形成威脅與挑戰，可見未來將逐漸形成全球強權國家，不過，中美兩國關係雖然價值觀對立，也不一定會有衝突，形成兩國在競爭中有合作，或在合作中有衝突。因此，中美兩國國家類屬身份在國際無政府互動下，雖呈現

不同的類屬身份型態。但是中美兩國是一個背景互異的關係結構，其類屬身份呈現競爭中有合作，或在合作中有衝突的矛盾情結。

　　第二、基於國際無政府文化下，就中國扮演「新型大國關係」角色而言，美國認為中國的威脅性較大，也不可能與中國直接對抗，只不過中美兩國互動存在於合作與競爭的二元矛盾糾結中。因此，美國如何界定中國「新型大國關係」角色存在認知差異。

　　就區域組織競爭者角色身份而言，中國成立上合組織，在於確保其大後方無後顧之憂，進而推行經濟發展以厚實國力，作為提升中國在區域組織競爭者角色。相較的，美國推動亞太再平衡戰略的角色身份，主要在維持亞太超強地位，並經與盟國結盟維持穩定與提供當地資源，以利於遂行「空海一體戰」來遂行反介入戰略之目的。

　　另外，兩岸關係下中美兩國角色身份而言，台海問題美國堅持一個中國政策，恪守美中三個聯合公報，反對台灣獨立，確立兩岸「維持現狀」角色身份。中國建立「一個中國」的角色身份，建構九二共識與反對台獨的基本主張。因此，中美兩國對於「一個中國」與維持「台海」現狀的原則，雙方已建立台海問題的角色身份。不過，美、中、台三邊複雜的關係中，卻形成台灣逐漸被邊緣化的隱憂。

　　第三、由國際無政府文化中美兩國集體身份的競爭與合作關係。就全球反恐集體身份而言，九一一事件後，美國發動反恐戰爭希望藉由這場全球的戰爭消弭動盪，也符合中國的國家利益，因此，中美雙方已建立反恐聯盟集體身份。

　　就區域穩定集體身份而言，中國雖不願意朝鮮半島有核武的出現，但是也扮演北韓與美國之間衝突的調解者角色，避免兩方誤判產生危機。另外，東協組織將啟動東協加六 RCEP 談判，也可望加快全球經濟向成

長快速的亞太地區轉移。美國所主導的 TPP 若是採取經貿「經貿圍堵」中國，使東協等國必然會在中美兩國間做一選擇。

就共管台海集體身份而言，在兩岸關係上，美國扮演一個關鍵性角色。相對的，中國也試著要形塑一種與美國共管台海的集體身份關係，目的在於突顯台灣為亞太和平破壞者身份的意圖，達到「經美制台」的戰略目標。不過，國共兩黨現已建構九二共識與反對台獨的集體身份關係。相對的國民黨強調「維持現狀」，與民進黨主張台灣主體意識相背離，導致台灣所呈現的社會關係的分裂現象。

二、台灣安全戰略政策建議

本文認為雖然目前台灣沒有立即武力的威脅與戰爭的風險，台灣面對國家生存發展應有的戰略思維何在？台灣的國家安全戰略思考又如何？恐怕才是我們最需關切的議題。因此，台北居於北京與華盛頓兩強之中，維持穩定國家安全戰略構想，必須所調整，才能開創新局，包括有二個要素：第一、在美、中、台三角關係的互動中，台北必須維持華盛頓與北京和緩的穩定關係，是比較符合台灣國家安全戰略。第二、台灣應規劃構思穩定國家安全戰略新思維，包括：國內政治、兩岸關係、外交作為等三方面。

首先，國內政治方面，由於北京採取軟硬兼施的對台戰略，堅持「九二共識」反獨重於促統，除了經濟紅利及惠台的措施外，更強化其對台三戰：輿論戰、心理戰、法律戰。換言之，中國為爭取台灣的民意支持，與加強軍事鬥爭的準備的兩手對台戰略。並企圖以《反分裂國家法》，將採取非和平手段，以維護國家主權與領土完整的戰略訴求。意味著中國企圖以「九二共識」改變現狀，對台採取軟硬兼施的戰略，以逐漸達到統一之目標。

　　是以，面對中國的威脅，台灣內部應要設立一些機制，就如過去的國統會、國是論壇、國是會議、國家發展會議等，或是因應兩岸簽署和平協議的主張，台灣應由政府主導成立跨黨派的兩岸和平發展論壇、兩岸和平發展會議、兩岸和平發展委員會、兩岸服貿監督會議等機制，以展開朝野協商，建立台灣內部一致的共識與認知。

　　其次，兩岸關係方面，2005 年國共兩黨建立的國共平台的機制，雙方的目標朝向制度化方向，在「九二共識」基礎下，以制度協商來保障兩岸關係發展進程。事實上，馬英九第一任期就職總統之後，對於中國政府與兩岸事務保持高度的自我克制態度，以兩岸建立兩會協商平台、及建立國共平台作為協商基礎；馬英九希望在任期內，堅持在「九二共識」基礎上，能維持台海的和平台海的和平。而「統獨問題」不列入施政考量，以迴避統獨議題成為影響兩岸關係的變數。

　　是以，當前兩岸的紛爭，台灣內部的糾結，必先著重於內部國家定位與認同的共識，中國也須以理性務實的態度面對，才能確立兩岸應有的身份與利益，並據以建立台灣國家安全戰略與政策。

　　再次，在外交作為方面，馬政府採取「活路外交」，提倡「外交休兵」之議，在無北京具體回應下，被批評為自我主權矮化。就如 2013 年 11 月非洲國家甘比亞突然宣布與台灣斷交，衝擊馬政府的外交休兵政策。雖然兩岸關係正處於和平發展的關係中，如果中國要顧及兩岸關係的大局，就必須也與甘比亞持續保持距離，這才不會傷害台灣人民感情，避免衝擊兩岸關係發展。因此，台灣要防止邦交國流失，除了一方面要靠兩岸建立清楚明白的外交休兵默契外，另一方面更要靠台灣提升國際競爭力與軟實力能見度。

從「韜光養晦」到「中國夢」：
以薄富爾「行動戰略」觀點解析中共崛起過程
From "Hiding its Light" to "Chinese Dream": Analyze the Procedure of China's Rise from the Viewpoint of "Strategy of Action" from Beaufre

楊順利

（淡江大學國際事務與戰略研究所博士候選人）

摘要

從歷史經驗來看，任何「大國」崛起都將導致世界權力、利益，乃至價值觀的重大調整，重新洗牌似乎在所難免。因此，中共的「崛起」再度引起世人，尤其是西方國家的關注。冷戰結束後，中共綜合國力迅速提升，國際社會對此存在正面(「中國機遇期」、「中國貢獻論」)及負面(「中國威脅論」、「中國崩潰論」、「中國風險論」)兩種評價。中共適逢難得之「戰略機遇期」，在列強環伺下，將如何逐步實現其「中國夢」？值得我們持續關注。觀察自 1991 年鄧小平提出「韜光養晦」指導方針以來，2003 年胡錦濤繼續強調「和平發展」(「和平崛起」)，2013 年習近平則公開宣稱「實現國家富強『中國夢』」；在不同時空環境因素與可用資源條件下，中共領導人對爭取達成戰略目標的戰略抉擇與作為（對外表述從「韜光養晦」、「和平發展」到「中國夢」），已隨之轉趨明確和積極。

關鍵詞：
中國崛起、韜光養晦、中國夢、行動戰略

　　近年來中共[1]「綜合國力」（Comprehensive National Power）大幅提升，[2]不僅引起世人矚目，亦促使美國「重返亞洲」；[3]中共的「崛起」不僅成為熱門研究議題，[4]其事實基礎在學界也具有一定程度的共識。[5]然而，中共難道是「一夕之間」崛起？其崛起過程，究係「按部就班」或是「摸著石頭過河」？著實引人好奇。從歷史經驗來看，任何「大國」（Great Power）的崛起都將導致世界權力、利益，乃至價值觀的重大調

---

[1] 本文全部以「中共」一詞專指目前中國共產黨執政下的「中華人民共和國」（轄有中國大陸地區治權），以與歷史上的「中國」區別。

[2] 宋國城，《中國跨世紀綜合國力－西元 1990-2020》（臺北：臺灣學生書局，1996 年 7 月），頁 343-348。學界對於「綜合國力」的評估指標與計算分析方式不盡相同，一般而言具有「主權國家擁有整體資源之實力及影響力」的概念。請一併參閱黃碩風，《綜合國力新論》（北京：中國社會科學出版社，2001 年 9 月），頁 1-174；胡鞍鋼，《中國大戰略》（浙江：浙江人民出版社，2003 年 1 月），頁 42-79；袁易、嚴震生、彭慧鸞合編，《中國崛起之再省思：現實與認知》（臺北：國立政治大學國際關係研究中心，2004 年 12 月），「序言」；門洪華，《中國國際戰略導論》（北京：清華大學出版社，2009 年 6 月），頁 24-59。

[3] Christian Le Mière, "America's Pivot to East Asia: The Naval Dimension," *Survival: Global Politics and Strategy*, Vol. 54, No. 3 (2012), pp. 81-94. 另請參閱肖斌、青覺，〈美國重返亞洲對兩岸關係的挑戰與對策〉，《中國評論》，2012 年 2 月號，頁 28-34。之後，美國官方認為其從未真正退出亞洲，將原"Pivot to Asia"修正為"Rebalancing to Asia"「亞洲再平衡」，請參見 Congressional Research Service, *Pivot to the Pacific？The Obama Administration's "Rebalancing" Toward Asia*, CRS Report for Congress, 28 March 2012, pp. 1-2, <http://fas.org/sgp/crs/natsec/R42448.pdf >。

[4] 學界對於中共「崛起」的研究論著多如汗牛充棟，諸如：China: The Balance Sheet: What the World Needs to Know Now About the Emerging Superpower (C. Fred Bergsten, Bates Gill, Nicholas R. Lardy, 2007)、China: Fragile Superpower: How China's Internal Politics Could Derail Its Peaceful Rise (Susan L. Shirk, 2007)、China's Rise: Challenges and Opportunities (C. Fred Bergsten etc., 2008)、"Will China's Rise Lead to War？", Foreign Affairs (Charles Glaser, 2011)、《中國崛起－國際環境評估》（閻學通 等，1998）、《中國崛起及其戰略》（閻學通、孫學峰 等，2005）、《中國崛起之再省思：現實與認知》（袁易、嚴震生、彭慧鸞合編，2006）、《中國的和平崛起：理論、歷史與戰略》（胡宗山，2006）、《中國崛起之路》（胡鞍鋼，2007）、《中國崛起：理論與政策的視角》（朱鋒、羅伯‧特羅斯，2008）、《大國沉淪－寫給中國的備忘錄》（劉曉波，2009）、《從國際關係理論看中國崛起》（朱雲漢、賈慶國主編，2010）、《中國崛起困境：理論思考與戰略選擇》（孫學峰，2011）等等。雖然觀察角度和評價不同，但對其「崛起的事實」多持肯定看法。

[5] 朱雲漢、黃旻華，〈探索中國崛起的理論意涵－批判既有國關理論的看法〉，朱雲漢、賈慶國主編，《從國際關係理論看中國崛起》（臺北：五南圖書出版股份有限公司，2010 年 9 月），頁 24。

整，重新洗牌似乎在所難免。因此，中共的「崛起」再度引起世人，特別是西方國家的關注。[6]而國際社會尤其關心中共的崛起會否重蹈歷史經驗－與既有強權發生衝突？[7]對此，學界仍存在不同見解。[8]

初步觀察中共的「崛起」過程，自 1991 年鄧小平提出「韜光養晦」指導方針以來；2003 年胡錦濤繼續強調「和平發展」（「和平崛起」）；2013 年習近平則公開宣稱「實現國家富強中國夢」；其在不同時空環境與可用資源條件下，對外之表述從「韜光養晦」、「和平發展」到「國家富強」，似已隨之轉趨明確和積極。如果說「中國夢」就是成為「崛起之大國」，

---

[6] 門洪華，《構建中國大戰略的框架：國家實力、戰略觀念與國際制度》（北京：北京大學出版社，2006 年 1 月），頁 3。

[7] 簡單地說，就是「戰爭與和平的抉擇」。歷史上大國崛起過程等相關研究，非本文論述範疇。中共中央電視台曾於 2006 年 11 月製播《大國崛起》系列電視紀錄片，藉探討葡萄牙、西班牙、荷蘭、英國、法國、德國、俄國、日本、美國等 9 個世界大國相繼崛起過程，尋求其間規律。之後，中央電視台與中國民主法治出版社共同推出同名系列套書。可一併參閱繁體中文授權：保羅‧甘迺迪（Paul Kennedy）等，《大國崛起相對論》（臺北：青林國際出版股份有限公司，2007 年 7 月）；或較早由保羅‧甘迺迪編，時殷弘、李慶四譯，《戰爭與和平的大戰略》（Grand Strategy in War and Peace）（北京：世界知識出版社，2005 年 1 月）；Paul Kennedy (Editor), *Grand Strategy in War and Peace* (New Haven: Yale University, September 1992)。

[8] 請一併參閱蘭德爾‧施韋勒(Randadall L. Schweller)，〈應對大國的崛起：歷史與理論〉，阿拉斯泰爾‧伊恩‧約翰斯頓（Alastair Iain Johnston）、羅伯特‧羅斯（Robert Ross）主編，黎曉蕾、袁征譯，《與中國接觸－應對一個崛起的大國》（Engaging China: the Management of An Emerging Power）（北京：新華出版社，2001 年 5 月），頁 1-43；胡宗山，《中國的和平崛起：理論、歷史與戰略》（北京：世界知識出版社，2006 年 11 月），頁 227-272；朱雲漢、黃旻華，〈探索中國崛起的理論意涵－批判既有國關理論的看法〉，朱雲漢、賈慶國主編，《從國際關係理論看中國崛起》，頁 23-58；鞠德風、董慧明，〈中共崛起的理論與實際：國際關係理論的檢視與分析〉，《復興崗學報》，99 年度第 100 期（2010 年 12 月），頁 135-158；以及詹姆斯‧德‧代元（James Der Derian）主編，秦治來譯，《國際關係理論批判》（International Theory: Critical Investigations）（浙江：浙江人民出版社，2003 年 2 月）；朱鋒、羅伯‧特羅斯（Robert Ross）主編，《中國崛起：理論與政策的視角》（上海：上海人民出版社，2008 年 3 月）；王良能，《中共的世界觀》（臺北：唐山出版社，2002 年 3 月），頁 83-96。

則實現「中國夢」的過程，就是「崛起」的過程；而如何實現「中國夢」，應當就是確認國家戰略目標並全力執行國家「大戰略」。[9]

　　為瞭解中共「崛起」過程及其實現「大戰略」的階段性作為，除了從國際關係角度檢視之外，是否還有其他研究途徑？法國陸軍上將薄富爾（André Beaufre）有感於世事多變，時代進步迅速驚人，認為必須要有特殊高明的遠見－戰略，才能就全般觀念上預知世局演變。[10]根據作者研究，以薄富爾「行動戰略」觀點探討中共「大戰略」之實現應為可行，[11]本文據此進一步論證中共「崛起」過程及其「大戰略」之實現。

　　薄富爾認為：「戰略」不僅是一種演進的程序，也是總體的作為。戰略有許多「典型」（pattern），其目的均相同－旨在迫使對方屈服而獲致決定性結果；期間之差異在於所使用的「手段」（procedure）。每種戰略都有一套特殊的手段，選擇的精義就在爭取「行動自由」（freedom of action）－設法確保自己的行動自由（安全），並剝奪對方的行動自由（安全）。此辯證雙方之間的「行動自由」，受限於「物質力量、精神力量、時間和空間」等四項因素（如圖1）。[12]至於採取何種手段的「戰略抉擇」（strategic decision），因「行動自由」受到不同目標、環境與力量等因

9　進入 21 世紀之後，中共興起對「大戰略」的研究，檢討相應國際環境所應具有之「國家戰略」；惟中共官方迄今未公開宣稱其「大戰略」。中共學者認為，「戰略的最高境界是『大戰略』，國家要『崛起』就必須要有自己正確的大戰略。」簡言之，「崛起」是從戰略的轉變與創新開始；沒有「大戰略」就沒有「崛起」。請一併參閱郭樹勇，〈導論：中國崛起中的戰爭與戰略問題〉，郭樹勇主編，《戰略演講錄》（北京：北京大學出版社，2006年 6 月），頁 14-15；劉明福，《中國夢：後美國時代的大國思維與戰略定位》（北京：中國友誼出版公司，2010 年 1 月），頁 142。有關中共學者對於「大戰略」之看法，請參閱楊順利，〈中共大戰略研究之思辨：薄富爾「行動戰略」觀點之探討〉，翁明賢主編，《戰略安全：理論建構與政策研析》（臺北：淡江大學出版中心，2013 年 11 月），頁 330-334。

10　薄富爾（André Beaufre），鈕先鍾譯，《戰略緒論》（An Introduction to Strategy）（臺北：麥田出版股份有限公司，2000 年 2 月），頁 23。

11　詳見楊順利，〈中共大戰略研究之思辨：薄富爾「行動戰略」觀點之探討〉，翁明賢主編，《戰略安全：理論建構與政策研析》，頁 315-343。

12　薄富爾，鈕先鍾譯，《戰略緒論》，頁 173-175。

素影響，會保持彈性而適時調整其「動作」（manoeuvre）。[13]此處必須強
調的是，前述四項限制因素的影響程度係辯證雙方「相對的」（relative）
比較概念，而非單方「絕對的」（absolute）量化數據。而薄富爾所稱之
「物質力量」應係涵蓋所有可用的資源，不能僅侷限於字面上的「物質」
範疇，例如：「硬實力」（hard power）的經濟、軍事、科技等；[14]其所謂
的「精神力量」應該是指涉「心理」層面因素，例如：「軟實力」（soft power）
的文化、外交、意識形態、制度等。[15]

13　薄富爾認為，任何戰略決定（strategic decision）的作為，都必須在「時間」、「空間」、
　　「所能動用力量之規模和精神素質」的三個「主要座標」（main co-ordinates）所形成
　　的結構之內。詳見薄富爾，鈕先鍾譯，《戰略緒論》，頁 46-47。

14　1990 年美國哈佛大學教授約瑟夫·奈伊（Joseph S. Nye Jr.）首提出「軟實力」概念（*Bound
　　to Lead: The Changing Nature of American Power* (New York: Basic Books, March 1990),
　　Ch.2）；同年在《Foreign Policy》雜誌刊文，論述其基本內涵（"Soft Power", *Foreign Policy*,
　　No. 80, Twentieth Anniversary, Autumn 1990, pp. 153-171）；2004 年近一步補充並延伸此
　　概念（*Soft Power: The Means to Success in World Politics* (New York: Public Affairs,
　　March 2004), Ch4）；2006 年強調「軟實力」的重要性，並認為善用軟、硬實力可形成
　　「巧實力」（"Soft Power, Hard Power and Leadership", article of the seminar of "Smart
　　Power and Leadership" (Cambridge, MA: Harvard Kennedy School, October 27, 2006), pp.
　　3-4）。概括而言，「硬實力」（hard power）較容易被政府控制及運用，一般具有強制與
　　時效之特性，例如經濟、軍事、科技等，一般具有明確客觀的評估指標；反之，則為
　　「軟實力」（soft power），例如文化、外交、意識形態、制度等，一般只能採取自身主
　　觀評價方式。請一併參閱戴維·藍普頓（David M. Lampton），姚芸竹譯，《中國力量
　　的三面：軍力、財力和智力》（The Three Faces of Chinese Power: Might, Money, and Minds）
　　（北京：新華出版社，2009 年 1 月），頁 9-31；《中國未來走向》編寫組編，《中國未
　　來走向：聚焦高層決策與國家戰略布局》（北京：人民出版社，2009 年 5 月），頁 225-236；
　　鄭永年、張弛，〈國際政治中的軟力量以及對中國軟力量的觀察〉，唐晉主編，《大國策
　　—通向大國之路的中國軟實力：軟實力大戰略》（北京：人民日報出版社，2009 年 5
　　月），頁 2-15；郭樹勇，《中國軟實力戰略》（北京：時事出版社，2012 年 2 月），頁 27
　　及頁 113-198。

15　薄富爾認同：「戰略的目的在對於所能動用的資源做最好的利用，以達到政策所擬定的
　　目標。」並提出：「戰略必須要有一整套的工具，包括物質和精神在內，加以巧妙的配
　　合，使其產生一種心理性的壓力，造成所要求的精神效果」。詳見薄富爾，鈕先鍾譯，
　　《戰略緒論》，頁 27-29。

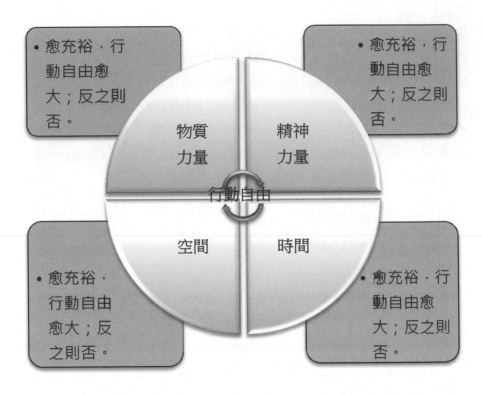

圖 1：「行動戰略」觀點之「行動自由」限制因素

資料來源：作者綜合薄富爾「行動戰略」觀點及相關論述繪製。

在確保某種程度的「行動自由」之後，就必須擬出特定地理區域內所應使用之手段，以爭取達到所望結果（或目標），薄富爾將該等手段稱作「內部動作」（interior manoeuvre），而「內部動作」主要取決於三項互為關聯的因素，即「物質力量」、「精神力量」和「時間」。根據此三項因素的變化和配合，會有不同的取捨，這些手段包括「直接威脅」（direct threat）、「間接壓迫」（indirect pressure）、「蠶食程序」（nibbling process）、「長期鬥爭」（protracted struggle），以及「軍事勝利」（military victory）等五種基本類型（如表1）。若目標雖具輕微重要性，而所能動用的資源相當巨大，就可使用「直接威脅」手段，迫使對方屈從；若目標僅具輕微重要性，且所能動用的軍事資源不適當，則可採取其他政治性、外交性或經濟性「間接壓迫」手段，以突破行動自由限制；若目標具相當程度重要性，且所能動用的資源與行動自由均有限，則必須採取一連串直接威脅和間接壓迫行動，以「蠶食程序」達到目標；若行動自由很大，卻無足以獲致軍事性決定的資源，就應採取「長期鬥爭」手段，使對方士氣因長期消磨而放棄；若軍事資源相當充足，則可透過「軍事勝利」方式，尋求速戰速決。[16]

---

16 請一併參閱薄富爾，鈕先鍾譯，《戰略緒論》，頁 32-37 及頁 56-59；鈕先鍾，《戰略研究入門》，頁 277-281；鈕先鍾，《戰略思想與歷史教訓》，頁 272-273；André Beaufre, An Introduction to Strategy (London, Faber and Faber Limited, 1965), p. 27；安德烈·薄富爾，軍事科學院外國軍事研究部譯，《戰略入門》（北京：軍事科學出版社，1989 年 11 月），引自〈兵戎軍事社區〉，<http://www.brwar.com/read-htm-tid-5770-page-4.html>。

表1:「行動戰略」觀點之「內部動作」基本類型

類型		直接威脅	間接壓迫	蠶食程序	長期鬥爭	軍事勝利
目標重要性		低	低	高	高	高
資源	物質力量	充裕	有限	有限	有限	充裕
	精神力量	充裕	普通	普通	充裕	充裕
行動自由		充裕	普通	普通	充裕	充裕
主要手段		軍事	非軍事	軍事及非軍事	非軍事	軍事
主要形式		武力(含核武)嚇阻	政治、外交、經濟	分階段、有效武力	長期、有限武力、心理	速戰速決
附註		1.本表為作者自製。 2.資料來源:#1 薄富爾,鈕先鍾譯,《戰略緒論》(臺北:麥田出版股份有限公司,2000年2月),頁32至37及頁56至59。#2 鈕先鍾,《戰略研究入門》(臺北:麥田出版股份有限公司,1998年9月),頁277至281。#3 鈕先鍾,《戰略思想與歷史教訓》(臺北:軍事譯粹社,1979年7月),頁272至273。3.以上各類型「內部動作」在確保部份「行動自由」條件下,可維持「主動」並運用一切資源(物質力量與精神力量)。4.限制因素之相對程度以「充裕←→普通←→有限」表示。				

　　但是,人類之所以能夠行動,主要關鍵還是在於「意志」(will);沒有意志就沒有行動。[17]我們可以認為:「戰略抉擇」就是「行動者對於

---

[17] 鈕先鍾,《戰略思想與歷史教訓》,頁297。克勞塞維茨從戰爭的角度,也有類似看法,他認為:戰爭本身特殊的性質及危險因素,使作為決定性基礎之情報及大量人員體力發揮,都變得不可靠;而佔有極大比重的耐力、決斷、鎮靜等因素,都必須憑藉指揮

客觀因素（目標、環境、力量）評估後，主觀認知（意志）的決定」（如圖 2）。其中，除了目標性質（重要性）之外，環境包括「時間」與「空間」；力量包括「所能動用力量之規模」與「精神」。[18]而「意志」與「精神」並不相同；意志是「主觀的認知」，精神是「客觀的資源」。

若據此進一步推論，應可定義：「中共對其『大戰略』之實現，就是對階段性目標、環境與力量等客觀因素評估後，主觀抉擇的行動」。換句話說，中共在國際社會的行為模式，雖然受到「目標」、「環境」、「力量」等客觀因素的影響有所調整；惟最終決策的訂定（「戰略抉擇」）還是以其主觀認知（「意志」）為主要關鍵。[19]

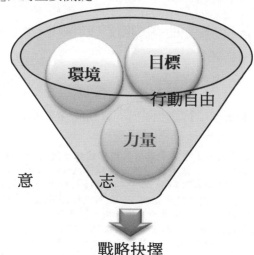

戰略抉擇
圖 2：「行動戰略」觀點之「戰略抉擇」影響因素

資料來源：作者綜合薄富爾「行動戰略」觀點及相關論述繪製。

官的「意志力」才能維持整體運作。詳見克勞塞維茨（Carl Von Clausewitz），李昂納德（Roger Ashley Leonard）編，鈕先鍾譯，《戰爭論精華》（臺北：麥田出版社，2001年 9 月），頁 20。

[18] 薄富爾，鈕先鍾譯，《戰略緒論》，頁 46。

[19] 「行動自由」可以擴大或縮小，其關鍵還是在於「意志」。不過，要想調整影響「行動自由」的這些因素（目標、環境、力量），必須付出巨大的努力，而這些努力必須以堅強的「意志」為基礎。詳見鈕先鍾，《戰略思想與歷史教訓》，頁 299。

　　綜合以上論述，「戰略抉擇」的影響因素包括：「目標」、「環境」（時間與空間）、「力量」（物質力量與精神力量）、「行動自由」及意志。我們再從中共的國家立場思考影響「戰略抉擇」之因素，可初步建立以下假定：

一、地理安全環境短期內不致有太大變動，「空間」因素可視為常數。

二、中國共產黨政權穩定且持續執政前提下，「精神力量」（「軟實力」）可視為充裕。

三、國家最終目標須分階段實現，[20]而各階段目標重要性不盡相同。

四、一個和平穩定的發展環境，可減少「外部動作」[21]對國家「行動自由」之影響。

五、提升自身「物質力量」（「硬實力」），[22]可相對擴大與對手間差距，增加國家「行動自由」，有利於達成階段性目標。

---

[20] 就發展過程而言，中共學者將其國家建設發展結合經建成果區分以下階段：自1950-1980年視為「成長期」，第一代領導人建立基礎（「兩步走」現代化初始）；1989-2020年視為「迅速崛起期」，第二、三代領導人推進改革開放，第四代領導人持續保持發展（「三步走」中國式現代化）；2020年以後才將進入「強盛期」，詳見門洪華，《構建中國大戰略的框架：國家實力、戰略觀念與國際制度》，「序言」。請一併參閱胡鞍鋼，《中國崛起之路》（北京：北京大學出版社，2007年4月），頁306-388；高全喜、任劍濤等，《國家決斷：中國崛起進程中的戰略抉擇》（北京：中國友誼出版公司，2010年4月），頁22；閻學通、孫學峰等，《中國崛起及其戰略》（北京：北京大學出版社，2006年8月），頁7-13。另吳東林，《中國國防政策的政治經濟分析－以航空母艦的發展為例》（東吳大學政治學系博士論文，2009年12月），亦有類似論述。

[21] 薄富爾發現：行動戰略與地理區域內因素關聯性很少；影響「行動自由」的因素，幾乎都來自地理區域之外，包括嚇阻效力、國際反應評估、對方精神力量及其對外在壓力反應等等。所以，任何行動戰略的成功，都與世界廣泛各層面之動作密切關聯；然而其重要性卻往往被忽略。他將該等影響「行動自由」的特殊外部因素稱之為「外部動作」（exterior manoeuvre）；「外部動作」的中心思想，就是設法使自己保持最大程度的行動自由，同時使用不同手段牽制、嚇阻，以癱瘓（或限制）對方的行動（自由），詳見薄富爾，鈕先鍾譯，《戰略緒論》，頁143。請一併參閱 André Beaufre, *Strategy for Tomorrow* (New York: Crane, Russak & Company, 1974), pp. 3-6。

[22] 受限於研究篇幅，本文對「物質力量」之分析，僅以「經濟力」（economic power）與

六、陸續達成各階段性目標，就是實現國家「大戰略」─「崛起」成為
「大國」。[23]

根據以上假定，若以時間（因素）作為基軸，應可進一步觀察中共
各領導人執政時期，根據階段性目標重要性、物質力量（「硬實力」）與
國家相對「行動自由」程度，作出「戰略抉擇」之差異及「崛起」過程。

貳、中共的崛起背景

一、國際戰略格局（「外部動作」）

中共認為：冷戰結束以來國際格局發生重大變化，由冷戰時期的「兩
極體系」向「多極體系」迅速演變，逐漸形成五大力量中心；其中美國
是無可匹敵的超級大國，俄羅斯、德國、日本和中共是相對獨立的戰略
力量，屬於區域大國。從國家軍事安全角度來看，當前的安全係數比近
代以來任何歷史時期都高；不再面臨外國軍事入侵、全面封鎖和世界大
戰的威脅。[24]

由於全球性軍事對抗及爆發世界大戰的可能性越來越小；大國關係
出現戰略性調整，中共、美國、俄羅斯、歐洲、日本等國和區域集團頻
繁進行對話，建立多種形式的戰略夥伴關係，促進國際安全環境改善，
新的國際安全機制正在形成和發展。[25]

「軍事力」（military power）等二者代表「硬實力」（hard power）進行探討。

[23] 楊順利，〈中共大戰略研究之思辨：薄富爾「行動戰略」觀點之探討〉，翁明賢主編，《戰略安全：理論建構與政策研析》，頁 336-337。

[24] 康曉光，〈中國：不應充當挑戰者〉，蕭旁主編，《中國如何面對西方》（臺北：明鏡出版社，1997 年 2 月），頁 108-109。請一併參閱崔立如，〈全球化時代與多極化世界〉（代序），崔立如主編，《世界大變局/中國現代國際關係研究院》（北京：時事出版社，2010年 8 月），頁 3。

[25] 張萬年主編，《當代世界軍事與中國國防》（北京：軍事科學出版社，2002 年 2 月），頁 19-20。

然而,「一超多強」的過渡性格局,需要很長時間才能到達真正的多極格局。[26]並預測:2000 至 2030 年的世界趨勢將是一個為爭自然資源而發生許多局部戰爭的動盪時代;此過渡時期表現最好的國家將是追求「和平與發展」並強化經濟競爭能力;美國的國力正在逐漸走下坡,冷戰時期遺存的聯盟關係逐漸瓦解,新的「世界體制」產生,各國將遵守中共的「和平共存五原則」;惟日本與印度國內民族主義份子抬頭,潛在的衝突爆發點可能導致主要強國與軍事強國被捲入直接的軍事衝突。[27]

二、地緣安全環境(「空間」因素)

中國大陸位於歐亞大陸東部,太平洋西岸。疆域範圍,南起西沙群島南端曾母暗沙南側,北達漠河東北側黑龍江主航道中心線;西起新疆維吾爾族自治區烏恰縣以西帕米爾高原,東至黑龍江撫遠縣以東烏蘇里江與黑龍江主航道中心線匯流處。南北長約 5,500 公里,東西寬約 5,200 公里;形成西部伸入亞洲腹地,東南面向世界大洋的地理形勢。領土遼闊為中共的國家安全維護提供優越的地理條件;尤其邊境地區大都由高

---

[26] 1998 年 8 月江澤民在第九次使節會中指出:「世界新格局的最終形成,還要一個相當長的演變過程。」引自《人民日報》,1998 年 8 月 29 日,第 1 版。

[27] 伍爾澤(Larry M. Wortzel)編,吳奇達、高一中、翟文中 合譯,《廿一世紀台海兩岸的軍隊》(The Chinese Armed Forces in the 21st Century)(臺北:國防部史政編譯局,2000 年 9 月),頁 115-118。請一併參閱 Larry M. Wortzel (edit), *The Chinese Armed Forces in the 21st Century* (Carlisle: Strategic Studies Institute, U.S. Army War College, December 1999), pp. 101-104。至於「和平共處五原則」係中共前國家總理周恩來於 1953 年 12 月底會見來訪的印度代表團時所提出,1955 年在「亞非會議」(又稱「萬隆會議」)中發表《關於促進世界和平與合作的宣言》,提出 10 項國際關係原則並包括「互相尊重領土主權、互不侵犯、互不干涉內政、平等互惠、和平共處」等 5 項原則內容。引自《新華網》資料庫,2004 年 6 月,
<http://big5.xinhuanet.com/gate/big5/news.xinhuanet.com/ziliao/2004-06/09/content_1515866.htm >。中共領導人一般在談及國際體系中的地位時,大致依循八〇年代以來,鄧小平基於經濟建設需要和平的國際環境談話,亦為後續江澤民、胡錦濤等領導階層所奉行。請一併參閱宮力、劉德喜、劉建飛、王紅續等,《和平為上:中國對外戰略的歷史與現實》(北京:九州出版社,2007 年 4 月),頁 107-128。

山、沙漠及海洋所組成，形成有利的國防屏障。整個中國大陸的東面和
南面為海洋所環繞，近海由北至南分為渤海、黃海、東海、南海寺大海
區；鄰接朝鮮、南韓、日本、（台灣）、菲律賓、馬來西亞、文萊、印尼
等國，為環太平洋經濟圈的戰略通道，溝通太平洋、印度洋和聯繫亞洲、
非洲、歐洲的海上要道。[28]

　　在中國大陸周邊有 7 個世界前十名的人口大國 （印度、美國、俄
羅斯、日本、巴西、孟加拉及印尼）；6 個世界前十強的軍事大國（美國、
俄羅斯、日本、印度、南韓、朝鮮）；2 個世界前四大經濟體（美國、日
本）；2 個安理會常任理事國（美國、俄羅斯）；5 個擁核國（美國、俄
羅斯、印度、巴西、朝鮮），周邊情勢複雜。[29]冷戰後，中共認為目前不
存在遭受外在大規模入侵的危險，且將暫時保持一段較長的時間；其次，
周邊安全環境日趨良好，邊界問題得以控制或解決；再者，國家安全仍
存在內憂外患，國家統一的問題將更加嚴峻；最後，中共政權將戰略焦
點集中在經濟建設上，以加速國家現代化。[30]其對於安全環境評估的「基
礎」是「世界追求和平之勢遠超越追求戰爭之勢」；軍事力量不再是評
估一國國力的主要指標，許多因素會影響一國國力，並在戰爭中扮演比
軍事更重要的角色；該等因素如經濟、科技、人民意志等。據此，鄧小
平將毛澤東「世界大戰終不可免」的看法修正為「世界大戰或許可以避

<hr>

[28] 沈偉烈、陸俊元主編，《中國國家安全地理》（北京：時事出版社，2001 年 9 月），頁
150-151。另原文中將台灣視為「中國的一省」。請一併參閱〈中國的國土與資源〉，引
自《新華網》資料庫，2003 年 1 月，
<http://big5.xinhuanet.com/gate/big5/news.xinhuanet.com/ziliao/2003-01/19/content_696029.htm>。

[29] 林利民，〈國際地緣政治變局及其對中國的影響〉，崔立如主編，《世界大變局/中國現
代國際關係研究院》，頁 32。

[30] 沈偉烈、陸俊元主編，《中國國家安全地理》，頁 85-87。請一併參閱李慎明，《中國和
平發展與國際戰略》（北京：中國社會科學出版社，2007 年 2 月），頁 29-32。

免」。[31]甚至,更直接指出:「現在世界上真正大的問題,屬全球性的戰
略問題,一個是和平問題,一個是經濟問題或者說發展問題」。[32]

三、國內政情走向(「精神力量」)

中共認為新中國成立初期,內戰憂患雖得到抑制,但劇烈的政治動
盪尚未結束。自 1954 年以來,「憲法」經過三次大修改(分別為 1975、
1978 及 1982 年)和四次小修訂,直到 1982 年第五屆人大第五次會議決
定將「國家的工作重點轉移到社會主義現代化建設」寫入「憲法」(按:
1978 年中國共產黨內部先行定調),並將國家性質由「無產階級專政」
恢復為「人民民主專政」,申明國家保護個體經濟的合法權益。從此,
提高國內政治環境穩定,避免社會動盪的機制逐漸形成,為「崛起」奠
定法律基礎。在歷經第二代將權力平穩轉移第三代的考驗後,基本已消
除政治動盪風險而逐步實現改革開放經建計畫。[33]因此,本文在觀察中
共「崛起」過程時,係置重點於鄧小平執政(1978 年底)迄習近平接任
(2013 年底)之期間為主要時間範疇。

在新的歷史條件下,中共審視國際環境處於趨向和平發展的「戰略
機遇期」,[34]在相繼完成黨的工作和國家政策定向後,[35]全力走出自己的

---

[31] 白邦瑞(Michael Pillsbury)著,楊紫涵譯,《中共對未來安全環境的辯論》(China Debates
the Future Security Environment)(臺北:國防部史政編譯局,2001 年 1 月),頁 257-258。
中共堅持走自己的道路(具有中國特色的社會主義),相對排斥使用西方的國際關係架
構來評估未來安全環境。西方研究認為,「誤判」與「誤解」可能是造成戰爭的原因;
相較之下,中共則主張「爭奪資源」乃是戰爭的肇因,並稱「經濟因素是引起戰爭最
基本的原因」。請一併參閱伍爾澤,《廿一世紀台海兩岸的軍隊》,頁 114-115;Michael
Pillsbury, *China Debates the Future Security Environment* (Washington, D.C.: National De-
fense University, January 2000), p. 210;李慎明,《中國和平發展與國際戰略》,頁 3-6。

[32] 中共中央文獻編輯委員會編,《鄧小平文選第三卷》(北京:人民出版社,1993 年 10
月),頁 105。請一併參閱林利民,〈國際地緣政治變局及其對中國的影響〉,崔立如主
編,《世界大變局/中國現代國際關係研究院》,頁 21-28。

[33] 閻學通、孫學峰等,《中國崛起及其戰略》,頁 12-13。

[34] 2011 年 3 月 8 日新加坡國立大學東亞所所長鄭永年在《聯合早報》發表〈中國未來十

「中國之路」（西方後稱之為「北京共識」）。[36]1982 年 9 月中國共產黨
十二大會議上，鄧小平提出「中國式的現代化之路」（即「中國特色的
社會主義現代化」）；[37]1984 年 5 月他強調：「我們希望不發生戰爭，爭
取長時間的和平，集中精力搞好國內『四化』建設。」1989 年 2 月更直
指：「中國的問題，壓倒一切的是需要穩定。」[38]1994 年 3 月江澤民進

年改革的"戰略機遇期"〉文章，指出「戰略機遇期」為中共領導用來推進國家改革發
展的關鍵字，主要係對國內外環境和改革發展之間關係的綜合性判斷，引自《中國評
論月刊網絡版》，2011 年 3 月 8 日，
<http://hk.crntt.com/crn-webapp/mag/docDetail.jsp?coluid=35&docid=101621274>。中共
「國家安全論壇」副秘書長彭光謙在其〈三論戰略機遇期—戰略機遇期不是戰略保險
期〉文章表示，「對一個國家而言，戰略機遇就是有利於維護國家利益，實現國家戰略
目標的環境與條件。就當代中國而言，就是有利於中國集中精力，穩定地可持續發展，
實現中華民族偉大復興的內外環境與主客觀條件」，引自《新華網》，2013 年 3 月 19
日，
<http://big5.xinhuanet.com/gate/big5/news.xinhuanet.com/world/2013-03/19/c_124472653.
htm>。請一併參閱門洪華，《構建中國大戰略的框架：國家實力、戰略觀念與國際制
度》，頁 286；辛向陽，《中國發展論》（山東：山東人民出版社，2006 年 8 月），頁 22-32。

35 中共第十一屆三中全會（1978 年 12 月 18-22 日）會前，召開歷時 36 天中央工作會議，
    對「文化大革命」後中國共產黨領導工作提出批評，並於三中全會決議：「將黨的工作
    重點從『以階級鬥爭為綱』轉移到社會主義現代化建設。」是項決議具歷史深遠意義。
    引自《新華網》資料庫，2003 年 1 月，
    <http://news.xinhuanet.com/ziliao/2003-01/20/content_697755.htm>。

36 2004 年 2004 年 5 月 7 日，時任美國高盛投資公司高級顧問、清華大學教授喬舒亞‧
    庫珀‧雷默（Joshua Cooper Ramo），在倫敦《金融時報》（Financial Times）提出「北
    京共識（Beijing Consensus）」之後，引起國際關注，掀起「中國模式」討論熱。「北京
    共識」主要強調中共經濟發展模式的創新價值、可持續性及自主性。詳見蔡拓，〈中國
    大戰略芻議〉，《國際觀察》，2006 卷，第 2 期（2006 年 4 月），頁 1-2。請一併參閱俞
    新天，〈認識和避免當今的衝突和戰爭—中國和平崛起的戰略選擇〉，陳佩堯、夏立平
    主編，《新世紀機遇期與中國國際戰略》（北京：時事出版社，2004 年 9 月），頁 12-13；
    門洪華，《構建中國大戰略的框架：國家實力、戰略觀念與國際制度》，頁 12-29；鄒慶
    國、袁昭，《中國大戰略：高層決策焦點問題解讀》（香港：中華書局有限公司，2009
    年 7 月），頁 31-47。

37 胡鞍鋼，〈中國迅速崛起的思想密鑰〉，《人民論壇》，總第 436 期，2014 年第 3 月上期
    （2014 年 3 月），引自《人民網》，2014 年 3 月 18 日，
    <http://paper.people.com.cn/rmlt/html/2014-03/20/content_1404345.htm>。請一併參閱薛
    澤洲、劉學軍，《鄧小平與中國現代化》（福建：福建教育出版社，2001 年 6 月），頁
    71；鄧小平，〈建設有中國特色的社會主義〉，中共中央文獻編輯委員會編，《鄧小平文
    選第三卷》（北京：人民出版社，1993 年 10 月），頁 62-66。

38 中共中央文獻編輯委員會編，《鄧小平文選第三卷》，頁 57 及頁 284。所謂「四化」，

一步闡釋：「『改革、發展、穩定』，好比是現代化建設棋盤上三著緊密聯繫的戰略性棋子。」[39]2011 年 7 月胡錦濤更堅持：「發展是硬道理，穩定是硬任務；沒有穩定，什麼事情也辦不成，已經取得的成果也會失去。」[40]2012 年 3 月習近平也認為「對一個國家、一個地區來說，和諧穩定是福，動盪折騰是禍。」[41]顯示中共歷任國家領導人均認為：「穩定」的國內、外環境，是追求經建發展之首要條件。然而，中共也明白經濟建設不可離開「安全」基礎，「國家主權」也相對重要。[42]

四、國家核心利益（「目標」重要性）

中共認為「國家利益是主權國家生存和發展的需要，是制定和實施國家戰略的根本依據。國家利益是客觀的，但對國家利益的認識和判斷是主觀的。國家利益的內涵和外延隨著歷史條件的變化而變化，在不同時代背景下有所不同。而當國家面臨的威脅發生改變時，國家安全的核心內容也應隨之變化。」[43]

1989 年 10 月鄧小平在會見美國前總統尼克森時談到：「考慮國與國之間的關係主要應該從國家自身的戰略利益出發。著眼於自身長遠的戰略利益，同時也尊重對方的利益，而不是去計較歷史恩怨，不去計較社

係指「農業、工業、國防和科學技術」等四個現代化。

[39] 1994 年 3 月江澤民於中共第八屆全國人大第二次會議上海代表團討論會上講話內容，引自《中國共產黨新聞網》，2012 年 10 月 26 日，<http://theory.people.com.cn/n/2012/1026/c350767-19398928.html >。

[40] 2011 年 7 月胡錦濤於中國共產黨成立 90 周年慶祝大會上講話內容，引自《中國新聞網》，2011 年 7 月 1 日，<http://www.chinanews.com/gn/2011/07-01/3150785.shtml >。

[41] 2012 年 3 月 5 日時任中共中央政治局常委、國家副主席的習近平赴港澳地區探視全國政協委員，並出席「共商國是」會議之講話內容，引自《文匯報》，2012 年 3 月 5 日，<http://paper.wenweipo.com/2012/03/05/CB1203050001.htm >。

[42] 張伊寧、鄧鋒主編，《鄧小平新時期軍隊建設思想研究》（北京：國防大學出版社，1999 年 9 月），頁 111。

[43] 劉靜波、孟祥青合著，〈鄧小平的國家安全觀〉；魯毅等主編，《新時期中國國際關係理論研究》（北京：時事出版社，1999 年 6 月），頁 169。

會制度和意識形態的差別。…我們都是以自己的國家利益為最高準則來
談問題和處理問題的。」[44]

　　至於中共的「國家利益」究竟為何？中共學者對此存在許多不同的
看法。僅列舉其中較具代表性者，供例證比較如下：

（一）陸俊元以地緣戰略觀點，認為「國家安全是國家利益的重要組成
　　　部分，是國家利益中關係主權獨立、政權穩定、領土完整、民族
　　　團結、經濟繁榮等國家生存與發展利益的部分。鄧小平的國家利
　　　益觀是主權獨立和領土完整」。[45]

（二）洪兵就概念界定角度，解釋「國家利益是國家需求認定的各種客
　　　觀對象總和。謂的『利益』是實實在在的東西，是人們主觀意志
　　　之外獨立存在的東西，具有客觀性；且『利益』包羅萬象，既有
　　　物質的，也有精神的。因此，在解釋『國家利益』概念時，應遵
　　　循『精簡』原則，以免使人難以形象、理解」。[46]

（三）席來旺從國際關係視野，分析「政府必須把國家主權與領土完整
　　　作為國家安全的首要標準，國家未來安全戰略上最重要的任務是
　　　維護和平；首先是保證亞太地區的和平與穩定，這也是國家安全
　　　的根本利益。在冷戰後的新形勢下，國家安全利益還要實現全方
　　　位的經濟合作，重點是資金、技術和貿易等擴大範圍並提高層次
　　　的流動」。[47]

---

[44] 劉繼賢、王益民主編，《鄧小平軍事理論教程》（北京：軍事科學出版社，2000 年 5 月），
頁 79。

[45] 沈偉烈、陸俊元主編，《中國國家安全地理》，頁 67。

[46] 洪兵，《國家利益論》（北京：軍事科學出版社，1999 年 7 月），頁 11-12。

[47] 席來旺，《國際安全戰略》（北京：紅旗出版社，1996 年），頁 325-326。

（四）閻學通立足於國家安全，建議「目前應避免軍事衝突；避免與美
　　　國對抗；建立集體合作安全保障體系；維護周邊地區穩定；保持
　　　核力量與防止核擴散；走有中國特色的精兵之路。在國家統一安
　　　全方面，將焦點放在台灣和西藏的分裂危機。至於經濟安全則提
　　　出打擊國際犯罪並保護知識產權利益」。[48]

（五）李際均由軍事戰略出發，主張「戰略思維總是從國家利益中獲得
　　　思想的原動力。一些國家尋求擴張自己的利益，另一個國家要抵
　　　制這種擴張，維護屬於自己生存與發展的權利；世界各國戰略的
　　　根本對立就在這裡。而國家利益有兩個基本要素，一個是安全利
　　　益，一個是發展利益；而軍事戰略直接為國家安全利益服務，並
　　　透過保障國家安全的方式，進一步促進國家全面發展」。[49]

（六）楊毅強調國家主權概念，提出「安全利益是主權國家對生存的需
　　　求，與國家發展利益是辯證統一的關係，兩者構成國家利益的總
　　　和。至於國家安全利益主要是由國家主權獨立、國家統一和領土
　　　完整、國家基本政治制度和核心價值觀、國民經濟可持續發展、
　　　國內社會安定等 5 方面構成」。[50]

（七）黃平與周建明側重自主性，認為「國家的核心利益包括國家主權
　　　獨立；國家領土完整；國家政治制度正當性和穩定性；不存在大
　　　國直接威脅的周邊環境；核心價值觀和基本制度延續性；國家追
　　　求發展和繁榮，人民追求福利不受到外部強制性限制」。[51]

---

[48] 閻學通，《中國國家利益分析》（天津：天津人民出版社，1995 年 8 月），頁 154-184。

[49] 李際均，《軍事戰略思維》（北京：軍事科學出版社，1996 年 5 月），頁 148-151。

[50] 楊毅主編，《中國國家安全戰略構想》（北京：時事出版社，2009 年 7 月），頁 55-59。

[51] 黃平、周建明，〈國家安全戰略與對外關係：對 60 年的回顧與思考〉，張蘊岭主編，《中
國對外關係：回顧與思考（1949~2009）》（北京：社會科學文獻出版社，2009 年 9 月），
頁 2。

綜合以上中共學者觀點，我們可獲得概略輪廓：中共對於「國家利益」的看法，是基於國家「生存」與「發展」，為國際交往、國家建設及軍事行動之最高指導；具體作為則在確保主權獨立和領土完整，也就是保障國家安全。換句話說，中共階段性的戰略目標雖因時、空環境改變，在內涵與表述上會有所調整；但其核心利益－國家「生存」與「發展」卻是無庸置疑、無法動搖的大纛。在國際社會中，國家的「生存」被視為基本條件，而國家的「發展」目標卻因「國」而異。根據前述理論基礎，若循跡探索中共「崛起」的脈絡，或能窺其國家最終「發展」目標－亦即「大戰略」的實現。

參、中共的戰略抉擇

一、毛澤東執政時期（1949 年~1977 年）

（一）國內外環境

毛澤東執政時期適逢國際核武「恐怖平衡」下的冷戰背景，隨時處在「早打、大打、打核戰爭」的緊張氛圍中（「外部動作」）。[52]

1956 年 4 月毛澤東在〈論十大關係〉講話，對建設社會主義的道路進行初探；後於中共中央政治局擴大會議上提出「百花齊放，百家爭鳴」方針。同年 9 月召開第八次全國代表大會，指「全國人民主要任務已經轉變為集中力量發展社會生產力」；但此方針後來導致連串政策指導錯誤和挫折。1958 年 5 月毛澤東發動「大躍進」和農村人民公社化運動；1959 年 7 月盧山會議後由「糾左」轉變為「反右」鬥爭；1961 年 1 月正式對經濟實行「調整、鞏固、充實、提高」八字方針，修正「大躍進」

---

[52] 袁德金，〈毛澤東與"早打、大打、打核戰爭"思想的提出〉，《軍事歷史》總第 176 期，2010 年第五期（2010 年 10 月），頁 1-6。

和人民公社化的錯誤；1962 年底經濟開始好轉；迄 1965 年人民生活雖
有所改善，但政治思想「左」的錯誤並未從根本上糾正。當 1966 年正
要開始執行第三個「五年計畫」時（按：1953~1957 年實施第一個「五
年計畫」，1958~1962 年實施第二個「五年計畫」），卻爆發長達 10 年之
久的「文化大革命」，造成科學、文化、教育、經濟、社會等多方面嚴
重損失，影響極為深遠，也令中共失去一次國家發展機遇。[53]

（二）目標與抉擇

　　國家階段性戰略目標是求「生存」，總體戰略指導由「一面倒」（向
前蘇聯靠攏）轉為「反帝反霸國際統一戰線」（反前蘇聯反美國，聯合
「第二世界」）。[54]由於國內政社情勢持續動盪，在無充裕資源（物質力
量與精神力量）條件下，其「行動自由」程度有限，僅能勉力維持國家
「求生存」目標。直到鄧小平重新掌權執政後，鼓勵解放思想，實施經
濟改革開放，全力推動「四個現代化」，國家發展才露出一線曙光。[55]

53　〈毛澤東〉，引自《新華網》資料庫，2003 年 1 月，
　　<http://big5.xinhuanet.com/gate/big5/news.xinhuanet.com/ziliao/2003-01/17/content_693606
　　.htm>。請一併參閱〈中華人民共和國大事記（1949 年 10 月－2009 年 9 月）〉，2009
　　年 10 月 3 日，《中國共產黨新聞網》，
　　<http://dangshi.people.com.cn/GB/234123/16184791.html>；中共中央黨史研究室，〈第
　　六章探索中國自己的建設社會主義的道路〉，《中國共產黨簡史》（北京：中共黨史出版
　　社，2001 年 6 月），引自《中國共產黨新聞網》，
　　<http://cpc.people.com.cn/GB/64184/64190/65724/4444922.html>；中共中央黨史研究室，
　　〈第七章十年「文化大革命」的內亂〉，《中國共產黨簡史》，引自《中國共產黨新聞網》，
　　<http://cpc.people.com.cn/GB/64184/64190/65724/4444928.html>；〈二五計畫
　　（1958~1962）：大躍進大倒退〉，《中國共產黨新聞網》，
　　<http://dangshi.people.com.cn/GB/151935/204121/204506/12925206.html>；〈1959 年 7
　　月 2 日廬山會議和反右傾運動〉，2003 年 8 月 1 日，《人民網》，
　　<http://www.people.com.cn/GB/historic/0702/2160.html>；〈「調整、鞏固、充實、提高」
　　八字方針和三年調整〉，2001 年 6 月 26 日，《人民網》，
　　<http://www.people.com.cn/GB/shizheng/252/5531/5539/20010626/497933.html>。

54　黃平、周建明，〈國家安全戰略與對外關係：對 60 年的回顧與思考〉，張蘊岭主編，《中
　　國對外關係：回顧與思考（1949~2009）》，頁 2-10。

55　1978 年 12 月 13 日鄧小平在中共中央工作會議閉幕會上發表〈解放思想，實事求是，
　　團結一致向前看〉的講話，強調「不打破思想僵化，不大大解放幹部和群眾的思想，

二、鄧小平執政時期（1978 年~1993 年）[56]

（一）國內外環境

　　結束「文化大革命」這場災難，使中共獲得有利發展契機。但 10 年浩劫留下的後果十分嚴重（資源有限），國內欲在短期內取得政治共識亦不容易。1977 年 2 月 7 日《人民日報》、《紅旗》雜誌、《解放軍報》同時發表社論提出「兩個凡是」的指導方針，強調「凡是毛主席作出的決策，我們都堅決維護；凡是毛主席的指示，我們都始終不渝地遵循」。同年 4 月尚未恢復領導職務的鄧小平對黨中央提出建言：「我們必須用準確的毛澤東思想來指導全黨、全軍和全國人民。」此後，陳雲、葉劍英、聶榮臻、徐向前等人亦不斷以「實事求是」精神抵制「兩個凡是」的推行。7 月中國共產黨第十屆三中全會決定恢復鄧小平在 1976 年被撤銷的全部職務（按：包括中共中央副主席、軍委副主席、國務院副總理、解放軍總參謀長等）。鄧小平復出後，強調「科學技術是生產力」，使知識和知識份子重新受到重視。1977 年 8 中國共產黨召開第十一次全國代表大會，重申把國家建設成為社會主義現代化強國的根本任務，卻未制定新路線、方針和政策。但鄧小平重新當選中央副主席，並經過第十一屆三中全會，成為中國共產黨的第二代中央領導集體的核心，此對未來發展產生深遠影響。1977 年 12 月鄧小平在瞭解國際形勢之後，提出「世界戰爭可以推遲，經濟建設可以爭取更多和平時間」的判斷。[57]

四個現代化就沒有希望。」引自《新華網》資料庫，2002 年 3 月，
<http://news.xinhuanet.com/ziliao/2002-03/04/content_2550275.htm >。請一併參閱中共中央文獻編輯委員會編，《鄧小平文選第二卷》（北京：人民出版社，1994 年 11 月），頁143。

[56] 在 1978 年底以前，鄧小平還不是黨內最高領導人，華國鋒以中共中央主席、國務院總理、中央軍委主席，黨政軍最高領導的身份繼續領導國家發展，鄧則是黨內四位中共中央副主席之一（另三人是葉劍英、李先念和汪東興）。

[57] 陳述，《改革開放重大事件和決策述實》（北京：人民出版社，2008 年 11 月），頁 3-49。請一併參閱〈中華人民共和國大事記（1949 年 10 月－2009 年 9 月）〉，2009 年 10 月 4 日，《中國共產黨新聞網》，<http://dangshi.people.com.cn/GB/234123/16184862.html >；

　　1978 年 5 月《光明日報》發表經中央黨校副校長胡耀邦審定的〈實踐是檢驗真理的唯一標準〉一文，指出「社會實踐不僅是檢驗真理的標準，而且是唯一的標準。」引起激烈爭論。6 月鄧小平在全軍政治工作會議中闡述毛澤東關於實事求是的觀點，批評「兩個凡是」的錯誤態度，號召「思想大解放」。受到官方媒體、各部門首長及軍隊負責人的相繼支持，奠定歷史性思想轉折基礎。同年 12 月鄧小平在中國共產黨中央工作會議閉幕會上發表《解放思想，實事求是，團結一致向前看》講話，告誡全黨「再不實行改革，現代化事業和社會主義事業就會被葬送」。後於中國共產黨第十一屆三中全會決議，把黨和國家工作重點轉移到社會主義現代化建設。至此，中共正式進入改革開放時期。[58]

（二）目標與抉擇

　　在歷經「以階級鬥爭為綱」和「文化大革命」的動亂之後，百廢待舉，既然已經取得國內政治共識，最迫切需要的是把國家回復到現代化建設的正常軌道上來。[59]1980 年元旦鄧小平在政協全國委員會舉行的新年茶話會上發表講話，指出「80 年代是十分重要的年代。國內事情最重要的是把經濟搞好，這需要我們做好四件事。第一，一定要堅持黨的政治路線。第二，必須要有一個安定團結的政治局面。第三，要有艱苦奮鬥的創業精神。第四，要建立一支堅持社會主義道路的、有專業知識的幹部隊伍。」1 月 16 日在中共中央召集的幹部會議上以〈目前的形勢和任務〉講話時，提出 80 年代要做的三件大事和現代化建設必須具備的

　　〈鄧小平〉，引自《新華網》資料庫，2003 年 1 月，
　　<http://news.xinhuanet.com/ziliao/2003-01/17/content_694863.htm >；中共中央黨史研究室，〈第八章十一屆三中全會開闢社會主義事業發展新時期〉，《中國共產黨簡史》，引自《中國共產黨新聞網》，<http://cpc.people.com.cn/GB/64184/64190/65724/4444932.html >。

[58]　同前註。

[59]　黃平、周建明，〈國家安全戰略與對外關係：對 60 年的回顧與思考〉，張蘊岭主編，《中國對外關係：回顧與思考（1949~2009）》，頁 13。

四個前提。三件大事是：「在國際事務中反對霸權主義，維護世界和平；
台灣回歸祖國，實現祖國統一；加緊經濟建設。三件事的核心是現代化
建設。這是解決國際問題、國內問題的最主要的條件。」而四個前提是：
要有一條堅定不移、貫徹始終的政治路線；要有一個安定團結的政治局
面；要有一股艱苦奮鬥的創業精神；要有一支堅持走社會主義道路的、
具有專業知識和能力的幹部隊伍。」[60]1981 年 9 月鄧小平訓勉部隊「建
設強大的現代化、正規化革命軍隊」，[61]調整體制編制；1985 年 5 月進
一步提出「軍隊和國防建設的指導思想實行戰略性轉變」，要求從毛澤
東時期（早打、大打、打核子）的臨戰狀態轉向和平建設。[62]1985 年 6
月裁減軍隊員額 100 萬，同時進行軍隊的體制改革和革命化、現代化、
正規化建設。[63]

　　1987 年 4 月鄧小平在會見西班牙工人社會黨副總書記、政府副首相
格拉時指出：「從第十一屆三中全會開始，我們定的目標是，第一步在
80 年代翻一番。第二步是到本世紀末，再翻一番，實現進入小康社會。
第三步在下世紀用 30 年到 50 年再翻兩番，達到中等發達的水準。」[64]此

---

[60] 〈鄧小平思想年譜・1980〉，引自《人民網》領袖人物資料庫，
　　<http://zg.people.com.cn/BIG5/33839/34943/34980/2632725.html >。請一併參閱中共中央
　　文獻研究室編，《鄧小平思想年譜（1975-1997）》（北京：中央文獻出版社，1998 年 11
　　月），頁 141-144。

[61] 中共中央文獻編輯委員會編，《鄧小平文選（1975-1982）》（北京：人民出版社，1983
　　年 8 月），頁 350。

[62] 中共中央文獻編輯委員會編，《鄧小平文選第三卷》，頁 126-128。原文係鄧小平在中央
　　軍委擴大會議上針對軍隊精簡整編（減少軍隊員額一百萬）問題之講話內容，指出中
　　共對國際情勢判斷與對外政策的兩個重要轉變：第一，是對「較長時間內不發生大規
　　模世界戰爭」的認識；第二，是「堅持和平發展與四個現代化」的對外政策。請一併
　　參閱王逸舟主編，《中共對外關係轉型 30 年》（北京：社會科學文獻出版社，2008 年
　　12 月），頁 179-181。

[63] 中共中央黨史研究室，〈第九章走自己的路，建設有中國特色的社會主義〉，《中國共產
　　黨簡史》，引自《中國共產黨新聞網》，
　　<http://cpc.people.com.cn/GB/64184/64190/65724/4444938.html >。

[64] 〈鄧小平理論小辭典－三步走的發展戰略目標〉，引自《新華網》資料庫，2004 年 8

「三步走」發展戰略亦為鄧後各中共領導人所貫徹執行。綜觀鄧小平執政時期國家階段性戰略目標是先求「生存」，再求「發展」；而資源方面的「物質力量」（經濟力、軍事力）尚未充裕前，精神力量雖逐漸從有限轉向充裕，然其「行動自由」仍舊有限。[65]如 1979 年 5 月，鄧小平會見來訪的日本自民黨眾議員鈴木善幸時表示，「可考慮在不涉及領土主權情況下，共同開發釣魚島附近資源」。同年 6 月即透過外交管道正式向日本提出共同開發釣魚島附近資源的構想，首次公開表明願以「擱置爭議，共同開發」模式解決同周邊鄰國間領土和海洋權益爭端的立場。[66]尤其自 1989 年 6 月「天安門事件」中共進行血腥鎮壓之後，美國為首的西方國家聯合實施經濟「制裁」；1990 年 11 月「柏林圍牆」推倒；1991 底年「蘇聯」瓦解，國內、外環境丕變。鄧小平為穩住政局，針對當時環境（「外部動作」）重新提出：「冷靜觀察、穩住陣腳、沉著應付、韜光養晦、善於守拙、決不當頭」指導方針。[67]在中共綜合國力尚未整體提升前，該 24 字方針儼然成為中共領導人對外政策的最高指導。

月，<http://news.xinhuanet.com/ziliao/2004-10/28/content_2148526_11.htm >。請一併參閱胡鞍鋼，《中國崛起之路》（北京：北京大學出版社，2007 年 1 月），頁 323-332；中共中央黨史研究室，〈第九章走自己的路，建設有中國特色的社會主義〉，《中國共產黨簡史》，引自《中國共產黨新聞網》，
<http://cpc.people.com.cn/GB/64184/64190/65724/4444939.html >。

[65] 請一併參閱黃平、周建明，〈國家安全戰略與對外關係：對 60 年的回顧與思考〉，張蘊岭主編，《中國對外關係：回顧與思考（1949~2009）》，頁 14-22；王逸舟主編，《中共對外關係轉型 30 年》，頁 181-183。

[66] 〈鄧小平：「主權屬我，擱置爭議，共同開發」〉，2012 年 4 月 1 日，引自《中國國情》，<http://guoqing.china.com.cn/2012-04/11/content_25115509.htm >。

[67] 〈冷靜觀察、沉著應付、韜光養晦、決不當頭、有所作為〉，引自《人民網》，2012 年 10 月 28 日，<http://theory.people.com.cn/n/2012/1028/c350803-19412863.html >。其實在 1990 年 3 月 3 日鄧小平對黨中央幹部講話時，就直接指出「和平問題沒有得到解決，發展問題就更加嚴重」。請一併參閱葉自成，〈關於韜光養晦和有所作為─再談中國的大國外交心態〉，《太平洋學報》，2002 年第 1 期（2002 年 1 月），頁 62-66；元成章，〈論鄧小平國際戰略思想內涵十要素〉，王緝思總主編，金燦榮主編，《中國學者看世界─大國戰略卷》，頁 71-84。

三、江澤民執政時期（1993 年~2003 年）

（一）國內外環境

20 世紀 90 年代開始，以江澤民為核心的領導持續鄧小平在 80 年代所提出之國家戰略、社會主義現代化建設、反霸權主義維護世界和平，以及實現國家統一等作為新時期之戰略目標。於此之際，適逢冷戰結束，國際戰略格局發生變化，出現多極化的趨勢不斷發展。[68]

由於冷戰結束後，美國國力在當今世上無與能比，俄羅斯軍事力量相對式微，英國、法國、中共等擁核國軍事控制範圍有限，日本、德國、印度等國軍事實力上升和東協維護地區軍事安全之獨特作用，中共認為世界戰略格局開始由兩極向多極化過渡。[69]而各國將焦點置於經濟及政治發展，全球性核戰與世界大戰的可能性大為降低，代之而起的將是有限戰爭與局部戰爭。[70]

1992 年 10 月中國共產黨舉行第十四次全國代表大會，江澤民代表第十三屆中央委員會提出〈加快改革開放和現代化建設步伐，奪取有中國特色社會主義事業的更大勝利〉報告，決定抓住機遇，加快發展，集中精力把經濟建設搞上去；確立鄧小平建設中國特色社會主義理論在全黨的指導地位。第十四屆一中全會江澤民當選為中央委員會總書記、中央軍事委員會主席。1993 年 3 月第八屆全國人大一次會議通過《中華人

---

[68] 黃平、周建明，〈國家安全戰略與對外關係：對 60 年的回顧與思考〉，張蘊岭主編，《中國對外關係：回顧與思考（1949~2009）》，頁 22-23。

[69] 趙可銘主編，《世界軍事形勢（1997－1998）》（北京：國防大學出版社，1998 年 1 月），頁 1-2。

[70] 翁明賢執行編輯，張建邦總策劃，《2010 中共軍力評估》（台北：麥田出版社，1998 年 1 月）》，頁 145。根據中共的解釋，「局部戰爭」是在一定地區內，使用一定武裝力量所進行的戰爭。由於局部戰爭在作戰目的、武器和兵力使用等方面都有所限制，且只在一定範圍內對國際情勢產生影響，因而有的國家亦稱它是「有限戰爭」。請參閱軍事科學院編審室，《中國大百科全書·軍事（第二分冊戰爭、戰略、戰役）》（北京：軍事科學出版社，1987 年 6 月），頁 24。

民共和國憲法修正案》肯定國家正處於社會主義初級階段；國家實行社
會主義市場經濟。同時選舉江澤民為國家主席、國家中央軍委主席。[71]至
此，始正式進入中共第三代領導，這也算是中共政權首次的和平移轉。
[72]

（二）目標與抉擇

在國家整體建設作為上，江澤民仍大致延續鄧小平任期內政策。
[73]1993 年 1 月江澤民在中央軍委擴大會議上，提出「新時期軍事戰略方
針，要求把軍事鬥爭準備的基點放在打贏現代技術特別是高技術條件下
的局部戰爭上。」[74]但同時強調「國防和軍隊建設必須服從國家經濟建
設大局。」[75]1995 年 5 月中共中央、國務院作出《關於加速科學技術進

---

71 請一併參閱〈中華人民共和國大事記（1949 年 10 月－2009 年 9 月）〉，2009 年 10 月 4
日，《中國共產黨新聞網》，<http://dangshi.people.com.cn/GB/234123/16184862.html >；
中共中央黨史研究室，〈第十章進入社會主義改革開放和現代化建設新階段〉，《中國共
產黨簡史》，引自《中國共產黨新聞網》，
<http://cpc.people.com.cn/GB/64184/64190/65724/4444948.html >；〈江澤民簡歷〉，引自
《新華網》資料庫，2002 年 1 月，
<http://news.xinhuanet.com/ziliao/2002-01/15/content_238452.htm >。

72 在中共的政治體制中，其最高權力是以「黨權」為中心，此外尚有政權和軍權，理論
上均由黨來領導；但事實上，軍權是政權的關鍵力量，誰掌軍權誰就是真正的實力派。
因此，如果黨權、政權、軍權不是由一人所統掌，則容易導致政權的不穩定。詳見楊
開煌，〈制度化權力轉移：從「十六大」到「十八大」〉，《亞太和平月刊》，第 5 卷，第
4 期（2013 年 4 月），引自《亞太和平研究基金會》，2013 年 4 月 19 日，
<http://www.faps.org.tw/issues/subject.aspx?pk=341>。

73 1994 年 3 月江澤民於中共第八屆全國人大第二次會議上海代表團討論會上講話時，曾
進一步闡釋：「改革、發展、穩定，好比是現代化建設棋盤上三著緊密聯繫的戰略性棋
子。」引自《中國共產黨新聞網》，2012 年 10 月 26 日，
<http://theory.people.com.cn/n/2012/1026/c350767-19398928.html >。請一併參閱黃平、
周建明，〈國家安全戰略與對外關係：對 60 年的回顧與思考〉，張蘊岭主編，《中國對
外關係：回顧與思考（1949~2009）》，頁 24。

74 中共中央文獻研究室編，《江澤民思想年編（1989-2008）》（北京：中央文獻出版社，
2010 年 2 月），頁 95-97。請一併參閱王逸舟主編，《中共對外關係轉型 30 年》，頁 185；
〈中華人民共和國大事記（1949 年 10 月－2009 年 9 月）〉，2009 年 10 月 3 日，《中國
共產黨新聞網》，<http://dangshi.people.com.cn/GB/234123/16184862.html >。

75 《人民日報》，1995 年 10 月 9 日，第 1 版。

步的決定》，提出「科教興國」戰略，隨即召開全國科學技術大會。[76]1995
年9月中共第十四屆五中全會通過《中共中央關於制定國民經濟和社會
發展「九五」計畫和2010年遠景目標的建議》，實行經濟體制從傳統的
計劃經濟體制向社會主義市場經濟體制轉變、經濟增長方式從粗放型向
集約型轉變。1997年9月江澤民於中國共產黨第十五次全國代表大會上，
進行〈高舉鄧小平理論偉大旗幟，把建設有中國特色社會主義事業全面
推向二十一世紀〉報告，會中除強調依法治國，建設社會主義法治國家，
把鄧小平理論確立為黨的指導思想，並提出「在 80 年代裁減軍隊員額
100 萬的基礎上，將在今後 3 年再裁減軍隊員額 50 萬」。1999 年底裁軍
50 萬任務完成，惟部分集團軍裁減之編制員額劃歸武警部隊。2003 年 9
月江澤民在國防科技大學 50 周年慶典活動時宣布「將在 2005 年前再裁
減 20 萬軍隊」，此次裁軍特點為「精兵、合成、高效」，實現軍隊「由
數量規模型向質量效能型，由人力密集型向科技密集型」的轉變，對促
進國家經濟建設，加速軍隊現代化具有重要意義。[77]

　　2000 年 2 月江澤民在廣東考察期間，指出「總結 70 多年的黨史，
在革命、建設、改革的各個時期，總能代表著先進社會生產力的發展要
求，代表著先進文化的前進方向，代表著廣大人民的根本利益。」5 月
他進一步將此論斷歸納為「三個代表」，號召根據「三個代表」要求，
全面加強和改進黨的建設。[78]2002 年 11 月江澤民於中國共產黨第十六

---

[76] 〈科教興國戰略〉，引自《新華網》資料庫，2003 年 2 月，
　　<http://big5.xinhuanet.com/gate/big5/news.xinhuanet.com/zhengfu/2003-02/09/content_720
　　066.htm >。

[77] 〈中華人民共和國大事記（1949 年 10 月－2009 年 9 月）〉，2009 年 10 月 4 日，《中國
　　共產黨新聞網》，<http://dangshi.people.com.cn/GB/234123/16184862.html >。請一併參
　　閱陳述，《改革開放重大事件和決策述實》，頁 194-197；王逸舟主編，《中共對外關係
　　轉型 30 年》，頁 185-188；中共中央黨史研究室，〈第十章進入社會主義改革開放和現
　　代化建設新階段〉，《中國共產黨簡史》，引自《中國共產黨新聞網》，
　　<http://cpc.people.com.cn/GB/64184/64190/65724/4444955.html >。

[78] 楊德山，〈三個代表〉，引自《中國共產黨新聞網》，

次全國代表大會提出〈全面建設小康社會，開創中國特色社會主義事業新局面〉報告，闡述全面貫徹「三個代表」重要思想的根本要求，提出全面建設小康社會的奮鬥目標。會中決議把「三個代表」確立為黨必須長期堅持的指導思想，並選舉胡錦濤為中央政治局常委、中央委員會總書記。2003 年 3 月第十屆全國人大一次會議選舉胡錦濤為國家主席（江澤民仍為國家中央軍委主席），準備第四代領導接班任務。[79]

整體而言，江澤民執政期間國際戰略格局正在重新調整，雖無爆發大戰之威脅，但有局部衝突之壓力（「外部動作」）；國內政治環境相對穩定，國家階段性戰略目標是求「發展」；經濟與軍事建設雖步入正軌，但人才培育仍需一段時日（資源），因此「行動自由」雖非有限但尚不致於充裕。

四、胡錦濤執政時期（2003 年~2013 年）

（一）國內外環境

胡錦濤執政係中共第二次政權和平移轉，惟其移轉過程並非如此順利。2003 年 4 月 14 日胡錦濤在廣東考察工作時首次提出要堅持全面的發展觀。8 月在江西考察工作時明確使用「科學發展觀」概念，提出要牢固樹立協調發展、全面發展、可持續發展的科學發展觀。9 月中共中央、中央軍委決定，在「九五」期間裁減軍隊員額 50 萬的基礎上，2005年前軍隊再裁減員額 20 萬。10 月中共召開第十六屆三中全會，通過《中共中央關於完善社會主義市場經濟體制若干問題的決定》，堅持樹立全面、協調、可持續的發展觀和「五個統籌」思想，胡錦濤並在會上明確

<http://cpc.people.com.cn/GB/64162/64171/4527680.html >。請一併參閱中共中央黨史研究室，〈第十章進入社會主義改革開放和現代化建設新階段〉，《中國共產黨簡史》，引自《中國共產黨新聞網》，<http://cpc.people.com.cn/GB/64184/64190/65724/4444956.html >。

[79]〈中華人民共和國大事記（1949 年 10 月－2009 年 9 月）〉，2009 年 10 月 4 日，《中國共產黨新聞網》，<http://dangshi.people.com.cn/GB/234123/16184862.html >。

提出和闡述「科學發展觀」。不久，「神舟五號」載人太空船成功升空並
安全著陸，使中共成為世界上第三個具備載人航太技術的國家。12月中
共中央、國務院發佈《關於進一步加強人才工作的決定》，強調實施人
才強國戰略是黨和國家一項重大而緊迫的任務。2004年9月中共召開第
十六屆四中全會，通過《中共中央關於加強黨的執政能力建設的決定》，
強調要不斷提高駕馭社會主義市場經濟的能力、發展社會主義民主政治
的能力、建設社會主義先進文化的能力、構建社會主義和諧社會的能力、
應對國際局勢和處理國際事務的能力。會中並同意江澤民辭去中央軍委
主席職務，決定由胡錦濤擔任中央軍委主席。至此，正式進入胡錦濤時
代。[80]

　　2006年10中共召開第十六屆六中全會，通過《中共中央關於構建
社會主義和諧社會若干重大問題的決定》，強調要按照民主法治、公平
正義、誠信友愛、充滿活力、安定有序、人與自然和諧相處的總要求，
解決人民群眾最關心、最直接、最現實的利益問題，發展社會事業、促
進社會公平正義、建設和諧文化、完善社會管理、增強社會創造活力。
11月在北京舉行「中非合作論壇」峰會，會議通過《中非合作論壇北京
峰會宣言》和《中非合作論壇－北京行動計畫（2007至2009年）》。2007
年6月胡錦濤在中央黨校省部級幹部進修班發表講話指出，「科學發展
觀，第一要義是發展，核心是以人為本，基本要求是全面協調可持續，
根本方法是統籌兼顧」。10月舉行中國共產黨第十七次全國代表大會，
胡錦濤進行《高舉中國特色社會主義偉大旗幟，為奪取全面建設小康社
會新勝利而奮鬥》報告，總結過去5年的工作和改革開放以來的經驗；
強調要堅定不移地高舉中國特色社會主義偉大旗幟，堅持中國特色社會
主義道路和中國特色社會主義理論體系；全面闡述科學發展觀的科學內

---

[80]　〈中華人民共和國大事記（1949年10月－2009年9月）〉，2009年10月4日，《中國
　　共產黨新聞網》，<http://dangshi.people.com.cn/GB/234123/16184862.html>。

涵、精神實質和根本要求；提出實現全面建設小康社會奮鬥目標的新要求。同時通過關於《中國共產黨章程（修正案）》決議，將科學發展觀寫入黨章。年底，「五縱七橫」國道骨幹基本貫通，總里程約 3.5 萬公里。
[81]

　　2008 年 3 月舉行第十一屆全國人大一次會議，批准國務院機構改革方案，探索實行職能有機統一的大部門體制，調整變動機構 15 個，減少正部級機構 4 個。改革後，除國務院辦公廳外，國務院組成部門設置 27 個。5 月發生四川汶川大地震，造成 69,227 人遇難，17,923 人失蹤，受災群眾 1,510 萬人，為近代史上中共動員範圍最廣、投入力量最大的抗震救災活動。8 月、9 月北京成功舉辦第二十九屆奧運會、第十三屆殘奧會，並獲得獎牌無數，贏得國際社會肯定。9 月底「神舟七號」載人航太飛行圓滿成功，太空人首次完成空間出艙活動。12 月海峽兩岸分別在北京、天津、上海、福州、深圳以及臺北、高雄、基隆等城市同時舉行海上直航、空中直航以及直接通郵的啟動和慶祝儀式；兩岸「三通」正式邁開歷史性步伐。2010 年 5 月至 10 月中共於年上海舉行世界博覽會，這是其首次舉辦的綜合性世界博覽會，也是第一次在發展中國家舉行註冊類世界博覽會，計有 246 個國家和國際組織參展，參觀者達 7,308 萬人次，創造世博會歷史新紀錄。10 月中召開第十七屆五中全會，通過《關於制定國民經濟和社會發展第十二個五年規劃的建議》，並增補習近平為中央軍委副主席，開始為領導接班作準備。2011 年 1 月胡錦濤赴美訪問，就兩國關係未來發展提出五點建議並發表聯合聲明，確認雙方將共同努力建設相互尊重、互利共贏的中美合作夥伴關係。11 月「神舟八號」飛船與此前發射的「天宮一號」成功對接，中共成為繼美、俄之後世界上第三個完全獨立掌握太空交會對接技術的國家，為展開更大規模載人航太活動奠定基礎。2012 年 6 月中共民政部發佈公告，國務院批

---

[81] 同前註。

准設立地級三沙市，管轄西沙群島、中沙群島、南沙群島的島礁及其海域。三沙市人民政府駐西沙永興島。7 月胡錦濤主持省部級主要領導幹部專題研討班開班時強調，必須抓緊工作，在未來 5 年為到 2020 年如期實現全面建成小康社會目標打下具有決定性意義的基礎，進而到本世紀中葉基本實現社會主義現代化。9 月中共發表《關於釣魚島及其附屬島嶼領海基線的聲明》，並向聯合國交存釣魚島及其附屬島嶼領海基點基線座標表和海圖，國務院新聞辦公室發表《釣魚島是中國的固有領土》白皮書。[82]

（二）目標與抉擇

2003 年 12 月及 2004 年 3 月胡錦濤和溫家寶，先後公開強調「中國和平崛起」要義，其後基於政治考量，並為爭取較長時間的和平發展環境，將「崛起」解釋為「發展」；2004 年 9 月正式宣稱「和平、發展、合作」對外政策，企圖營建良好國際形象。[83]2005 年 9 月聯合國成立 60 周年元首會議第二次全體會議，胡錦濤再以〈努力建設持久和平、共同繁榮的和諧世界〉為題發表演講，提出「和諧世界」理念；2006 年 6 月「上海合作組織」峰會，提出建立「和諧地區」；2007 年 2 月胡錦濤訪問非洲時宣導「加強中非團結合作，推動建設和諧世界」，「和諧世界」成為中共對外政策的最新發展和全球戰略的核心內涵。此與鄧小平所提出「擱置爭議、共同開發」的思路，江澤民強調「與鄰為善，以鄰為伴」

---

[82] 請一併參閱〈中華人民共和國大事記（1949 年 10 月－2009 年 9 月）〉，2009 年 10 月 4 日，《中國共產黨新聞網》，<http://dangshi.people.com.cn/GB/234123/16184862.html >；〈中國共產黨大事記（2009、2010、2011、2012）〉，《中國共產黨新聞網》，<http://cpc.people.com.cn/GB/64162/64164/index.html >。

[83] 相關論述請一併參閱呂蓬、劉大湧，〈中國和平崛起戰略的外交新佈局〉，陳佩堯、夏立平主編《新世紀機遇期與中國國際戰略》（北京：時事出版社，2004 年 9 月），頁 64-65；蔡瑋，〈中共和平發展對兩岸關係的戰略意涵〉，蔡瑋、柯玉枝編，《中國和平發展與亞太安全》（臺北：國立政治大學國際關係研究中心，2005 年 7 月），頁 8-13；韓源等，《全球化與中國大戰略》（北京：中國社會科學出版社，2005 年 12 月），頁 216-217；胡宗山《中國的和平崛起：理論、歷史與戰略》，頁 1-7。

的外交方針和「睦鄰、安鄰、富鄰」的外交政策，實無二致，均在謀求
國家建設發展過程的和平穩定環境。[84]2011 年 7 月胡錦濤就明確指出：
「發展是硬道理，穩定是硬任務；沒有穩定，什麼事情也辦不成，已經
取得的成果也會失去。」[85]

　　然而在一貫「和諧」、「睦鄰」的對外政策下，中共仍不忘加強自身
國防安全：從 1985 年鄧小平提出軍隊和國防建設的指導思想實行戰略
性轉變：「從過去立足於早打、大打、打核戰爭的臨戰狀態，轉入和平
時期建設的軌道」。[86]1993 年江澤民確立新時期軍事戰略方針，要求「立
足打贏一場高技術條件下的局部戰爭，提高應急作戰能力」。2005 年 3
月胡錦濤在第十屆全國人大三次會議的解放軍代表團全體會議上講話，
對軍隊使命提出新的要求：「為維護國家發展的重要戰略機遇提供堅強
的安全保障，為維護國家利益提供有力的戰略支撐。」[87]2006 年 6 月胡
錦濤更以「提高一體化聯合作戰能力，確保打贏信息化條件下局部戰爭」

---

[84] 〈和諧世界理念〉，2008 年 9 月 26 日，引自《中國共產黨新聞網》，
　　<http://cpc.people.com.cn/GB/134999/135000/8109699.html >。

[85] 2011 年 7 月胡錦濤於中國共產黨成立 90 周年慶祝大會上講話內容，引自《中國新聞
　　網》，2011 年 7 月 1 日，<http://www.chinanews.com/gn/2011/07-01/3150785.shtml >。

[86] 中共中央文獻編輯委員會編，《鄧小平文選第三卷》（北京：人民出版社，1993 年 10
　　月），頁 126-128。原為鄧小平在中央軍委擴大會議上針對軍隊精簡整編（減少軍隊員
　　額一百萬）問題之講話，內容指出中共對國際情勢判斷與對外政策的兩個重要轉變：
　　第一，是對「較長時間內不發生大規模世界戰爭」的認識；第二，是「堅持和平發展
　　與四個（農業、工業、國防和科學技術）現代化」的對外政策。可一併參閱中共中央
　　文獻研究室編，《鄧小平思想年譜（1975-1997）》，頁 322-323。

[87] 〈中華人民共和國大事記（1949 年 10 月－2009 年 9 月）〉，2009 年 10 月 4 日，《中國
　　共產黨新聞網》，<http://dangshi.people.com.cn/GB/234123/16184862.html >。

為目標，增強應對多種安全威脅、完成多樣化軍事任務能力。[88]強調「要堅持推動國防和軍隊建設科學發展。」[89]

整體觀之，胡錦濤執政期間中共的「綜合國力」已大幅提升，根據其「國家統計局」所發佈改革開放 30 年經濟社會發展成就系列報告：國內生產總值已由 1978 年的 3,645 億元（人民幣，以下同）迅速躍升至 2007 年的 249,530 億元，在世界主要國家中的排名由 1978 年的第 10 位上升到第 4 位，僅次於美國、日本和德國。人均國民總收入由 1978 年的 190 美元上升至 2007 年的 2,360 美元。外匯儲備由 1978 年的 1.67 億美元擴大到 2007 年的 15,282 億美元，穩居世界第 1 位。進出口貿易總額從 1978 年的 206 億美元猛增到 2007 年的 21,737 億美元，增長了 104 倍，在世界貿易中由改革開放初期的第 32 位上升到 2004 年以來的第 3 位。[90]因此，「行動自由」程度在和平穩定的發展環境，以及逐漸充裕的資源條件下，相對大幅提高；其「戰略抉擇」更具彈性。

五、習近平執政時期（2013 年~迄今）

（一）國內外環境

根據瑞士洛桑「國際管理發展學院」（International Institute for Management Development, IMD）年度《世界競爭力年鑑》（World Competitiveness Yearbook, WCY）顯示，中共的世界競爭力排名自 1999

---

[88] 2006 年 6 月 27 日胡錦濤主持全軍軍事訓練會議強調，必須在既有基礎上，以提高一體化聯合作戰能力為目標，推進軍事訓練向信息化條件下轉變。詳見曹智，〈胡錦濤：推進軍事訓練向信息化轉變〉，引自《人民網》，2006 年 6 月 27 日，<http://politics.people.com.cn/BIG5/1024/4537204.html >。

[89] 2012 年 3 月 12 日胡錦濤在中共第十一屆全國人大五次會議「解放軍代表團會議」時強調，貫徹落實科學發展觀，緊緊圍繞國防和軍隊建設主題主線。引自《中國網》，2012 年 3 月 13 日，<http://big5.china.com.cn/policy/txt/2012-03/13/content_24880080.htm >。

[90] 〈中華人民共和國大事記（1949 年 10 月－2009 年 9 月）〉，2009 年 10 月 4 日，《中國共產黨新聞網》，<http://dangshi.people.com.cn/GB/234123/16184862.html >。

年第 29、2003 年第 27、2012 年第 23，呈現逐年提升跡象；而瑞士「日內瓦世界經濟論壇」（World Economic Forum, WEF）年度《全球競爭力報告》（The Global Competitiveness Report）亦有相同結果，中共的全球競爭力排名自 1999 年第 32、2003 年第 44，至 2012 年已躍昇為第 29。此外，美國國防部對其國會的年度《中共軍力報告》（ANNUAL REPORT TO CONGRESS: Military Power of the People's Republic of China），中共的國防預算和軍力也呈現逐年增加趨勢。[91]

（二）目標與抉擇

　　2012 年 11 月 29 日，甫接任中共中央總書記、中央軍委主席的習近平，在參觀國家博物館《復興之路》展覽過程中，首次以官方身分公開提出「實現中華民族偉大復興，就是中華民族近代以來最偉大的夢想。」[92]2013 年 3 月 17 日，習近平剛接任中共國家主席，就立即在第十二屆全國人大第一次會議閉幕會宣稱，「實現中華民族偉大復興的『中國夢』，就是要實現國家富強、民族振興、人民幸福。」[93]此為中共官方首度正式公開說明其「中國夢」理想，也是最具權威與代表性之領導人，對世人展現信心的宣示。然而該等公開言論，立即再度引起世人關注。

---

[91] 請一併參閱門洪華，《構建中國大戰略的框架：國家實力、戰略觀念與國際制度》，頁 60-166；黃碩風，《大國較量：世界主要國家綜合國力國際比較》（北京：世界知識出版社，2006 年 10 月），頁 219-232；張聰明，〈金磚四國的國家競爭力〉，張蘊嶺主編，《中國社會科學院國際研究學部集刊（第四卷）：中國面臨的新國際環境》（北京：社會科學文獻出版社，2011 年 8 月），頁 154-182； "The dragon's new teeth: A rare look inside the world's biggest military expansion," *The Economist*, April 7, 2012, <http://www.economist.com/node/21552193>； "Countries Ranked by Military Strength (2014)," *Global Firepower*, Feb 2014, <http://www.globalfirepower.com/countries-listing.asp>。

[92] 〈習近平：承前啟後，繼往開來，繼續朝著中華民族偉大復興目標奮勇前進〉，《新華網》，2012 年 11 月 29 日，<http://news.xinhuanet.com/politics/2012-11/29/c_113852724.htm>。

[93] 〈習近平在十二屆全國人大一次會議閉幕會講話側記〉，《新華網》，2013 年 3 月 17 日，<http://news.xinhuanet.com/2013lh/2013-03/17/c_115055439.htm>。

我們從近期中共新護照納入南海「九段（虛）界線」[94]，修頒執行
《海南省沿海邊防治安管理條例》，[95]以及新增劃設「東海防空識別區」
[96]等積極性作為，不禁對鄧小平以來各領導人所強調的「穩定、睦鄰、
和諧」等對外政策存疑。最新資料顯示，在不考量核武能力情況下，中
共的全球軍火力（Global Firepower）排名也已躍升為世界第三位。[97]我
們從「行動戰略」觀點，不難看出中共目前擁有的資源（「物質力量」
與「精神力量」）已經相當充裕，其「行動自由」程度大幅提升；因此
合理推論其「戰略抉擇」與行動（手段）上，應擁有更多選擇和運作空
間。

肆、中共的行為模式

綜合比較前述中共歷屆領導人於各執政時期的「環境」、「資源」（物
質力量與精神力量）、「行動自由」及「目標」重要性，在其主觀（意志）
評估下的「戰略抉擇」（政策指導或戰略方針），可以粗略呈現以下結果
（如表2）：

---

[94] 〈菲律賓拒絕在中國新護照上加蓋簽證〉，《BBC中文網》，2012年11月28日，
   <http://www.bbc.co.uk/zhongwen/trad/chinese_news/2012/11/121128_philipppines_china_
   passport.shtml >。

[95] 〈中國南海搜船新規實施在即，引發各方關注〉，《中國新聞評論網》，2012年12月2
   日，
   <http://hk.crntt.com/doc/1023/2/3/9/102323902.html?coluid=91&kindid=2710&docid=102
   323902>。

[96] 〈中國宣布劃設東海防空識別區〉，《新華網》，2013年11月23日，
   <http://big5.xinhuanet.com/gate/big5/news.xinhuanet.com/mil/2013-11/23/c_125751223.ht
   m >。請一併參閱〈黃碩：劃防空區背後有大戰略〉，《新浪香港網》，2013年12月13
   日，<http://news.sina.com.hk/news/20131213/-9-3140531/1.html >。

[97] 《GFP》，2014年4月3日，<http://www.globalfirepower.com/>。

表 2：「行動戰略」觀點之中共「戰略抉擇」

執政時期 （西元年）		毛澤東 （1949~1977）	鄧小平 （1978~1993）	江澤民 （1993~2003）	胡錦濤 （2003~2013）	習近平 （2013~）
戰略目標		生存	生存→發展	發展	發展→崛起	崛起→大國
目標重要性		低	低	高	高	高
物質力量	經濟力	有限	有限	普通	充裕	充裕
	軍事力	有限	有限	普通	普通	充裕
精神力量		有限	有限→ 充裕	充裕	充裕	充裕
行動自由		有限	有限	普通	充裕	充裕
戰略抉擇 （戰略方針或 政策指導）		「一面倒」轉向「統一戰線」	「三步走」發展戰略及「韜光養晦」等24字指導方針	「改革、發展、穩定」政策及「科教興國」戰略	和平發展→ 和平崛起	實現 「中國夢」
附註		1.本表為作者自製。 2.資料來源：綜合本文資料來源及作者推論。 3.本表中共領導人之「戰略抉擇」比較，係基於以下假定： （1）地理安全環境短期內不致有太大變動。 （2）中國共產黨政權穩定且持續執政。 （3）國家須分階段實現最終目標， 各階段目標重要性不盡相同。 （4）和平穩定的發展環境，減少影響國家「行動自由」。 （5）提升「物質力量」可增加國家「行動自由」，利於達成階段性目標。 （6）陸續達成階段性目標，就是實現國家「大戰略」，也是「崛起」成為「大國」之保證。 4. 限制因素之相對程度以「充裕←→普通←→有限」表示。				

　　若進一步觀察中共歷年對外公布《中國的國防》白皮書有關國防政策部分：1998 年提出「國防建設服從和服務於國家經濟建設大局」；[98]2000 年宣稱「堅持獨立自主進行國防決策和制定國防發展戰略」；[99]2002 年凸顯「走中國特色的精兵之路，實現軍隊現代化跨越式發展」；[100]2004 年要求「全面提高軍隊威懾和實戰能力」；[101]2006 年堅持「國防和軍隊建設可持續發展」；[102]2008 年規劃「國防和軍隊現代化建設『三步走』發展戰略，2010 年前打下堅實基礎，2020 年前基本實現機械化並使資訊化建設取得重大進展，21 世紀中葉基本實現國防和軍隊現代化目標」；[103]2010 年擴及「非戰爭軍事行動準備，加強應急專業力量建設」；[104]2012 年雖尚無明確國防政策宣示，但強調綜合安全觀念和深化軍事鬥爭準備，[105]其整體國防建設呈現「根據戰略環境與國家資源作適度調整」的跡象。

---

[98] 中華人民共和國國務院新聞辦公室，《1998 年中國的國防》，《中國網》，1998 年 7 月，<http://www.china.com.cn/ch-book/guofang/guofang2.htm>。

[99] 中華人民共和國國務院新聞辦公室，《2000 年中國的國防》，《中國網》，2000 年 10 月，<http://www.china.com.cn/ch-book/2000guo/2000guo3.htm>。

[100] 中華人民共和國國務院新聞辦公室，《2002 年中國的國防》，《中國網》，2002 年 12 月，<http://www.china.com.cn/ch-book/20021209/3.htm>。

[101] 中華人民共和國國務院新聞辦公室，《2004 年中國的國防》，《中國網》，2004 年 12 月，<http://www.china.com.cn/ch-book/20041227/3.htm>。

[102] 中華人民共和國國務院新聞辦公室，《2006 年中國的國防》，《中國網》，2006 年 12 月，<http://www.china.com.cn/policy/guofang/txt/2006-12/29/content_7579702.htm>。

[103] 中華人民共和國國務院新聞辦公室，《2008 年中國的國防》，《中國網》，2009 年 1 月，<http://download.china.cn/ch/pdf/090120.pdf>。

[104] 中華人民共和國國務院新聞辦公室，《2010 年中國的國防》，《中國網》，2011 年 3 月，<http://www.china.com.cn/ch-book/2011-03/31/content_22263853.htm>。

[105] 中華人民共和國國務院新聞辦公室，《2012 年中國的國防》，《中國網》，2013 年 4 月，<http://big5.china.com.cn/news/txt/2013-04/16/content_28555995.htm>。

　　如果我們將表1及表2再合併比較，就可明顯看出中共在不同資源、「行動自由」條件下，針對階段性目標重要性，經主觀（意志）評估後，對外可能採取行為模式（非軍事或軍事手段）之差異（如表3）：

表3：「行動戰略」觀點之中共對外可能行為模式

執政時期 （西元年）	毛澤東 （1949~1977）	鄧小平 （1978~1993）	江澤民 （1993~2003）	胡錦濤 （2003~2013）	習近平 （2013~）
戰略 目標	生存	生存 →發展	發展	發展 →崛起	崛起 →大國
目標 重要性	低	低	高	高	高
物質力量　經濟力	有限	有限	普通	充裕	充裕
物質力量　軍事力	有限	有限	普通	普通	充裕
精神 力量	有限	有限→充裕	充裕	充裕	充裕
行動 自由	有限	有限	普通	充裕	充裕
對外可 能行為 模式	非軍事↑ 軍　事↓	非軍事↑ 軍　事↓	非軍事↑ 軍　事↓	非軍事↑ 軍　事↑	非軍事↓ 軍　事↑
附註	1.本表為作者自製。 2.資料來源：綜合本文資料來源及作者推論。 3.限制因素之相對程度以「充裕←→普通←→有限」表示。 4.「軍事」手段指傳統軍事作為；「非軍事」手段指傳統軍事以外之作為，如政治、經濟、心理等。 5.↑表示該行為模式相對程度提高，↓表示該行為模式相對程度降低。				

　　我們從表3中可以發現重要的結果：毛澤東執政時期，國家戰略目標重要性不高，在無充裕資源條件下，「行動自由」程度有限，對外行為模式應以採取低調的非軍事行動為主，卻毅然參與「韓戰」（1950年10月）；[106]鄧小平執政時期，國家戰略目標重要性尚低，尚無充裕資源條件下，「行動自由」程度有限，對外行為模式也應採取低調的非軍事行動為主，卻依然發動「懲越戰爭」（1979年2月）。[107]此種結果，正突顯圖2的重要意義，亦即「中共在國際社會的行為模式，雖然受到『目標』、『環境』、『力量』等客觀因素的影響有所調整；惟其最終政策的訂定（『戰略抉擇』）還是取決於主觀認知（『意志』）」。至於胡錦濤執政時期，無論經濟、軍事、科研、國際社會活動等均已達到相當程度，基本完成鄧小平當初規劃國家發展建設「三步走」戰略的第二階段任務；《2008年中國的國防》白皮書提出國防和軍隊建設現代化「三步走」的第一階段任務；載人航天工程「三步走」發展戰略的第二階段任務。[108]因此，對外行為模式在運用軍事手段的相對程度已逐漸提升。習近平執政初期，受到國際金融危機與國內環保意識抬頭等因素影響，經濟成長趨緩，對外行為模式在運用非軍事手段的相對程度可能受限。[109]

---

[106] 請參閱〈中華人民共和國大事記（1949年10月－2009年9月）〉，2009年10月3日，《中國共產黨新聞網》，<http://dangshi.people.com.cn/GB/234123/16184791.html>。

[107] 請參閱〈中越戰爭30年，還原歷史真相〉，《大紀元時報》，2009年2月19日，<http://www.epochtimes.com/b5/9/2/20/n2435890.htm>。

[108] 蔡明彥，〈天宮一號與中國大陸航天戰略〉，《亞太和平月刊》，第3卷，第11期（2011年11月），引自《亞太和平研究基金會》，2011年11月11日，<http://www.faps.org.tw/issues/subject.aspx?pk=232>；請一併參閱〈新聞背景：中國載人航太工程及其"三步走"戰略〉，2013年6月11日，《中國新聞網》，<http://www.chinanews.com/mil/2013/06-11/4919682.shtml>。

[109] 請一併參閱中華民國經濟部統計處，〈經濟統計國際比較電子書〉之「表B-1經濟成長率」，<http://www.moea.gov.tw/Mns/dos/content/ContentLink.aspx?menu_id=6715>；葉華容、詹淑櫻、蔡依恬，〈中國大陸經濟成長減速的外部效應分析〉，《國際經濟情勢雙週報》，第1790期（2013年10月），頁5-18；彭漣漪，〈中國經濟成長率「七上八下」成常態〉，《遠見雜誌》，第295期（2011年1月），引自《遠見》，<http://www.gvm.com.tw/Boardcontent_17182.html>。

伍、結語

　　進入 21 世紀之後，在全球化時代背景下，中共開始興起對「大戰略」的研究，檢討相應國際環境所應具有之「國家戰略」。[110]中共學者認為，「大戰略」概念隨時代環境變遷而有所演變，目前主要有三種觀點：第一種，仍著重軍事（戰爭）領域的作用；第二種，認為是國家綜合運用政治、經濟、心理、外交及軍事等手段，實現「國家安全」目標，美國學者多持這種觀點；第三種，認為不僅止於實現國家安全目標，還應包括「國家發展」目標等，目前中共學者多認同這種觀點，亦即「大戰略」的內涵包括「國家安全戰略」與「國家發展戰略」兩大部分。雖有學者認為第三種觀點較符合字義，卻過於廣泛而不清晰；[111]然亦有學者以區域概念，逐次向外延伸「大戰略」的內涵。[112]至於「崛起」，儘管中共官方迄未正式定義「和平崛起」，中共學界對此至少已有三種不同解讀：第一種是將「和平」與「崛起」均視為目的，即兩者均須實現；第二種是將「和平」視為手段，「崛起」視為目的，即維持「和平」的目的是為了「崛起」；第三種是將「崛起」視為手段，「和平」視為目的，即「崛起」的目的是為了維護「和平」。[113]而前述三種解讀，其實都與「目的」（目標）和「手段」（方法）有關。

---

[110] 韓源等，《全球化與中國大戰略》，頁 211-219。請一併參閱胡宗山，《中國的和平崛起：理論、歷史與戰略》，頁 5-7；楊毅主編，《中國國家安全戰略構想》，「前言」；金駿遠（Avery Goldstein），王軍、林民旺合譯，《中國大戰略與國際安全》（Rising to the Challenge: China's Grand Strategy and International Security）（北京：社會科學文獻出版社，2008 年 4 月），頁 23-46；Avery Goldstein, *Rising to the Challenge: China's Grand Strategy and International Security* (Stanford: Stanford University Press, April 2005), pp. 20-40。

[111] 蔡拓，〈中國大戰略芻議〉，《國際觀察》，2006 年第 2 期（2006 年 4 月），頁 2-3。請一併參閱門洪華，《中國國際戰略導論》，頁 5-6。

[112] 劉明福，《中國夢：後美國時代的大國思維與戰略定位》（北京：中國友誼出版公司，2010 年 1 月），頁 145。

[113] 閻學通、孫學峰等，《中國崛起及其戰略》（北京：北京大學出版社，2006 年 8 月），

　　觀察國際社會尤其關心中共的「崛起」會否重蹈歷史經驗─與既有強權發生衝突？作者以為與其從中共既存（崛起）事實進行描述或提出解釋，不若就「目標達成」之角度，前瞻探討中共「戰略抉擇」與作為之間的關係及其未來可能行動。因此，作者嘗試以薄富爾的「總體戰略」（total strategy）概念為基礎，從其「行動戰略」（strategy of action）觀點，論證研究中共「崛起」過程及其「大戰略」實現之可行性。根據本文分析結果，證實此研究途徑「可行」，且初步得到以下研究發現：

一、中共「大戰略」的最終目標只有唯一，就是實現富民強國的「中國夢」。

二、中共對於「大戰略」的詮釋會隨著時空環境條件改變而調整。

三、即使中共官方將「崛起」對外解釋為「發展」；但中共學者基本認為「崛起」和「發展」不同。[114]

四、中共實現「大戰略」的過程，就是其「崛起」過程；愈能維持「崛起」，就愈能實現「大戰略」。

五、中共「崛起」過程中，會根據不同時空環境，區分階段性戰略目標與作為。

六、中共所以能夠迅速「崛起」，主要有幾點關鍵因素：

　　（一）掌握機遇適時調整（「與時間」因素有關）；

　　（二）先求共識再推政策（與「精神力量」有關）；

　　（三）先求穩定再求發展（與「環境」因素有）；

　　（四）政治改革經濟開放（與「物質力量」有關）；

　　（五）培育人才科研躍進（與「物質力量」有關）。

　　頁2。

[114] 中共學者認為，「發展」是自我的比較與成長；「崛起」是與他國的比較與成長。請一併參閱閻學通、孫學峰等，《中國崛起及其戰略》，「序言」；胡宗山，《中國的和平崛起：理論、歷史與戰略》，頁14及頁20-22；時殷弘，《戰略問題三十篇─中國對外戰略思考》（北京：中國人民大學出版社，2008年7月），頁139-140；高全喜、任劍濤等，《國家決斷：中國崛起進程中的戰略抉擇》，頁18-20；郭樹勇，《中國軟實力戰略》，頁40-45。

七、中共主觀期望其「崛起」過程，乃至「大戰略」目標之達成，都是
　　「和平」的；惟當環境因素或資源條件有所改變時，其主觀之期望
　　恐會因而改變。

從美中網軍建置探討資訊網路戰運用
The Application of Cyberwar in U.S.-China Cyber Army

趙申

（國立中山大學中國與亞太區域研究所博士候選人）

摘要

資訊技術的革新推動了軍事事務的改革，軍事衝突的形式亦隨之改變。美軍早在 2005 年即組建「網路戰聯合職能組成司令部」專門負責網路作戰，而陸海空軍和戰略司令部均設有「網軍」，而 2010 年美軍組建「網路司令部」即宣告網路領域的全面攻防，已成為一種獨立的作戰方式。反觀中國在 1991 年波灣戰爭後體認並隨之調整軍事戰略方針，轉向打贏「高技術條件下的局部戰爭」，再從「不對稱戰爭」、「點穴戰」轉為打贏「資訊化條件下的局部戰爭」之建軍構想，更發展出所謂「網電一體戰」作戰方式。全球網路空間主導權的捍衛與爭奪已經開打，電腦網路是陸、海、空、太空之後第五作戰領域已是不爭的事實，現今網路攻擊事件層出不窮，網路攻擊所帶來之危害已引起各國日益重視並相繼投入大量資源各自建置網路戰力，除強化重要機構電腦系統資訊安全防護能量並提升即時反制的能力。

臺灣雖以資訊產業聞名且具有高程度網路普及率，但由於兩岸政治對立因素，使得台灣成為中國網軍攻擊之主要受害者與練兵的場所，如何善用台灣資訊能力與優勢，防範甚至反制攻擊層次與力度，我們更應該未雨綢繆審慎因應未來資訊戰場。

關鍵字：
網軍、資訊戰、資訊作戰、網路戰、網路空間

壹、前言

　　以資訊作戰為主軸的軍事事務革命正在興起，作戰方式與空間也逐漸建構。資訊革命（Information Revolution）所形成的全球化已被視為是繼工業革命之後，全球所面臨最重要的轉型。資訊科技的進步，使得全球最先進的國家紛紛從工業社會過度至資訊社會，而資訊革命在電腦、通訊與網路、軟體等各方面的提升與創新，快速降低接收與傳輸資訊的成本[1]，使得網際網路（Internet）基礎建設普及發展，迅速建構了網路社會與形成「網路空間」（Cyberspace），對個人、團體、國家、與全球都產生了巨大的影響。1991 年的波斯灣戰後，由於資訊、科技、知識、精準度、系統網絡的廣泛運用，促使資訊網路成為國際競爭的主要領域，更成為軍事衝突的嶄新空間；過去資訊的運用在軍事上主要是產生「增效效果」（synergistic effect），運用不同面向的力量壓迫敵人，俾獲致戰略（術）的目標，但隨著資訊科技驚人的改變，軍隊的指管通情利用資訊技術和網際網路，戰鬥力得以提高，資訊時代不僅改變原有建構的社會模式，更改變了傳統的作戰方式，戰爭型態、戰爭原則與作戰準則也隨之轉變。

　　以傳統武器作戰的方式已逐漸被資訊網路所轉型。從 1999 年科索沃戰爭中，南斯拉夫聯邦利用電腦病毒對北約指揮部進行網路襲擊，造成北約指揮部網路頻寬流量過載、網路系統癱瘓；2007 年 4 月，愛沙尼亞政府決定將首都塔林於蘇聯時代建立軍事紀念雕像，引發俄羅斯政府及人民不滿，造成俄羅斯對愛沙尼亞發動網路攻擊，此事件被視為第一次國家層級的網路戰爭，而愛沙尼全國電腦網路遭受大量網路攻擊近一個月，全國上下網路運作服務幾乎完全癱瘓，國際社會認為幕後黑手直

---

[1]　奈伊（Nye, Joseph S., Jr.）著，蔡東杰譯，《美國霸權的矛盾與未來》（臺北市：左岸文化，2002 年），頁 112。

指俄羅斯政府。2008 年喬治亞政府於 2008 年奧運期間入侵俄國斯接壤的南歐西夏，該地區分離運動盛行，隨後俄羅斯軍隊進駐南歐西夏，並於進軍前先發動網路戰，針對總統府、國會、外交部等網站進行破壞，讓喬治亞無法輕易的使用網路與世界聯繫。面對現代人類對網際網路空間依賴及重要性與日俱增。網路戰在軍事上功能已日趨重要，國際社會成員相繼成立和擴充網軍之際，各國也強化網際網路空間攻防的運用與作為。

　　資訊科技加速了人類戰爭從機械化過度至資訊化的過程。現代武器裝備的資訊技術水準，已經成為衡量武器裝備性能優劣和現代化智慧高低的一個重要指標，武器的現代化程度越高，其資訊程度也越深化，由於現代通信的管道和方式越趨多元，指揮和管制的效率亦趨精準，遠程精確打擊能力相對提高，均需有賴戰場武器的資訊化、智慧化、模組化與數位化，以上這些變化將改變工業時代戰爭的面貌，使未來戰爭呈現出高技術化與高資訊化。因此網路攻擊也成為資訊時代必須面對的重要現代作戰方式；同時在網路空間，運用滑鼠和鍵盤操縱的戰爭也正在靜默地進行，網路戰不必通過「積小勝為大勝」式的傳統作戰方法，而是直接在網路實施關鍵攻擊，聚焦在網路系統破壞、軍事情報竊取、欺敵資訊發佈等方式使其網路系統癱瘓，達到不戰而屈人之兵的目的。根據英國於 2013 年 12 月所公佈的國防戰略與安全評估（The Strategic Defence and Security Review, SDSR）中，從現在至未來的 5 年中，最影響國家安全的項目：國際恐怖行動、網路攻擊、大型意外或天然災害及國際軍事危機，其中網路攻擊重要性僅次於恐怖攻擊[2]。

---

[2] Cabinet Office and National security and intelligence, "National Security Strategy and Strategic Defence and Security Review 2012 to 2013 report," 19 December, 2013.

前美國國防部長潘內達曾提出警告，美國有可能遭遇「網路珍珠港事件」（Cyber-Pearl Harbor）[3]，其破壞力將不下於 911 恐怖攻擊事件。而美國《外交政策》雜誌稱在過去幾十年間，美國的國家安全支柱一直都是由核武器構建的「三位一體」戰略力量（彈道導彈核潛艇及相關的核彈頭導彈、陸基洲際導彈和遠端戰略轟炸機），而今包括網路力量在內的「新三位一體」（特種作戰部隊、無人飛行載具以及網路力量）的重要性日益浮現[4]。網路戰的彈性運用，既可以是有組織的戰略、戰役行動，也可能是無組織的個人行為；既可能威脅國家的戰爭體系，也廣泛威脅國家的政治、經濟、金融等各個領域，不僅是與敵對國交戰，也可能殃及他國甚至盟國。由於網際網路已不僅是普羅大眾傳播通訊資訊不可或缺的平臺，也成為大多數國家政府在行政、經濟、軍事等必備的重要工具，因此各國政府也傾向必須面對與強化網路的治權，並分從戰略、機制與技術等各個層面積極介入網路空間的管理。

貳、文獻探討

資訊（Information）中國統一譯為「信息」[5]，資訊戰包括的範圍極廣泛，可從非軍事與軍事的範圍討論，也可從其所呈現的方式做討論。最早在一九七六年，資訊戰的概念就已經出現，美國人 Andy Marshall 領導的一個研究小組，在一篇研究報告中率先提出「資訊戰」一詞， 由

---

[3] ELISABETH BUMILLER and THOM SHANKER, "Panetta Warns of Dire Threat of Cyberattack on U.S.," *the New York Times*, October 12, 2012, <http://www.foreignpolicy.com/articles/2013/06/20/the_new_triad>.

[4] James Stavridis, "The New Triad, " *U.S. Foreign Policy*, June 20, 2013, 〈http://www.foreignpolicy.com/articles/2013/06/20/the_new_triad〉

[5] 陳文政、趙繼綸，《不完美戰爭—信息時代的戰爭觀》（台北：時英出版社，2001 年），頁 15-22。

於資訊戰的概念在當時並未引起重視和迴響，直至八、九十年代，戰爭展現資訊戰的雛形，方逐漸被各國所重視。

　　從非軍事的角度看資訊戰的呈現方式。John Arquilla 和 David Ronfeldt 把資訊戰分為兩種分開的形式：網際戰爭（Cyberwar）與網路戰爭（Netwar）。其認為 Cyberwar 為國與國或社會與社會之間一種廣大層面資訊相關之作戰，故在認知上是屬於軍事層面的衝突。而 Netwar 則為所有有關於社會連線網路之攻擊與防衛，包含所謂社會的通信、金融作業、運輸以及能源網路連線等，在認知上是屬於社會層面的衝突。[6]Brian C. Lewis 則認為：「資訊戰是有關於應用火力來破壞敵方的資訊設備和系統，這是雙方電腦及網路間的對抗，其是表現在能源供應、通訊、財經、和交通這四個重要的環節上。」值得注意的其將資訊戰分類為攻擊性資訊戰和防禦性資訊戰。[7]攻擊型資訊戰是指包括一切影響、阻隔和打擊敵方資訊系統的手段和方式，而使得敵方無法接收資訊或使用其資訊系統，[8]如運用電子戰、心理戰、實體攻擊等多種樣式。至於防衛型資訊戰則是著重於防護自己網路的系統免於遭到敵人破壞，此乃基於一種嚇阻的觀念，如電子防護與反欺敵、資訊保障等。[9]

　　從軍事的範圍探討資訊戰則可區分有限戰爭與總體戰的觀點。從有限戰爭的觀點言，若僅就軍事戰場或武器討論，維基所闡述的「現代戰爭在大量使用資訊技術和資訊武器基礎上，構成資訊網路化的戰場，也就是透過通訊、雷達、電腦、衛星、雷射等資訊技術及裝備，爭奪對資

[6] John Arquilla and David Ronfeldt, "Cyberwar is Coming!" *Comparative Strategy*, Vol. 12 (1993), pp.141-165.

[7] Brian C. Lewis, "Information Warfare,"
<http://www.fas.org/irp/eprint/snyder/infowarfare.htm>.

[8] Ronald J. Knecht, "Thoughts About Information Warfare," in Campen, Dearth and Goodden, eds., *CYBERWAR*, p. 168.

[9] Headquarters of Air Force, "Air Force Doctrine Document 2-5: Information Operation," August 1998, p. 3.

訊的控制權及使用權，其核心為爭奪戰場資訊控制權，以影響和決定戰爭的勝負」。[10]而美國陸軍對資訊戰的定義為：「藉由採取影響敵人資訊、資訊相關程序、資訊系統和電腦網路等行動，以奪取資訊優勢；同時，亦須對己方資訊系統採取防護措施。」[11]美陸軍戰院認為資訊戰是一項整合功能，基本上是包括資訊及資訊系統之特定力量整合，[12]是電子戰、電腦網路戰、心理戰、軍事欺敵及作戰安全等核心能力的整合運用，與特定支援與相關能力協調一致，以影響、損害、破壞或奪取敵人的人工或自動決策，並同時防護自我；[13]另除前述五項核心能力還與三項相關能力，五項支援能力為資訊安全、具體安全、實體攻擊、反情報、戰鬥攝影；三項相關能力係公共事務、軍民作業、公共外交。因此除運用資訊及資訊系統去影響所望目標決策者及聽眾的作為外，資訊戰亦防護友軍決策者及聽眾免於遭受敵人資訊或資訊系統的不當影響。[14]但馬格席格（Daniel E. Magsig）認為美國陸軍對資訊戰的定義除了攻擊和防衛資訊戰外，更應該整合民間和軍方資訊系統，不該僅從國家安全和軍隊觀點來定義資訊戰。[15]

　　中國最初對「信息戰」的概念也是侷現在軍事戰場。1987 年出版的解放軍報最早提出認為信息戰是對立雙方為爭奪對於信息的獲取權、控

---

[10]　〈訊息戰〉，引自《維基百科》，最後修訂：2013 年 11 月 13 日，
　　　<http://zh.wikipedia.org/zh-tw/%E4%BF%A1%E6%81%AF%E6%88%98>.

[11]　Department of Defence, *Field Manual No.100-6 (FM100-6), Information Operations 2-2*
　　　(Washington D. C.: Headquarters Department of the Army, 1996).

[12]　Blane Clark、Dennis M. Murphy 著，洪淑貞、王尉慈譯，《資訊戰入門》（Information
　　　Operations Primer），（桃園：國防大學，2010 年），頁 9。

[13]Blane Clark、Dennis M. Murphy 著，《資訊戰入門》，頁 67。

[14]Blane Clark、Dennis M. Murphy 著，《資訊戰入門》，頁 18。

[15]　Daniel E. Magsig 著，國防部史政編譯局譯，《資訊時代的資訊戰》，（台北：國防部史
　　　政編譯局，1997 年），頁 250-252。

制權和使用權而展開的鬥爭[16]，訊息戰是實踐其傳統計謀、突襲及心理戰等作戰方式的有效工具。在 1991 年的波灣戰爭後，中國大陸認知到了信息時代的到來，不僅改變了人們的生活形態，也改變了戰爭的方式。傳統的戰略思想正在進入一個以信息戰爭（IW）為主軸的軍事事務革命，江澤民時代就因此確立了「打贏高技術條件下的局部戰爭」的指導原則，所謂的「高技術局部戰爭」乃是指具有現代生產技術水平的武器系統，以及與之相適應的作戰方法，其所顯現的就是技術的密集化與結構的整體化，而具體表現出來的則為戰場的立體化、信息、空中作戰的協同化、電子、火力、機動一體化[17]。而中國有「信息戰之父」稱謂的沈偉光即指出狹義的信息戰是指武力戰中雙方在信息領域的對抗，奪取制信息權。所以中國認為信息戰的主要內容有四：「獲取己方作戰所需的敵方信息、為控制己方信息，不為敵方獲得或是傳遞假信息欺瞞對方、干擾、阻滯敵方的信息獲取和傳遞、摧毀敵方的信息獲取、傳遞處理器材、設備、機構和系統」。[18]

　　由於資訊科技的莫爾定律[19]說明資訊科技產業的快速推陳出新，也讓戰爭的內涵產生快速質的變化。「資訊戰」（Information Warfare, IW）與「資訊作戰」（Information Operation, IO）的運用就產生爭論也可說是有限與總體的區別，在軍事事務領域兩者本質雖皆是應用資訊技術於戰場上，進而協同各軍種部隊，整合武器來達到聯合作戰之目的，但卻有存在差異。在 1996 年美國政府「2010 年聯戰願景」（Joint Vision 2010），率先闡述的概念並將 IO 定義為「為影響敵方資訊及資訊系統，同時保

---

[16] 沈偉光，信息戰，（浙江：浙江大學出版社，2000 年）。

[17] 王普豐，《高技術戰爭》，（北京：國防大學出版社，1993 年），頁 95-97。

[18] 台灣綜合研究院戰略與國際研究所，《中國對信息戰之研發與影響論文集》，2000 年 2 月，頁 1。

[19] 莫爾定律（Moore's Law）是 Gordon Moore 在 1965 年所下的定律，其宣稱特定大小晶片內的電晶體數約每兩年就會加倍，這幾乎已經成為電子及電腦產業演進的金科玉律。

護己方資訊與資訊系統所採取的行動」，為實現該願景並獲致全面優勢
（full spectrum dominance），提出四項作戰概念：優勢機動、精確接戰、
全方位防衛、集中後勤[20]。而在「2020 年聯戰願景」（Joint Vision 2020）
提升資訊作戰在 2010 年所提出的概念化次要地位，使之成為未來戰爭
中贏得勝利的兩項基本因素之一[21]。美國國防部參謀聯席會議（Joint
Chiefs of Staff）在 1998 年頒「第 3-13 號聯參之部-資訊作戰連戰準則」
給予「資訊作戰」非常完整和清晰的定義：「包括戰時和平時任何用來
影響敵方資訊系統、資訊作戰應用在所有作戰步驟、所有軍事行動範圍
和每一層級戰爭。……資訊作戰是聯合軍種作戰指揮司令官達成和維持
資訊優勢所需決定性聯合作戰的關鍵因素」。[22]故「資訊戰」係包含六項
組成的要素：電腦網路攻擊、欺敵、摧毀、電子戰、作戰安全、心理作
戰，大多與實際戰鬥中執行作戰之行動有關。而資訊作戰除包含前述六
項能力外，另再納入兩個相關活動：公共事務與民政事務[23]。因此資訊
作戰與資訊戰範圍的差異，其中資訊戰僅著重在軍事衝突中攻擊與防禦
的作戰行動機制；而資訊作戰則涵蓋在軍事衝突中，國家在經濟、政治
或資訊環境等基礎建設的整備性[24]；因此資訊作戰更包括整合的軍事思
想與行動，包含軍事組織變革、戰爭各階層（戰略、戰術和戰技），不
僅已超越軍事和非軍事目標，也不侷限於平時和戰時之特性，顯然「資
訊作戰」更能描述當代軍事資訊科技的運用層面。在「資訊作戰」的範

---

[20] Joint Chiefs of Staff, *Joint Vision 2010,* July, 1996, p. 19,
<http://www.dtic.mil/jv2010/jv2010.pdf>.

[21] Joint Chiefs of Staff , *Joint Vision 2020*, 2000,
<http://www.dtic.mil/dtic/tr/fulltext/u2/a526044.pdf>.

[22] Joint Chiefs of Staff, *Joint Pub 3-13, Joint Doctrine for Information Operations* (Washington, DC: Joint Chiefs of Staff, 1998), p. 7.

[23] 同前揭書，頁 67。

[24] Leigh Armistead 著，余佳玲，蕭光霈譯，《資訊作戰－以柔克剛的戰爭》（Imformation Operations: Warfare and the Hard Reality of Soft Power）（台北：國防部編譯，2008 年），頁 29-30。

疇遠比「資訊戰」廣泛，且跨越政府機構與私人企業的全面整合[25]，而其實已屬於總體戰的範疇。

若從總體戰的角度來詮釋，比較接近西方所界定的資訊作戰（IO）的定義，沈偉光即指出：「傳統的軍事攻擊只能指向對方的軍事力量和經濟潛力，而信息攻擊將貫穿對方的軍事、政治、經濟和整個社會，乃至國民的精神、觀念、心理等。破壞敵對國家的政治、經濟、軍事，乃至整個社會的信息基礎設施及其運轉，癱瘓敵方的軍事、金融、通信、電子、電力系統和電腦網路，運用心理戰和戰略欺騙等手段，動搖軍心、民心和政府信念，達到遏制敵對國家發動戰爭或使喪失戰爭能力的目的。」[26]沈認為廣義的信息戰是指對壘的軍事（包括政治、經濟、文化、科技及社會一切領域）集團搶佔信息空間和爭奪信息資源的戰爭，主要是指利用信息達成國家大戰略目標的行動；中國的軍事專家大致均認為：信息戰是一種高度綜合的作戰樣式，一切能夠破壞和削弱敵方信息控制能力的作戰行動都可以納入信息戰的範疇[27]。

對於資訊化時代戰爭的進行方式，也產生新的思維與定位。中國《戰役學》指出，「訊息戰是一種手段而不是目標」。中國人民解放軍的目標在於將訊息戰與火力、機動與特別行動整合在一起。中國對於信息戰武器定位，內含四個重要的特色：屬非傳統武力；屬先發制人的利器；在軍事上最重要的功能是癱瘓敵方通信指揮系統，以及破壞敵方重要的武器系統；是兵不血刃的利器；掌握敵人倚賴信息的弱點[28]。根據學者林中斌教授的分類我們可以把中國信息戰的武器大致分為硬殺傷、和軟殺傷兩種，硬殺傷資訊武器是指通過對傳統彈藥、作戰平台資訊化，使武

---

[25] Joint Chiefs of Staff, *Joint Pub 3-13, Joint Doctrine for Information Operations*.

[26] 沈偉光，〈二十一世紀的戰爭型態與安全觀〉，《北京，中國評論月刊》，1998 年 2 月。

[27] 興業，〈創新戰役戰法理論〉，《解放軍報》，2000 年 1 月 25 日。

[28] 蘇志榮，《跨世紀的軍事新觀點》，（北京：軍事科學出版社，1998 年），頁 42。

器裝備和作戰指揮更快速、更便捷、更精確地命中目標，如運用電子干擾武器：從事電子戰，包含破壞、削弱、降低、擾亂敵方電子設備。電腦病毒：用各類病毒及戰法癱瘓敵人的資訊系統及武器。定性能武器或光束武器：以定向傳輸能量癱瘓敵人含電子零件的指揮中心、機艦等。不定性能武器：如電磁脈衝彈，在預定時間內放射高功率電磁脈衝（EMP），燒燬近處所有電子零件，癱瘓敵方電腦資訊、通訊系統及金融系統等[29]。

　　綜上所論，以資訊技術為基礎和核心的軍事事務革命趨勢，正在把世界各國的軍隊推向新的戰場。資訊科技產業的優劣和軍事理論的先進程度，以及面對軍事革命的態度，將決定各國軍隊完成這場革命的先後順序[30]。就資訊或信息戰廣義言是敵對雙方在政治、經濟、科技和軍事等各個領域裡運用資訊技術手段為爭奪資訊優勢而進行的對抗和鬥爭；而若從狹義的軍事領域言，資訊戰的內容包括：使用資訊技術手段進行的探測、偵測、引導、指揮、控制、通信、資訊處理、偽裝欺騙和打擊殺傷等作戰行動；對敵方上述活動所進行的偵察、干擾、破壞和反利用等作戰行動；為對抗敵方的偵察、干擾、破壞和反利用而採取的對抗措施等[31]。資訊藉網路穿透影響主權國家的核心地位和功能，競合的跨國網路社會關係，衍生新的挑戰。當今各國積極發展網軍之際，已將傳統運用武力死傷的傳統接觸戰轉型為通電網體系癱瘓的無形戰場；各國除積極厚植資訊作戰能力，以提升整體資訊作戰能量，軍方作戰部隊並可聯合民間的公司組織或個人，將可在世界各地，直接或間接地發動網路

---

[29] 林中斌，《核霸－透視跨世紀中國戰略武力》，（台北：台灣學生書局，1999 年 2 月初版），頁 7-9。

[30] 海隆、張峰，〈中國軍方研究信息戰〉，《廣角鏡月刊》，1996 年 1 月，頁 23。

[31] 黃勤硯，〈運用公開資訊於學術專題研究－對『中國資訊戰』資料之分析〉，（台北：大同大學資訊經營研究所碩士論文，2008 年），頁 13-14。

作戰攻擊而不易被察覺；所謂備多則力分，亦將造成國家安全、金融、基礎建設等方面的威脅。

由於網路戰是資訊戰的一種特殊形式，是在網路空間上進行的一種作戰行動。因此網路戰是在可利用的資訊和網路環境，藉網路資訊權的爭奪，通過電腦網路在保證己方資訊和網路系統安全的同時，擾亂、破壞與威脅對方的資訊和網路系統，相較於傳統戰爭，網路戰更具有突然性、隱蔽性、不對稱性、低成本和參與性強等特點，依資訊戰特性網軍應至少必須有三個功能區塊組成：攻擊和干擾部隊，負責進行"駭客"攻擊、病毒傳播、頻道干擾、節點破壞等；防禦對抗部隊，負責對各類病毒的防範和遭受病毒攻擊後的清除任務，並負責研究建設性的、周密有效的反制保護措施；保障維護部隊，負責對電腦網路戰設備的保障以及擔負對網路戰指揮、技術人員、網路工程師等的保護工作等。故網路戰的實施方式如網路間諜、網路破壞、政治宣傳、數據蒐集、系統攻擊、資訊設備中斷、基礎設施攻擊、惡意軟體入侵等，但無論採取何手段，資訊控制權的獲取是網路戰致勝的關鍵。針對資訊戰的趨勢各國網軍陸續建構與擴充，而國家網路部隊的建置，除設置總部指揮單位，以統一領導整個網路部隊，協調各網路分隊與其他軍種的協同作戰，協調全軍網路戰的配套建設，負責與國家資訊技術部門的聯絡，並直接領導指揮直屬分隊、研究機構，並培訓網路作戰所需的專業人員等。

參、美中網軍建置與運用

一、美國網軍

美國可說是全球第一個引入網路戰概念並將其應用於戰爭的國家，也是最早將「網路資訊安全戰略」提升到「國家安全戰略」層面的國家。其從戰略層面關注網路空間主權及網路安全並予以逐步落實相關的規

劃和政策，從 1984 年投入迄今，在強化網路空間治權與網路安全方面
發展可略分四個階段：

第一階段　關鍵資訊基礎設施的保護

自 1984 年開始，成立國家電信協調中心（National Coordination
Center for Telecommunications, NCC），是第一個具備規劃關鍵資訊基礎
設施的資安架構組織。1998 年復確立由美國國家基礎建設防護中心
（National Infrastructure Protection Center, NIPC）主導全國預警與資訊分
享工作，並承擔國防部、美國司法部與中央情報局的規範功能任務。另
華府隨後公佈總統第 63 令《關鍵基礎設施保護政策（P0063）》以及《關
於保護資訊系統的國家計畫》，置重點於保護關鍵資訊基礎設施。

第二階段　網路空間安全的保護

911 事件後，自 2002 年開始公佈《國土安全國家戰略規劃》、2003
年 2 月布希政府發表的《國家網路安全戰略》報告，[32]正式將網路安全
提升至國家安全的戰略高度，從國家戰略觀點全面對網路的正常運行進
行規劃，以保證國家和社會生活的安全與穩定，將資訊基礎設施保護提
升到網路空間安全保護。

第三階段　網路戰略空間的建構

自 2008 年開始，美國公佈《國家網路安全綜合綱領》，2009 年 5 月
正式發佈了《網路空間安全政策評估》（National Cyberspace Policy
Review）報告，針對政府及軍隊當前的網路狀況進行評估並討論對策，
美國國防部當年 6 月正式宣佈成立網路司令部（United States Cyber
Command , USCYBERCOM），並備戰網路戰爭且提出「攻防一體」的口

---

[32] The White House, "The National Strategy to Secure Cyberspace," February 2003,
<http://www.bits.de/NRANEU/others/strategy/cyberspace_strategy03.pdf>.

號，同年年底成立了全國通信與網路安全控制聯合協調中心，協調和整合國防部、國土安全部等下屬六大網路行動中心的資訊，以提供跨領域的網路空間發展趨勢判斷、分析並上報全國網路空間的運作狀況。網路空間戰略由深度防禦轉換到聯合行動，網路威懾、網路行動配合軍事威脅、軍事行動，也構成美國資訊軍事戰略的核心內容。

第四階段　資訊核心能力的厚植

自 2011 年 5 月和 7 月分別發佈《國際網路空間戰略》（International Strategy for Cyberspace）與《網路空間行動戰略》（Strategy for Operating in Cyberspace），由國內資訊保障轉換到國際治理，可以清楚地看見美國政府將促進開放、安全與繁榮視為歐巴馬「網路外交」的三大價值理念，也說明網路安全已被視為國家安全優先考慮的問題。[33]顯示美國政府網路空間戰略中心開始由國內轉向國外，網路戰爭被正式賦予法律依據。

美國政府各階段資訊能力的整備，明確呼應了將網路空間和陸、海、空、天定義為同等重要的、需要維持決定性優勢的五大空間。[34]但由於美國政府在資訊作戰結構過於分散與複雜，故 911 事件可為之為分水嶺，相關的機構因之整合，而國土安全部的成立，也做了部分變革。在網軍司令部尚未成立前，有關國防部在資訊作戰的組織架構如附圖 1 所示。

---

[33] 彭慧鸞，《網路安全治理的新紀元 從美國網際網路國際戰略談起》，2011 年度國際及中國大陸情勢發展評估報告，國立政治大學國際關係研究中心，<http://iiro.nccu.edu.tw/attachments/journal/add/5/2011-1-09.pdf>。

[34] Department of Defense, *The National Defense Strategy*, March 2012, p. 13, <http://www.defense.gov/ news/ mar2005/d20050318nds1.pdf>.

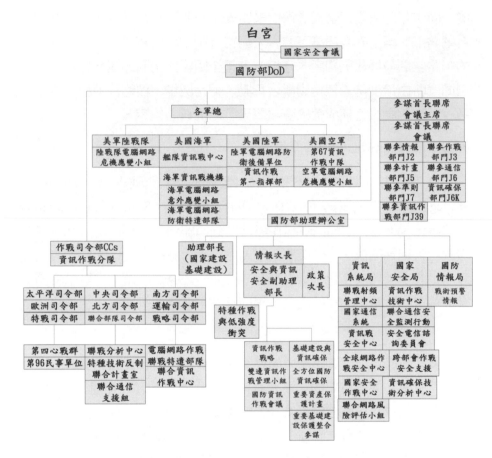

圖 1 國防部在資訊作戰的組織架構

來源：Leigh Armistead 著，余佳玲，蕭光霈譯，《資訊作戰－以柔克剛的戰爭》（Imformation
　　　 Operations: Warfare and the Hard Reality of Soft Power）（台北：國防部編譯，
　　　 2008 年），頁 38。

　　現任歐巴馬政府對於網路空間資訊安全問題更加重視，2009 年下令
進行全國網路安全防禦能力總檢討，並依據檢討結果，在國安會下新設
置「國家網路安全辦公室」（Cybersecurity Office），並任命美國首位的國
家網路安全特別顧問，統籌整個美國聯邦政府包括民間與軍方的網路安

全政策。在《國家安全戰略（2010）》確立了網路資訊安全的重要地位後，2010 年 2 月，美國眾議院通過《2009 網路安全法》，該法案給予總統權力宣佈網路安全的緊急狀態，允許關閉或限制事關國家安全的重要資訊網路；後續又通過《將保護網路作為國家資產法案》，在監管網際網路方面給予總統和聯邦政府更多授權。到 2011 年 5 月和 7 月分別發佈《國際網路空間戰略》（International Strategy for Cyberspace）與《網路空間行動戰略》（Strategy for Operating in Cyberspace），宣示「網路攻擊就是戰爭」，表示如果網路攻擊威脅到美國國家安全，將不惜動用軍事力量 。自此，網路武器正式進入美軍武器序列，與歷屆政府的網路政策相比，歐巴馬政府更注重運用軍事手段維護網路安全。2012 年 3 月，歐巴馬政府將「巨量數據戰略」（Big data strategy ）提升至最高國策，認為海量數據是「未來的新石油」，將對數據的佔有和控制，做為在陸權、海權、空權之外的另一種國家核心能力。[35]接續發佈《可持續的美國全球領導：21 世紀國防戰略重點》[38] 的戰略指南，[36]亦將網絡空間能力列為面對 2020 年聯合作戰能力優先發展、重點保障的六大能力之一。

在 2009 年 6 月網路司令部組建前，美各軍種皆已有專業的網絡作戰機構。美軍的四大軍種都建立了各自的網絡戰指揮中樞和專門部隊，分別是：陸軍網絡司令部、空軍第二十四航空隊、海軍第十艦隊、海軍陸戰隊網絡司令部。美國網軍建置可追朔至 2006 年 7 月，美空軍在路易斯安那州巴克斯代爾空軍基地成立了第一支網路戰大隊—第 67 網路戰大隊，其任務是保證美空軍在戰時和平時都能夠實施網路戰，並且有能力對抗試圖對美軍網路發動攻擊的潛在對手。2006 年底，美軍組建了

[35] 〈網絡時代的又一顛覆〉，《經濟日報社論》，2013 年 07 月 12 日，<http://www.udn.com/2013/7/12/NEWS/OPINION/OPI1/8023238.shtml>.

[36] Department of Defense, *Sustaining U.S. Global Leadership: Priorities For 21st Century Defense*, January 2012, p. 4.

一支媒體戰部隊，這支特殊部隊每天 24 小時鏖戰網際網路，與美國軍方認定的「負面」輿論作戰。2009 年美軍宣佈，將原設置的網路戰高層指揮機構「全球網路作戰聯合特遣部隊」（Joint Task Force-Global Network Operations, JTF-GNO）和「網路戰聯合職能組成司令部」（Joint Functional Component Command Network Warfare, JFCC-NW）合併組建為「網路空間司令部」。該司令部在行政上隸屬戰略司令部（US Strategic Command），但業務與指揮相對獨立，下轄四個單位（陸軍網路指揮部、空軍第二十四航空隊、海軍第十艦隊和海軍陸戰隊網路空間指揮部），編制近千人，主要職責是進行網絡防禦和網絡滲透作戰，主要職能是：計劃、協調、整合各軍種的網路行動；組織和實施各類網絡空間作戰行動，包括指導國防部資訊網絡的防禦行動，準備和實施軍事網絡空間的全部作戰行動，確保美軍及其盟國在網絡空間的行動自由，以及剝奪對手在網絡空間的行動自由等，在接到指令時實施全頻譜網路空間軍事行動；保護國防部全球資訊安全。按計劃整個美軍的網路戰部隊將於 2030 年左右全面組建完畢，以確保美軍在未來戰爭中擁有全面的資訊優勢。目前美國網路空間司令部的人員規模將已達一千八百人，預計 2016 年之前增長到的六千名，部隊將繼續發展其可供支配的「全面電腦能力」，其中包括毀滅或破壞敵人的電腦系統。[37]

　　網路空間司令部成立後，各軍種迅速對所屬網路戰力量進行整合，分別建立了各軍種的網路空間指揮機構。

（一）**空軍**：以 2009 年所組建的第二十四航空隊作為空軍的網路空間指揮機構，規模約五千三百人，由三支力量構成：第六十七網路戰聯隊，負責網路空間攻擊、防禦和利用行動；第六八八資訊作

---

[37] DAVID E. SANGERAPRIL, "U.S. Tries Candor to Assure China on Cyberattacks," *The New York Times*, April 6, 2014,
<http://www.nytimes.com/2014/04/07/world/us-tries-candor-to-assure-china-on-cyberattacks.html>.

戰聯隊，負責提供資訊和構建基礎設施；第六八九作戰通信聯隊，負責戰術網路空間作戰的保障工作。

（二）**海軍**：2010 年 2 月，美海軍宣佈重建始建於二戰時期的第十艦隊，以領導海軍在網路空間的作戰行動，重建後的司令部下轄五個區塊：資訊作戰、網路作戰與防禦、密碼邏輯組合服務作戰、艦隊與戰區作戰及研究開發，人員約 1.4 萬人。

（三）**陸軍**：2010 年 5 月，美國陸軍宣佈組建網路空間司令部，由原美國陸軍網路企業與技術司令部、第九陸軍信號司令部及第一資訊戰司令部的部分力量構成，從事網路空間相關行動的人數約為二萬一千，並於 2011 年末成立了第七八〇軍事情報旅，其任務是蒐集有關潛在威脅的情報，目的是為了保護軍事網路。

（四）**海軍陸戰隊**：網路空間司令部組建於 2010 年 1 月的海軍陸戰隊網路空間司令部，總數約八百人，包括網路作戰安全中心和密碼支援營所屬網戰連，前者主要負責指導資訊與基礎設施的操作和管理，以及海軍陸戰隊體系網路的防護，後者主要負責信號情報蒐集和網路入侵分析。

表 3-1 美國與網戰相關建置時序年表

年月	措 施	內 容	駐地	人數
1998 年	聯合特遣電腦網路防衛隊（JTF-CND）	Joint Task Force-Computer Network Defense，直接提供世界各處的國防部區域作戰司令官網路防禦支援		
1999 年	新世紀國家安全報告	首次將網絡攻擊武器定義為大規模毀滅性武器		
2001 年 7 月	網絡中心戰	美國國防部提出的概念，並在 2003 年的伊拉克戰爭中付諸實施。另 2009 年 1 月，美國國防部發表《四年任務使命評估》，將「網絡中心戰」列為美國的「核心能力」		
2002 年	國家安全第 16 號總統令	要求相關部門制定網路攻擊的戰略，且就向伊拉克這樣的「敵對國家」展開網路攻擊提出了指導性的原則，白宮 2003 年成立了一個「網路戰研究聯會」，以討論制訂網路戰的作戰理論框架		
2002 年 10 月	聯合特遣全球網路部隊（JTF-GNO）	前身為 JTF-CND，主要職責為保護美國軍方在本土與全球範圍內的網路系統安全，經多次改隸，最後隸屬戰略司令部。	*維吉尼亞州 Arlington*	130
2002 年 12 月	海軍網路戰司令部	海軍率先成立，以協調情報技術、情報處理、空間需求和海軍的軍事行動的中心機構，它的成立使各個機構為了支援海軍網路和網路連接的需求而更加緊密的相互配合。		
2005 年 3 月	網路空間和陸、海、空、天定義為同等重要的	國防戰略報告明確將網路空間和陸、海、空、天定義為同等重要的、需要美國維持決定性優勢的五大空間。		
2005 年 1 月	網路戰聯合職能構成司令	Joint Functional Component Command Network Warfare, 對敵人		

	部（JFCCNW）	發動網路攻擊。尤其在戰時快速入侵敵方的電腦網路系統，藉此癱瘓敵軍的指揮網路和仰賴電腦維持運行的武器系統。		
2005 年 7 月	全球網路作戰中心	聯合特遣電腦網路防衛作戰部隊與國防系統資訊局全球網路戰暨安全中心、國防部電腦緊急應變小組、全球戰略司令部支援中心共同合併之。		
2006 年 7 月	第 67 網路戰大隊	任務是保證美空軍在戰時和平時都能夠實施網路戰，並且有能力對抗試圖對美軍網路發動攻擊的潛在對手。		
2006 年底	媒體戰部隊	每天 24 小時鏖戰網際網路，與美國軍方認定的「負面」輿論作戰		
2009 年初	網絡中心戰列入核心能力	美國展開了為期 60 天的全國網絡安全狀況評估。 1 月，美國國防部發表了《四年任務使命評估》,將「網絡中心戰」列為美國的「核心能力」		
2009 年 9 月（2010 年 10 月 1 日正式）	空軍網絡戰司令部	代號為第 24 航空隊。使美軍能夠在網際網路上或通過網際網路開展全球性行動，實現空中、太空和網絡作戰一體化，計有第 67 網路戰聯隊、第 688 資訊作戰聯隊與第 689 作戰通信聯隊。	德克薩斯州拉克蘭空軍基地	1.7 萬
2010 年 5 月 21 日正式運行	美國網路空間司令部（USCYBERCOM）	United States Cyber Command，計劃，協調，整合，同步並進行活動：領導國防部信息網路的行動和防衛；做好準備，並在指示下，執行全面的軍事網路空間行動，以確保美國和盟友在網路空間上的活動自由，並阻止敵方的相同行動	國家安全局總部內（馬裡蘭州米德堡）	組建 40 支網絡安全部隊

2010 年 10 月 1 日	陸軍網路空間司令部	代號為第 2 集團軍。計劃，協調，整合，同步並指導陸軍網路作戰行動與防禦，由原網路企業與技術司令部、第 9 陸軍信號司令部及第 1 資訊戰司令部的部分力量構成	*維吉尼亞州貝爾沃堡*	1.1 萬
2010 年 1 月	海軍網路空間司令部	代號為第 10 艦隊，下轄網路戰司令部、網路空間防禦作戰司令部、資訊作戰司令部等機構	*馬裡蘭州米德堡*	1.4 萬
2010 年 1 月	海軍陸戰隊網路空間司令部	指導資訊與基礎設施的操作和管理與海軍陸戰隊體系網路的防護，下轄網絡戰中心，網絡安全保障中心與密碼保障營各一		1 千
2011 年 7 月	網路作戰戰略	將網路視同作戰領域，並對來自其他國家的網路駭客攻擊，認定為已構成戰爭行為，將比照陸、海、空三軍，從被動防禦轉為主動攻擊，以因應日益升高的網路安全威脅，同時計畫與民間企業，以及其他美國盟邦共同發展網路作戰能量		
2012 年 1 月	21 世紀美國國防戰略綱領	網路空間能力列為最優先發展、重點保障的六大軍力之一。[38]		

資料來源：作者自行整理

---

[38] 曾復生，〈國際網路安全競合情勢剖析〉，《國家政策研究基金會》，2013 年 05 月 24 日，<http://www.npf.org.tw/post/2/12290>。

二、中國網軍

　　中國強化其信息戰的攻擊戰力期以彌補其與美國在傳統軍事戰力的嚴重落差。中國在軍事現代化過程，儘量避免與敵人在先進武器上短兵相接和正面交鋒，進而暴露過多缺陷，因此針對不對稱戰法中訊息戰運用認為較有機會迅速縮短差距。早在 1984 年中國即開始注意機密部門的資安工作，為迎頭趕上在 1985 年鄧小平時代正式決定實施軍事現代化，1986 年 3 月倡議「高技術研究發展計畫（863 計畫）綱要」，其中在高技術研究的重點項目中即有資訊技術，[39]從「八五」（1991-1995）、「九五」（1996-2000）、「十五」（2001-2005）一系列科技專案的政策推動，每年投入 100 億人民幣從事關鍵性科技研究，主要想建立軍方與民間通用的技術體系，雖非發展兩用的軍事武器，但也影響發展和部署兩用的技術能力。[40]中國國防科技除本身致力於能力的提升外，另透過直接引進國外軍事科技、向國外軍火市場採購零組件、借重中國大陸公民營企業科技能力三個管道擷取先進科技。中國以民間產業為基礎，發展軍事科技所具備的能力，以掌握國際標準，縮小國內外差距、培養科技人材、帶動相關科技進步、為國防科技奠定較先進的技術基礎。

　　隨後在 1991 年波灣戰爭，即師法美軍在伊拉克所運用的資訊戰法。由於觀察到美國運用資訊在極短時間癱瘓伊拉克主戰兵力，迅速獲得戰爭勝利的影響，其建軍方向也歷經三度轉型，從「現代化條件下的人民戰爭」過渡到「高技術條件下的局部戰爭」，2004 年國防白皮書又調整以「資訊化條件下的局部戰爭」取代「高科技條件下局部戰爭」的策略，此一概念綜合了中國在新軍事革命後所獲得的經驗和判斷，也在於資訊

---

[39] 計畫選擇以生物技術、航太技術、資訊技術、雷射技術、自動化技術、能源技術和新材料技術等 7 個領域做為高技術研究的重點。

[40] Evan A. Feigenhbaum 著，余佳玲、方淑惠譯，《中共科技先驅》（台北：國防部編譯，2006 年），頁 189-196。

科技為基礎的知識戰爭所帶來的衝擊，重點也由「摧毀式戰爭」移向進行瞬間「癱瘓式戰爭」，從而以「網路戰」發展出「不對稱戰爭」、「點穴戰」、「反軍事事務革命」之戰略思維，期以抗衡美國為主之西方國家。長期以來中國即以美軍的高科技作戰為模擬對抗的主要參考目標，中國的軍事戰略專家亦認為以現有的武力要打贏諸如美國等高科技先進的國家，除了必須提升現有的武器裝備之外，發展非傳統武器戰力，更是相當重要的作為。故在大力發展信息戰（IW），並期望藉此可以「以弱勝強」、「以劣勝優」。並將信息作戰準則，作為解放軍「軍事革新」的主軸，而此一趨勢，亦正隨著中國的經濟逐漸壯大而持續強化。

　　1997 年中國成立國家資訊化領導小組，召開全國資訊化工作會議，1998 年國務院成立「資訊產業部」，對全國各相關部門進行分工。網軍部隊由解放軍和國防動員委員會，民間 IT 產、官、學界的資訊民兵共同組成，[41]2002 年中國確立全國性國家戰略級的資訊戰分工，在解放軍階層僅負責電子戰和網絡戰，簡稱網電一體戰，解放軍部分由總參三、四部負責規劃成軍並負責建構；七大軍區設置戰區聯合作戰指揮部，並成立資訊對抗中心，負責電子對抗及網路信息體系的防護。[42]此外中國在與國防部平行的國防動員委員會之下成立「資訊動員辦公室」，透過「動員辦」的機制整合民間資訊力量發揮戰力，2002 年至 2008 年信息民兵編組設置電子戰分隊、網路隊分隊、駭客分隊、信息救援分隊，並在各個產業設立國防訊息組織分隊，尤其 2006 年更在「二砲」部隊內成立電子戰藍軍部隊實施攻防演習，以提昇其網軍之攻擊能力[43]，目前，

[41] 湯添福，《中國資訊戰之研究》，（高雄：中山大學中國與亞太區域研究所碩士論文，2009 年）。

[42] 曾復生，〈國際網路安全競合情勢剖析〉，《國家政策研究基金會》，2013 年 5 月 24 日，<http://www.npf.org.tw/post/2/12290>。

[43] 〈中國網軍無孔不入強化資安杜絕洩密〉，《青年日報社社論》，2013 年 2 月 22 日，<http://news.gpwb.gov.tw/news.aspx?ydn=w2u5S9CJZGAXB%2FzPg%2Fq7ahBURwZ%2FxCkoH%2BRnvuMETFx0J2ogljEQLDekN5JPtOC0NphQahZiSv3JcrVF0rQL2Q3c4wC

解放軍已經組建一支超過十萬人的網路部隊，而其目標是在 2020 年建立全球第一支「資訊化武裝部隊」。[44]另大陸軍事科學院及國防大學則是負責研發各種「網電一體戰」的作戰指導與準則與接受軍方支援的網絡戰專業及相關課程，並積極培育訓練各項執行任務的軍官和士兵。這些網絡戰部隊再加上一些志願組織和官方的「金盾」工程，三者形成密切的合作關係，提供強大的網絡戰能力。在「紅客聯盟」和「金盾」工程的幫助下，中國大陸能夠發動可怕的襲擊，並具有強大的防禦潛力，這是其他國家所沒有的類似機制。而在 2011 年 5 月 25 日中國國防部首度證實中國有網路部隊。[45]

其實中國在網軍資訊監控不管是政治、經濟、或軍事目的，在電磁頻譜與全球網絡的主控，解放軍參謀總部（GSD, General Staff Department）總參三部與總參四部被認為是中國網路建設迅速發展的最大兩個機構。總參三部具有多重的傳統信號攔截任務，其為電腦網路刺探的國家執行機構，負責監督國外通信、保障解放軍電腦與通信網路安全與指導對國際優先目標的網路監視；總參四部完全負責電子戰（EW），包括電子情報（ELINT）與戰術電子支援措施（ESM）[46]。總參三部下轄 12 個局與三個研究所，未證實的報導稱總參三總部就有 13 萬人。總部中心領導管理各總部、政治、後勤單位也就是科技情報局與科技裝備局，科技裝備局下有三個所，分別是第 56 研究所負責電腦運算、第 57 研究所感測

fbS38JDlG0avfRzo%3D＞。

[44] 同註 42。

[45] 〈中國建網路藍軍，演練四處出擊〉，《聯合新聞網》，2011 年 5 月 27 日，
＜http://udn.com/NEWS/MAINLAND/MAI1/6362415.shtml＞ 。

[46] Mark A. Stokes, Jenny Lin and L.C. Russell Hsiao, "The Chinese People's Liberation Army Signals Intelligence and Cyber Reconnaissance Infrastructure," *Project 2049 Institute*, Nov. 11 (2011),
＜http://project2049.net/documents/pla_third_department_sigint_cyber_stokes_lin_hsiao.pdf ＞.

技術與第 58 研究所密碼技術[47]。總參三部各局均有特殊任務[48]，分述如下：

第一局（61786 部隊）：主要業務負責解碼、編碼與其他資訊安全任務。管轄最少 12 個附屬單位；該局是在國家 863 專案資訊保證專家工作小組中唯一的軍事代表。

第二局（61398 部隊）：主要業務為瞄準總參三部認定首要的美國與加拿大目標，聚焦在政治、經濟與軍事相關的情報。

第三局（61785 部隊）：主要業務負責前端處理視距無線電通訊如蒐集邊界控制網絡、定向、發射管制與安全。

第四局（61419 部隊）：主要業務似乎聚焦日本與韓國。

第五局（61565 部隊）：主要業務似乎與俄羅斯相關任務。

第六局（61726 部隊）：主要業務為台灣與南亞。

第七局（61580 部隊）：主要業務未知，但被甄選工程師專業在電腦網路的攻防、並引導參與 PLA 資訊工程大學電腦網路攻防課程的學習，建置最少有 10 個處。

第八局（61046 部隊）：基於人員語言能力的任用，第八局似乎聚焦在西歐與東歐或其他區域（中東、非洲與拉丁美洲），下轄 10 個處。

第九局：相較其他局第九局非常隱密，主要業務似乎服務總參三部主要的戰略情報分析與（或）資料庫管理。該局第七處似乎包括電子聲像、與巨量資料（mass datas）的管理。

---

47 同前揭，頁 7-8。
48 同前揭，頁 8-11。

第十局（61886 部隊）：主要業務負責中亞與俄羅斯相關任務，也聚焦於特別是在遙測與飛彈追蹤及（或）核子測試。

第十一局（61672 部隊）：主要業務與俄羅斯有關，有時被稱為 2020 部隊。

第十二局（61486 部隊）：似乎賦予功能包括衛星，像是包括衛星通信截聽與可能是太空的信號情報蒐集。

在軍區層級有技術偵查局（TRB, Technical Reconnaissance Bureaus），其使命可能與總參三雷同，包括通信情報、定向、流量分析、解密、加密、電腦網路刺探等。然而其主要角色是支持軍區的指揮，也支持邊界安全部隊。軍區的技術偵查局也負責轉譯、綜合分析、與提供總參三部第 3 與第 12 局蒐集的原始通信攔截報告或是透過電腦網路刺探資源以蒐集資訊。另軍種技術偵查局僅特別關注監督特別有興趣的領域通信網路，原隸屬軍區空軍總部、海軍的北、東、南海艦隊，目前軍種技術偵查局已改隸屬位於北京的空、海軍總部，俾以在集中控制下做更好資源運用。[49]

肆、美中網路戰的運用與競合

網路空間的議題已被美中視為新的戰場，並展開一場新的冷戰。美「中」兩國不管從軍事面或經濟面均已是當今世界強權，雙方在共同利益與分歧利益的競合也日趨糾葛，在雙方戰略互相猜疑升溫的格局下，勢必面臨各種變數複雜的挑戰。美國近年所主張的「亞洲再平衡」的亞太安全戰略，是從經濟、外交、軍事等層面，展開防範中國崛起的布局

[49] Mark A. Stokes, Jenny Lin and L.C. Russell Hsiao, "The Chinese People's Liberation Army Signals Intelligence and Cyber Reconnaissance Infrastructure," pp. 11-13, 13-15.

與行動。而在國家安全戰略架構下，美國總統歐巴馬將網路空間能力列為最優先發展的重點軍力，而習近平所領軍「中央網路安全和信息化領導小組」，顯示中國高層也將網路安全及發展提升為國家安全戰略一環，兩國在網路安全的競合關係將更趨複雜與不確定。美國《紐約時報》甚至認為，美「中」兩國正在網路空間進行一場新的冷戰。[50]

　　中國極力發展網路戰與提升網路戰作戰能力，試圖於短期與美國為主之西方國家抗衡，在不對稱戰戰爭思維下不失可行之策。藉由國家體系、共軍體系、科研學術體系以及民兵動員體系之龐大國家資源建置網軍部隊，並廣召人才進行培訓與攻防演練，確已造成國際間源自中國網路攻擊事件層出不窮；而在其日漸意識到以網路作為一種新型態戰爭工具的同時，開始利用人海戰術建立信息戰爭網絡，中國的軍事學者稱信息戰是「真正意義上的人民戰爭」也是人民戰爭的整體戰，認為「全民信息戰」是一種非對稱的國家總體戰形式，主體是人民，武器是電腦，彈藥是知識，戰場是信息網絡。人民戰爭理論運用在訊息戰的重要關鍵是能打破軍民界限，利用資訊技術在軍民使用上的共同性，來達到軍事的目的，故對於西方自由世界而言，若是人海戰術的網路戰真的開打，確實是一個不可忽視的重大威脅。

　　中美網戰的博弈讓國家安全面對新的挑戰，凸顯國防資訊安全問題並衍生出多面向的衝突。依據「美國智慧財產權委員會」報告，2012 年美國因商業機密遭竊，損失高達三千億美元，其中有五成到八成都是中國駭客所為。[51]國際社會成員針對網路安全與網路戰領域也愈趨關注，其實從 2003 年開始，大陸駭客即有組織、長時間地大規模攻擊美國政

---

[50]　DAVID E. SANGER，〈中美面臨網路冷戰〉，《紐約時報中文網》，2013 年 2 月 25 日，
　　　<http://cn.nytimes.com/china/20130225/c25hack-assess/>。

[51]　曾復生，〈中美網路新冷戰開打〉，《國家政策研究基金會》，2013 年 6 月 20 日，
　　　<http://www.npf.org.tw/post/3/12385>　。

府、武器製造商與核武實驗室，這些攻擊行動被網路專家稱作「驟雨」（Titan Rain）；[52]2009 年加拿大多倫多大學蒙克國際研究中心指出網絡間諜正在系統地侵入全世界範圍內一千二百九十五台電腦。報告將這個網絡間諜系統稱為「鬼網」，並指出控制「鬼網」的電腦和一系列發動攻擊的 IP 地址來自中國。[53]據《華爾街日報》2009 年 4 月與 2010 年 1 月報導，五角大樓從來就是這些黑客攻擊的目標，另受到攻擊的有瞻博網絡（Juniper Networks ）、美國多家律師事務所、紐約警察局、還有印度政府網路，且均來自中國的網路攻擊，而最大的損失是駭客盜取了美、英、意大利等九國耗資三千億美元研發的 F-35 隱形戰機計劃。[54]根據美國國土安全部工業控制系統網路應急回應小組（The Industrial Control Systems Cyber Emergency Response Team，ICS-CERT）的統計，2011 年基礎設施及相關企業受到網路攻擊的報告數量達到前一年的五倍。除了自來水和能源之外，核能相關企業受到的攻擊也佔據了 10%。[55]最值得注意的是來自中國、伊朗和俄羅斯的攻擊。遭到中國駭客攻擊的情況尤為嚴重。負責定期監測、統計網路攻擊源的美國 Akamai Technologies 公司透露，41%的全球電腦攻擊流量來自於中國；[56]美國 Mandiant Corp2013 年 2 月所發佈報告表示，經專家進行的反襲擊追蹤和大量的證據和位址分析，自 2006 年以來，中國軍方的秘密機構總參三部二局又

---

[52] 辜樹仁，〈大陸駭客 台灣練兵〉，《天下雜誌》，第 454 期（2010 年 8 月 30 日）。

[53] Munk Centre for International Studies, *Tracking GhostNet: Investigating a Cyber Espionage Network* (Canada: University of Toronto, 2009), pp. 9, 48, <http://www.nartv.org/mirror/ghostnet.pdf>.

[54] 何清漣，〈中美網絡戰，誰未準備好？〉，《BBC 中文網》，2013 年 2 月 23 日，<http://www.bbc.co.uk/zhongwen/trad/indepth/2013/02/130223_china_us_cyber_war_he.shtml>。

[55] 〈美緊急應對網路珍珠港襲擊〉，《朝日新聞中文網》，2013 年 2 月 21 日，<http://asahichinese.com/article/world/AJ201302210074 >。

[56] 曹乙帆編譯，〈Akamai：全球電腦攻擊流量中、美、土包辦前三名 台灣名列第五〉，《網路資訊雜誌》，2013 年 4 月 24 日，<http://news.networkmagazine.com.tw/classification/security/2013/04/24/49435/> 。

稱 61398 部隊極可能盜取了美國 150 家公司和機構的大量資訊，被盜取的數據包括「包括技術藍圖、專有的製造工藝流程、測試結果、商業計劃、定價檔、合作協議以及電子郵件和聯繫人列表」。[57]另據美國的電信巨頭 Verizon 公司所發布報告稱：中國是世界上網路間諜活動「最活躍」的源頭國家。這份 2013 年數據洩漏調查報告分析了從 2012 年起四萬七千多個被報告的安全事故，及六百二十一起被確認的數據洩露事件。「96％的間諜案件歸因於在中國的「行動者」，剩下的 4％來源不明。」[58]

　　爭奪網路空間控制權已成為美軍維持軍事霸權的重要關鍵核心能力。美國資訊安全領域的部署，從最早柯林頓政府的網路安全防護到布希時代繼承網路保護的特點，同時又強化了網路反恐的主題，而迄今歐巴馬政府的網絡安全戰略已經再調整為「攻擊為主，網絡威懾」的主軸，而實體戰場也逐步轉向網路，達到從實體消滅到實體癱瘓的目標。美國在資訊上掌握了絕對的霸權，它仍是網路規則的制訂者，而不管是資訊技術研發和資訊產品，其核心技術皆掌握在美國的幾家大公司（Microsoft、Intel、Cisco、Oracle、Google、IBM 等），而在製造過程中是否就留有後門，在軟體或是硬體上就事先做好了日後對全球進行資訊制裁的準備?而美國對規模巨大的數字信息進行自動及瞬時的分析資訊技術的革命，在運用「巨量數據」（Big data）的分析與探勘技術（Data mining）可以讓美國能跟蹤世界上幾乎任何地方的人的活動和往來，而無需實際監視他們或監聽他們的對話。[59]

---

[57] Mandiant, "APT1: Exposing One of China's Cyber Espionage Units," *www.mandiant.com*, February 2013, <http://intelreport.mandiant.com/Mandiant_APT1_Report.pdf>.

[58] 〈美電信巨頭:中華人民共和國是全球網路間諜最活躍的源頭〉,《阿波羅新聞網》, 2013 年 6 月 3 日, <http://tw.aboluowang.com/2013/0603/310479.html>。

[59] JAMES RISEN and ERIC LICHTBLAU,〈美國如何利用科技掃蕩全球數據？〉,《紐約時報中文網》, 2013 年 6 月 3 日, <http://cn.nytimes.com/usa/20130613/c13nsa/zh-hant/> 。

　　美國政府通過網際網路秘密收集個人資訊與網路行動曝光的問題亦引發他國的爭議。美中情局雇員史諾登向媒體披露稜鏡（Prism）計劃，[60]美國情報機構通過該計劃對目標實施大範圍監控，包括郵件、聊天記錄、視頻、照片、存儲數據、檔傳輸、視頻會議及登錄信息。美國安局（NSA）與調查局能屈服於它的要求直接進入九大網路公司伺服器進行監控與訪視公司用戶的數字信息，[61]造成美國版的網路戰行動曝光。代號 XKeyscore 的情蒐計畫每天蒐集十億到二十億筆紀錄，讓國安局監看任何人的網路活動，從電郵內容到造訪過的網站、搜尋、聊天和後設資料，也可監看即時的網路活動。[62]而據統計世界數據的 80%以上須經美國，被證實合作的企業 Goggle、Facebook 和蘋果等在北美的數據中心提供資訊的積累的數據，累計將近二十四億網絡用戶的資訊的絕大部分皆掌握在網路霸權的美國中樞；[63]此外 NSA 也被批露能夠訪問各國民眾的電子郵件、Facebook 等；通過向順從、秘密的外國情報監視法庭（Foreign Intelligence Surveillance Court，簡稱 FISA）提出申請。[64]美國官員一直在設法阻止華為進入美國通訊市場，擔心其設備可能提供竊取美國公司和政府機密提供一道「後門」。但諷刺的是近日 NSA 又被揭

---

[60] 是一項由美國國家安全局自 2007 年起開始實施的絕密級電子監聽計劃。對即時通信和既存資料進行深度的監聽。許可的監聽對象包括任何在美國以外地區使用參與計劃公司服務的客戶，或是任何與國外人士通信的美國公民。資料來源：〈稜鏡計畫〉，引自《維基百科》，最後修訂：2014 年 7 月 15 日，<http://zh.wikipedia.org/wiki/%E7%A8%9C%E9%8F%A1%E8%A8%88%E7%95%AB>。

[61] 九家網路公司分別是：Microsoft、Yahoo、Google、Facebook、PalTalk、AOL、Skype、YouTube、Apple。

[62] 張佑生編譯，〈史諾登再爆：網路情蒐 美國安局隨時看〉，《聯合新聞網》，2013 年 8 月 2 日，<http://udn.com/NEWS/WORLD/WOR3/8069510.shtml#ixzz2am8TD9jF>。

[63] 〈歐巴馬在「監視」〉，《日經中文網》，2013 年 6 月 18 日，<http://zh.cn.nikkei.com/columnviewpoint/column/5786-20130618.html>。

[64] 羅傑・科恩，〈如果沒有斯諾登，會怎樣？〉，《紐約時報中文網》，2013 年 7 月 1 日，<http://cn.nytimes.com/opinion/20130701/c01cohen/zh-hant/>。

露入侵滲透華為的伺服器，並且監視該公司高層通聯及挖掘相關技術與
客戶的通訊記錄。[65]

　　美軍資訊戰戰略已由戰略防禦轉向戰略進攻。美軍在攻擊性電腦武
器研發已進入實戰成效的應用階段。2010 年，美軍發動的最著名的一次
網路戰是對伊朗核電站發起的「Stuxnet」病毒（又名震網病毒，一種蠕
蟲病毒）攻擊，[66]在伊朗發現駭客運用震網攻擊該國鈾濃縮設施，控制
了西門子公司為伊朗核電站設計的工業控制軟體，從而控制離心機操作
電腦的運行，並篡改監控錄像畫面，導致核電站約一千台離心機報廢，
造成伊朗的鈾濃縮能力倒退數年。Stuxnet 病毒是世界上首次被公開證
實的武器級軟體。其後 2012 年 5 月又在中東地區伊朗等國的政府機關
中檢測出一種被稱為「Flame」（又名火焰病毒）的更為複雜的病毒，其
威力是 2010 年網路炸彈「震網」的二十倍；多家美國媒體報導稱，這
兩種病毒其實均由美國國安單位與以色列情報單位合作的產物。
[67]Stuxnet 計畫曝光，讓世人瞭解美國與俄、中等國家一樣，以國家的力
量支持網軍向外攻擊，以達成戰略目的。美國還斥巨資建設「影子網際
網路」（「shadow」 Internet），[68]企圖突破伊朗網路封鎖。2009 年 6 月，
伊朗大選結果公佈後，落選的反對派支持者舉行示威抗議，引發社會騷
亂和政治動蕩，美軍網絡部隊在背後發揮了推波助瀾的作用，其亦協助

---

[65] Andrew Jacobs，〈中國要求美國停止網絡間諜行為〉，《紐約時報中文網》，2014 年 03
月 25 日，<http://cn.nytimes.com/usa/20140325/c25hack/zh-hant/>。

[66] 潘勛，〈美官員承認 美以研發 Stuxnet 病毒〉，《中國時報》，2012 年 6 月 3 日，<
http://news.rti.org.tw/index_newsContent.aspx?nid=358441>。

[67] Ellen Nakashima, Greg Miller and Julie Tate, "U.S. Israel developed Flame computer virus
to slow Iranian nuclear efforts, officials say," *Washington Post*, June　19, 2012,
<http://www.washingtonpost.com/world/national-security/us-israel-developed-computer-vir
us-to-slo w-iranian-nuclear-efforts-officials-say/2012/06/19/gJQA6xBPoV_story.html>。

[68] 影子網際網路是指採取一定的技術手段，在除美國之外的其他國家建立獨立於其國家
通信系統的隱形網路。它包括「手提箱網路」（Internet in a suitcase）、「邊境手機」、「柵
欄計劃」等十幾個子項目。

伊朗等國反對派與外界通信，避開本國政府的網路監控或封鎖。[69]美軍經常通過舉行網路攻防演練加強訓練以發現缺失，[70]演習形式也從側重防禦轉向雙邊攻防對抗。

　　美中網路戰的運用與對象均遍及各階層，但美國除政府主導外並聯合民間資源。中國對美國的網路入侵，除了美國政府之外，還包括私人企業、新聞媒體，以及 Google 和三十四家科技與國防公司，範圍相當全面 [71]，但在美國政府仍將網絡主導權的掌控視為第一要務的思維下，前美國國家安全局（NSA）官員 William Binney 也透露，政府每日攔截三十億通電話、郵件和訊息檢查[72]。NSA 從「梯隊」到「全面信息知悉」到「量子」、「稜鏡」，其目的皆是監控全球所有網際網路設備，[73]其運用所有資源如民間承包商，截至 2010 年，與國家安全局合作的承包商已達四百八十四家，事實上，美國全部十六個情報部門依靠遍佈全球的私人承包商網路，將各處資訊匯集起來，尋找可能的所需的資訊或陰謀。[74]

---

[69] JAMES GLANZ and JOHN MARKOFF, "U.S. Underwrites Internet Detour Around Censors," *The New York Time*, June 12, 2011.

[70] 2006 年、2008 年和 2010 年，美國防部連續 3 次參加了代號為「網絡風暴」的跨部門網絡攻擊應對演習。美軍網絡戰司令部全面運轉後，於 2011 年 11 月首次舉行了代號為「網絡旗幟」的大型演習，演習持續數日，納編各軍種網絡戰司令部的 300 人參演。2012 年 10 月 29 日～11 月 9 日，美軍再次舉行「網絡旗幟」參演人員規模提升至 700 人。

[71] 萬厚德，〈網路攻擊加劇 美中陷數位冷戰〉，《看雜誌》，91 期，2011 年 7 月 7 日，<http://www.watchinese.com/article/2011/3275>。

[72] 〈監控全民美國頓失道德制高點〉，《泰國世界日報社論》，2013 年 06 月 14 日，<http://mag.udn.com/mag/world/storypage.jsp?f_ART_ID=460719>。

[73] NICOLE PERLROTH and JOHN MARKOFF，〈美國國安局通過網絡光纜截取信息〉，《紐約時報中文網》，2013 年 11 月 26 日，<http://cn.nytimes.com/usa/20131126/c26eavesdrop/zh-hant/>。

[74] 〈揭開美國"網軍"面紗：隨時讓他國網路癱瘓〉，《中國網軍事》，2013 年 6 月 23 日，<http://big5.china.com.cn/gate/big5/military.china.com.cn/2013-06/23/content_29201073.htm>。

中美雙方在網路上雖達「數位冷戰」的對峙狀態,但亦有意以合作、互補方式聚焦共同利益。美國朝野各界高度不滿中國駭客所發動的不對稱攻擊行為對美國網路安全的威脅,包括網路間諜、竊取智慧財產,以及透過網路破壞關鍵基礎設施等不友善行為,並業已視為嚴重的國安威脅。而中國也普遍認為,美、日、韓、澳洲軍事同盟是把中國視為假想敵,尤其是美中兩國在重大事件與政策上,經常顯露出彼此相互猜疑與不信任的態度而網路安全問題即存在明顯的戰略猜疑,。雖然美中彼此互視為「戰略競爭」對手的趨勢日益明顯,兩國也存在戰略互疑的結構性矛盾,但面對分歧,兩國仍然有意希望以合作、互補方式聚焦共同利益,發現雙方利益匯合點,尋求新的合作領域,以推進「新型大國關係」。

美中透過國際間網路安全合作,讓網路空間順暢便利互惠,並避免雙方誤解與誤判,破壞網路空間和平使用。故在 2013 年美中已同意設立一個網路安全的工作小組,希望能在保障安全開放的網路空間,發展互信關係並強化合作。其實,美中都意識到,建立合作關係解決重大問題,對彼此都有利。未來美中戰略競合發展,是維持以往「鬥而不破」脆弱均衡,但還是可觸及「和而不同,和而求同」的格局。從近日美國國防部先向中國通報相關網軍擴充計畫,雖然在國防上削減預算和軍力的同時卻大力擴展網軍,網軍人數 2016 年將增加三倍到六千人,而全球各地的美軍指揮部將均配備網軍。該案顯示美軍希望加強與中國軍方交流網軍發展計畫,以避免兩國間的網路攻擊與反攻擊活動日益升級,[75]而中美加強戰略溝通,增進戰略互信,有效管控分歧,推動合作關係和探索關係的建構,對型塑未來兩國的友好相當重要,一個和平、穩定、

[75] DAVID E. SANGERAPRIL, "U.S. Tries Candor to Assure China on Cyberattacks," *The New York Times*, April 6, 2014,
<http://www.nytimes.com/2014/04/07/world/us-tries-candor-to-assure-china-on-cyberattacks.html>.

繁榮的中國並維持和平崛起發展，是符合世界和美國利益的，而建立「新型大國關係」模式也是中美雙方在網路空間必須攜手合作共同營造的。

　　中國網軍竊取台灣網路情資狀況非常嚴重。隨著中國經濟與國防實力的提升，牽動整個歐亞大陸地緣戰略格局的變化，由於高技術與電子通訊和網路空間使得安全議題變的難以掌握。前國安局長蔡得勝 2012年 9 月在立法院外交國防委員會備詢時表示，過去七年來，國安局查獲二萬六千多筆，實際情況可能更嚴重。[76]而國安局還透露國安局外網網域過去一年遭侵入擾亂三百三十四萬餘次，平均每天被攻擊一萬次，對方竊取的資料包括政治軍事、高科技、商業機密等。[77]而資安專家透露，台灣是駭客攻擊活動最頻繁的國家，勝過美國、香港、中國大陸，主因是「多數駭客來自中國」，[78]而根據國家資通安全應變中心分析，我國資訊安全威脅主要三大來源，即是民間駭客、網路犯罪分子與中國網軍三大類，而台灣已被中國駭客當作練兵場和攻擊境外目標的跳板。[79]在加拿大多倫多大學蒙克國際研究中心 2009 年的報告，即指出鬼網間諜侵入全世界各國，範圍橫跨一百零三國家計有一千二百九十五台電腦被感染，台灣高居首位有一百四十八台，美、越、印度緊追在後，就可知台灣在資安確實存在很大的隱憂。

　　台灣在 2001 年 1 月第 2718 次行政院院會核定通過第一期資通安全機制計畫，並成立「國家資通安全會報」。[80]主要的目的為防止國家機密

---

[76] 王韋婷，〈蔡得勝：大陸網軍入侵台灣網路情況嚴重〉，《中央廣播電台》，2012 年 9 月 27 日，

[77] 陳培煌，〈國安局網域遭攻擊 逾 3 百萬次〉，《中央通信社》，2013 年 3 月 20 日，<http://www.cna.com.tw/News/FirstNews/201303200068-1.aspx >。

[78] 林政忠，〈駭客攻擊對象 台灣居世界之冠〉，《聯合報》，2013 年 3 月 25 日，<http://paper.udn.com/udnpaper/PID0001/233941/web/>。

[79] 韋樹仁，〈大陸駭客 台灣練兵〉，《天下雜誌第》，454 期，2010 年 8 月 30 日，<http://www.cw.com.tw/article/article.action?id=5000012>。

[80] 行政院科技顧問組，《2008 資通安全政策白皮書》，2008 年 3 月，

外洩、網路犯罪以及不良言論散播與整合各部會業務及掌管機制，除協
調行政院資安辦公室、國土安全辦公室、國安局等單位組建一支網路部
隊，並隨國防部漢光兵推、年度政經兵推等演習時程，納入資安議題，
以展開應對「網路戰」的網路部隊整備工作。國防部係由通資次長室主
導並於同年成立「國防部通信資訊指揮部」，建制直屬國防部參謀本部，
成員包括原國防部通資局內從事相關工作的軍官，納編三軍網路高手與
擅長編譯程式、破解程式、破壞程式、癱瘓網路的各路人才。台灣在「資
電作戰」已視為兵力整建的首要專案，而將提升網路戰鬥力列為「資電
作戰」的重要項目之一。依 2013 年「國防報告書」在資電戰力的敘述
就五方面：整合通資基礎建設、發揮國軍聯合電子戰力、強化國軍聯合
作戰指管系統能力、提升資訊確保能量、創新國軍資訊服務，來支援軍
事作戰行動，並運用資電戰力，創造戰場有利態勢。[81]

　　面對兩強的網路攻防，台灣需要智慧、彈性的安全思維與策略來因
應。在中美兩強的環伺下，任何的網路攻擊或行動，台灣國內網站均或
多或少遭受流彈波及，且有時災情不輕，甚至其他國家也相繼投入大量
資源建置各自之網路戰力，以強化重要機構電腦系統資訊安全防護能量，
並適時予以反制。由於兩岸政治對立因素，造成我國亦為遭受中國網軍
攻擊之主要受害者。中國網軍對台攻擊目標廣涵政府部會、軍事機構、
金融設施與民心士氣等各層面，近來更藉由兩岸交流日漸開放之機增大
攻擊層面與力度，我們更應審慎關注與因應。雖然臺灣資訊科技名列世
界先列且網路普及程度高，反而更需要更聰明、更彈性的安全思維與策
略來因應。台灣所應思考的是要如何承勢轉化，化被動為主動，更要本
著「料敵從寬、備敵從嚴」的原則，以「勿恃敵之不來，恃吾有以待之」

<http://www.nicst.ey.gov.tw/cp.aspx?n=7C62BC57105D6B95>。

[81]　國防部，《中華民國 102 年國防報告書》，2013 年 10 月，
<http://www.mnd.gov.tw/Publish.aspx?cnid=2536>。

的因應之道，[82]以己之長來發展適合我方的資訊作戰策略，如此一來，方可立於不敗的戰略制高點，更可令敵投鼠忌器，不敢輕舉妄動，如此才是確保台灣安全的最佳策略。[83]

伍、結論

網軍已逐漸成為現代軍隊正式編裝的建制部隊，而以網路戰為主軸的實戰或虛擬空間戰場已經成型，由於在軍事或經濟領域上資訊權的爭奪也造成另類的網路軍備競賽，不過由於資訊網路的特性，對於所衍生的許多議題，卻必須在競爭以外更須藉著跨國通力合作方能減緩或解決。

在各國政府一片裁軍趨勢下，唯一新建或增編的部隊就是網軍。美中網軍的建置與編制的擴充，已漸成為重要的作戰力量，而網路戰也即將成為常規軍事行動和軍事嚇阻的重要元素。隨著部分國家網路戰相關條令與組織的陸續建構，網路戰指揮體系將漸臻完善，而網路戰理論和編制體系的成型，將大幅加快網路應用於實戰的速度，也就是說新世紀的資訊網路閃電戰已不再遙遠。近來網路空間世界的硝煙彈雨，從北韓網軍攻擊南韓網站、大陸網軍攻擊台灣政府，「廣大興 28 號」遭菲律賓公務船無預警開火襲擊事件造成台、菲網路相互攻擊，可知國際社會平時除在外交、領主主權的對抗折衝外，在網路空間也隨時開打。

資訊時代以網路戰為主軸的實戰或虛擬空間戰場已經成型。資訊與網路不僅能破解「戰爭迷霧」，掌握未來戰場狀況，更能通過網路控制

---

[82] Wendy Frieman 著，翟文中、黃俊彥、余忠勇等譯，《被低估的中共科技革命，共軍的未來》，（台北：國防部史政編譯局），2000 年），頁 420。

[83] 林勤經，〈中共發展信息作戰軍事運用之探討〉，發表於「中共對信息戰之研發與影響研討會」（台北：台綜院戰略與國際研究所，2000 年 2 月 19 日），頁 11。

權迷惑、擾亂，甚至控制對方。隨著傳播、運輸及軍事科技的進步，網際網路全面提升國際社會的交流與相互連結的緊密度，但在全球化風潮下，資訊國家與非資訊國家間「數位落差」（digital divide）也日益擴大，高度資訊依賴成為日常事務與人際互動基礎時，也產生所謂的脆弱性（vulnerability）問題，[84]而在有心人士或駭客運用「資訊科技」或是病毒程式蓄意破壞民間或是政府的網路系統，終致對於國家安全造成危害，因此，犯罪行為已不再受傳統地理範圍所限制，而更可在虛擬空間中進行。多數國家皆已積極強化網路作戰能量，以防範國家重要基礎建設資訊系統遭敵破壞與入侵，同時能夠在「網路戰」中成為贏家。

　　「資訊優勢」將成為資訊戰場致勝的關鍵，爭奪資訊權演變為另一場資訊軍備競賽。「資訊技術」的掌握成為未來軍事衝突中的必要能力，控制網路就等於控制了資訊、軍事和經濟的制高點。因此中美雙方網路的攻防，也激起世界其他國家和地區進行另一場網路的軍備競賽，各國在軍事領域上相繼成立網軍提升資訊戰能力，但網路作戰所面對不僅是主權或利益之爭，也有所謂政治甚至是軍事動機的網路攻擊，輕則網路運作不暢、資料遭破壞與竊取，重則導致特定國家基礎設施的實體損害、影響民生、經濟與國家的運作。因此除了國家間網路技術實力的競爭外，也必須納入軍事互動的機制，以演練交流互動來強化與盟友的合作夥伴關係，提高盟友應對網路威脅的能力。[85]

　　網路空間伴隨所衍生的國際問題，需要跨國的合作共同處理。面對駭客入侵、病毒散播、資料竊取、網路跨國犯罪、網路戰爭、網路恐怖活動等，網路雖是虛擬空間但其運作亦如同實體社會，也須有必要的管

---

[84] 彭慧鸞，〈數位時代的國家安全與全球治理〉，《問題與研究》，第 43 卷，第 6 期（2004 年 11 月），頁 29。

[85] 曾復生，〈國際網路安全競合情勢剖析〉，《國家政策研究基金會》，2013 年 5 月 24 日，<http://www.npf.org.tw/post/2/12290>。

理訂定相關的法規，若無規則可循與管理不善任其自由發展，國家資訊安全、企業電子商務、大眾個人隱私就會受到損害，網路謠言、色情、犯罪等脫序行為就會浮現；許多而網路空間相關的國際法律規範，也仍有待各國的共識與努力來律定與執行。各國政府除強化網路立法和執行，並聯合攜手合作提高全球打擊網路犯罪的能力；在管理上強化各國間的溝通交流，保障網際網路的穩定和安全；在發展上則援助合作夥伴提升資訊基礎建設與建構抵禦網路威脅的能力。

　　網路戰場的攻防因為跨越傳統國家、地理空間的界限，使得前方、後方、前沿、縱深的傳統戰爭概念變得模糊。由於攻防界限很難劃分，因此網路戰若開打是採有限戰爭或是全面的總體戰有待釐清？網路四通八達，當兩國交戰時第三國或其他相關國家網路立場如何公正獨立？習近平在身兼中國國家主席、國家安全委員會主席、中央網絡安全和信息化領導小組組長，軍委深化國防和軍隊改革領導小組組長之際，[86]解放軍在軍事事務的改革裁軍整併過程，是否會對資訊戰機構實施整編與調整仍待觀察？美國 NSA 與網路司令部在媒體爆料與各國抗議下，編制員額仍依計畫逐年成長，其資訊作戰策略會如何調整？在人權與國安的爭議中，監控範圍與程度要如何拿捏？不過現實世界只要網際網路仍扮演資訊傳遞的重要方式與平台的前提下，相信資訊的攻防仍將是必須面對與關注的焦點。

---

[86] 習近平目前的九個頭銜：中共中央總書記、國家主席、中央軍委主席、中央全面深化改革領導小組組長、中央國家安全委員會主席，中央網絡安全和信息化領導小組組長、中央外事工作領導小組組長、中央對台工作領導小組組長、中央軍委深化國防和軍隊改革領導小組組長。參見李莉，〈已集大權於一身的習近平又添新頭銜〉，《BBC 中文網》，2014 年 3 月 15 日，
<http://www.bbc.co.uk/zhongwen/trad/china/2014/03/140315_xijinping_defence.shtml>。

人權兩國際公約發展下的中國
「煽動顛覆國家政權罪」與政法變遷
The amendment and practice of "Crime of incitement to overthrow the state" viewed the political and legal changes of China's involvement in the international human rights system (ICCPR & ICESCR).

陳建全(Bruce C.C.Chen)*

（淡江大學國際事務與戰略研究所博士候選人）

摘要

一國國內法 與國際法接軌是世界立法與修法趨勢也必然面臨陣痛與選擇。隨著中國日益融入國際體系，其國內法與國際法的調和與接軌也受到矚目。然而，在威權獨裁國家中，《刑法》部分條文往往用以當成對付異己工具，古代中西與現今兩岸皆然；其中導引刑法程序的《刑事訴訟法》，是憲法測震儀，無疑，更是人權法。因此，本文問題意識即在於中國在人權兩國際公約發展下的「國際─國內」相關變遷；而聚焦於中國《刑法》的最新立法的第 102 條第 5 項而佐以《刑事訴訟法》第 73 條等敘明這些相關「社會與公民人權」的立法趨勢與實務案件剖析。直言之它危害到不是國家安全 而是深刻重創公民自由基本人權的普世價值。

中國政府於 1997 年進行了大規模的刑法修定，當中一項任務便是將過去的反革命罪章更改為危害國家安全罪章，並增添了顛覆國家政權罪等

罪名，目的在於使刑法符合科學性，但其內涵卻仍受到許多質疑。翌年中國簽署（signature）了《公民權利與政治公約》（International Covenant on Civil and Political Rights，ICCPR），也等於宣告中國的行為應需符合國際人權規範，然而，從簽署至今已迄十多年，中國仍遲遲未能批准（ratification）該公約。不僅如此，中國自刑法修正案通過施行以來，便以危害國家罪名，特別是顛覆國家政權罪，嚴格的控制國內輿論與公民自由。考察中國國內情勢與分析內外驅力因素後，本文認為在可預見的未來，中國批准 ICCPR 的可能性甚小，亦不存廢除顛覆國家政權罪的立即性。

關鍵字：

人權兩國際公約 、中國刑法、煽動顛覆國家政權罪、政治發展、維穩政策

*作者為 PhD Candidate; GIIASS, TKU. 本文承蒙國際人權學者徐子軒博士指引啟發與提供大量實證資料，特申最深謝忱；有任何疑問請洽 anchen666@gmail.com.

壹、前言

近年來中國政府屢屢使用煽動顛覆國家政權罪，對付國內的異議份子。最有名的案例莫過於 2010 年諾貝爾獎得主劉曉波的判決。劉曉波因在網路上發表多篇文章，並起草《零八憲章》及徵集簽名，被控觸犯煽動顛覆國家政權罪，2009 年 6 月受逮捕，羈押於看守所。北京第一中級人民法院在 2009 年 12 月 25 日裁定劉曉罪名成立（一中刑初字第 3901 號），判處 11 年有期徒刑，褫奪公權 2 年。法官在判決中把劉曉波的文章節錄，並沒有具體說明其文章構成誹謗的要件為何，同樣也沒有具體說明其行為如何構成煽動顛覆國家政權，僅裁定劉曉波利用網路的特點傳播訊息，行為已超出言論自由的範疇，至於言論自由的範疇亦全憑法官自由心證。而 2010 年 2 月 9 日北京市高級人民法院的終審判決書（高刑終字第 64 號）中也指稱，劉曉波撰寫且在境外網站發表文章，並廣泛徵集簽名以聯合發佈零八憲章。高院的法官認為其多次煽動他人顛覆國家政權和社會主義制度，行為已構成煽動顛覆國家政權罪，且「犯罪事件長、主觀惡性大」，故仍維持中級法院判決，上訴駁回。本文的研究焦點即為，中國如何以現行刑法（又稱 1997 年刑法）中危害國家安全罪的第 105 條第 2 款，也就是所謂的煽動顛覆國家政權罪控制當前社會，並探討其實益與未來可能的發展。

在研究架構上，本文將先介紹煽動顛覆國家政權罪的內涵，及其對於穩固中國黨國體制的影響。其次，本文將探索中國刑法在這部分的沿革，探討中國為何從過去的反革命罪改變成為今日的煽動顛覆國家政權罪。同時，本文也會針對顛覆國家罪的嫌疑人類型進行剖析，從而理解中國刑法與社會之間的關係。在中國積極融入國際社會的當下，批准 ICCPR 實為必要之舉，而公約中強調人民表達自由（freedom of expression）的主張，將在中國繼續受到檢視，中國是否能修改煽動顛覆

國家罪以符合公約，或提出保留，或拖延批准，則是未來中國政治與法律改革的指標。最後，本文將以 2012 年完成修正的刑事訴訟法與顛覆國家罪做一綜合討論，兩者將成為未來中國維持政權的最有效手段。

貳、如何變：進一退二的改革

　　修正反革命罪的倡議乃是起於 1988 年的刑法修訂草案，原本在全國人大法工委 1988 年的刑法修改稿中，刪除所有關於推翻無產階級專政和社會主義制度的規定，但在最後決議內，斟酌社會情勢與法界的壓力，保留「推翻社會主義制度」即違法的規定。1989 年又發生了六四天安門事件，經過黨內討論後，將之定位為反革命行為。中國政府以反革命破壞公共財產罪、反革命縱火罪、反革命宣傳煽動罪等罪名，逮捕並審判了數千名參與者與相關人士，如著名學運領袖王丹、前不久號稱被自殺的工運領袖李旺陽均獲罪入獄，刑期從最重的死刑到兩年有期徒刑不等。此事件之後，官方與學界都有反對修正反革命罪的聲音，在政治掛帥的情勢下，修法被迫停止一段時間，直到 1990 年年底中國刑法學界才又開始提議修法，針對反革命罪的認定特徵與具體犯罪性質掀起新的論戰。[1]

　　1997 年修訂新刑法之時，立法者宣稱為了減低反革命罪名的政治色彩，且增加刑法的科學性，故而取消原法條中所謂「反革命目的」的主觀要件。因為根據 79 年刑法第 90 條，反革命目的乃是「以推翻無產階級專政的政權和社會主義制度」。不過，這在實務中卻遭遇到認定上的困難，例如有些民眾可能與國民黨治下的領域，如金門與馬祖，有著簡單的貿易往來，可視為是反革命的行為，卻不具有反革命之目的，但中

---

[1] Lawyers Committee for Human Rights, "Wrongs and Rights: A Human Rights Analysis of China's Revised Criminal Law," 1998, pp. 8-10,
<http://www.humanrightsfirst.org/wp-content/uploads/pdf/Wrongs-Rights-HRF-rep.pdf>.

國官方不能對此置之不理，仍以反革命罪判決，這就違反了主客觀一致性的原則。此外，危害國家安全之目的不一而足，可能有政治性、亦可能有其他考量，如金錢、美色等意圖，反革命罪認為非政治性的犯罪動機，會產生政治性之犯罪目的，遂割裂了犯罪動機和目的之間的一致性。

又，修法亦是滿足引渡罪犯的需要。因為 79 年刑法的反革命罪章中將劫機（原 100 條 3 項）列入，便讓劫機犯成為政治犯，而按照國際法慣例，政治犯通常不予引渡，可能會讓中國在懲治劫機犯陷於被動，最著名的莫過於 1983 年卓長仁等劫機案，南韓政府在處理該案時雖然盡力符合中國的要求，但基於當時與台灣的正式外交關係，仍將卓長仁等人遣送至台灣，這使得中國因內部法律的缺失在國家外交上左支右絀，也種下了修法之因。更重要的是，此時中國正在為一國兩制政策做相對應的法律配套，若不修法，則即將收回的港澳地區行之有年的資本主義制度，在法理上會出現對抗中國社會主義制度的矛盾，[2]勢必成為國際笑柄與不可解的法律僵局。在這個大前提下，修法勢在必行。

於是，刑法分則的第一章由反革命罪變成了危害國家安全罪，共包含 12 條 14 種罪名，經過拆解與合併，較之原本的 15 條少了 3 條。不過，內容換湯不換藥，其內涵仍舊極其相似，以現行的煽動顛覆國家政權罪觀之，乃是將 1979 年刑法第 92 條與第 102 條第 2 款重組，前者保留陰謀顛覆政府的文字，後者保留類似的規定：「以反革命為目的，進行⋯以反革命標語、傳單或者其他方法宣傳煽動推翻無產階級專政的政權的和社會主義制度的」。根據 1989 年〈最高人民法院、最高人民檢察院關於辦理反革命暴亂和政治動亂中犯罪案件具體應用法律的若干問題的意見〉之認定，其行為只要被認為是「策劃、制定或者組織印製、

---

[2] 劉仁文，〈中國刑法學六十年〉，《浙江大學學報(人文社會科學版)》，第 40 卷，第 1 期（2010 年），頁 92。

散發和張貼反革命暴亂標語、傳單、大小字報，或者以發表演說、文章、蓄意製造、散佈謠言等方法，公然宣傳、煽動推翻人民民主專政的政權和社會主義制度的，以及煽動群眾衝擊黨政機關和要害部門，抗拒、破壞國家法律、法令實施的」，都應以反革命宣傳煽動罪論處。而縱使反革命罪已從刑法（與中國憲法）消失，但上述最高法院關於界定反革命的意見仍然有效，亦即，只是將反革命舊瓶新酒式的重新上架。[3]

　　煽動顛覆國家政權罪之內容，主要是針對「以造謠、誹謗或者其他方式煽動顛覆國家政權、推翻社會主義制度」的份子進行審判。就法條析義，所謂造謠是指製造並散佈各種謠言，企圖迷惑群眾；誹謗是指散佈詆毀攻訐言論，損害國家政權的形象；其他方式則是指除造謠、誹謗以外的煽動、蠱惑他人的方式。這些行為既包括暴力形式，也包括以非暴力形式，都是為了使中國人民民主專政的政權，和社會主義制度遭到覆滅。其法源除了 97 年刑法之外，尚包括 2000 年中國第九屆全國人大常務委員會做出之「關於維護互聯網安全的決定」，強調若「利用互聯網造謠、誹謗…，煽動顛覆國家政權、推翻社會主義制度的行為」，依照刑法有關規定追究責任。中國法學界一般也認為界定煽動的方式，應要與群眾的不滿言論、誤傳小道消息，或是基於政治錯誤，而對某些政府行為或領導人進行批評相區別，分別的關鍵在於行為人主觀上是否具有煽動群眾顛覆的目的，亦即是否為直接故意。[4]舉凡與批評共產黨、社會主義、國家體制與政策，以及領導人有關的言論，都極有可能被陷入

---

[3] 1997 年在中國第八屆全國人民代表大會第五次會議上，時任人大常務委員會副委員長的王漢斌，針對刑法修改草案，同時也提出了〈關於《中華人民共和國刑法（修訂草案）》的說明〉，內容很清楚地提到「對反革命罪原來的規定中實際屬於普通刑事犯罪性質的，都規定按普通刑事犯罪追究」，「至於過去依照刑法以反革命罪判刑的，仍然繼續有效，不能改變。」突顯其不溯及既往，但屬於從新(危害國家安全罪)從重(反革命罪)原則，參見王漢斌，〈關於《中華人民共和國刑法（修訂草案）》的說明〉，《法律圖書館》，1997 年 3 月 6 日，<http://www.law-lib.com/fzdt/newshtml/20/20050812041456.htm>。

[4] 趙秉志、時延安，〈略論中國內地刑法中的危害國家安全罪--以港、澳特別行政區基本法第二十三條為視野〉，《河南省政法管理幹部學院學報》，2003 年第 1 期，頁 53-61。

罪。因為如此，其以政治目的論罪的色彩仍極濃厚，延伸而出的問題是，中國對待公民自由的態度和西方價值的爭辯，牽涉到中國與國際人權公約的互動關係。

參、簽署到批准的論述基礎：外來與內在的驅力

簽署兩人權公約，並不意味著中國對於公約的肯定與遵行，簽署公約的行為乃是代表著國際社會試圖勸服（persuasion）中國，以保障人權做為換取國際性聲譽（reputation）並達到互惠（reciprocity）之用，在過程中，國際社會普遍的價值與規範也會透過互為主體性（inter-subjectivity）同化（acculturation）中國的行為。儘管中國官方曾多次表示對 ICCPR 的正面態度，如國家主席胡錦濤所言：「政府正在積極研究《公民權利和政治權利國際公約》涉及的重大問題，一旦條件成熟，將向中國全國人大提交批准該公約的建議」；[5]又如國務院總理溫家寶（2008）所稱：「正在協調各方，努力地解決國內法與國際法相銜接的問題，儘快批准這個條約」，究其根本這些發言仍屬於政治性話語，多為應付媒體而生，對照起簽署後十年來中國的法治歷程，即可知其原地踏步。[6]

另一方面，中國法學界在關於 ICCPR 批准的論述上則顯得兩極，大多數學者多認為可以批准但應對上述兩條提出保留或解釋性說明，如莫紀宏（2007）、[7]趙建文（2004）、[8]中國政法大學刑事法律研究中心、中

---

[5]周浩，〈胡錦濤在法演講時表示中國正積極研究人權 B 公約〉，《新浪網》，2004 年，<http://news.sina.com.cn/c/2004-01-29/03382711947.shtml >。

[6]溫家寶，〈十一屆全國人大一次會議舉行記者招待會 溫家寶總理回答中外記者提問〉，《新華網》，2008 年，<http://news.xinhuanet.com/misc/2008-03/18/content_7817295.htm >。

[7]莫紀宏，〈批准《公民權利和政治權利國際公約》的兩種思考進路—關於法治與人權價值次序的選擇標準〉，《首都師範大學學報(社會科學版)》，2007 年第 6 期，頁 46-57。

[8]趙建文，〈《公民權利和政治權利國際公約》的保留和政治性聲明〉，《法學研究》，2004 年第 5 期，頁 144-160。

國法學會研究部（2002）等；[9]少部分認為批准即可，不需也不得保留。[10] 但無論是前後者均不見將 ICCPR 與言論、結黨自由做出積極的連結，更遑論進一步探討顛覆國家政權罪的問題；[11]政府與法學界的態度如此，而在司法實務界，執法與審判人員對於顛覆國家政權罪的運用則益顯強硬，此乃為了貫徹官方的維權政策。不管是 2008 年的西藏拉薩事件、零八憲章事件等，都被視為是階級鬥爭的反映，是「國際敵對勢力正在加緊對我國實施西化、分化戰略圖謀」，顯見共產黨仍是以過去冷戰時期的意識型態繼續統治國家。[12]

從簽署 ICCPR 以來，國際社會即不斷地督促中國儘早完成批准。如聯合國人權理事會普遍定期審議工作小組第 4 屆會議上，相關條約機構（聯合國人權事務高級專員辦事處 Office of the United Nations High Commissioner for Human Rights、聯合國開發計畫署 United Nations Development Programme 等）持續央請中國考慮批准 ICCPR，亦對中國公約精神的情形提出了檢討聲音，像是侵犯基督教信徒和法輪功修煉者人權的指控，包括了酷刑和勞教等措施。而在同年的第 11 屆審議會議上，19 個國家代表對中國的公民及政治權利問題提出質詢，同時鼓勵中

9　中國政法大學刑事法律研究中心、中國法學會研究部，〈關於批准和實施《公民權利和政治權利國際公約》的建議〉，《政法論壇》(北京)，2002 年第 2 期，頁 100-108。

10　龔刃韌，〈論人權條約的保留 兼論中國對《公民權利和政治權利國際公約》的保留問題〉，《中外法學》(北京)，2011 年第 6 期，頁 1106-1120。

11　相對於其他國際性條約或機制，如核不擴散條約、裁軍會議等具有較為嚴格具體的查核機制，國際人權條約至多只能透過監督機構，即聯合國人權理事會(United Nations Human Rights Council, HRC，前身為人權委員會 United Nations Commission on Human Rights, UNCHR，於 2006 年聯合國大會通過更名，中國至 2012 年亦為理事成員國)，以審議方式提出評論、報告及改進方向，在人權事務的認定上也多尊重各國國情，不會有強制性的集體行動。對於條約的簽署批准，更可以提出保留(reservation)，摒除或更改條約中若干規定對該國適用時之法律效果，參見 Simmons(2009)。

12　凱瑞‧布朗著，呂增奎譯，〈21 世紀中國共產黨的意識形態〉(The ideology of the Communist Party of China of the 21st century)，《馬克思主義與現實》(北京)，2012 年第 3 期，頁 161-169。

國創造能及早實行 ICCPR 的條件，但最終仍通過了審查結果。[13]另外從 1996 年開始，歐盟企圖通過人權對話（Human Rights Dialogue）與合作機制，找出一種積極且注重實效的途徑，期使能對中國的決策過程產生某種影響，以促進其人權狀況的改善；[14]更從 2004 年荷蘭海牙（Hague）的中歐第 7 屆高峰會，到 2009 年南京的中歐第 12 屆高峰會，歐盟代表均不厭其煩地提醒中國批准 ICCPR，而中國也一再重申將盡快完成。又像是時任法國總統的席哈克（Jacques Chirac）在 1997 年與時任國家主席江澤民共同發表的聯合聲明、2004 年與現任國家主席胡錦濤共同發表的聯合聲明，都一再確認 ICCPR 的重要性，中國先是表示將會積極研究加入該公約的問題，後表示已成立工作小組研究批准程式。[15]

---

[13] 參見 UN Human Rights Council Working Group on the Universal Periodic Review, "Summary Prepared by the Office of the High Commissioner for Human Rights, in Accordance with Paragraph 15 (C) of the Annex to Human Rights Council Resolution N 5/1 *People's Republic of China (including Hong Kong and Macao Special Administrative Regions (HKSAR) and (MSAR))," 5 January 2009, <http://lib.ohchr.org/HRBodies/UPR/Documents/Session4/CN/A_HRC_WG6_4_CHN_3_E.pdf>；UN Human Rights Council, "Universal Periodic Review Report of the Working Group on the Universal Periodic Review – China," March 3, 2009, <http://lib.ohchr.org/HRBodies/UPR/Documents/Session4/CN/A_HRC_11_25_CHN_E.pdf>.

[14] Balme, Richard, "From Hard to Soft Power, and Return: The European Union, China and Human Rights," The Governance and Globalization Working Paper Series 4, 2007, <http://sciencespo-globalgovernance.net/node/28.>

[15] 參見 2004 年至 2009 年各年度中歐高峰會聯合公報(Joint Statement of the 7th to 12th China-EU Summit))，< http://www.fmprc.gov.cn/eng/wjdt/2649/>；1997 年《中法聯合聲明》，<http://news.xinhuanet.com/ziliao/2002-09/12/content_559463.htm>；2004 年《中法聯合聲明》，<http://big5.xinhuanet.com/gate/big5/news.xinhuanet.com/world/2004-01/27/content_1289229.htm>。值得一提的是，外在驅力不只來自大國或國際組織，其他中小型國家亦有類似行動，如 2005 年時任葡萄牙總統桑帕約(Jorge Sampaio)即讚賞中國在短時間內簽署 ICCPR，2006 年時任捷克總理帕勞貝克(Jiri Paroubek)更歡迎中國儘早批准之，參見 2005 年《中國和葡萄牙發表聯合新聞公報》<http://big5.fmprc.gov.cn/gate/big5/www.fmprc.gov.cn/chn/pds/ziliao/1179/t179690.htm>；2006 年《中捷兩國發表聯合聲明》，<http://www.fmprc.gov.cn/chn/pds/ziliao/1179/t225447.htm>。

　　此外，許多著名非政府組織（NGO），如大赦國際（Amnesty International, AI）曾數度向中國發出公開信呼籲中國批准 ICCPR，又在中國籌備奧運前夕（2007 年），要求中國實現已有的人權承諾，而人權觀察（Human Rights Watch, HRW）也於北京奧運年（2008）公開敦促中國全國人民代表大會努力進行權利改革並批准 ICCPR，之後更強力批評中國企圖將秘密居禁合法化，強制失蹤了許多維權人士，毫無限制（unaccountable）的司法乃是人權的大倒退。[16]由一些中國的科學家和學者創立的中國人權（Human Rights in China, HRIC），主張中國應立即批准 ICCPR，以符合相關的國際人權規範。他們同時也抨擊了《中華人民共和國保守國家秘密法》，認為這是中國政府對國家保密制度的政治化濫用，嚴重傷害言論自由。中國民間非政治性維權志願者的國際網絡-維權網（Chinese Human Rights Defenders, CHRD）亦呼籲中國全國人大常委會訂定批准 ICCPR 的時間表，以便修正或廢止與公約相違背的法律行政規章與行政命令。例如，他們認為《中華人民共和國集會遊行示威

---

[16] 參見 AI, "China: The Olympics Countdown: Repression of Activists over Shadows Death Penalty and Media Reforms," April 30, 2007, <http://www.amnesty.org/en/library/info/ASA17/015/2007>；AI, "China: No Investigation, No Redress and Still No Freedom of Speech! Human rights activists targeted for discussing the Tiananmen Crackdown," June 2, 2010, <http://www.amnesty.org/en/library/info/ASA17/025/2010/en>；AI, "China: Further Information: Democracy Activist Aentenced," March 25, 2011, <http://www.amnesty.org/en/library/info/ASA17/013/2011/en>；HRW, "China: National People's Congress Must Address Rights Reforms," March 4, 2008, <http://www.hrw.org/news/2008/03/02/china-national-people-s-congress-must-address-rights-reforms>；HRW, "China: Don't Legalize Secret Detention," September 1, 2011, <http://www.hrw.org/news/2011/09/01/china-don-t-legalize-secret-detention>；HRIC, "Human Rights in China (HRIC) Welcomes Signing of Covenant Calls for Speedy Ratification and Practical Steps to Implement Rights," October 5, 1998, <http://www.hrichina.org/content/2779>；HRIC, "China Considers State Secrets Law Revision," July 24, 2009, < http://www.hrichina.org/content/324>； CHRD,〈呼籲全國人大常委抓緊批准《公民權利和政治權利國際公約》〉，December 10, 2008, <http://www.weiquanwang.org/archives/12257>；CHRD,〈公民的集會自由權利何以名存實亡-公民和平集會權利的現狀調查及分析報告〉，December 31, 2009, <http://www.weiquanwang.org/archives/19290>。

法》即是剝奪（或變相）剝奪中國公民和平集會權利，應做出實質性的修改才能契合 ICCPR 對公民集會自由的規定。

另有少數關心中國人權的法界人士，試圖從不同的國內管道進行勸服。如 2007 年設立於香港、成員大多為香港籍的中國維權律師關注組，在 2008 年徵集簽名，共募得了 14070 位中國公民聯署，上書中國人大敦請批准 ICCPR。其內容包括加強對公民人身自由和安全的法律保護，像是立法防範非法拘禁、變相拘禁等非法行為；認可宗教自治，尊重宗教自由，須承認並保護宗教創立、傳播自由和出版自由；尊重自由結社，除非已經或明顯即刻對國家安全、公共安全或公共秩序等造成損害，否則不得以危害國家安全罪罪名限制或剝奪公民結社自由；認可言論自由，廢除刑法煽動顛覆國家政權罪等。又如一些替顛覆國家政權罪嫌疑人辯護的律師，在辯護詞中彰顯各種人權的可貴，除了提及 ICCPR、《世界人權宣言》（Universal Declaration of Linguistic Rights）、《關於國家安全、表達自由及獲取資訊的約翰尼斯堡原則》（Johannesburg Principles on National Security, Freedom of Expression and Access to Information）等普世價值準則外，更有以《中華人民共和國憲法修正案》的第 33 條第 3 款國家尊重和保護人權為例，提醒法院作為國家根本大法對於公民權利的保障。[17]

不過這些努力似乎沒有獲得認同，中國政府堅持在國家主權範圍內處理人權議題。即使簽署並批准 ICCPR 的宣示性大於實質性，中國仍持

---

[17] 參見中國維權律師關注組，〈14070 位中國公民敦請我國人大批准《公民權利和政治權利國際公約》〉，January 2 2008，<http://chrlcgorghk.pixelactionstudio.com/?p=228>；北京莫少平律師事務所尚寶軍、丁錫奎，〈關於劉曉波涉嫌煽動顛覆國家政權一案一審辯護詞〉，December 23, 2009，<http://www.hrichina.org/cn/crf/article/3509>；北京市華一律師事務所夏霖、浦志強，〈譚作人涉嫌煽動顛覆國家政權案一審辯護詞〉，August 17, 2009，<http://www.bullogger.com/blogs/mozhixu/archives/314605.aspx>；山東華冠律師事務所李建強，〈陳樹慶煽動顛覆國家政權案辯護詞〉，August 25, 2007，<http://www.weiquanwang.org/archives/5437>等。

一貫的謹慎與保守，尚無意願批准 ICCPR。[18]但在外界壓力下，中國開始思考回應的方式，先是在 1999 年第九屆全國人民代表大會第二次會議通過第 17 條修正案，將憲法第 28 條中的其他反革命的活動，修正為其他危害國家安全的犯罪活動，等於是追認 1997 年修改刑法的合憲性。接著在 2004 年的第 24 條修正案將國家尊重和保障人權寫進憲法第 33 條，並將第二章列為公民的基本權利和義務，放在第三章國家機構之前，彰示著中國的公民權利優先於行政權力。嗣後，中國又制定了一些保障公民權利的法律，例如針對特殊群體合法權益的《婦女權益保障法》（2005）、勞動者勞動權利的《勞動合同法》（2007）和《就業促進法》（2007）、公民財產權利的《物權法》（2007）等。這些法律某種程度上也契合中國已簽署（與批准）的國際人權公約，如消除對婦女一切形式歧視公約（The Convention on the Elimination of All Forms of Discrimination against Women, CEADW，1980 年簽署並批准）、《男女工人同工同酬公約》（Equal Remuneration Convention, ERC，1990 年簽署並批准）和 ICESCR 等。這些法律的制定不能不說是進步，也合於國際潮流，但多牽涉財產與工作等權利，而屬於核心價值的言論、集會結社或宗教自由等法律則未見大幅度修改。[19]

---

[18] 陳光中主編，《〈公民權利和政治權利國際公約〉批准與實施問題研究》（北京：中國法制出版社，2002 年）。

[19] ICCPR 為了達到世界各國所能認可的最大公約數，在條約內容上也多有彈性。如第 19 條的表達自由即帶有特殊的義務和責任，若遇有保障國家安全或公共秩序等考量，得受某些限制，其餘如第 18 條的宗教自由、第 21 條的和平集會權，以及第 22 條的結社自由權亦都有類似文字，均屬於相當寬鬆的規範。須注意的是，為確保該公約實施，在 ICCPR 的任擇議定書(Optional Protocol)中有著所謂個人的申訴制度，只要是議定書締約國管轄之下的個人受到權利侵犯，且能運用的國內補救辦法已援用無遺，可以向 HRC 提起書面控訴。HRC 接受申訴之後，「應將此事提請受到指控的國家注意，受到指控的國家應在 6 個月內對申訴做出解釋或聲明」。當然，一國有選擇加入該議定書的自由，至 2012 年有 167 國批准 ICCPR，但只有 114 國批准該議定書，參見 "Optional Protocol to the International Covenant on Civil and Political Rights," December 16, 1966, <http://www2.ohchr.org/english/law/ccpr-one.htm >.

　　自 2004 年人權入憲後，中國政府又公佈了第一份《國家人權行動計畫（2009-2010 年）》，目的是「推進中國的人權事業，並回應聯合國關於制定國家人權行動計畫的倡議…明確未來兩年中國政府在促進和保護人權方面的工作目標和具體措施」，計劃涵蓋了政治、經濟、社會、文化等各個領域，由國務院新聞辦公室、外交部、立法和司法機關，以及相關部門組成一個「國家人權行動計畫聯席會議機制」，統籌協調各級單位與地方政府執行，並負責監督與評估。在宗教信仰自由方面，強調「依法管理宗教事務，切實保障公民的宗教信仰自由…尊重少數民族的信仰傳統」；在參與權方面，強調「擴大公民有序政治參與，保障公民的參與權.. 適當提高民主黨派和無黨派人士擔任政府部門實職、尤其是擔任正職幹部的比例」；在表達權方面，強調「保障公民的表達權利…引導社會公眾合理表達意見」。對於 ICCPR，則仍以「將繼續進行立法和司法、行政改革，使國內法更好地與公約規定相銜接，為儘早批約創造條件」做為對外界的回應。而今年 6 月再公佈了《國家人權行動計畫（2012-2015 年）》，內容依舊老調重彈，毫無新意地再述「繼續穩妥推進行政和司法改革，為批准《公民權利和政治權利國際公約》做準備」。[20]

　　總的來說，多數對中國順從國際規範的研究都指出，勸服與同化是較強制（coercion）更為有效的機制。來自國際組織的壓力以及互動，能讓中國重新審視其國家利益，選擇遵守協定，甚至能進一步與某些國際協定或建制產生合作的關係（袁易，2004；Kent, 2007；Johnston, 2008）。天安門事件結束後，中國共產黨開始一連串的改革，以計畫經濟做為國家發展的主要方向。但在意識型態上卻沒放鬆，反而更加嚴厲的控制社

---

[20] 中華人民共和國國務院新聞辦公室，〈國家人權行動計畫(２０１２－２０１５年)〉，《中華人民共和國國務院新聞辦公室網》，2009 年，<http://www.scio.gov.cn/gzdt/ldhd/200904/t295641.htm >。及中華人民共和國國務院新聞辦公室，〈國家人權行動計畫（2012-2015 年)〉，《中華人民共和國中央政府網》，2012 年，<http://www.gov.cn/jrzg/2012-06/11/content_2158166.htm >。

會，避免再有可能撼動政權的情勢發生，在此時期卻發生了許多受西方詬病、違反人權的司法或非法行動，例如對於法輪功的殘酷鎮壓。1997年亞洲金融危機，許多強調亞洲價值、只重經濟發展的國家如中國、馬來西亞等，受到大小不一的傷害，需要外界特別是西方世界的協助，亦重新擬定人權策略以遊說西方。中國亦是在此前提下，開展與西方的人權對話，並考慮加入一些國際公約或建制（regime）。這也有助於中國國內的改革計畫，加強經濟、社會等權利，使共產黨政府獲得更多的支持，延續其協商式列寧主義（consultative Leninism）的韌性威權（resilient authoritarianism）體制。[21]

但種種跡象顯示，外界對於中國官方的勸服與同化驅力，效用極其有限。在國際壓力與國內政治的拉鋸下，最重要的還是中國政府對其內政的考量。易言之，中國對於遵守服從 ICCPR，仍奉行後果性邏輯（logic of consequence），停留在利益的評估上，而不是以適當性邏輯（logic of appropriate）思考義務與責任，這點從中國不斷強調發展生存權即可理解。該條約中有關於表達自由（19 條）與結社自由（22 條）的規定，更直接攸關於中國人民的言論與組黨自由，在現今政治上仍被視為禁忌，中國政府往往將危害國家安全罪與之掛勾，使得 ICCPR 的批准遙遙無期。綜合觀之，即便國力蒸蒸日上、與美國並列為 G2，中國仍以開發中國家自居，依然「韜光養晦」地走自己的路，似乎不欲成為由西方話語所設定的負責任之利益攸關者（responsible stakeholder）。[22]於是，在維穩的大纛下，針對國家人權建設賦予中國特色等合法性宣傳，和世界普遍

---

[21] 參見 Baum, Richard, "The Limits of 'Authoritarian Resilience' in China," *CERI – Debate*, 2007, <http://www.ceri-sciencespo.com/archive/jan07/art_rb.pdf>; 黎安友著，何大明譯，《從極權統治到韌性威權-中國政治變遷之路》(Political Change in China: From the Totalitarian Rule to Resilient Authoritarianism)（臺北：巨流圖書股份有限公司，2007 年）。

[22] Gill, Bates, Dan Blumenthal, Michael D. Swaine and Jessica Tuchman Mathews, "China as a Responsible Stakeholder," *Carnegie Endowment for International Peace*, JUN 11, 2007, <http://www.carnegieendowment.org/2007/06/11/china-as-responsible-stakeholder/2kt >.

人權做出區別。由此觀之，中國目前仍是破碎化的進行改革，其整體司法政策的改進，應將是一個長期抗戰的策略，也會是一條緩慢曲折的道路。[23]

肆、煽動顛覆國家罪之實務檢證

審視自 97 年刑法頒布以來關於 105 條第 2 項的判決，可歸納出以下六種中國當局最常起訴並定罪的「危害國家安全」行為，同時亦反映中國社會對共產黨政權不滿之最常見的現象（見下表 1）。第一種是標準的政治犯案，以劉曉波、譚作人等為代表，這類案件不勝枚舉，多與追求中國政治改革或民主化有關，不管是零八憲章或平反六四等主張，都表現出知識份子的良心；第二種是少數民族議題，像是維吾爾族記者海來特·尼亞孜（Hairat Niyaz）、藏族牧民榮傑阿楚（Runggye Adak）等，其言論多為追求民族自決，甚至於獨立，或是揭露中國邊疆民族政策的弊端，因而觸碰到中國的敏感神經。這些人也由於近年來維藏地區衝突頻傳，中國政府欲收殺雞儆猴之效，因此判決的刑期亦都遠勝於其他類型。第三種與社會運動有關，包括愛滋病活動人士胡嘉、環保人士陳道軍等，這些人多認為透過社運可以糾正當前錯誤政策，並為弱勢發聲，是故多被中國當局視為眼中釘，常檢查其所發表傳播的文章或資訊以利起訴。

第四種是追求公民參政權，如組織中國民主黨的謝長發，這類案件等於直接挑戰中國憲法賦予工人階級代表（共產黨）一黨專政的權威，故刑期也相當重。第五種與宗教自由有關，針對法律所禁的宗教（主要

---

[23] 請參:Nathan, Andrew J. and Andrew Scobell, "Human Rights and China's Soft Power Expansion," *CRF 4*, 2009, <http://www.hrichina.org/content/3174>; 陳至潔，〈重鑄紅色天平：中國司法改革的政治邏輯及其對人權的影響〉，《政治科學論叢》，第 45 期（2010年），頁 69-106。

是針對法輪功）以危害國家安全為由，施行嚴厲的控制。[24]第六種則是違反政治正確，如岳正中利用他人名義批評中國當局，亦被以顛覆國家罪起訴，但經法院認為其客觀上不至於達到煽動顛覆國家之目的，改判誣告陷害罪，往後此類案件多不再以 105 條第 2 款判處，維持了些許的法院自主性，凡此總總都顯示，中國共產黨試圖利用煽動顛覆國家政權罪控制社會各個領域。根據非正式統計資料：[25]從 2000 年到 2008 年被以此罪判刑的 38 個涉案人中，31 人的判刑主因是發表文章或傳單、4人的判刑主因是參與組黨，1 人的判刑主因是參與人大代表競選、2 人的判刑主因是既參與組黨又發表文章。而若由刑期觀之，中國所認定危害國家安全最主要的對象，乃是追求民族自決或獨立、組黨自由的人士。

---

[24] 在此類型中，出現各地法院前後邏輯不一的混亂判決，顯示為了政治需要，中國司法充滿彈性的情形。這是指在 2001 年趙金東案(衡刑初字第 12 號)中，河北省衡水市人民檢察院以涉嫌煽動顛覆國家政權罪起訴之，但法院認為，趙金東的行為只構成利用邪教組織破壞法律實施罪，故對起訴書指控的罪名應予變更，應依《最高人民法院、最高人民檢察院關於辦理組織和利用邪教組織犯罪案件具體應用法律若干問題的解釋》做出判決，讓這類案件不再以刑法的 105 條第 2 款，而是以刑法第 300 條論罪，但仍常見檢察院以顛覆國家罪起訴法輪功成員。

[25] 維權網，〈維權網致全國人大常委會公開信要求全國人大常委重新解釋修訂刑法第 105 條第二款：終止使用"煽動顛覆國家政權罪"懲罰言論自由〉，《維權網》，2008 年，<http://www.weiquanwang.org/archives/7587>。

表 1：煽動顛覆國家罪之類型案例

時間	當事人	案由	判決結果	附註
2011 年（二審定讞）	譚作人	撰寫六四事件紀實文章，並在境外自由聖火網站發表；以義務獻血為名，在成都市天府廣場紀念六四事件，於現場接受境外媒體希望之聲的電話採訪並發表。	有期徒刑五年，剝奪政治權利三年	
2010 年（一審）	海來特·尼亞孜（維族）	在 2009 年烏魯木齊 7·5 事件之前，發表該地區族群關係緊張的文章，且事件發生後接受香港媒體的採訪。	有期徒刑十五年	
2009 年（一審）	謝長發	對社會主義制度和中國共產黨執政地位的不滿，為實現多黨制，發起成立中國民主黨。	有期徒刑十三年，剝奪政治權利五年	同時符合顛覆國家政權罪（105 條第 1 款），從重處罰。
2008 年（一審）	陳道軍	多次在境外發表文章，誹謗中國共產黨。	有期徒刑三年，剝奪政治權利三年	外界多認為其被捕，肇因於發表同情西藏事件之文章，以及參與抗議興建成都附近的石化項目有關。

2008 年 （一審）	胡嘉	在境外多次發表批評中國人權文章，並接受希望之聲採訪。	有期徒刑三年半，剝奪政治權利一年	外界多認為其被捕，肇因於一直批評中國政府的愛滋病和公共醫療政策。
2007 年 （一審）	榮傑阿紮（藏族）	公開呼籲西藏獨立、讓達賴喇嘛返回西藏，並要求中國釋放被達賴喇嘛認可的 11 世班禪喇嘛。	有期徒刑八年	另被判處分裂國家罪（103 條）。
2001 年 （一審）	趙金東	將帶有污蔑和誹謗黨和國家領導人、煽動顛覆國家政權內容的邪教（即法輪功）宣傳品散發給他人。	免於刑事處罰（因犯罪危害相對較小，認罪態度好）	判處組織、利用會道門、邪教組織、利用迷信破壞法律實施罪（300 條）。
2000 年 （一審）	岳正中	對原單位領導不滿，處於報復動機，多次以他人名義，書寫投寄具有反動內容的信件，圖謀嫁禍於他人進行陷害。	有期徒刑一年	法院變更起訴罪名，改判誣告陷害罪（ 243 條）。

資料來源：中國裁判文書庫，本文整理。[26]

---

[26] 《中國裁判文書庫》，請參： ＜http://www.lawyee.org/Case/Case_Result.asp＞。

就上述「危害最烈」的類型觀之，被中國政府逮捕和起訴的人，大部分屬於新疆和西藏自治區的分離活動。以新疆來說，2011 年新疆法院工作年度報告中便強調「堅持中央提出的影響新疆社會穩定的主要危險是民族分裂主義⋯重點抓好危害國家安全案件審判，2011 年審結的危害國家安全案件數同比上升 10.11%」，其危害國家安全罪定罪比例也占全國五成左右。亦即，一年之中起訴並審判的危害國家對象，有約莫四分之一是在新疆自治區（The Dui Hua Foundation, 2012）。[27]此外，中國憲法明確規定，中華人民共和國是工人階級領導、以工農聯盟為基礎的人民民主專政之社會主義國家，故，只要是散播推翻社會主義制度的行為，都會被視為是對國家安全的嚴重危害。且根據憲法，中國雖有結社自由，共產黨政府卻刻意以各種法規設限，如《社會團體登記管理條例》，規定成立社團必須先經業務主管單位同意核准，並賦予嚴苛的年度檢查制度。又對組黨自由多所打壓，像是 1998 年王有才等人依法向浙江省民政廳註冊登記中國民主黨，但未獲得中央民政部的批准，同時該年年底籌委會成員多被以顛覆國家政權罪起訴審判，組黨之議也就胎死腹中。不過，亦有流亡海外的人士紛紛成立民主黨總部或委員會等數個組織，繼續民主運動。[28]

---

[27] 這是因為相較於西藏的抗議示威行動，新疆的獨立運動更為激進，其倡議人士有的以暴力在新疆製造恐怖攻擊，如東突厥斯坦伊斯蘭運動(East Turkestan Islamic Movement)等策動了多次爆炸或刺殺事件，被認為是中國版的基地組織(al-Qaida)(Shichor, 2005；Gunaratna and Pereire, 2006)；有的人士流亡在外，藉由外援繼續對新疆情勢施力，如設立在德國的世界維吾爾代表大會(World Uyghur Congress)、設立在美國的東突厥斯坦流亡政府(East Turkistani Government In Exile)等，他們多以和平遊說等方式取得對抗中國的正當性(Clarke, 2008；Tian and Debata, 2010)。但無論是何者，均無法為中國政府所接受，只讓中國以更嚴厲的執法對抗身處新疆的異議人士。

[28] 請參:Jacobs, Andrew, "Chinese Democracy Activist Is Given 10-Year Sentence," *The New York Times*, MAR 26, 2011,
<http://www.nytimes.com/2011/03/26/world/asia/26china.html>; Yardley, Jim, "Leading Chinese Dissident Released from Prison," *The New York Times*, MAR 5, 2004,
<http://www.nytimes.com/2004/03/05/world/leading-chinese-dissident-released-from-prison.html?ref=wangyoucai>

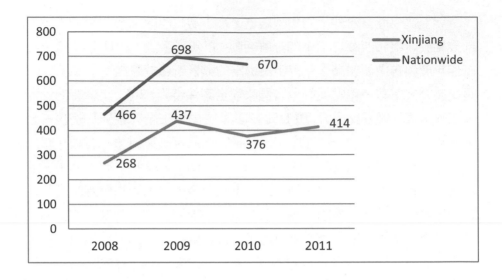

圖 1：中國全國與新疆自治區危害國家罪獲罪推估人數之比較：2008-2011 年

資料來源：The Dui Hua Foundation （2012）。[29]

---

[29] The Dui Hua Foundation, "Security Indictments Remain at Historic Highs," *Human Right Journal*, OCT 3, 2011,
<http://www.duihuahrjournal.org/2011/10/state-security-indictments-remain-at.html>.

　　在天安門事件後，中國一度受到以美歐為首的國際社會抵制，中國共產黨為獲得國際資源挹注延續國家發展，決定以申辦奧運做為恢復形象並重返體系的方法。於是在某種程度的妥協下，中國於 1998 年簽署了《經濟社會文化權利國際公約》（International Covenant on Economic, Social and Cultural Rights, ICESCR）與 ICCPR，但後者尚未經過人大批准。同時，隨著中國經濟快速成長，其國際地位亦日漸重要，終成功地取得了 2008 年奧運的主辦權。[30]中國將舉辦奧運當作是國際地位的肯定與國家力量的檢視，因此，在成功獲取北京奧運主辦權之後，穩定國內局面成為最優先選項。除了「公共安全支出」的節節高升之外，[31]被中國政府以危害國家安全罪正式（尚有非正式）逮捕的人數亦是不斷上揚，在 2008 年達到最高峰之後略見下降，而定罪率自更改成危害國家安全罪以來，除了 2008 年只有三成，歷年平均維持在五成左右，數字反映了官方的心態，也可見當年的嚴峻情勢。[32]

---

[30]　請參：張力可、黃東治，〈奧林匹克主義與全球公民身分－對北京奧林匹亞德的分析〉，《臺灣國際研究季刊》，第 5 卷，第 1 期（2009），頁 129 -156；Worden, Minky et al., *China's Great Leap: The Beijing Games and Olympian Human Rights Challenges* (New York: Seven Stories Press, 2008).

[31]　參：麥燕庭，〈維穩開支超軍費 中國猶如員警國家〉，《RFI 華語》，2011 年 3 月 5 日，<http://www.chinese.rfi.fr/%E4%B8%AD%E5%9B%BD/20110305-%E7%BB%B4%E7%A8%B3%E5%BC%80%E6%94%AF%E8%B6%85%E5%86%9B%E8%B4%B9-%E4%B8%AD%E5%9B%BD%E7%8A%B9%E5%A6%82%E8%AD%A6%E5%AF%9F%E5%9B%BD%E5%AE%B6>；何麗，〈中國公共安全支出首超國防支出〉，《FT 中文網》，2011 年 3 月 7 日，　<http://big5.ftchinese.com/story/001037312>。

[32]　參：　Wong, Edward, "Arrests Increased in Chinese Region," *The New York Times*, JAN 6, 2009, <http://www.nytimes.com/2009/01/06/world/asia/06china.html?_r=1&emc=eta1>; Mao, Sabrina and Sui-Lee Wee, "China Tried 376 Defendants in 2010 for Xinjiang Unrest," Reuters, JAN 17, 2011, <http://ca.reuters.com/article/topNews/idCATRE70G14Y20110117>.

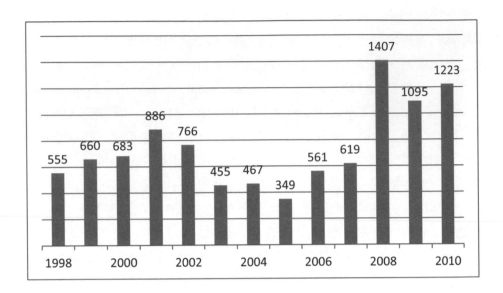

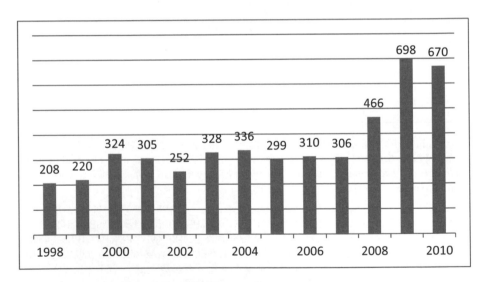

圖 2：危害國家安全罪之起訴（上）與獲罪（下）推估人數：1998-2010 年

資料來源：The Dui Hua Foundation（2011）[33]。

---

[33] The Dui Hua Foundation, "Security Indictments Remain at Historic Highs".

五、代結語：變遷中一個更嚴苛的維權社會

就在去（2011）年，上述因煽動顛覆國家政權罪被判三年半徒刑的胡嘉（現更名為胡佳）出獄後，向中國全國人大常委會法制工作委員會發出了一封公開信，名為刪除克格勃條款的意見。內容主要指稱中國司法單位拒絕向他提供刑事訴訟法的相關資訊，漠視犯罪嫌疑人的權益，更在當年刑事訴訟法修正草案中「提出了正式的克格勃條款，即第三十條、第三十六條和第三十九條，將侵犯公民權利的非法行為合法化，使實體惡法在程式惡法支援下如虎添翼，貽害無窮」。[34]同時並以他自身的經驗為例，嚴正抨擊中國司法單位這種秘密扣押與非法拘禁的手段，人大若是修法通過這三條法令，無疑是助紂為虐，合法化司法機構的濫權行為，為此胡佳認為應「刪去以上三條的但書，無論何種強制措施，皆應在 24 小時內通知家屬」。[35]

數月後中國於 2012 年 3 月間召開了兩會（第十一屆全國人民代表大會第五次會議和政協第十一屆全國委員會第五次會議），其中一項重要的任務便是修訂刑事訴訟法。由於開會期間資訊有一定程度的公開，

---

[34] 《刑事訴訟法修正案(草案)》第三十條草案內容為：「指定居所監視居住的，除無法通知或者涉嫌危害國家安全犯罪、恐怖活動犯罪，通知可能有礙偵查的情形以外，應當把監視居住的原因和執行的處所，在執行監視居住後二十四小時以內，通知被監視居住人的家屬」；第三十六條草案內容為：「拘留後，應當立即將被拘留人送看守所羈押，至遲不得超過二十四小時。除無法通知或者涉嫌危害國家安全犯罪、恐怖活動犯罪等嚴重犯罪，通知可能有礙偵查的情形以外，應當把拘留的原因和羈押的處所，在拘留後二十四小時以內，通知被拘留人的家屬」；第三十九條草案內容為：「逮捕後，應當立即將被逮捕人送看守所羈押。除無法通知或者涉嫌危害國家安全犯罪、恐怖活動犯罪等嚴重犯罪，通知可能有礙偵查的情形以外，應當把逮捕的原因和羈押的處所，在逮捕後二十四小時以內，通知被逮捕人的家屬」。參見全國人民代表大會，〈刑法修正案（草案）條文及草案說明〉，《中國人大網》，2011 年 8 月 28 日，<http://www.npc.gov.cn/npc/flcazqyj/2010-08/28/content_1592773.htm >。

[35] 胡佳，〈刪除克格勃條款的意見〉，《參與網》，2011 年 9 月 29 日，<http://www.canyu.org/n31685c6.aspx>。

無論是中國人民或是域外觀察者均相當關心刑訴法的新修正內容，最引起爭議的條文便是先前已發布的第 73 條草案，爭議點在於：中國司法公安機關在危害「國家安全」或是涉及"恐怖活動"等前提下，可以不通知被監視居住的家屬逕行逮捕犯罪嫌疑人，故被認為是秘密拘押條款，引起民眾大譁。根據中國最大社群網站新浪微博的簡單調查，有將近九成的網友認為，應暫緩表決刑訴法草案的第 73 條，更有將近 93% 的網友表示不希望通過這部草案。幾個小時後，73 條在微博上變成了流行語，「被 73 了」成為秘密拘捕或羈押的同義詞，表達出中國人民在反對施政上的深層無奈，而大多數學者或世界主流媒體也多認為，此為中國法治精神的倒退。[36]

在眾聲反對中，2012 年 3 月間人大網站出現了一則關於修改刑訴法草案的新聞，主要表示人大法律委員會於 3 月 12 日召開會議，對修改決定草案進行審議並通過五處修正，其中並未提到 73 條。但當 3 月 14 日人大第五次會議關於修改《中華人民共和國刑事訴訟法》的決定公開後，73 條的內容赫然與先前的草案不同。原本的秘密拘押條款消失（但

---

[36] 各方見解參(1). 何清漣，〈中國《刑事訴訟法修正案》的 KGB 化〉，《看雜誌》，第 109 期（2012 年），<http://www.watchinese.com/article/2012/4131?page=show>；Rosenzweig, Joshua, Flora Sapio, Jiang Jue, Teng Biao and Eva Pils, "The 2012 Revision of the Chinese Criminal Procedure Law: (Mostly) Old Wine in New Bottles," *CRJ Occasional Paper*, 2012, <http://www.law.cuhk.edu.hk/research/crj/download/papers/CRJ%20Occasional%20Paper%20on%20CPL%20revision%20120517.pdf>; Bequelin, Nicholas, "Legalizing the Tools of Repression," *The New York Times*, MAR 1st, 2012, <http://www.nytimes.com/2012/03/01/opinion/legalizing-the-tools-of-repression.html?_r=1>；. Bequelin, Nicholas, "Does the Law Matter in China?" *The New York Times*, MAY 14, 2012, <http://www.nytimes.com/2012/05/14/opinion/Does-the-law-matter-in-China.html> (4)Lubman, Stanley, "China's Criminal Procedure Law: Good, Bad and Ugly," *China Real Time Report*, MAR 21, 2012, <http://blogs.wsj.com/chinarealtime/2012/03/21/chinas-criminal-procedure-law-good-bad-and-ugly/>; Cohen, A. Jerome, "Bo Xilai, criminal justice, and China's leadership," *South China Morning Post*, MAR 23, 2012, <http://www.usasialaw.org/wp-content/uploads/2012/03/2012.03.23-SCMP-Cohen-Champion-of-change.pdf>.

保留監視居住），更精確的說，是移動到了第 83 條，草案已由國家主席胡錦濤簽署第 55 號主席令予以公佈，並將於 2013 年元旦正式實施（李進進，2012）。這一大變動，突顯了中國立法的鬧劇，兩千多名人大代表的意見無論正反，顯然對於全國人大主席團的決定無關緊要。亦即，儘管先前如何熱議，但最後人大代表還是只能做為投票機器，維護黨的決定，高票通過草案。外界在審視後也發現，秘密拘押的條款早在現行刑訴法可見（第 64 條），差別在於新的條文將國家安全與恐怖活動明文化，舊的條文僅列出有礙偵查的文字。[37]

　　但無論是何者，其定義都付之闕如，全由司法機關心證，在三權未能有效制衡、司法不見獨立性、黨意志凌駕於一切的中國，這種條款並不符合現代人權與法治的觀念，更彰示著政府力求穩定至上的目標。更有甚者，這種變動等於將中國共產黨內部對付黨員的雙規（對人身自由進行限制的黨內措施），藉由法律獲得正當化，轉為刑事拘留的程式，以對付全國異議份子。於是從第一份國家人權行動計畫檢討，到公佈第二份國家人權行動計畫迄今，曾多次參與各類維權活動也曾數度失蹤的律師高智晟被控以煽動顛覆國家政權罪、寫詩呼籲民眾參與茉莉花散步的異見人士朱虞夫被控以煽動顛覆國家政權罪、因懷疑李旺陽自殺真相因而拍攝並傳播其短片的朱承志，先是被擾亂社會治安之名拘留，後被以煽動顛覆國家政權罪起訴、甚至因通過騰訊 QQ 空間轉發意見領袖微博，大學生村官任建宇也被以煽動顛覆國家政權罪判處勞教……種種案例不勝枚舉，都可以發現在要求改革與抗議行為日熾的當下，刑法的顛覆國家政權罪與刑訴法的秘密羈押，形成中國共產黨維穩的兩大利器。

---

[37] 陳有西，〈定稿新舊《刑事訴訟法》修改對比表〉，《陳有西學術網》，2012 年，<http://wq.zfwlxt.com/newLawyerSite/BlogShow.aspx?itemTypeID=147b3043-95bc-4824-9f02-9bf0010d25e7&itemID=ec451558-e833-4c03-865d-a0180182e750&user=10420>。

中國大陸非政府組織國際參與之研究
Analysis of International Participations of Mainland China's NGOs

簡孝祐

（國立中山大學中國與亞太區域研究所博士候選人）

壹、前言

　　自 1978 年中國大陸推動改革開放以來，伴隨著國有企業和人民公社等單位體制的解體，不但造成了中介社會團體在 1980 年代的興起與發展，也反映出國家對社會完全控制力量的衰微。從國家與社會關係（state-society relations）的角度來看，經濟和社會體制的多元化，突顯了中共對社會的控制已漸從「命令與服從」（command and obedience），轉變到「餵養與合作」（feeding and cooperation）的交換關係。再加上 1989 年天安門事件的發生，以及來自學生、知識份子和城市勞工的抗議與挑戰，皆使得許多學者認為中國大陸來自社會的一股力量，即所謂的公民社會已告出現。儘管中國大陸的國家與社會關係有所變遷，但毫無疑問的是，中共的試圖維持對社會的控制力，由 1989 年 10 月所頒布的第一個「社會團體管理辦法」中可以發現，國家對公民社會和民間組織的嚴格監控趨勢依然存在。因此，本文首先試圖探討在中國大陸國家控制社會的架構下，不但可看出政府的制訂法令規範來監控非政府組織，亦可觀察到這些法規也影響、制約了非政府組織的行為表現。

其次，在一個全球公民社會的架構下，各國非政府組織多利用跨國倡議網絡（transnational advocacy network）與跨國聯盟（transnational alliance）等方式，積極推動相關議題上的合作與互動。但在北京對西方公民社會依然採取敵意，且不允許國際非政府組織在中國大陸註冊登記，以及政府嚴厲控制非政府組織的情況下，中國大陸非政府組織國際參與的行為與模式為何，遂成為本文所欲探討與研究的重點。於此，本研究所欲進行的實證研究，包含了如下四項指標：1.參與聯合國經濟暨社會理事會；2.具有國際非政府組織會員資格的情況；3.與國際非政府組織互動的議題與方式；4.兩岸非政府組織的國際競爭。最後，本研究發現將指出這是中國大陸非政府組織推動國際參與的特色何在。

貳、跨國倡議聯結與全球公民社會

近十餘年來，國際社會的重視與強調環保、人權，以及水庫興建等議題，已然逐漸形成一種國際規範（international norms）與國際體制（international regime）。在對這些規範或體制的追求上，國際非政府組織已成為最重要的國際行為者之一。根據溫特（Alexander Wendt）教授的研究，一個國際制度的充滿衝突或和平，其原因不在於無政府狀態和權力，也不在於受到外在結構的影響，而是在於透過社會互動，所創造而出的特有文化本質。對建構主義而言，國際政治是受到行為者所共有的理念、規範和價值觀等所引導。易言之，建構主義者強調人類所共同享有的理念，乃是一種限制或產生行為的觀念結構。[1]其次，此一觀念結構除可對行為者的行為，產生具有規範性的效果外，而且也具有一種產

---

[1] Dale C. Copeland, "The Constructivist Challenge to Structural Realism: A Review Essay," in Stefano Guzzini and Anna Leander, eds., *Constructivism and International Relations: Alexander Wendt and his Critics* (New York: Routledge, 2006), p. 3.

生新行動的效力。此一結構引導行為者在互動的過程中，重新界定他們的利益和認同。此即是一種社會化的過程。由此觀之，行為者不僅決定了觀念架構，同時觀念架構亦塑造了行為者的新行為。結構塑造了行為者的利益和實體，但是結構也因為在行為者之間的互動，而被製造、再製造，以及被改變。此意謂著，透過社會意識的互動與交流，行為者也可改變結構，結構不再僅是對行為者的行為形成制約與規範。[2]

　　建構主義描述的是一個社會世界（social world）的發展動力。易言之，建構主義將世界視為是一項正在興建中的工程計畫，強調世界的轉變，而非僅對其現狀提供解釋。[3]因此，建構主義強調在自然和人類知識之間的互惠關係。同時，社會世界是一種具有集體和多數人能瞭解的結構和過程。在這個世界上，主觀是由社會結構所組成，只有透過共有知識的結構，人類的互動才具有其意義。[4]是故，只有經由人類的同意，社會事實才是真正的客觀事實。[5]對建構主義而言，結構可以說是一種影響

---

[2] Emanuel Adler, "Seizing the Middle Ground: Constructivism in World Politics," *European Journal of International Relations*, Vol. 3, No. 3 (1997), pp. 319-363; Martha Finnemore, *National Interests in International Society* (Ithaca: Cornell University Press, 1996); Ted Hopf, "The Promise of Constructivism in International Relations Theory," *International Security*, Vol. 23, No. 1 (1998), pp. 171-200; Bradley S. Klein, *Strategic Studies and World Order: The Global Politics of Deterrence* (Cambridge: Cambridge University Press, 1994); Christian Reus-Smit, "The Constitutional Structure of International Society and the Nature of Fundamental Institutions," *International Organization*, Vol. 51, No. 4 (1997), pp. 555-589.

[3] Emanuel Adler, Communitarian International Relations: The Epistemic Foundations of International Relations (London: Routledge, 2005), p. 11.

[4] Alexander Wendt, "Constructing International Politics," *International Security*, Vol. 20, No. 1 (1995), p. 73.

[5] John R. Searle, *The Construction of Social Reality* (New York: Free Press, 1995).

人類發展的前提條件（precondition），但亦可視為是人類互動下的一種
結果。[6]

　　雖然建構主義在方法學上面臨諸多的缺失，[7]但其強調行為者在互動
過程中所共用的理念，可以形成一種特有的結構，進而強化彼此間的良
性合作關係，依然有其主觀價值的存在。由於每一個國際非政府組織，
以及國內非政府組織皆有其專業與特殊理念，因此在跨國非政府組織之
間的互動，實有助於彼此理念的強化，以及合作程度的深化。質言之，
建構主義提供了國際非政府組織之間，推動議題合作，並試圖追求人類
更美好未來的一項理論基礎。例如，由全球草根團體、社會運動和非政
府組織等共同呈現的跨國動力，其所含蓋的議題，包含了安全、貿易、
民主化、人權、原住民、性別平等，以及環保等，已然成為國際政治的
主流價值[8] 因此，在廿世紀後期，國際政治所呈現的重大特色之一，即
在於國際非政府組織和跨國社會運動的普遍興起。由於這些非國家行為
者，開始與國家、國際組織產生互動關係，彼此之間乃逐漸形成了所謂
的跨國集體行動（transnational collective action）。非政府組織由於在經
濟、資訊和智識上的優勢，使其在許多政府難以處理的重大國際議題上，
扮演著相當重要的角色。[9]再加上國際制度並非全然建立在國家和政府之
上，故非政府組織已然成為不可忽視的國際行為者。[10]

---

[6] Patrick Baert, *Social Theory in the Twentieth Century* (New York: New York University Press, 1998), p. 104.

[7] 此一方法學上的缺點，主要在於難以進行周延與確切的實證研究。

[8] Sanjeev Khagram et al., eds., *Restructuring World Politics: Transnational Social Movements, Networks and Norms* (Minneapolis: University of Minnesota Press, 2002).

[9] Ann Marie Clark, "Non-Governmental Organizations and Their Influence on International Society," *Journal of International Affairs*, Vol. 8, No. 2 (Winter 1995), p. 508.

[10] James N. Rosenau, Along the Domestic-Foreign Frontier: Exploring Governance in a Turbulent World (Cambridge: Cambridge University Press, 1997), p. 39.

　　由全球草根團體、社會運動和非政府組織等共同呈現的跨國動力，其所含蓋的議題，包含了安全、貿易、民主化、人權、原住民、性別平等，以及環保等，已然成為國際政治的一項主要特色。[11]值得注意的是，此一跨國運動，亦改變了發展（development）的政治經濟。這些跨國運動，受到全球環保、原住民和人權等議題的影響，使其影響力大為增加。在廿世紀，全球非政府組織的擴展，乃是造成發展的新跨國政治經濟（transnational political economy of development）的主要因素。地方性的非政府組織，其會員雖僅來自於單一國家，但其亦能與國際社會進行連結。在相對照之下，跨國非政府組織，如國際特赦組織（Amnesty International）或綠色和平（Greenpeace），其會員皆來自多重國家，並且在國際間非常的活躍。這些跨國非政府組織，並不一定要效忠於任一特定的國家或社會。[12]

　　在國際集體行動中，國際非政府組織和國內非政府組織，係共同扮演著重要的角色。其所表現出來的行為，主要有跨國網絡（transnational networks）、跨國聯盟（transnational coalitions）和跨國社會運動（transnational social movements）等三種。跨國聯盟主要包含一種跨國間的協調與合作。跨國行為者協調共有的策略或戰略，或共同推動跨國活動，試圖公開影響社會的改變。至於跨國社會運動，強調的是動員會員的集體行動，透過使用抗議和破壞性的活動，來實現所追求的目標。在跨國集體活動中，跨國社會運動乃是屬於最困難的一種方式。[13]

---

[11] Sanjeev Khagram, James V. Riker and Kathryn Sikkink, eds., Restructuring World Politics: Transnational Social Movements, Networks and Norms (Minneapolis: University of Minnesota Press, 2002).

[12] Paul K. Wapner, Environmental Activism and World Civic Politics (Albany: State University of New York Press, 1996).

[13] Sanjeev Khagram, James V. Riker and Kathryn Sikkink, "From Santiago to Seattle: Transnational Advocacy Groups Restructuring World Politics," in Sanjeev Khagram et al., eds.,

　　跨國網絡是指一些跨國的行為者，擁有共同關切的議題和理念，並進行資訊和服務的交流。跨國網絡的形成，基本上是以志願、互利和橫向交流為基礎的一種組織形式。值得注意的是，由於這些網絡關係，主要係以非國家行為所共用的道德理念或價值觀為核心，並透過彼此間資訊的交流，對特定的議題表達其看法與立場，故亦可稱之為跨國倡議網絡（transnational advocacy networks）。[14]由於此一網絡的出現，改變了國內公民與國際社會的互動方式，因此政府與其國民之間關係的界線，乃變得愈來愈模糊。同時，跨國倡議網絡的主要行為者，首先指出特定議題的重要性，並使此一議題能為更多的社會大眾所瞭解、接受與支持，並透過民眾參與行動的方式，推動特定國家政府或國際組織行為或政策的改變。因此，跨國倡議的主要目標，乃是要創造、加強、執行，以及監督國際規範（international norms）。[15]在國際社會的層面上，我們可以觀察到人權、婦女和環保等議題，經常係透過此種跨國倡議網絡的方式進行之。

　　雖然國際規範可能來自於行為者之間的共有理念，但這些共有理念亦可能重新塑造國際規範的形成。對現實主義者而言，其較強調規範性的觀點。一個國家政府的遵守規範，主要是因為擔心來自更強大行為者的懲罰，此即是基於國家自我利益的考量。只要符合其利益，國家即願意遵守這些規範。[16]相反的，建構主義則強調推動國際規範形成的力量。對行為者而言，利益並非是一成不變的；行為者透過在社會中的互動，

Restructuring World Politics: Transnational Social Movements, Networks and Norms, p. 8.

[14]　Robert Keohane, ed., *Ideas and Foreign Policy: Beliefs, Institutions, and Political Change* (Ithaca: Cornell University Press, 1993), pp. 8-10.

[15]　Sanjeev Khagram, James V. Riker and Kathryn Sikkink, "From Santiago to Seattle: Trans-national Advocacy Groups Restructuring World Politics," p. 4.

[16]　Stephen D. Krasner, *Sovereignty: Organized Hypocrisy* (Princeton: Princeton University Press, 1999), p. 6.

由於具有相同的理念、價值觀，以及新的自我感覺，此乃使其利益可以
重新被塑造而出。因此，在規範的建立和擴散過程中，語言、理念和知
識皆有助於協助行為者的界定其利益和認同。[17]

　　跨國聯盟（transnational coalitions）係由一些跨國的行為者所共同組
成，並以公開和非暴力的合作協調，以制定和執行一項特定的運動或策
略。[18]該聯盟試圖連結在已發展和發展中國家的非政府組織、草根團體，
以及社會運動，其多具有策略上的目的，如強化他們影響結果的能力。
在第三世界國家中，國內的行為者在與政府、國際多邊組織和跨國企業
無法獲得充份溝通的管道時，其可能會與國外和跨國的對口單位，建構
跨國連結，以進一步推動他們的目標。從事國際或跨國議題的第一世界
非政府組織，亦經常尋求和第三世界的盟友建立連結，以交換資訊，並
增加他們的權力與合法性。[19]雖然受到地理的侷限、語言和文化的差異、
不同的組織結構，以及資源的不均衡，皆限制了這些跨國結盟的功能發
揮，但毫無疑問的是，這種互動的方式，已愈來愈受到國際社會的普遍
歡迎。值得注意的是，跨國聯盟和跨國網絡，其起源、發展和持續動力，
多來自於非政府組織。

　　跨國非政府組織、跨國聯盟和跨國網絡之間的長期互動，有助於推
動其議題的國際化，進而形成一股具有全球動力的結構。例如，國際原
住民聯盟（International Alliance of Indigenous Peoples, IAIP）則是一個正
式的跨國性非政府組織，致力於保護全球原住民的權利。跨國聯盟主要

---

[17] Rosemary Foot, *Rights beyond Borders: The Global Community and the Struggle over Human Rights in China* (New York: Oxford University Press, 2000), p. 6.

[18] Ulf Hannerz, *Transnational Connections: Cultures, People, Places* (London: Routledge, 1996).

[19] Paul J. Nelson, *The World Bank and Non-Governmental Organizations: The Limits of Apolitical Development* (New York: St. Martin's Press, 1995).

是由非政府組織和草根團體所組成，經常包含國際原住民聯盟在內，這種聯盟的建立，主要圍繞著特定的活動，如推動拉丁美洲印第安人的權利。因此，任何有關推動原住民和文化保存的跨國網絡，皆亦將國際原住民聯盟納為其主要的核心會員。這些不同形式的跨國集體行動，在與其他類型組織的互動下，產生了關於原住民議題的跨國領域。類似的跨國組織和社會領域，亦發生在人權、環境、性別和勞工等議題之上。

　　跨國聯盟行動的成長，再加上國際規範的全球性散播，雖然有助於推動對政府的形成壓力，但其並非絕對可以獲得其所預期的結果。基本上，一個國家內部的政體結構，以及民主化的程度等，皆限制了跨國倡議組織的行動與效力。雖然非政府組織、人民團體和社會動員，有能力組織和動員龐大數目的人民進行多層面的倡議，但是類如興建大型水庫的發展活動，若發生在一個專制威權的政體，以及內部行為者無能力動員草根人民的反抗運動時，則這種跨國的倡議網絡，不太可能會改變興建水庫的既定政策。由此可知，跨國倡議網絡架構，突顯了國內外非政府組織，針對特定議題的合作方式，並可藉以觀察雙方合作與互動的過程。

參、中國大陸政府與非政府的關係

　　從國家的層面來看，國與國之間發展的差異性，如在政治、經濟和社會的發展上，以及在政治文化、語言、宗教，以及種族的認同上，解釋了每一個國家皆有其特殊的發展經驗。易言之，一個國家的特殊政治、經濟和社會發展背景，塑造了該國的一種特殊國家與社會關係。此一特殊的國家與社會關係，亦決定了該國的政府與非政府組織的關係（government-NGO relations）。更重要的是，在一個國家的政府與非政

府組織關係形成後，儘管有其特殊性存在，但同時也必然出現了可以具體觀察兩者互動的指標。基本上，一個國家政府和非政府組織的互動關係，決定了政府對非政府組織制定立法規範的取向。從這些實際的立法規範中，可以具體觀察到政府和非政府組織的實際互動方式。若政府傾向於鼓勵非政府組織的發展，則其對非政府組織的立法規範內容，必然反映出此一趨勢。若政府對非政府組織的發展是採取監督與控制的策略，則其對非政府組織所採取的監控措施與機制，亦必然反映在這些立法規範之上。再者，這些立法規範的存在，在相當程度內，亦決定或制約了非政府組織的角色、功能與行為表現。

由此觀之，一個特定非政府組織立法規範的存在，對於非政府組織的生存、發展，以及功能的發揮，必然產生相當大的影響。一個適合非政府組織發展的立法規範，可以引導和協助非政府組織的發揮社會服務功能。然而，為了要維繫非政府組織活動的合法性、確保活動的品質和責任感，以及遏阻非法非政府組織的設立，政府亦必然期望能透過相關立法和監督機制的強化，來進一步規範與限制非政府組織的活動。因此，當政府認知到非政府組織的活動，挑戰了國家的意識形態與政府的權威時，政府可能傾向於嚴格規範或限制非政府組織的成長與發展。[20]

毫無疑問的，政府的立法規範，明確界定了非政府組織的運作環境與界線。誠如梅休（Susannah Mayhew）教授所指出，對非政府組織立法規範的內容，由於與該國的特殊政治和經濟背景具有密切的關聯性，因此也可視為是一個國家歷史發展的產物，更是政府與非政府組織關係發展的輸出項（output）。[21]針對這些輸出項或指標的觀察與分析，從方

---

[20] D. Hulme and M. Edwards, eds., *NGOs, States and Donors: Too Close for Comfort?* (London: MaCmillan Press Ltd., 1997).

[21] 20 Susannah H. Mayhew, "Hegemony, Politics and Ideology: the Role of Legislation in

法學的角度來看，即更實際與明確的掌握了非政府組織與政府的互動關係。

自 1980 年代以來，從國家與社會的觀點來研究中國大陸，一直是學術界所注意的焦點。此一研究架構之所以重要，主要在於中國大陸的特殊歷史發展背景。因此，在 1949 年以後，中共的堅持一黨專政和意識形態，乃建構了中國大陸獨特的政治、經濟和社會發展結構。作為威權體制的中國共產黨而言，其在計畫經濟的運作下，已然成為推動社會發展的主要動力。中共亦不斷透過政治組織動員的方式，控制了各種社會民間團體，以及不同的社會階層和群眾。因此，由中共所發起的革命，不但是一場全國性的政治運動，更帶來了一場全面社會重整的革命。

中國大陸在 1978 年以後，所推動的農村與城市改革，及其所伴隨而來的人口流動，以及各種私有經濟部門的興起，乃對傳統的國家與社會關係，造成了重大的衝擊。國家對社會的控制逐漸鬆動，不但造成了國家與社會之間的界線愈來愈明顯，更使得黨和群眾關係漸行漸遠。於此一歷史背景下，在 1980 年代中國大陸最具特色的現象之一，即在於社會民間團體的大量興起。[22]值得注意的是，這是一股來自內部的社會力量，衝擊到了中國大陸傳統的國家與社會關係。伴隨著農村與國有企業的改革，以及在改革進程中所創造與釋放出來的廣大社會空間，以及國家的無法繼續提供傳統的社會服務和功能，不僅造成了社會民間團體

NGO-Government Relations in Asia," *The Journal of Development Studies*, Vol. 41, No. 5 (July 2005), pp. 727-758.

[22] 1988 年 9 月和 1989 年 6 月，北京先後頒佈了「基金管理辦法」和「外國商會管理暫行規定」；1989 年 10 月，中共國務院公佈了「社會團體登記管理條例」。1998 年 10 月，國務院再次修訂了「社會團體登記管理條例」，並同時亦頒布了「民辦非企業單位登記管理暫行條例」；此外，再加上 1999 年 8 月所公佈的「公益事業捐贈法」，以及 2004 年 2 月國務院所通過的「基金會管理條例」，皆反映出中國大陸民間組織的大量興起與發展。

的普遍興起，而且更在中共一黨專政的結構下，獲得了相當程度的自主性。這些社會民間組織不但獲得中共的同意而設立，且亦創造了屬於本身所擁有的組織範圍和社會空間。

因此，從另外一個角度來看，這些民間組織不僅逐漸在國家和社會之間扮演橋樑的角色，而且也代替了國家實行許多重要的社會福利功能。然而，從中共的角度來看，由於其認知到這些民間團體的出現，可能會獲得其會員的衷心支持，並對國家產生有效的政策要求，因此在仍堅持一黨專政的原則下，中共乃繼續尋求以其他的方式，來重新塑造國家與社會的新關係。對中共而言，推動政府和民間組織之間的有效互動，提升社會公共事務管理，已然是政府改革的重要環節。此反映出政府部門的介入民間組織，在中國大陸依然是無法避免的。[23]

由於中共意識到了社會力量的發展，已然對黨的執政地位造成了衝擊，因此乃開始思考透過立法規範，來明確化政府對民間組織的監控關係。在改革開放後，中國大陸社會組織的依法登記註冊，始於 1988 年。在該年 9 月 9 日所召開的國務院第 21 次常務會議，通過了包含 14 條內容的「基金會管理辦法」。其中規定成立基金會不僅要有明確的公益宗旨和一定的註冊基金，且必須報經人民銀行審核，並由民政部門統一登記註冊。此項法規結束了過去成立基金會無需統一登記的作法。1989 年10 月 13 日，國務院第 49 次常務會議通過了「社會團體登記管理條例」，提出了關於成立社會團體必須在民政部門登記註冊的規定。[24]這些立法

23　李珍剛，《當代中國政府與非營利組織互動關係研究》（北京：中國社會科學出版社，2004 年），頁 38-39。

24　陳金羅、劉培峰，《轉型社會中的非營利組織監管》（北京：社會科學文獻出版社，2010年），頁 51。

規範的基調，皆以限制民間組織的發展為重點。[25]國務院於 1988 年和 1989 年，所先後出台的「基金會管理辦法」、「外國商會管理暫行規定」和「社會團體登記管理條例」，確定了民政部門的登記管理、行政處罰和依法取締的職權。其主要目的即是要限制民間組織的發展。[26]

對中國大陸而言，政府透過對民間組織的登記與審查，嚴格的掌控了這些組織的發展與成長。任何未辦理登記手續的民間組織，即視為違法。根據 1989 年所頒布的「社會團體登記管理條例」，明示了民間組織登記管理機關，以及業務主管部門的雙重管理體制。施行此一雙重管理體制的主要目標，即在於強化政府對社會民間組織的管理與控制。根據「基金會管理條例」的規定，國務院有關部門，以及縣級以上地方各級政府部門、國務院或縣級以上地方政府授權的組織，皆為社會民間組織的業務主管單位。而縣級以上民政部門，則是民間組織的登記管理機關。[27]因此，透過這種強制性的方式，要求民間組織皆必須依附到一個行政性單位，將使得這些組織無形中發展成為一種半官方或準政府性質的組織。易言之，任何民間非營利組織倘無法獲得政府的支持，則勢將難以獲得登記與註冊。

「社會團體登記管理條例」的制訂，旨在限制社會組織的發展，既要控制社會組織的數量，也要控制其發展的速度。同時，有選擇性的發展特定議題的社團，並嚴格控制社團的內部運作。[28]其次，該條例亦規

---

[25] 張鐘汝、范明林，《政府與非政府組織合作機制建設：對兩個非政府組織的個案研究》（上海：上海大學出版社，2010 年），頁 14。

[26] 張鐘汝、范明林，《政府與非政府組織合作機制建設：對兩個非政府組織的個案研究》，頁 15。

[27] 李珍剛，《當代中國政府與非營利組織互動關係研究》（北京：中國社會科學出版社，2004 年），頁 115。

[28] 李珍剛，《當代中國政府與非營利組織互動關係研究》，頁 41。

定，在同一行政區域內已經有業務範圍相同或類似的社會團體或民辦非企業單位，則無必要再予登記。登記管理機關亦不予批准登記。然而業務範圍是否相同或者類似，有無必要成立，皆無具體的法律明文規定，完全取決於民政部。此外，根據條例，社會團體成立後擬設立分支機構或代表機構，亦需先經業務主管單位審查同意，始得申請登記。但社會團體的分支機構，不得再申請設立分支機構。[29]在中國大陸，任何社會團體的分支機構都必須服從當地共產黨的領導，而非社會團體的上級組織，即使與中共關係非常密切的社團也不例外，如工會、婦聯和共青團等。此一政策確保了任何中國大陸的社會團體，皆無法形成全國性的，且能和黨和政府抗衡的一股力量。[30]有學者即指出此可能是世界上除了北韓等少數國家以外最嚴厲的行政管理體制之一。[31]因此，Sang-Cheoul Lee 即在其研究中指出中國大陸的非政府組織，尤其是那些行業協會，都是在政府的控制下缺乏自主性的組織團體。[32]

肆、中國大陸的參與國際組織：認知與策略

在中國大陸加入世界貿易組織（World Trade Organization, WTO）以後，關於其是否會遵守世界貿易組織的規範，已經引起國內外學者的重視。易言之，北京對於國際組織所界定的規範，其遵守的程度為何？許

---

[29] 孫傳林，《社會組織管理》，（北京：中國社會出版社，2009 年），頁 35。

[30] 尚曉援，《當代中國政府與非營利組織互動關係研究》（北京：中國社會科學出版社，2004 年），頁 115。

[31] 楊慶華，〈中國非政府組織立法概況及存在問題分析〉，《中共杭州市委黨校學報》，第 6 期（2007 年），頁 34。

[32] Sang-Cheoul Lee and Yunxia Wang, "A Study on the Eatablishment and Transformations of Chinese Type QUANGOS," *International Review of Public Administration*, Vol. 10, No. 1 (2005), pp. 45-57.

多學者認為，國際組織的存在，必然有助於推動參與國家的社會化（socialization）。國際組織及其條約的存在，不僅具透明化的效果、且亦可減少交易成本、加強內在能力的建構，以及促進爭議的解決。此外，國際組織亦可透過一種國際規範（international norm）的提供，說服參與的國家，去發現、重新界定和探討他們自己和相互間的利益。[33]因此，國際組織可以利用互動和相互壓力的過程，來追求會員國的共識，並規範參與國家的行為。由此觀之，在一個充滿衝突的國際環境中，國際組織可以被理解為一種代表相互依賴觀念的組織體系，有助於形成一種集體、有組織的回應。[34]此外，國際組織亦可運用巨大的壓力，使參與國家改變其短期的利益。[35]

　　國際組織也代表了是對國家的一種挑戰，其有時承認主權，有時又限制主權。因此，如何有效處理參與國際組織所面臨的挑戰，乃成為一項相當複雜的議題。在強調國家主權，以及在國際組織所包含對主權的一種潛在威脅的體系之間，對每一個參與國家而言，都是相當困擾的事務。[36]因此，當我們要探討中國大陸在冷戰後的國際社會化（international socialization），只有透過對北京參與國際組織的實際觀察和研究，才能獲得更進一步的瞭解。此外，參與國際組織除了提升北京的利益和國際

---

[33] Abram Chayes and Antonia Handler Chayes, *The New Sovereignty: Compliance with International Regulatory Agreements* (Cambridge: Harvard University Press, 1995), pp. 1-33.

[34] Samuel S. Kim, "China's International Organizational Behaviour," in Thomas W. Robinson and David Shambaugh, eds., *Chinese Foreign Policy: Theory and Practice* (New York: Oxford University Press Inc., 1998), p. 405.

[35] Ann Kent, "China, International Organizations and Regimes: The ILO as a Case Study in Organizational Learning," *Pacific Affairs*, Vol. 70, No. 4 (Winter 1997-1998), pp. 517-532.

[36] Ann Kent, *China, the United Nations and Human Rights: The Limits of Compliance* (Philadelphia: University of Pennsylvania Press, 1999).

地位外，是否同時也強化其對國際社會規範和對相互依賴意識的尊重與責任，也是一個值的探討的問題。

　　國際社會化係指一個國家在其所處的國際環境中，對於其信仰和實際行為的一種內在化的直接過程。[37]易言之，社會化不僅是一種過程，也是一種結果。作為一個過程，可以藉由觀察中國大陸參與國際組織之目的和動機，並比較其參與之後所作出的讓步和付出的代價。作為一種結果，則我們可以分析在中國大陸國際行為的基礎上，以及在國內立法和社會執行方面，實現國際規範的程度為何。

　　作為一個強權國家，何以中國大陸會希望參與國際組織？過去的一些研究關於中國大陸為何要和一些國際體系（international regimes）互動，主要是因為參與這些國際體系有利於中國大陸的發展。基本上，北京的領導者對於國際多邊組織，多懷有高度懷疑的態度，因這些多邊組織乃是西方國家的工具和代言者。儘管中國大陸對於參與這些組織是相當的謹慎，但中國大陸並沒有採取完全規避的態度。 [38]至於中國大陸參與國際組織的原則，主要在於主權不能受到任何的侵犯。[39]對中國大陸而言，積極參與國際組織已然成為其國際戰略的重要組成部份，同時也是其參與全球性事務，以及經濟全球化的重要途徑。例如，參與國際組織可以促進外在環境的安全和穩定、維持政體的存在和內政的穩定、減

---

[37] Frank Schimmelfennig, "International Socialization in the New Europe: Rational Action in an Institutional Environment," *European Journal of International Relations*, Vol. 6, No 1 (March 2000), pp. 111-112.

[38] Thomas J. Christensen, "Chinese Realpolitik," *Foreign Affairs*, Vol. 75. No. 5 (September/October 1996), pp. 37-52.

[39] Elizabeth Economy, "The Impact of of International Regimes on Chinese Foreign Policy-NajubgL Broadening Perspectives and Policies," in David M. Lampton, ed., *The Making of Chinese Foreign and Security Policy in the Era of Reform* (Standord: Stanford University Press, 2001), p. 251.

少危險和資訊蒐集的成本、建立與其他大國的有效關係、經濟發展與安全，以及獲得更大的國際聲望等。[40]

但是在中國大陸的傳統外交政策中，參與國際組織並非是其追求的首要外交目標。在 1950 年代和 1960 年代，中國大陸均被排除在國際社會之外，其內政亦採取封閉的自力更生發展路線。1971 年，聯合國的承認北京為中國唯一合法的代表，象徵著中國大陸的開始參與國際社會。[41]但在整個 1970 年代，北京並不急於參與聯合國的一些特別機構，如世界銀行和國際貨幣基金等組織。但是到了 1980 年代以後，北京開始認知到參與國際組織，乃是一種國家權力的延伸和展現。

儘管北京領導者同意參與國際組織，有助於強化中國大陸的力量，以及推動中國大陸的現代化與全球化，但其亦憂慮在全球化的衝擊下，可能逐漸會使中國大陸逐漸喪失其對本身政治、經濟和社會發展政策的控制。此一矛盾的觀點，說明了北京雖然強調國際間相互依賴的重要性，但其卻不能超越國家主權之上。雖然北京承認國際組織是國際法的主體，但其亦否定國際組織係超越國家之上，或是一種類似於主權國家的政治實體。因此，在解決國與國之間的爭端時，北京經常透過雙邊而非多邊機制，來解決問題。

根據上述之討論，國際組織乃提供了中國大陸一個可以投射其權力，以及適切反映出其國際聲望與合法性的國際舞臺。基本上，北京的參與國際組織，仍然遵循所謂的理性觀點，即付出極小化的成本代價，以追求極大化的國家利益。因此，北京在國際社會的行為，經常被解讀為「一

---

[40] Marc Lanteigne, *China and International Institutions: Alternate Paths to Global Power* (New York: Routledge, 2005), pp. 15-30.

[41] Byron S. Weng, *Peking's UN Policy: Continuity and Change* (New York: Praeger, 1972).

人俱樂部」（Club of One）。例如，身為安理會的常任理事國，在某些議案的討論上，北京經常威脅要使用否決權，此乃使得北京的重要性與影響力大增。[42]在相互對照之下，美國因經常與其他西方國家的立場一致，故其影響力遠不如中國大陸。

　　整體而言，從 1949 年到 1970 年間，中國大陸實際上是被排除在國際組織之外，其與國際社會的聯結網絡，亦未能全面性的建立。在冷戰體系之下，由於中國大陸對東西超強將採取敵對的立場，此乃造成其與第一世界和第二世界的國際組織缺乏連結關係。但在中國大陸加入聯合國以後的 1971 年到 1976 年間，其參與國際組織的數目，從 1966 年的一個，增加到 1977 年的 21 個之多。中國大陸在改革開放後，也開始擴大參與在聯合國系統內，有關經貿和發展等議題的國際性政府組織。因此，北京參與國際組織的數目，亦從 1982 年的 24 個，增加到 1990 年的 37 個，以及 2000 年的 50 個。2003 年，北京參與國際政府組織的數目，已然高達 533 個之多。[43]

　　改革開放以後的中國大陸，參與國際非政府組織的情形，亦呈現出快速的成長。從 1960 年到 1977 年，中國大陸參與國際非政府組織的數目，從 30 個增加到 71 個。但在 1977 年到 1989 年間，則從 71 個激增到 677 個，約增加了 10 倍之多。由於經濟改革與對外開放，以及對於現代化的追求，乃使得北京亦積極加入有關學術、技術和專業性的國際非政府組織。在 1990 年，中國大陸約參與了 747 個國際非政府組織。其後，

---

[42] Barry O'Neill, "Power and Satisfaction in the Security Council," in Bruce Russett, ed., *The Once and Future Security Council* (New York: St. Martin's Press, 1997), p. 75.

[43] Union of International Associations, *Yearbook of International Organizations, 1999/2000* (Munchen, Germany: K.G. Saur Verlag GmbH & Co., 2000); Union of International Associations, *Yearbook of International Organizations, 2003/2004* (Munchen, Germany: K. G. Saur Verlag GmbH, 2003).

北京參與國際非政府組織的數目，亦從 1991 年的 793 個，增加到 2000 年的 1,275 個。到了 2003 年，此一數目已激增到 3,294 個之多。[44]

在 1978 年以後，中國大陸所推動的改革開放政策，重新界定了中國大陸外交政策的走向，即如何使中國大陸的外在世界，包括國際組織在內，有助於中國大陸的現代化目標的達成。因此，中國大陸的外交政策乃轉而向西方國家傾斜，以追求推動現代化所需的地緣政治和地緣經濟，而且渴望獲得來自多邊和國際經濟組織的經援。在 1978 年中國大陸開始推動經濟改革開放以後，由於需要來自西方國家的科技和資金，此乃開始改變中國大陸參與國際組織的方式和實質內容。因此，中國大陸的擴大參與國際組織，主要乃是受到國家追求現代化的影響，而非是概念上強調功能主義價值。[45]

在 1978 年到 1979 年間，中國大陸從一個援助國的角色，逐漸轉變到一個尋求援助的受援國。在 1978 年，中國大陸亦打破了傳統自力更生的發展模式，轉而尋求來自聯合國發展署（United Nations Development Programme, UNDP）的技術援助。[46]在 1979 年到 1983 年之間，中國大陸收到了來自聯合國發展署、聯合國教科文組織，以及聯合國人口活動基金（the UN Fund for Population Activities）等機構，共約二億三千萬美金的無償援助。[47]1980 年，中國大陸亦相繼加入了世界銀行和國際貨幣基金會，此遂使世界銀行成為中國大陸多邊援助的最主要來源。1988 年底，在國際強權中，北京成為唯一的受援國。而且也是世界銀行和國際

---

[44] Ibid.

[45] Ann Kent, "China's International Socialization: The Role of International Organization," *Global Governance*, July 2002, p. 4.

[46] Samuel S. Kim, "International organizations in Chinese foreign policy," *The Annals of the American Academy of Political and Social Science*, Vol. 519, No. 1 (1992), pp. 140-157.

[47] Samuel S. Kim, "China's International Organizational Behavior," p. 426.

發展協會（International Development Association）多邊無息貸款的最大
受援國之一。

　　在改革開放政策的引導下，北京持續依賴世界銀行和國際貨幣基金，
來獲得貸款和重要的技術援助，加強其經濟轉型。[48]事實上，中國大陸
已成為該兩組織最大資金接受者。中國大陸獲得來自世界銀行的低利貸
款，有 50%係透過國際重建發展銀行的窗口，即國家發展協會。[49]世界
銀行在 1981 年到 2003 年，對中國大陸所提供的貸款金額，呈現了大幅
度的增加。從 1981 年到 1988 年，世界銀行對中國大陸的貸款，其金額
從 2 億美元，增加到了 17 億美元之多。1994 年，貸款金額更高達了 97
億美元。到了 2002 年和 2003 年，中國大陸獲得來自世界銀行的貸款，
已分別減少到 35 億和 24 億美元。[50]

　　自 1990 年代以來，聯合國與各國政府，以及一些非政府組織的代
表，共同召開了一系列的全球性會議，試圖探討與解決國際社會所面臨
的許多貧窮、環境、永續發展、以及婦女和兒童權利保護等問題。1990
年 9 月 29 日至 30 日，聯合國在紐約召開了兒童問題全球高峰會議，中
國外長錢其琛亦率代表團出席。該會議的主題，主要在於為 2000 年兒
童的健康、營養、教育和獲得衛生飲水，制定目標和策略。1992 年 6 月，
北京亦出席了地球高峰會議，並通過了「廿一世紀議程」、「里約熱內盧
宣言」、「聯合國森林原則聲明」、「聯合國氣候變化框架公約」，以及「聯
合國生物多樣性公約」等。1994 年 5 月，中國代表亦出席了在橫濱所舉
辦的全球消滅貧窮大會。1995 年 3 月，李鵬總理亦出席了在哥本哈根所

---

[48] Samuel S. Kim, "Wither Post-Mao Chinese Global Policy?" *International Organization*, Vol.
35, No. 03 (1981), pp. 433-465.

[49] 該協會主要是對生活水準非常低的國家，提供無息貸款。

[50] "China-Finances," *The World Bank*, <http://data.worldbank.org/country/china>.

舉辦的第一屆聯合國社會發展問題高峰會議，討論消滅貧窮、擴大就業、減少失業和社會整合等問題。1995 年 9 月，聯合國第四屆全球婦女大會，亦在北京召開，討論了如何加強婦女權利、婦女貧困、婦女與決策、女童等問題。2000 年，北京亦參與了聯合國的千禧年高峰會議（millennium summit），並共同簽署了聯合國千年宣言（millennium declaration）與千禧年發展目標（millennium development goals），此皆反映出中國大陸的積極參與和融入國際社會。

自推動改革開放政策以來，已有愈來愈多的外國和國際非政府組織進入了中國大陸，或設立代表處，或尋找合作夥伴，或發展組織成員。他們憑藉所掌握的資金、技術、專門知識、專業人才，以及國際關係及影響力，廣泛涉入中國社會的各個領域。同時，各國政府和政府間國際組織，如聯合國開發計畫署、聯合國教科文組織、世界銀行等，對相應議題的非政府組織在中國大陸的活動，給予了積極的支持；跨國公司和外商企業在中國大陸的經貿活動，也促進了國際非政府組織在中國大陸的發展。

值得注意的是，在中國大陸的外交政策中，有關中國大陸與國際非政府組織的關係和公眾外交，可說是兩個比較新的概念。對中國大陸而言，與國際非政府組織的關係，是公眾外交的重要一環，更是北京推動公眾外交中的一項重要內容。在這些新的特點中，如何與國際非政府組織開展交流合作，是中國大陸公眾外交發展過程中的一個新課題；同時與國際非政府組織的關係，也是公眾外交非常重要的組成部份。然而值得注意的是，就本質與內涵而言，中國大陸的公眾外交與台灣的全民外交，有著相當大的差異性。中國大陸的公眾外交，主要仍是由政府全面性的推動，並直接委派民間組織執行之。而台灣全民外交的意涵，則基

本上是代表了一種由下而上的發展模式，其中非政府組織本身扮演相當大的主導性。

伍、在中國大陸設立秘書處的國際非政府組織

根據國際組織年鑑 2012-2013 年的資料，全球共有超過 60,000 個綜合國際組織。[51]目前在中國大陸設立秘書處的國際非政府組織，共有 115 個。為了研究上的便利，本文將非政府組織所參與的議題，主要可區分為十大類型：（一）公共政策:關於法律、警政、民主、人權、婦女相關議題；（二）經濟工商：以財經、金融、公工會、商業、工程、交通、工業技術為主；（三）農業環保：以農、林、漁、木、環保、生態保育等環境議題為主；（四）人道慈善：以人道救援、慈善、救助志工為主要議題；（五）運動休閒：以體育、武術、舞蹈、童軍、橋藝、娛樂、觀光為主；（六）學術文化:以學術、教育、研發、新聞、文化、藝術議題為主；（七）醫療衛生：以醫學、藥學、護理、保健、公共衛生為主；（八）科技能源：以科技、發明、網路、數位資訊、電子機械、能源、礦業為主；（九）社會福利：以社會公益、殘障人士、弱勢團體協助，以及社區服務等議題為主；（十）其他：如宗教、哲學、聯誼等。

在中國大陸設立秘書處的國際非政府組織，主要仍是屬於中國大陸本身的非政府組織。這些非政府組織雖然是向中國大陸的民政部註冊登記，但其亦擁有來自其他國家的非政府組織團體會員或個人會員，因此也是屬於國際非政府組織的範疇。根據表一，若以議題來區分，屬於學術文化及經濟工商議題的非政府組織最多，分別各為 27 個。其次，醫

---

[51] Union of International Associations, *Yearbook of International Organizations, 2011/2012* (Leiden, Netherlands: Brill Academic Pub, 2011).

療衛生類型有 21 個，運動休閒類型則有 13 個。而農業環保和科技能源議題，則分別有 12 個和 5 個。公共政策和人道慈善議題，則分別有 4 個和 3 個。其他類議題有 2 個，而社會福利議題只有 1 個。對這些數據與資料的觀察與分析，我們可以發現在中國大陸對非政府組織的監控機制下，仍然只能容許較不敏感議題的非政府組織設立秘書處，並與國際社會進行接軌與聯結。例如，由學術文化、經濟工商和醫療衛生所佔有的最高比例中，可以看出這些議題都是較不敏感的。值得注意的是，以人道慈善和社會福利為主要議題的國際非政府組織秘書處，可能亦反映了中國大陸民間仍然仰賴政府和黨的直接協助。公共政策議題可能因涉及到法律、民主及人權等意識形態，故在中國大陸都是屬於比較敏感的議題，所以有關國際非政府組織秘書處的設立較不多見。

表 1：在中國大陸設立秘書處的國際非政府組織按議題分類

一、公共政策（法律、警政、民主、人權、婦女）
Asian Law and Economics Association （ALEP） 亞洲法與經濟學會 Asia-Pacific Legal Metrology Forum（APLMF） 亞太法定計量論壇 International Association of Anti-Corruption　Authorities（IAACA） 國際反貪局聯合會 World Associates for Political Economy（WAPE） 政治經濟聯合會
二、經濟工商（財經、金融、公工會、商業、工程、交通、 　　工業技術）
APEC Port Services Network（APSN）APEC 港口服務網絡 Asian Motorcycle Union（UAM） 亞洲摩托車聯盟 Asian Domain Name Dispute Resolution Centre（ADNDRC）

亞洲域名爭議解決中心
Asian-Pacific Operations Research Centre, Beijing（APORC）
北京亞太運籌中心
Asia Pacific Central Securities Depository Group（ACG）
亞太中央證券存管處組織
Asia Pacific Taxpayers Union
（APTU）亞太納稅人聯盟
Boao Forum for Asia（BFA）
博鰲亞洲論壇
China Association for International Friendly Contact（CAIFC）
中國國際友好聯合會
China Council for the Promotion of International Trade（CCPID）
中國國際貿易促進委員會
China International Centre for Economic and Technical Exchanges（CICETE）
中國國際經濟技術交流中心
China International Economic and Trade Arbitration Commission（CIETAC）
中國國際經濟貿易仲裁委員會
China International Institute for the Promotion of Multinational Corporations
中國國際跨國公司促進研究會
China International Public Relations Association（CIPRA）
中國國際公共關係協會
China Association for International Understanding（CAFIU）
中國國際交流協會
Electric Vehicle Association of Asia Pacific
亞太電動車協會
International Association of Catalysis Societies（IACS）
催化會國際聯合會
International Association on Layered and Graded Materials（LGM-AS）
分層及梯度材料技術國際協會
International Centre for Materials Technology Promotion（ICM）
國際材料技術促進組織
International Chemical Information Network（CHIN）
國際化工訊息網
International Committee for Imaging Science　（ICIS）
影像科技國際委員會
International Council of Hides, Skins and Leather Trader Associations

（ICHSLTA）
生皮及皮革貿易商國際協會
International Network on Small Hydro Power（IN-SHP）
國際小水電網絡
International Union of Transgenics and Synthetic Biology
轉基因及合成生物學國際聯盟
Shanghai Cooperation Organization（SCO）
上海合作組織
UNIDO International Solar Energy Centre for Technology Promotion and Transfer（ISEC）
聯合國工業發展組織國際太陽能技術促進轉讓中心
World Associates for Biosystem Science and Engineering（WABSE）
生物系統科學及生物工程聯合會
World Electric Vehicle Association　（WEVA）
世界電動車協會

三、農業環保（農、林、漁、木、環保、生態、保育）

Asian and Pacific Centre for Agricultural Engineering and Machinery（APCAEM）
亞太農業工程與機械中心
Asian-Pacific Regional Research and Training Centre for Integrated Fish Farming（IFFC）
亞太綜合育魚培育與研究中心
Asia-Pacific Space Cooperation Organization　（APSCO）
亞太空間合作組織
China Council for International Cooperation on Environment and Development（CCICED）
中國國際環境與發展合作委員會
East Asian Biosphere Reserve Network（EABRN）
東亞生物圈保護網絡
Global Climate Change Institute,Tsinghua University（GCCI）
清華大學全球氣候變遷研究所
International Congress of Carboniferous-Permian Stratigraphy and Geology
石炭-二疊紀地層和地質國際會

International Eco-safety Cooperative（IESCO）
國際生態安全合作組織
International Research and Training Centre on Erosion and Sedimentation（IRTCES）
侵蝕、沉積國際研究和培訓中心
International Sediment Initiative（ISI）
國際泥沙計畫
World Associates for Sedimentation and Erosion Research（WASER）
世界泥沙和侵蝕研究聯合會
World Associates of Soil and water Conservation　（WASEC）
土壤及水世界水土保持聯合會

四、人道慈善（人道、救援、慈善、救助志工）

China NGO Network for International Exchanges　（CNIE）
中國民間組織交流協會
Forum on China-Africa Cooperation（FOCAC）
中國與非洲合作論壇
IASPEI Commission on Earthquake Hazard, Risk and Strong Ground Motive（SHR）IASPEI 地震災害風險動機委員會

五、運動休閒（體育、武術、舞蹈、童軍、橋藝、娛樂、觀光）

Asian Dragon Boat Federation
亞洲龍舟聯誼會
Asian Rowing Federation（ARF）
亞洲賽艇聯合會
Asian Table Tennis Union（ATTU）
亞洲桌球聯盟
Asian Volleyball Confederation（AVC）
亞洲排球聯合會
Association of Asian Athletics Coaches（AAAC）
亞洲田徑教練員協會
CILECT Asia-Pacific Association（CAPA）
亞太 CILECT 協會
Confederation Asia of Roller Sports（CARS）
亞洲滑輪聯合會

International Centre for Bamboo and Rattan（ICBR）
竹籐國際組織
International Network for Bamboo and Rattan（INBAR）
竹籐國際網絡
International Society for Photogrammetry and Remote Sensing（ISPRS）
攝影測量與遙感國際會
International Tourism Studies Association（ITSA）
國際旅遊協會
International Wushu Federation　（IWUF）
國際武士聯合會
World Associates of Chinese Cuisine（WACC）
中國世界烹飪聯合會

六、學術文化（學術、教育、研發、新聞、文化、藝術）

Asian Network for Learning, Innovation and Competence Building Systems
（ASIALICS）
亞洲學習創造能力建構系統網絡
Asia-Pacific Forum of Environmental Journalists（APFEJ）
亞太新聞工作者環境
Asia-Pacific Network for International Education and Values Education
（AP-NIEVE）
亞太國際教育與價值教育網絡
Asia-Pacific Quality Network（APQN）
亞太質量網絡
Association for Engineering Education in Southeast Asia and the Pacific
（AEESEAP）
東南亞和太平洋地區工程教育協會
China Education Association for International Exchange（CEALE）
中國國際教育交流協會
China –EU Association
中國與歐盟協會
China Europe International Business School（CEIBS）
中國中歐國際工商學會
China Institute of Contemporary International Relations（CICIR）
中國現代國際關係研究
Chinese Society Future Studies

中國社會未來研究

Global Planning Education Association Network （GPEAN）

全球教育計畫網絡協會

China Association for Middle East Studies（CAMES）

中國中東研究

Institute of Afro-Asian Studies, Beijing

北京亞洲及非洲研究

Institute of Asia-Pacific Studies, Beijing

北京亞洲及太平洋研究

Institute of Global Studies, Nankai University

南開大學全球研究

Institute of International Relations , Beijing

北京國際關係研究

Institute of West Asian and African Studies, Beijing（IWAAS）

北京西亞及非洲研究

Institute of World Economics and Politics, Beijing（IWEP）

北京世界政治及經濟研究

International Association of Marine-Related Institutions （IAMRI）

海洋相關機構國際協會

International Dragon Boat Federation（IDBF）

國際龍舟聯合會

International Society for Digital Earth（ISDE）

國際數字地球協會

Network of East Asian Think-Tanks（NEAT）

東亞智庫網絡

Research Center for International Economics（RCIE）

國際經濟學研究中心

School of International Studies, Beijing（SIS）

北京國際關係學院

Shanghai Institute for International Studies（SIIS）

上海國際問題研究

UNESCO International Research and Training Centre for Rural Education （INRULED）

聯合國教科文組織農村教育國際研究與培訓中心

University of International Business and Economics（UIBE）

國際經濟貿易大學

七、醫療衛生（醫學、藥學、護理、保健公共、衛生）
Asian Academy of Prosthodontics（AAP） 亞洲口腔修復學會 Asian Allelopathy Society 亞洲化感作用學會 Asian Association of Societies for Plant Pathology （AASPP） 亞洲植物病理學協會 Asian Breast Cancer Society 亞洲乳腺癌協會 Asian Clinical Oncology society（ACOS） 亞洲臨床腫瘤學會 Asian Epilepsy Surgery（SESC） 亞洲癲癇外科 Asian Harmonization Working Party （AHWP） 亞洲協調工作組織 Asian Pacific Neural Network Assembly （APNNA） 亞洲神經網絡大會 Asian Society of Andrology（ASA） 亞洲男科協會 Asian-Pacific Arthroplasty Society（APAS） 亞太關節置換技術協會 Asia Pacific Clinical Nutrition Society（APCNS） 亞太臨床營養學會 Asia-Pacific Society for Applied Phycology（ASAP） 亞太應用藻類協會 Asia Pacific Travel Health Society（APTHS） 亞太旅遊衛生學會 IGU Commission on Health and Environment IGU 衛生環境委員會 International Association of Radiolarian Palaeontologists（INTERRAD） 放射蟲古生物學家國際協會 International Centre for Research and Training on seabuckthorn（ICRTS） 沙棘培育及國際研究中心 International Seabuckthorn Association（ISA） 國際沙棘協會 International Society of Zoological Sciences（ISZS）

動物學科學國際學會
Regional Network for Research, Surveillance and Control of Asian
亞洲吸血蟲監測、控制區域網絡研究
World Federation of Acupuncture-Moxibustion Societies（WFAS）
針灸學會聯合會
World Federation of Chinese Medicine Societies（WFCMS）
中國中醫學世界聯合會

八、科技能源（科技、發明、網路、數位、資訊、電子、機械、能源、礦業）
Asian Fluid Mechanics Committee（AFMC）亞洲流體力學委員會
China Association for International Science and Technology Cooperation
中國國際科技合作會
China Institute for International Strategic Studies（CIISS）
中國國際戰略研究
Chinese People's Association for Peace and Disarmament　（CPAPD）
中國人民和平與裁軍協會
IAU Division X Commission 40 Radio Astronomy
國際天文學 40 射電天文 X 分部委員會

九、社會福利（社會、公益、殘障人士及弱勢團體協助、社區服務）
Hangzhou International Centre on Small Hydro-Power（HIC）
國際杭州小水電中心

十、其他（宗教、哲學、聯誼）
Cooperation Committee of High-Level Forum of City Informatization in the Asia-Pacific Region　（RCCHFCI）
亞太地區城市訊息畫高級特別論壇合作委員會
Federation of Asian and Oceanian Physiological Societies（FAOPS）
亞洲及太平洋生理社團聯合會

資料來源：Yearbook of International Organizations, 2012/2013.

陸、具有聯合國諮詢地位的中國大陸非政府組織

聯合國經濟暨社會理事會（ECOSOC）為了加強對國際社會發展議題的重視，以及透過國際非政府組織來強化對國際發展合作的推動，遂設立了具有聯合國諮詢地位的非政府組織。非政府組織的諮詢地位，主要可區分為三類，即全面諮詢地位（General Consultative Status）、特殊諮詢地位（Special Consultative Status）以及列名諮詢地位（Roster Consultative Status）。

一、全面諮詢地位：

通常是給較大型的非政府組織。此類非政府組織從事的工作大多是經社理事會及其附屬機構所關注的議題。權力義務則是：可指派代表參與經社理事會和附屬機構的會議；也可以在其會議上口頭發言；可以在經社理事會和附屬機構的會議提出書面聲明；可以在經社理事會上發言：可指派代表常駐聯合國；亦可參加聯合國主辦的會議；且可以旁聽聯合國內部的會議，且必須提出四年一次的報告。

二、特殊諮詢地位：

賦予非政府組織特別關注某類議題，或部分參與經社理事會的活動。這類的非政府組織通常規模較小且成立時間較短。權力義務有：能指派代表參與經社理事會及其附屬機構公開會議；可以在經社理事會和附屬機構的會議口頭發言；可以在經社理事會及其附屬機構會議提出書面聲明；也可派代表常駐聯合國；可參與聯合國主辦之會議；亦能旁聽聯合國內部會議；但要提出四年一次的工作報告。

三、列名諮詢地位：

　　不能歸於上述兩類就會被視為此類。非政府組織若是取得聯合國周邊機構或特別組織的正式地位，也會被視為經社理事會的列名諮詢地位。權力義務有：可指派代表參與經社理事會及其附屬機構的公開會議；也可指派代表常駐聯合國；可參與聯合國主辦之會議，亦可旁聽內部會議。[52]

　　近幾年來，在中國大陸經濟和社會快速發展的同時，也造成了許多嚴重的問題待解決，如環保、失業、社會福利、弱勢團體、婦女兒童、老年人、貧富不均，以及醫療衛生等。為了要協助解決這些問題，中國大陸的許多民間團體紛紛成立。這些非政府組織不僅發展的相當快，而且在經濟和社會發展的許多領域上，皆發揮了重要的作用。此外，再加上中國大陸在聯合國所扮演的重要政經角色，遂使得有些非政府組織獲得了聯合國經濟暨社會理事會的諮商地位。

　　根據聯合國經濟暨社會理事會的統計資料，迄 2014 年 3 月止，具有聯合國諮詢地位的中國大陸民間組織共有 42 個。[53]其中具有全面諮詢地位的非政府組織共有 4 個（亞洲法律資源中心、中國民間組織國際交流組織、中國人民對外友好協會、中國聯合國協會），具有特別諮詢地位的有 37 個，而具有列名諮詢地位的則有 1 個（中國女企業家協會）。由此可以看出，具有聯合國諮詢地位的中國大陸民間組織，主要都是以特別諮商地位為主。值得注意的是，在這十大議題中，中國大陸具有聯

---

[52] United Nations, "ARRANGEMENTS FOR CONSULTATION WITH NON-GOVERNMENTAL ORGANIZATIONS," *ECOSOC Resolution, 1996*, No. 31, p. 1, <http://www.un.org/esa/coordination/ngo/Resolution_1996_31/Part_1.htm>.

[53] United Nations, "Consultative Status with ECOSOC and other accreditations," 2013, <http://esango.un.org/civilsociety/displayConsultativeStatusSearch.do;jsessionid=51412CBE7DE5DCB448DFC574F96B3C58?method=search&sessionCheck=false>.

合國諮詢地位的民間組織，主要是集中在公共政策、學術文化、經濟工商、農業環保、人道慈善，以及其他等項。而在醫療衛生、科技能源、社會福利，以及運動休閒等議題方面，則是較為缺乏。

　　就這些中國大陸非政府組織的國際參而言，其所採用的方式，仍然是參加會議為主。例如，除了可以參加經社理事會和附屬機構的會議外，亦可參加聯合國主辦的各項會議，以及可以旁聽聯合國內部的會議。因此，具有聯合國諮詢地位的中國大陸非政府組織，基本上並未從事與其他國際非政府組織的實際項目合作，本身亦未直接在發展中國家推動相關工作項目。他們所關注的焦點，仍然停留在一般性的參訪、交流，以及會議和論壇等。

表 2：具有聯合國諮詢地位的中國大陸非政府組織 2014 年

組織名稱	諮詢地位與加入年度
All China Women's Federation　全國婦聯	Special 1995
All-China Environment Federation 全中國環保聯合會	Special 2009
Asian Consultancy on Tobacco Control Limited 亞洲控煙有限公司諮詢	Special 2012
Asian Legal Resource Centre 亞洲法律資源中心	General 1998
Asian Migrant Centre　（AMC）亞洲移民中心	Special 2002
Beijing Children's Legal Aid and Research Center 北京兒童法律援助與研究中心	Special 2011
Beijing Zhicheng Migrant Workers' Legal Aid and Research Center 北京志誠農民工法律援助與研究中心	Special 2011
China Arms Control and Disarmament Association 中國軍控與裁軍協會	Special 2005

China Association for NGO Cooperation 中國民間組織合作促進會	Special 2007
China Association for Preservation and Development of Tibetian Culture （CAPDTC）中國藏族文化保護與發展協會	Special 2007
China Association for Science and Technology 中國科技協會	Special 2004
China Association of Women Entrepreneurs 中國女企業家協會	Roster 2000
China Care and Compassion Society 中國關愛協會	Special 2004
China Disabled Person's Federation 中國殘疾人聯合會	Special 1998
China Education Association for International Exchange 中國教育國際交流協會	Special 2006
China Energy Fund Committee 中華能源基金委員會	Special 2011
China Environmental Protection Foundation 中國環境保護基金會	Special 2005
China Family Planning Association 中國計劃生育協會	Special 2005
China Foundation for Poverty Alleviation 中國扶貧基金會	Special 2011
China Great Wall Society 中國長城學會	Special 2007
China Green Foundation 中國綠化基金會	Special 2003
China International Council for the Promotion of Multinational Corporations 中國國際跨國公司促進委員會	Special 2006
China International Public Relations Association （CIPRA） 中國國際公共關係協會	Special 2007
China NGO Network for International Exchanges（CNIE） 中國民間組織國際交流組織	General 2008
China Society for Human Rights Studies （CSHRS） 中國人權研究會	Special 1998

China Society for Promotion of the Guangcai Programme 中國光彩事業促進協會	Special 2000
Chinese Association for International Understanding 中國國際交流協會	Special 2003
The Chinese People's Association for Friendship with Foreign Countries 中國人民對外友好協會	General 2001
The Chinese People's Association for Peace and Disarmament 中國人民和平與裁軍協會	Special 2002
Chinese Society for Sustainable Development 中國可持續發展研究會	Special 2004
Chinese Young Volunteers Association 中國青年志願者協會	Special 2010
Christian Conference of Asia 亞洲基督教會議	Special 2004
The Hong Kong Council of Social Service 香港社會服務聯會	Special 2003
Hong Kong Federation of Women 香港各界婦女聯合協會	Special 2000
Hong Kong Federation of Women's Centres 香港婦女中心協會	Special 2002
Hong Kong Women Professionals and Entrepreneurs Association 香港女工商及專業人員聯會	Special 2001
International Administrative Science Association 國際行政科學協會	Special 2011
International Ecological Safety Cooperative Organization 國際生態安全合作組織	Special 2011
National Association of Vocational Education of China 中國職業技術教育協會	Special 2010
Organização das Famílias da Ásia e do Pacífico 亞洲太平洋家庭組織	Special 2011

United Nations Association of China　（UNA-China） 中國聯合國協會	General 2000
The Women's General Association of Macau 澳門婦女聯合總會	Special 2008

資料來源：ECOSOC Resolution，

　　　　　<http://esango.un.org/civilsociety/displayConsultativeStatusSearch.do;jsessionid
　　　　　=51412CBE7DE5DCB448DFC574F96B3C58?method=search&sessionCheck=f
　　　　　alse >。

　　中國大陸具有聯合國諮詢地位的非政府組織，在2007年僅有32個。
當時的非政府組織包含了中華全國婦女聯合會、亞洲法律資源中心、亞
洲流動勞工中心、中國前外交官聯誼會、中國軍控與裁軍協會、中國國
際科學技術合作協會、中國國際民間組織合作促進會、中國西藏文化保
護與發展協會、中國科學技術協會、中國女企業家協會、中國關愛協會、
中國殘疾人聯合會、中國教育國際交流協會、中華環境保護基金會、中
國計劃生育協會、中國長城協會、中國綠化基金會、中國國際跨國公司
研究會、中國國際公共關係協會、中國人權研究會、中國光彩事業促進
會、中國國際交流協會、中國人民對外友好協會、中國人民爭取和平與
裁軍協會、中國可持續發展研究會、東亞基督教會、亞太工商聯盟、香
港社會服務聯會、香港各界婦女聯合協進會、香港婦女中心協會、香港
女工商及專業人員聯會，以及中國聯合國協會等。到了 2009 年 9 月 1
日，中國大陸具有聯合國諮詢地位的非政府組織，從 2007 年的 32 個，
已增加到 35 個。去除中國前外交官聯誼會，增加的四個非政府組織，
分別為中國民間組織國際交流促進會、中國青年志願者協會、中華職業
教育社，以及澳門婦女聯合總會等。此一現象顯示，伴隨著中國大陸經
濟的快速發展，及其在聯合國安理會中的常任理事國地位，中國大陸非
政府組織的參與國際社會，顯得愈來愈熱絡。

　　值得注意的是，這些具有聯合國諮詢地位的中國大陸非政府組織，可以說都是具有強烈政治色彩的非政府組織，與政府的關係相當密切，其宗旨亦是充份反映了黨和政府的政策。在這些中國大陸的非政府組織中，以外交部為業務主管單位的有中國軍控與裁軍協會、中國國際公共關係協會，以及中國聯合國協會等。此顯然可以看得出來，政府部門對這些所謂非政府組織的影響力。此外，在這些中國大陸具有聯合國諮詢地位的非政府組織中，在1998年以後才獲得諮詢地位的共有32個之多。此說明了中國大陸非政府組織的參與聯合國事務，也是最近幾年的現象，此值得台灣政府與民間的注意。例如，在這一兩年獲得諮詢地位的中國大陸非政府組織，則有中華職業教育社、中國青年志願者協會，以及中華環保聯合會。中國青年志願者協會的業務主管單位為共青團，此反映了與中共的密切關係。

　　鑑於中國大陸非政府組織與政府之間的密切關係，亦突顯了該些組織實具有政府白手套的角色與功能。因此，當海峽兩岸非政府組織在國際場合接觸時，經常可看到中國大陸非政府組織的極力打壓台灣的非政府組織。其打擊台灣非政府組織國際參與的方式，主要包含要求更改會籍名稱、阻止台灣官員出席國際非政府組織活動、會議抗議和阻撓活動，以及遏阻台灣非政府組織的國際參與等。然由於中國大陸非政府組織的國際參與，目前僅著重於會議交流和互訪等，因此台灣非政府組織深耕於受援國社會的在地計畫，仍是中國大陸非政府組織所無法比擬的。在台灣公民社會的價值，以及非政府組織依然佔有優勢的情況下，如何利用此一時機，積極建構與國際非政府組織的聯結與合作，實是當前台灣政府和民間所應共同努力的方向。

柒、具有國際非政府組織會員資格的中國大陸非政府組織

　　根據國際組織年鑑的資料統計，國際非政府組織可分為有招募會員和無招募會員等兩種。但在探討非政府組織的跨國聯結層面上，本節所強調的是參與這些具有會員制的國際非政府組織。這些國際非政府組織又可按會員的地理區域分佈模式，區分為 A、B、C 和 D 等四種：

一、A 類：國際組織聯盟（federations of international organizations）

　　A 類包含所有的國際組織，不管是政府間或非政府間的組織，係由至少三個其他自主性國際機構所共同組成的。以國家性組織為會員結構的傘形組織（umbrella organizations）亦屬於此一範疇。Aga Khan Foundation 即是屬於 A 類的國際非政府組織。其組織宗旨在於尋找永續解決長期貧窮、飢餓、文盲和疾病之方法，並提供山區、海邊和其他貧困地區農村之實際醫療和衛生需要。該組織的國家會員分別來自非洲的肯亞、莫三比克、坦尚比亞和烏干達；美洲的美國和加拿大；亞洲的阿富汗、孟加拉、印度、巴基斯坦、吉爾吉斯、敘利亞和塔吉克斯坦；以及歐洲的葡萄牙和英國等。

二、B 類：以全球會員為基礎的組織 （universal membership organizations）

　　B 類型包含了所有非營利國際組織在內，不管是政府間和非政府間組織，皆具有廣泛的，地理區域分佈均衡的會員結構。大體而言，含有至少來自 60 個國家的會員，即屬於 B 類型的國際非政府組織。值得注意的是，這些會員的地理分佈，必須要維持平均分佈於五大洲的區域態勢。

　　國際非政府組織（International Alliance of Women）即是屬於 B 類。其宗旨主要在於確認所有的改革對建立真正的公平自由是有必要的；所有人機會與地位一律均等；鼓勵婦女承擔責任、使用她們的權利來影響公眾生活，尊重不同人種之自由；提倡更好生活品質和民族間更深入的瞭解。該組織的正式會員組織共有 34 個，分佈在非州、美洲、亞洲、大洋洲和歐洲等 31 個國家：準會員組織共有 24 個，分佈在非洲、美洲、亞洲、大洋洲和歐洲等 24 個國家；個人會員則分佈於 52 個國家。

三、C 類：以跨區域會員為基礎的組織（intercontinental membership organizations）

　　C 類型的組織，包含所有的國際非營利組織，無論是政府間和非政府間，其會員結構超越一個特別的地理區域之上。根據國際組織年鑑的統計，此類型的國際非政府組織，其會員結構必須至少來自 10 個國家。國際非政府組織的名稱，若含有單一或特定地理區域的意涵，如歐洲（European）、太平洋（Pacific）、美洲（Inter-American）、阿拉伯（Arab）或地中海（Mediterranean）等，則不屬於此一類型。但跨區域性組織，若含有亞非（Afro-Asian）、大西洋（Atlantic）或回教（Islamic）等，則屬於此一範疇。根據國際組織年鑑的看法，大西洋係為跨洲的地理區域；而太平洋和地中海則視為單一的地理區域。

　　International Federation of Resistance Movements 係屬於 C 類型的國際非政府組織。其宗旨在於組織反抗軍確保國家獨立、自由和世界和平；積極捍衛和維持自由和人類尊嚴；珍惜對保衛國家和自由的記憶；捍衛抵抗運動的精神和價值；褒彰歷史人物與傳承其精神於下一代；譴責集中營或監獄的暴行和任何危害人性的犯罪懲罰；捍衛應有權利之重要與道德利益；協助創造與發展社會服務；推崇聯合國憲章之宗旨，加強與

鞏固於其他國家反抗軍之聯繫；反對任何型式的歧視、新法西斯主義與任何型式違背人性的犯罪和戰爭罪；致力於裁減軍備與平和的國際關係。該組織共有超過 5 百萬以上的個別會員；並有來自亞洲和歐洲等地區的 24 個國家會員組織。

四、D 類：以特定區域會員為基礎的組織（regionally defined membership organizations）

D 類型包含所有的非營利國際組織，無論是政府間或非政府間，其會員結構僅限於一個特定的地理區域或次區域。同時，其會員結構必須至少來自三個不同的國家。此外，若其組織名稱包含了單一的地理區域名稱，或是同一地理區域的一群國家，如歐洲、太平洋、美洲、阿拉伯和地中海等，皆屬於此一類型。

Caribbean Conservation Association 係屬於 D 類型的國際非政府組織，其宗旨主要在於致力於加強對加勒比海地區自然資源之瞭解；藉由發展和執行政策、計畫，為當代或下一世代提供更好的生活，持續使用加勒比海地區自然資源；改善資源掌握和能力，確保地區居民之基本需要充足；持續接觸和資訊交換；確認和實踐重要計畫；促進社經發展與自然資源保存之整合；改善與其他地區之關係，致力於自然資源之保存和管理。該組織共有 18 個政府會員、310 個 NGO 會員，以及個人會員，分佈在非洲、美洲和歐洲等地區的 35 個國家地區。但因其組織名稱含有加勒比海等字眼，故屬於 D 類型組織。

在探討國際非政府組織的跨國議題聯結上，本節試圖探討在聯合國的 192 個會員國中，了解各國非政府組織以個人或團體會員資格，參與上述四種國際非政府組織的數據。由這些數據中，可以確實反映出了各國非政府組織的跨國議題聯結之廣度與深度。根據表 3，非政府組織參

與國際非政府組織較多的國家，主要仍集中在已發展國家。參與國際非政府組織超過九千個的國家，有法國（9,491）、德國（9,228）、以及英國（9,200）等。參與國際非政府組織在五千到九千之間的國家，依然是以已發展國家為主；如澳大利亞（5,697）、奧地利（6,318）、比利時（7,985）、加拿大（6,494）、丹麥（6,600）、芬蘭（6,201）、愛爾蘭（5,032）、日本（5,385）、芬蘭（8,060）、義大利（8,527）、挪威（5,990）、波蘭（5,203）、葡萄牙（5,505）、西班牙（7,847）、瑞典（7,220）、瑞士（7,213），以及美國（7,989）等。[54]

在全球公民社會的架構下，許多發展中國家的參與國際非政府組織，亦是表現的相當積極。這些國家包括了阿根廷（4,225）、巴西（4,880）、保加利亞（3,052）、智利（3136）、中國大陸（3,403）、捷克（4,594）、希臘（4,919）、匈牙利（4,835）、印度 （4,659）、以色列（4,016）、墨西哥（4,177）、菲律賓（3,042）、南韓（3,321）、俄羅斯（4,391）、南非（4,077）、斯洛維亞（3,008）、土耳其（3,463）等。除了中非共和國、北韓、剛果民主共和國、寮國等四國無非政府組織國際參與外，國際社會反映了全球公民社會跨國議題聯結的發展趨勢。值得注意的是，中國大陸亦有 3,403 個非政府組織以個人或團體會員的名義，參與了國際非政府組織。台灣亦有 2,486 個非政府組織，以個人或團體會員的名義，參與了國際非政府組織。由此可見，在全球公民社會的發展潮流下，海峽兩岸民間組織的走向國際社會參與，已然是一股無可逆轉的趨勢。

然就兩岸參與國際非政府組織的類別來做比較的話，參與 A 類國際非政府組織，台灣有 15 個，中國大陸有 25 個；參與 B 類的國際非政府組織，台灣和中國大陸分別有 322 個和 350 個；參與 C 類的國際

---

[54] Union of International Assciations, Yearbook of International Organizations, 2007/2008 (Berlin, Germany: Walter De Gruyter Inc, 2007)

非政府組織，則台灣有 395 個，而中國大陸有 566 個；最後，參與 D 類的國際非政府組織，台灣有 592 個，中國大陸有 765 個。儘管中國大陸在參與的數目皆略多於台灣，但以中國大陸民間組織的官方支持，以及其民間組織數字的遠多於台灣，因此台灣非政府組織的國際參與，從數據的層面上，仍表現的相當不錯。[55]

再者，海峽兩岸非政府組織的國際參與，除了數據上的差異外，在實際的參與方式上，亦有相當大的不同。中國大陸非政府組織主要是透過交流、參訪、會議和論壇的方式，與國際非政府組織進行互動。但台灣非政府組織的國際參與模式，除了一般性的參訪和會議外，也實際在發展中國家內部，執行相當多的合作項目，並直接對受援國進行人道緊急救援。例如，在南亞海嘯和海地大地震發生時，台灣非政府組織立即參與了人道緊急救援行動。

---

[55] 在中國大陸正式登記註冊的民間組織由四十餘萬家之多，未登記的則超過了三百萬；而台灣立案的非政府組織則僅約有四萬家之多，僅為中國大陸的十分之一。

表 3：各國非政府組織參與國際非政府組織的數目 2012-2013 年

國別	組織名稱	國別	組織名稱
Afghanistan	293	Croatia	2784
Albania	1142	Cuba	1495
Algeria	1464	Cyprus	1971
Andorra	374	Czech Republic	4594
Angola	666	Democratic People's Republic of Korea	0
Antigua and Barbuda	379	Democratic Republic of the Congo	0
Argentina	4225	Denmark	6600
Armenia	806	Djibouti	290
Australia	5697	Dominica	415
Austria	6318	Dominican Republic	1407
Azerbaijan	646	Ecuador	1929
Bahamas	675	Egypt	2659
Bahrain	661	El Salvador	1250
Bangladesh	1604	Equatorial Guinea	230
Barbados	850	Eritrea	274
Belarus	1122	Estonia	2338
Belgium	7985	Ethiopia	1027
Belize	528	Fiji	825
Benin	1046	Finland	6201
Bhutan	194	France	9491

Bolivia	1736	Gabon	665
Bosnia and Herzegovina	1008	Gambia	621
Botswana	920	Georgia	1065
Brazil	4880	Germany	9228
Brunei Darussalam	445	Ghana	1688
Bulgaria	3052	Greece	4919
Burkina Faso	1032	Grenada	410
Burundi	691	Guatemala	1536
Cambodia	633	Guinea	1472
Cameroon	1566	Guinea-Bissau	337
Canada	6494	Guyana	681
Cape Verde	310	Haiti	896
Central African Republic	0	Honduras	1183
Chad	570	Hungary	4835
Chile	3136	Iceland	2332
China	3403	India	4659
Colombia	2860	Indonesia	2680
Comoros	226	Iran	1419
Congo	1503	Iraq	685
Costa Rica	1958	Ireland	5032
Côte d'Ivoire	1358	Israel	4016
Italy	8527	Niger	705
Jamaica	1186	Nigeria	2305
Japan	5385	Norway	5990
Jordan	1288	Oman	548
Kazakhstan	791	Pakistan	2151

Kenya	2267	Palau	136
Kiribati	219	Panama	1446
Kuwait	1016	Papua New Guinea	892
Kyrgyzstan	451	Paraguay	1368
Lao People's Democratic Republic	0	Peru	2649
Latvia	2068	Philippines	3042
Lebanon	1526	Poland	5203
Lesotho	630	Portugal	5505
Liberia	578	Qatar	547
Libyan Arab Jamahiriya	611	Republic of Korea	3321
Liechtenstein	466	Republic of Moldova	825
Lithuania	2294	Romania	3528
Luxembourg	2804	Russian Federation	4391
Madagascar	994	Rwanda	778
Malawi	894	Saint Kitts and Nevis	315
Malaysia	2678	Saint Lucia	470
Maldives	199	Saint Vincent and the Grenadines	367
Mali	927	Samoa	448
Malta	1678	San Marino	272
Marshall Islands	156	Sao Tome and Principe	177
Mauritania	578	Saudi Arabia	1443
Mauritius	1079	Senegal	1521
Mexico	4177	Serbia	2322
Federated States of Micronesia	169	Seychelles	428

Monaco	626	Sierra Leone	796
Mongolia	684	Singapore	2582
Montenegro	2108	Slovakia	2965
Morocco	1895	Slovenia	3008
Mozambique	929	Solomon Islands	374
Myanmar	578	Somalia	325
Namibia	888	South Africa	4077
Nauru	121	Spain	7847
Nepal	1220	Sri Lanka	1811
Netherlands	8060	Sudan	1006
New Zealand	3786	Suriname	450
Nicaragua	1161	Swaziland	616
Sweden	7220	Uganda	1454
Switzerland	7213	Ukraine	2351
Syrian Arab Republic	1	United Arab Emirates	1149
Tajikistan	310	United Kingdom of Great Britain and Northern Ireland	9200
Thailand	2687	United Republic of Tanzania	1539
The former Yugoslav Republic of Macedonia	1057	United States of America	7989
Timor-Leste	137	Uruguay	2145
Togo	961	Uzbekistan	560
Tonga	340	Vanuatu	348
Trinidad and Tobago	1085	Venezuela	2640
Tunisia	1661	Vietnam	1348

Turkey	3463	Yemen	492
Turkmenistan	231	Zambia	1292
Tuvalu	149	Zimbabwe	1654

資料來源：Yearbook of International Organizations, 2011/2012.

捌、海峽兩岸非政府組織的國際參與：合作或競爭？

　　在了解兩岸公民社會與非政府組織國際參與行為模式的差異後，本節將更進一步從兩個不同層面，分別探討兩岸非政府組織進行互動的方式。第一個層面將以兩岸本身的互動為主，探討台灣和中國大陸非政府組織的交流情況，及其所顯示的特色何在？第二個層面則將集中在國際社會，此亦即是兩岸非政府組織在推動國際參與時，會產生那些互動的關係？再者，在兩岸政治關係依然對立的情況下，對台灣和中國大陸非政府組織的交流與互動，是否會產生重大的影響力？為了有系統的整理出台灣非政府組織在中國大陸所推動的民間社會交流，特以台灣公益資訊中心網站為主，針對該網站所列的 3245 個台灣基金會，以及 1128 個台灣社會團體，分別進行個案探索，列出有與中國大陸進行交流與合作的台灣非政府組織，及其交流的主要內容。本文針對台灣 4373 家非政府組織所進行的研究，發現有 295 家的組織與中國大陸的非政組織曾進行交流或合作計畫。在交流的議題方面，主要包括資訊、財經、扶貧、環保、新聞媒體、身心障礙、飲食、經貿、公益、原住民、文化、藝術、宗教、婦女、醫藥衛生等。交流的方式，主要仍以一般性的參訪交流、研討會、研習營，以及學術會議等。基本上，較深層次的實際議題合作仍不多見。

　　由於中國大陸在推動雙邊和多邊外交時，都是強調一個中國的原則，因此對於台灣官方和民間的推動國際參與，必然是極力打壓。此遂造成台灣目前的邦交國只剩下 22 國，以及正式參與的國際間政府組織亦只有 35 個。由於台灣公民社會的快速發展，以及非政府組織不斷的成長，並積極推動國際合作發展。台灣非政府組織的參與國際非政府組織，或以會員資格參與各項年會時，乃經常遭到北京的抗議與打壓，尤其是在更改會籍名稱上。中國大陸對台灣非政府組織國際參與，最常採用的方式，就是強迫台灣的非政府組織更改會籍名稱，從中華民國或台灣，改成中華台北（Chinese Taipei）或中國台灣（Taiwan, China）等。中華民國女法官協會、台灣透明組織、台灣醫院協會、台灣婦女團體全國聯合會，以及台灣路竹會、美洲旅遊協會台灣分會、中華民國野鳥學會、財團法人台灣區花卉發展協會、台灣獅子會、台灣的紡拓會、台灣國際園藝協會、台灣扶輪社、台灣紅絲帶基金會、台灣國際電機電子工程師學會、中華民國船舶運攬協會、台灣國際陶瓷協會、台灣區花卉發展協會，以及中華民國紅十字會等，均曾在國際參與活動時，受到中國大陸的打壓，要求改變會籍名稱。

　　中國大陸除了打壓台灣非政府組織的國際參與外，對於台灣官員的出席國際非政府組織活動，亦是全力封殺。例如，在 2007 年第 34 屆世界台灣同鄉會聯合會年會、2005 年 6 月由國際戰略研究所（IISS）所主辦的第 4 屆亞太安全會議，以及 2007 年 5 月 3 日的「第四屆東亞競爭法與政策會議」和「第三屆競爭政策高峰會議」，皆可觀察到中國大陸強烈的打壓活動。此外，對於台灣非政府組織的國外表演、競賽或展覽，針對國旗和中華民國、台灣等字眼，中國大陸亦竭盡所能的打壓。2007年客家「洗杉坑舞集」在以色列的表演、2005 年澳洲汽車售後市場協會的汽車零配件展、2005 年葡萄牙舉辦的第 29 屆奧林匹克賽鴿大會、2004

年紐倫堡國際發明展、2004 年 5 月紐華克中美商會年會、2003 年 11 月以色列貿易促進組織會議、2001 年 4 月 8 日,「日本關西崇正會」會員大會、2001 年 3 月奧克蘭「藝研會」會員大會、2001 年 5 月泰國全球華商經貿學員聯誼總會會員代表大會、2001 年 4 月第十三屆亞洲華人聯誼會議、2001 年 4 月盧森堡國際學校體育總會游泳盃競賽、2001 年 10 月雪梨東亞商務諮詢協會（NSW-East Asia Business Advisory Council）年會、2005 年 4 月法國巴黎「國際教育組織關貿總協定與教育會議」、2005 年 8 月加拿大愛爾蒙頓市「世界壯年運動會」、2005 年 5 月芬蘭第 38 屆國際技能競賽、2005 年 4 月多明尼加共和國聖多明哥第八屆國際書展、2006 年 8 月曼谷國際少年運動會、2007 年 6 月冰島國際少年運動會、2002 年 9 月全僑民主和平聯盟亞洲分盟及泰國支盟成立大會,以及 2001 年 3 月紐西蘭華人婦女會會員大會等,都可以看到中國大陸的強力阻撓與打壓。

2007 年 9 月 10 日,中國大陸打壓台灣舉辦之「2007 台非進步夥伴論壇:繁榮進步與永續發展」,由於許多非洲國家代表必須由巴黎轉機,中國大陸透過法國政府對法國航空施壓,以沒有得到台灣簽證為由不給登機,理由是不認可台灣所發的「同意落地簽證證明書」;並對非洲國家的非政府組織下達不能到台灣的禁令。

兩岸非政府組織的行為模式和互動關係,毫無疑問受到政治因素的重大制約。由於中國大陸的一向鼓勵兩岸民間社會和經貿的交流,因此也帶動了兩岸非政府組織之間的互動。但值得注意的是,此一互動關係是不平衡的。基本上,都是台灣的非政府組織前往中國大陸參訪或開會,只有極少數的中國大陸非政府組織前來台灣進行交流。但現階段兩岸非政府組織的交流,卻仍然是非常的表面化,而以一般性的參訪、會議和研習為主。但在國際社會的層面上,兩岸非政府組織的互動,則顯示出

不一樣的發展趨勢。一個中國的原則，在兩岸交流的層次上，中國大陸可以說是刻意的淡化。但在國際社會上，一個中國的原則卻是中國大陸絲毫不能讓步的。因此，當台灣非政府組織在國際參與遇到中國大陸的非政府組織時，後者可說是在會籍名稱、國旗和台灣官員出席等事件上，除了極力打壓外，幾乎無任何轉圜的空間，更不用說是交流與合作。因此，在全球公民社會的架構下，當非政府組織進行跨國聯結之際，而兩岸的非政府組織在國際場域，卻是形成對立的局面，此與官方外交競爭實無太大之差異。

玖、結論

自推動改革開放政策以來，已有愈來愈多的外國和國際非政府組織進入了中國大陸，或設立代表處，或尋找合作夥伴，或發展組織成員。他們憑藉所掌握的資金、技術、專門知識、專業人才，以及國際關係及影響力，廣泛涉入中國社會的各個領域，也促進了國際非政府組織在中國大陸的發展。值得注意的是，在中國大陸的外交政策中，有關中國大陸與國際非政府組織的關係和公眾外交，可說是兩個比較新的概念。對中國大陸而言，與國際非政府組織的關係，是公眾外交的重要一環，更是北京推動公眾外交中的一項重要內容。在這些新的特點中，如何與國際非政府組織開展交流合作，是中國大陸公眾外交發展過程中的一個新課題；同時與國際非政府組織的關係，也是公眾外交非常重要的組成部份。然而值得注意的是，就本質與內涵而言，中國大陸的公眾外交與台灣的全民外交，有著相當大的差異性。中國大陸的公眾外交，主要仍是由政府全面性的推動，並直接委派民間組織執行之。而台灣全民外交的意涵，則基本上是代表了一種由下而上的發展模式，其中非政府組織本身扮演相當大的主導性。在中國大陸設立秘書處的國際非政府組織，主

要仍是屬於中國大陸本身的非政府組織。這些非政府組織雖然是向中國大陸的民政部註冊登記，但其亦擁有來自其他國家的非政府組織團體會員或個人會員，因此也是屬於國際非政府組織的範疇。中國大陸對非政府組織的監控機制下，仍然只能容許較不敏感議題的非政府組織設立秘書處，並與國際社會進行接軌與聯結。例如，由學術文化、經濟工商和醫療衛生所佔有的最高比例中，可以看出這些議題都是較不敏感的。值得注意的是，以人道慈善和社會福利為主要議題的國際非政府組織秘書處，可能亦反映了中國大陸民間仍然仰賴政府和黨的直接協助。公共政策議題可能因涉及到法律民主及人權等意識形態，故在中國大陸都是屬於比較敏感的議題。

具有合國諮詢地位的民間組織，主要都是以特別諮商地位為主。值得注意的是，在這十大議題中，中國大陸具有聯合國諮詢地位的民間組織，主要是集中在公共政策、學術文化、經濟工商、農業環保、人道慈善，以及其他等項。而在醫療衛生、科技能源、社會福利，以及運動休閒等議題方面，則是較為缺乏。

就這些中國大陸非政府組織的國際參而言，其所採用的方式，仍然是參加會議為主。例如，除了可以參加經社理事會和附屬機構的會議外，亦可參加聯合國主辦的各項會議，以及可以旁聽聯合國內部的會議。因此，具有聯合國諮詢地位的中國大陸非政府組織，基本上並未從事與其他國際非政府組織的實際項目合作，本身亦未直接在發展中國家推動相關工作項目。他們所關注的焦點，仍然停留在一般性的參訪、交流，以及會議和論壇等。

值得注意的是，這些具有聯合國諮詢地位的中國大陸非政府組織，可以說都是具有強烈政治色彩的非政府組織，與政府的關係相當密切，

其宗旨亦是充份反映了黨和政府的政策。在這些中國大陸的非政府組織中，以外交部為業務主管單位的有中國軍控與裁軍協會、中國國際公共關係協會，以及中國聯合國協會等。此顯然可以看得出來，政府部門對這些所謂非政府組織的影響力。此外，在這些中國大陸具有聯合國諮詢地位的非政府組織中，在 1998 年以後才獲得諮詢地位的共有 32 個之多。此說明了中國大陸非政府組織的參與聯合國事務，也是最近幾年的現象，此值得台灣政府與民間的注意。

鑒於中國大陸非政府組織與政府之間的密切關係，亦突顯了該些組織實具有政府白手套的角色與功能。因此，當海峽兩岸非政府組織在國際場合接觸時，經常可看到中國大陸非政府組織的極力打壓台灣的非政府組織。其打擊台灣非政府組織國際參與的方式，主要包含要求更改會籍名稱、阻止台灣官員出席國際非政府組織活動、會議抗議和阻撓活動，以及遏阻台灣非政府組織的國際參與等。然由於中國大陸非政府組織的國際參與，目前僅著重於會議交流和互訪等，因此台灣非政府組織深耕於受援國社會的在地計畫，仍是中國大陸非政府組織所無法比擬的。在台灣公民社會的價值，以及非政府組織依然佔有優勢的情況下，如何利用此一時機，積極建構與國際非政府組織的聯結與合作，實是當前台灣政府和民間所應共同努力的方向。

海峽兩岸非政府組織的國際參與，除了數據上的差異外，在實際的參與方式上，亦有相當大的不同。中國大陸非政府組織主要是透過交流、參訪、會議和論壇的方式，與國際非政府組織進行互動。但台灣非政府組織的國際參與模式，除了一般性的參訪和會議外，也實際在發展中國家內部，執行相當多的合作項目，並直接對受援國進行人道緊急救援。例如，在南亞海嘯和海地大地震發生時，台灣非政府組織立即參與了人道緊急救援行動。兩岸非政府組織的行為模式和互動關係，毫無疑問受

到政治因素的重大制約。由於中國大陸的一向鼓勵兩岸民間社會和經貿
的交流，因此也帶動了兩岸非政府組織之間的互動。但值得注意的是，
此一互動關係是不平衡的。基本上，都是台灣的非政府組織前往中國大
陸參訪或開會，只有極少數的中國大陸非政府組織前來台灣進行交流。
但現階段兩岸非政府組織的交流，卻仍然是非常的表面化，而以一般性
的參訪、會議和研習為主。但在國際社會的層面上，兩岸非政府組織的
互動，則顯示出不一樣的發展趨勢。

國家安全決策的建構認知途徑：
兼論中國組建國家安全委員會之研究

翁明賢
（淡江大學國際事務與戰略研究所教授兼所長）

摘要

長久以來國家安全政策的制定過程，借用國際關係理論的主要學派概念：從「權力」、「安全」，到「利益」，進而轉向建構主義的「觀念」與「文化」的角度分析。對於國家如何產出安全決策過程，受限於決策過程的「黑盒子」，始終無法一窺究竟。事實上，單從綜觀角度分析國際體系與國家間的互動，缺乏「微觀」視野看「決策者」如何主導決策過程，無法理解國家安全政策的體現。本文思考運用以溫特（Alexander Wendt）為代表的社會建構主義，主張行為體的「共有理解」（shared ideas）型塑不同文化的產出，決定行為體之間的「身份」關係，從而決定「利益」與產出「政策」的邏輯思考過程。同時，整合傑維斯（Robert Jervis）「認知心理學派」針對決策者的心理學理論的運用，從傳統歷史學習對決策者的影響因素切入，整合出一個建構認知的決策分析途徑，並以習近平主政以來提出「中國夢」，組建中國國家安全委員會，勾勒中國國家安全戰略與政策形成為例，檢證本建構認知的決策途徑的適用性，與後續安全決策研究的精進之道。

關鍵字：
安全決策、建構主義、認知心理學派、知覺、共有理解、客觀國家利益、中國國家安全委員會

壹、前言

　　2014年俄羅斯總統普丁（Vladimir Putin）藉口烏克蘭內部政治動亂，支持克里米亞共和國透過公投加入俄羅斯，並進行軍事演習出兵克里米亞半島與東烏克蘭邊界地區，引發美國與歐盟國家的反彈。俄羅斯宣稱部署在烏克蘭邊境的軍隊，並非「軍事干預烏克蘭」，只是一種防禦性質。[1]美國總統歐巴馬（Barack Obama）強力抨擊莫斯科的行動，其國家安全顧問萊斯（Susan Rice）警告，如果不履行協議條款，會針對「俄國經濟中相當重要的領域」採取制裁措施。[2]

　　2014年4月17日，普丁在電視叩應節目上表示，俄國國會已授權他對烏克蘭東部出兵，但他希望「不必行使這個權利」，因為烏克蘭東部歷史上原本屬於俄國，沙皇時代稱之為「新俄國」「Novorossiya」。[3]這是普丁首次公開承認在克理米亞與烏克蘭「鬧分家」時，俄軍進入克理米亞半島。[4]一個小朋友好奇問普丁：「如果你溺水了，你覺得歐巴馬會救你嗎？」普丁先說：「我才不想溺水」，接著強調：「我不覺得自己和歐巴馬有什麼私交，但我相信歐巴馬是個勇敢的好人，他一定會救我的。」

---

[1]　〈俄羅斯加強邊境軍事部署 但否認幹預烏克蘭〉，《鉅亨網》，2014年4月20日，<http://news.cnyes.com/Content/20140420/KIUV092FI7832.shtml?c=headline_sitehead>。

[2]　〈華盛頓警告俄國勿拖延緩解烏克蘭危機〉，《BBC中文網》，2014年4月19日，<http://www.bbc.co.uk/zhongwen/trad/world/2014/04/140419_ukrain_us_threaten.shtml>。

[3]　〈出兵烏克蘭？ 普丁「希望沒必要」〉，《聯合新聞網》，2014年4月18日，<http://udn.com/NEWS/WORLD/WOR3/8620311.shtml>。

[4]　〈俄軍進入克裡米亞 普丁公開認了〉，《蘋果日報》，2014年4月18日，<http://www.appledaily.com.tw/realtimenews/article/international/20140418/381407/%E4%BF%84%E8%BB%8D%E9%80%B2%E5%85%A5%E5%85%8B%E9%87%8C%E7%B1%B3%E4%BA%9E%E3%80%80%E6%99%AE%E4%B8%81%E5%85%AC%E9%96%8B%E8%AA%8D%E4%BA%86>。

[5]一言之，俄美關係跌至冰點問題，普丁表示錯誤在華盛頓，因為，美國在南斯拉夫、阿富汗、敘利亞與利比亞等危機中使用雙重標準，這些不可能適用於俄羅斯。[6]

紐約大學全球研究教授伊恩・佈雷默（Ian Bremmer）認為當俄羅斯併吞克里米亞時，美國和歐盟國家以經濟影響的懲罰性措施作為回應，只是發出空洞的威脅，他認為西方絕不會像對待伊朗那樣對待俄羅斯。[7]

另外，自 2012 年習近平上臺，成為中國第五代領導人，在國際事務方面，強調與美國建立新型大國關係，提倡區域經濟整合，對於東海與南海主權爭議毫不手軟；在國內部分改革肅貪雷厲風行，提出「中國夢」下的強軍強國夢，企圖打造以習近平為核心領導的中國世紀。對北京而言，克里米亞併入俄羅斯可能是兩國漫長對抗開端。習近平與普丁視訊時，使用「烏克蘭情勢偶然中有必然」一詞，暗喻西方支持烏克蘭反對派未見好即收，陷入今日窘境，強調「政治解決爭端」的必要，並提出解決烏克蘭危機的三項建議（建立國際協調機制、各方停止進一步惡化情勢的動作、國際金融組織著手援助烏克蘭）。[8]

---

[5] 〈普丁：我若溺水　相信歐巴馬會救我〉，《蘋果日報》，2014 年 4 月 18 日，<http://www.appledaily.com.tw/realtimenews/article/international/20140418/381652/%E6%99%AE%E4%B8%81%EF%BC%9A%E6%88%91%E8%8B%A5%E6%BA%BA%E6%B0%B4%E3%80%80%E6%AD%90%E5%B7%B4%E9%A6%AC%E6%9C%83%E7%B5%A6%E6%88%91%E6%95%91%E7%94%9F%E8%A1%A3>。

[6] 〈普丁與民對談　俄美關係惡化非俄國的錯〉，《蘋果日報》，2014 年 4 月 17 日，<http://www.appledaily.com.tw/realtimenews/article/international/20140417/381214/%E6%99%AE%E4%B8%81%E8%88%87%E6%B0%91%E5%B0%8D%E8%AB%87%E3%80%80E4%BF%84%E7%BE%8E%E9%97%9C%E4%BF%82%E6%83%A1%E5%8C%96%E9%9D%9E%E4%BF%84%E5%9C%8B%E7%9A%84%E9%8C%AF>。

[7] 〈反制俄羅斯　美國心有餘而力不足〉，《新浪香港財經網》，2014 年 3 月 30 日，<http://finance.sina.com.hk/news/-3-6586191/1.html>。

[8] 〈社評－柔性外交　彭麗媛應回訪美國〉，《中時電子報》，2014 年 3 月 24 日，<http://www.chinatimes.com/newspapers/20140324001019-260310>。

　　從上述中俄美三國領導人的決策思考與作為，引發下列問題：第一、何種因素主導國家安全政策的產出？為何呈現不同的決策結果與產出？第二、國家安全的指涉與內容為何？第三、國家安全政策與外交政策決策過程研究有何不同？在國家安全政策的決策過程中，由何人？何種機制？決定事件屬於國家安全層級？決策過程中何種主要因素主導政策的產出？國家是最重要的行為體，如何形成決策組織，由誰來定義國家安全是最大國家利益，並追求利益最大化？

　　由於建構主義從國家本位角度出發，以國際體系互動為主軸，提出國家行為體之間經由有意義的互動過程，產生不同的無政府文化，形成不同的身分，主導利益的認知與政策的產生。建構主義提供「文化」、「規範」對於國家的影響，點出文化影響認同與身份的關係，從而決定國家利益的屬性。建構主義缺乏國內政治面向的討論，缺乏決策過程中的「決策者」研究，比較強調國際體系與國家互動層面的分析，某種程度無法理解國家安全決策者的思維。

　　認知心理學則從微觀角度分析決策者的心理「認知」的作用，不去分析「文化」與「社會互動」對決策者的影響，比較從歷史經驗去推測決策者的思維背景。認知心理學派指出：決策者的「認知」影響國家之間的衝突與和平，影響決策者認知的心理學理論及其影響認知的：「錯誤認知」。不過，此一學派也欠缺「決策者」如何理解「利益」與「衝突」，以及「政策」間的產出過程。

　　所以，如何從建構主義角度出發，運用認知心理學角度：「認知」，才能有助於瞭解決策者如何：思考（不同因素）、判斷（利益大小）與決定（政策推動），從而建立一個簡約的建構認知的決策分析途徑。是以，本文研究的目的有四個，首先，瞭解一般國關理論下決策研究的內涵；其次，比較建構主義與認知心理學派的決策研究途徑差異；第三、進而建立一個建構認知的決策途徑，並以中國組建國家安全委員會為例，

檢證此一國家決策研究途徑的適用性，從而提出建構主義的「共有理解」如何能與認知心理理論的「認知」相互為用的企圖思考。

本文首先整理有關於國家安全政策的決策理論，包括傳統現實主義與自由主義的思考，提出建構主義的客觀國家利益論與認知心理理論角度，進而將兩種研究途徑加以整合，嘗試整理出一個建構認知的決策分析架構，並已習近平組建「中國國家安全委會」為例，驗證此一「建構認知決策途徑」的適用性如何。最後，根據上述的研究理論與實物的驗證過程，提出未來國家安全政策研究的參酌，並提出台灣的國家安全政策應興應革之道。

貳、國際關係理論下的決策研究

一、傳統決策理論與其研究途徑

傳統國際關係理論下的「決策研究」（decision-making theory）主要聚焦於外交政策的研究，區分為：「決策者」與「決策過程」的兩大類型。1962 年古巴飛彈危機驚爆十三天，牽動世人對於危機決策研究重要性，也突顯國家安全的整體性思考的必要性。主要在於國家安全政策的研究過程中，除了一般思考「國家利益」的內涵，國家決策者事實上扮演關鍵性角色。

傳統上國際關係理論分析決策產出時，關注三個因素：國際環境因素、國內因素，以及決策者因素，比較少觸及國際與國內因素的互動，以及決策者和上述兩個主要變項的互動關係。本文認為分析國家安全政策的決策過程，除了決策機制與決策模式之外，決策者處於關鍵地位，如果不瞭解決策者的認知與思考，就無法瞭解決策者如何去判斷其所處

於的國內外環境因素，也就無法理解其判斷國家安全情勢的優先順序為何？

　　另外，國家安全政策的研究主題聚焦於決策過程中的黑盒子問題，伊斯頓（David Easton）的「系統研究途徑」（system theory）：認為「黑盒子」為研究限制，略而不談，並假設決策者為理性人，必定國家最佳利益去思考政策的產出。此外，國際政治層次分析法，包括：國際體系、國家間、國家內部或是決策者等三或四個層次，如何依據上述層次判斷「決策者」的思維？又如何評估「國家利益」的優先性，並提出相應的國家安全政策？都是對傳統安全決策的一大挑戰。

　　主流現實主義（realism）強調國際體系權力的對比，影響國家外交政策的結果，同時假設國家行為體是一個理性的行動者，任何對外政策的產出都基於最大化利益的考量。在國際政治領域中，「結構」是根據物質因素加以定義，包括：無政府狀態、秩序原則與國家間實力分配狀況。[9]冷戰時期以理性選擇為代表的決策研究模式是一種巨觀角度，通過外交決策機制與過程的研究，從而理解國家對外行為的「為何？」則是屬於微觀角度的分析。[10]

　　在國際社會無政府狀態下，國家追求最高利益，國家安全是最大國家利益，國家領導人對於國際形勢的判斷，決策過程中獲得所需要的訊息，所有政策選項根據國家利益的大小有序排列，因此，任決策者在同樣條件下，都會做出同樣的選擇與追求明確的國家利益。[11]

---

[9] 請參考肯尼士華爾茲（Kenneth Waltz）原著，信強譯，《國際政治理論》（上海：上海人民出版社，2003 年），中文版前言，頁 16。

[10] 張清敏，〈第十一章 外交政策決策研究〉，王健偉主編，《國際關係學》（北京：中國人民大學出版社，2010 年），頁 259。

[11] 張清敏，〈第十一章 外交政策決策研究〉，頁 260。

一般外交決策的研究對象屬於：具有權威、代表國家的決策者，以影響本國以外的行動者為目的，根據國際與國內，決策機制的內部的環境對決策結果的選擇，或決策機制內部的環境與各種因素運作所產生的結果。[12]是以，將研究對象從抽象的國家行為體轉向具體的決策者，瞭解決策的組織，透過分析決策過程的影響因素來研究對外政策的決策結果，形成外交決策研究的特點。

林碧炤認為傳統觀念決策者根據「理性原則」，選擇最有利的政策，決策者考慮最大的效能與最好的可能，亦即最佳的路徑（the optimal cause）。其實，所有「決策者」無法完全依照個人的期望，從事最好的選擇，因為「環境」、「心理」與「時間」形成不同的壓力。[13]

基於「國家利益」以下四種特性，相關國安政策會受到限制：1.國際政治的本質，決定國家行為的最基本因素；2.國家以追求利益為主要目的，其作為無法超越其能力範圍；3.空洞的道德觀念不足以構成國家利益的要件，實際主義與權力才是國家利益的基礎；4.政治行為或是外交決策必須運用權力的標準去衡量，無法透過一般道德觀念或個人的道德標準去評估。[14]

是以，瞭解政策制定者的個人背景：教育背景、宗教信仰、重要生活經歷、專業訓練、國外經歷、身心健康狀態以及過往的政治活動，有助於瞭解決策者的深層動機與價值觀。[15]基本上，個人的心理經驗與他們在社會組織中的政策選擇間存在何種關係，是一個值得深入研究的課題。認識個人背景有助於理解影響決策的因素，根據對社會角色與社會

---

[12] 張清敏，〈第十一章 外交政策決策研究〉，頁 261。

[13] 林碧炤，《國際政治與外交政策》（臺北：五南，1997 年），頁 205。

[14] 林碧炤，《國際政治與外交政策》，頁 207。

[15] 詹姆斯多爾蒂、小羅勃特普法爾飭格拉夫，閻學通、陳寒溪等譯，《爭論中的國際關係理論》（北京：世界知識出版社，2001 年），頁 601。

過程分析決策者的正常反映，但如果碰到反常行為時，則又是另一個研究挑戰。[16]

二、建構主義的客觀國家利益論

（一）建構主義的觀念主導身份

　　「社會建構主義」（social constructivism）並非一種「描述國際關係如何運作」的「實在理論」（substantive theory）或是「研究範式」（research paradigm），而是一種適用於所有社會科學運用指導如何進行進行研究的社會分析方法。[17]作為一種「元理論角度」（a meta-theory position），「建構主義」無法提供「有關世界政治運行」的任何解釋，如同「理性主義」通過對不同世界政治觀的結合，足以構成對國際政治運作的各種解釋，「建構主義」扮演一種「對話」與「融通」的「橋樑角色」（a bridge among theories）。[18]

　　以溫特（Alexander Wendt）為代表的社會建構主義強調國際社會存在三種無政府狀態：「霍布斯文化」（Hobbesian culture）、「洛克文化」（Lockean culture）與「康德文化」（Kantian Culture）三種無政府文化，並存在三種結構：「敵人」、「競爭者」與「朋友」。溫特從「整體主義」（the holist hypothesis）的角度假設：國際政治結構對國家具有建構性作用，國家行為體的利益被一種「結構」所建構，行為體與此一「結構」產生關聯性，並使「結構」更趨穩定，顯示出「身份」與「利益」被「社會建構」的事實，表達此種現象有新的變化可能。[19]

---

[16] 詹姆斯多爾蒂、小羅勃特普法爾飭格拉夫，閻學通、陳寒溪等譯，《爭論中的國際關係理論》，頁 601。

[17] 董青嶺，《複合建構主義-進化衝突與進化合作》（北京：時事出版社，2012），頁 17。

[18] 董青嶺，《複合建構主義-進化衝突與進化合作》，頁 18。

[19] Alexander Wendt, *Social Theory of International Politics* (Cambridge: Cambridge University Press, 1999), pp. 247-248.

因此，國家行為體的「身份」與「利益」是一種社會建構的事實，必須透過國際社會國家之間互動的結果。在三種無政府文化下，國家之間形成多種「社會結構」，此種結構為一種「觀念分配」（distribution of ideas），有些觀念是公有的，有的屬於私有的，「共有觀念」形成社會結構的次結構：「文化」。[20]國家行為體之所以接受「文化」或是「規範」，是受到三種途徑的影響：被迫遵守（武力）、利益所趨（代價）與承認規範（合法性），而行為體之間透過「觀念」，促使行為體之身份與利益的建構。

溫特將「身份」（identity）定義為：「有意圖行為體的屬性，可以產生動機的與行為的特徵」。[21]所以，國家身份是一個「國家」相對於國際社會的角色，國家身份的定位是指國家與其他國家行為體互動過程中，針對本國在國際社會中所處的地位的看法與估計。其次，「身份」既是一種主體間的特徵，從行為體的「自我領悟」（self-understanding）中產生，也會受到環境的調整而發生變化。

溫特提出身份區分為四種：「個人或團體」（Personal or Corporate identities）、「類屬身份」（Type identity）、「角色身份」（Role identity）、「集體身份」（Collective identity）[22]每一個國家行為體在國際社會中，依其不同互動方式，建構國家之間不同的身份關係，美國與世界國家透過條約形成不同的同盟關係，例如：美日安保同盟、美韓共同防禦條約等等。

國家身份選擇途徑有兩種方式：「自然選擇」（natural selection）與「文化選擇」（cultural selection），[23]第一種是一種自然競爭與淘汰方式，

---

[20] Alexander Wendt, *Social Theory of International Politics*, p. 249.

[21] Alexander Wendt, *Social Theory of International Politics*, p. 224.

[22] Alexander Wendt, *Social Theory of International Politics*, p. 224.

[23] Alexander Wendt, *Social Theory of International Politics*, pp. 319-320.

被教育優勢的行為體所取代的過程；第二種溫特區分為：「模仿」（Imitation）與「社會學習」（social learning）。[24]國家行為體透過「利己」的前提，與其他行為體互動，形成不同角色或集體身份，例如：「歐洲聯盟」內部除了「深化」之外，對外「擴大」過程，其他未參與國家也透過「社會學習」過程加入歐洲聯盟，以獲得經濟利益。

（二）建構主義的客觀利益內涵

「利益」（interest）是指每一個社會行為體為了滿足自我需求，都會去追求的課題。建構主義認為「觀念」所以引導的「文化」，主導國家利益的發展，透過「觀念」才能發揮「權力」與「利益」的最大化。溫特認為建構主義強調觀念建構了利益，但是，觀念並非無所不在，呈現一種「弱式物質主義」（rump materialism）的傾向。若是物質主義與政治現實主義的結合，表達國際政治的根本因素在於：國際體系的「觀念分配」（distribution of ideas）。[25]

（三）建構主義客觀利益與主觀利益轉化

在「觀念」建構「利益」的主導下，「利益」可以區分為「主觀利益」與「客觀利益」兩種，溫特認為「生存」、「獨立」與「經濟財富」為國家必須滿足的「客觀利益」，如果國家得不到滿足，國家就無法生存。另外，「集體自尊」也是國家必須完成的課題。其次，建構主義強調「國家利益」包括：「再造要求」與「安全需求」，強調：國家應該做什麼的「規範問題」，而非回答國家實際上做什麼的「科學問題」。因此，透過「客觀利益」驅使國家行動的方向與力量，國家有某些「安全需求」

---

[24] Alexander Wendt, *Social Theory of International Politics*, p. 324.

[25] Alexander Wendt, *Social Theory of International Politics*, pp. 95-96.

（客觀利益），才會確定自己的「主觀利益」。兩種利益之間的界線不明
顯，從長期角度言，兩者如果不加以整合，國家行為體就會消失。[26]

因此，面對國家客觀需要的不同利益，必須透過決策者的判斷，才
得以出現國家的主觀利益之所在。國家並非國際社會唯一的行為體，必
須與其他國家進行有意義的互動，才能形成關係的確定，才能有一定程
度的政策穩定性。某些時候，國內政治也會影響決策者的判斷，例如，
當領導集團感到內部權力受到威脅時，會重視與處理內部的壓力團體，
來轉移內部與論焦點，創造一致對外的氣氛。[27]

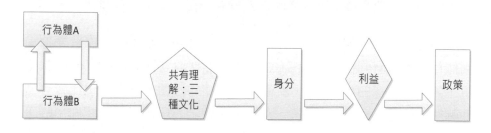

圖 1：建構主義身份決定利益示意圖

資料來源：筆者自行整理

三、認知心理學派的決策者角度

（一）認知心理的認知意涵

本文以傑維斯（Robert Jervis）的：「國際政治中的知覺與錯誤知覺」
一書為主要認知心理學理論的參考，並從國際政治的層次分析法中，「決
策者」的「認知」著手。決策者如何透過「資訊」或是「資訊」的接受，

---

[26] Alexander Wendt, *Social Theory of International Politics*, p. 234.

[27] Margaret G. Herman and Joe D. Hagan, "International Decision Making: Leadership Matters," *Foreign Policy*, Spring 1998, p. 133.

產生一定程度的「認知」（perception）與「錯誤認知」（misperception），
從而影響決策過程的產出。

　　根據一般認知心理學理論，當一個人接受到「資訊」或受到環境中
「刺激」因素之時，就會產生一種針對刺激因素的「認知」：人在受到
刺激後進行「選擇」、「組織」與「判斷」自己接收資訊的過程。通常一
個人針對「認知」到的資訊加以理解，並根據自己的理解對刺激因素加
以反應。[28]一般人對於刺激因素的反應是基於他對於刺激因素的「認知」，
並非基於客觀真實的刺激因素本身。如果一個人的「認知」發生錯誤，
他的「理解」就會錯誤，其反映自然就有問題。

　　「認知」是一種對於其他行為體的「理解」，並非唯一重要變項，
兩個行為體具有同樣「認知」，並不會必然採取同樣的行動。一般狀態
下，如果有這樣的「認知」，就會採取同樣的行動，反之，也比較容易
理解雙方的行為會有所差異。[29]基本上，政治心理學對於「認知」的研
究，　動學界研究「態度」對於「認知」的影響。如何處理態度不一致
的時候，態度影響行為是經由人對事務的實際具體觀察，這就是一個心
理學中的「認知過程」。[30]一般人在觀察具體對象時，受到先天對此對象
的態度所影響，人的「行為」與「認知」直接聯繫，因為「認知」是一
種人發展出來對外界實存印象的一個持續過程，態度如何影響人的「認
知」，也一定程度決定人的行為。[31]

---

[28] 羅伯特傑維斯（Robert Jervis）原著，秦亞青譯，《國際政治中的知覺與錯誤知覺》
（Perception and Misperception in International Politics）（北京：世界知識出版社，2003
年），譯者前言，頁 13。

[29] 羅伯特傑維斯（Robert Jervis）原著，秦亞青譯，《國際政治中的知覺與錯誤知覺》，頁
20。

[30] 石之瑜，《政治心理學》（臺北：五南，1999 年），頁 76。

[31] 石之瑜，《政治心理學》，頁 76。

　　為了避免錯誤認知的產生，傑維斯認為應該將「認知」與「錯誤認知」兩種因素加以結合，行為體的認識以及行為體已有的資訊，並討論下列問題：決策者如何形成對其他行為體的看法？決策者最感興趣何種現象？何種因素讓決策者感受威脅？在何種條件下，決策者認為其他行為體懷有敵意，但是卻制定有限的目標？何種行為最可能改變已經形成的認識？[32]

　　傑維斯認為國家間發生衝突事務，主要在於決策者發生「錯誤認知」：係指決策者誤判接收到的資訊，致使決策與行動發生錯誤，致使事務發展與決策者的意圖相左（參考下圖 2: 認知心理決策途徑示意圖）。換言之，基於決策者對於形勢與對方意圖的錯誤判斷，並誇大對方敵意的判斷，雙方會採取過分的行為。[33]

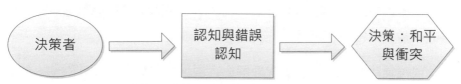

圖 2：認知心理決策途徑示意圖

資料來源：筆者整理自製

　　傑維斯針對決策過程的假設：人們認識別人與做出決定的方式，對結果影響不大，邏輯推理無法證明此一假設是錯誤。國際關係研究的關鍵變項是否包括決策因素？包括兩個次要問題：政策偏好的重大差異是否與決策者對環境的不同知覺有關？現實與知覺是否存在重大差距？[34]

---

[32] 羅伯特傑維斯（Robert Jervis）原著，秦亞青譯，《國際政治中的知覺與錯誤知覺》，第一章 知覺與層次分析問題，頁 21。

[33] 羅伯特傑維斯（Robert Jervis）原著，秦亞青譯，《國際政治中的知覺與錯誤知覺》，譯者前言，頁 13。

[34] 羅伯特傑維斯（Robert Jervis）原著，秦亞青譯，《國際政治中的知覺與錯誤知覺》，第一章 知覺與層次分析問題，頁 3。

傑維斯認為：一個人要採取理智行動，必須先預測他人如何行動。如果希望影響別人，就需要預測別人對自己可能採取的不同政策的反應。即使不會影響他人的行動，也須瞭解對方採取何種行動，進而有計劃調整自己的行動。[35]

　　針對國際政治分析的層次上，Arnold Wolfers 分成兩個層次，Kenneth Waltz 分成三個層次，傑維斯提出四個層次：第一決策層次、第二政府機構層次、第三為國家性質與國內政治運作層次、第四為國際環境層次。傑維斯主張如果從第二到第四層次分析，針對上述「政策偏好的重大差異是否與決策者對環境的不同知覺有關？」的命題重新加以審視，就沒有必要採取決策分析法，因為：第一、國家在相同客觀環境採取同樣的行為方式，第二、所有具有同樣的國內特徵與國內政治的國家，在同樣客觀環境中採取相同行為方式，第三、國家行為完全透過政府機制的利益與日常運作進行。[36]

　　傑維斯認為從決策者層次理解對客觀世界的觀點，及其對他人的理解，從而才能理解重大決策的形成過程。上述認知因素構成了部分行為的近因，其他層次：國際與國內層次，無法說明此類認知因素為何。在相同環境背景下，只要決策者的知覺與現實之間存在差異，有必要對決策過程進行研究。[37]

　　何謂「意向」，行為體的「意向」被定義為：行為體在給定的環境中，將會採取的行動，例如：國家將要採取或可能採取的可能活動。[38]所

---

[35] 羅伯特傑維斯（Robert Jervis）原著，秦亞青譯，《國際政治中的知覺與錯誤知覺》，第二章 外部刺激、內部過程與行為體意向，頁22。

[36] 羅伯特傑維斯（Robert Jervis）原著，秦亞青譯，《國際政治中的知覺與錯誤知覺》，第一章 知覺與層次分析問題，頁4。

[37] 羅伯特傑維斯（Robert Jervis）原著，秦亞青譯，《國際政治中的知覺與錯誤知覺》，第一章 知覺與層次分析問題，頁18。

[38] 羅伯特傑維斯（Robert Jervis）原著，秦亞青譯，《國際政治中的知覺與錯誤知覺》，第

以國家意向被定義為：國家在某種給定條件下，將要採取或是可能採取的行動。國家意向有時不同於國家決策者所可能採取的行動。某種程度下，旁觀者可能比行為體更瞭解其意向，其理由如下：[39]1.當世界政治的發展超出決策者的思維範疇時，決策者也可能不知道如何行動；有時決策者知道可能會發生某事，沒有考慮採取何種政策，因為決策者知道行動會受到環境中部可預測因素的影響；2.與錯誤的自我預測相干的因素為，因為事件發生，導致決策者重新思考他的目標與利益。3.決策者可能考慮要採取行動，如果事件的發生與其預測有所不同，決策者可能就不採取行動。4.國內形勢的發展可能與制定計劃時不一致，可能因為事件本身對國內形勢產生影響。決策者可能會發現，原先的計劃無法推動，又出現新的決策選擇。

決策者通常面臨如何正確評估對方目標與認識的重要性，存在以下三個問題：1.有爭議的問題是否可以孤立起來討論？對方會採取何種策略？什麼是最有效的威脅與承諾；2.在談判過程中，行為體除了瞭解對方的要求與承諾提出，還要考慮對方不同解決方案的反應；3.如果行為體針對他方的目標與認識的評估影響其作出的威脅與承諾，行為者的評估準確程度自然影響政策推動的可能性。[40]

（二）認知心理學下的決策

傑維斯從心理學理論針對決策者的研究導致錯誤知覺的重要機制，也在國際關係領域中發揮作用。第一、「認知相符現象」（cognitive consistency），一般人對世界事物都有一些固定的認識，保存在他們的記憶中，形成了人在接收新的資訊之前的原有認識。人會保持既有認識的

二章　外部刺激、內部過程與行為體意向，頁 40。

[39] 羅伯特傑維斯（Robert Jervis）原著，秦亞青譯，《國際政治中的知覺與錯誤知覺》，第二章　外部刺激、內部過程與行為體意向，頁 46-49。

[40] 羅伯特傑維斯（Robert Jervis）原著，秦亞青譯，《國際政治中的知覺與錯誤知覺》，第二章　外部刺激、內部過程與行為體意向，頁 35-37。

趨向,接收新的資訊時,下意識的會讓新資訊與自己有的認識保持一致,就是所謂「認知相符」現象;決策者收到的資訊與自己的原有的認知不一致,往往對於新的資訊視而不見,或是加以區解誤判,使其能夠與原有認識一致。

傑維斯提出心理學中的「認知相符理論」包括理性與非理性的相符理論,所謂「相符性」被理解為一種認知取向,人們通常趨於他們預期看見的事物,趨向於將接收的資訊歸類於自己固有的認知。[41]人類的認識結構中傾向於「相符」或是「平衡」,其中所有好的成分(具有正向價值的內涵)之間的關係是正相關係,所有壞的成分(存在負面價值的內容)之間的關係是正向關係,所有好壞之間的關係是一種「負向關係」。因此,引導以下認識知識的指導原則:我們喜歡的國家會從事我們肯定的事情,支持我們支持的目標,同樣反對我們反對的國家。同時,如果一個國家是我們的敵人,這國家的提議一定會傷害我們,也會傷及我們朋友的利益,也會支持我們的敵人。[42]

根據認知心理學的「認知不協調理論」(cognitive dissonance theory),人對本身、他人與事務的好惡,與實際行為之間,必須維持一致性的動力,認知上的不協調會產生焦慮,讓某種具備好惡情感的某種態度,影響知覺動向。[43]根據上述分析,態度促成「社會判斷理論」(social judgment theory),態度如同一個船錨,所有對於其他人、事務的觀察,都依照與主角的態度的相關位置與距離而形成。在「知覺」形成過程中,態度是

---

[41] 羅伯特傑維斯(Robert Jervis)原著,秦亞青譯,《國際政治中的知覺與錯誤知覺》,第二章 外部刺激、內部過程與行為體意向,頁112。

[42] 羅伯特傑維斯(Robert Jervis)原著,秦亞青譯,《國際政治中的知覺與錯誤知覺》,第二章 外部刺激、內部過程與行為體意向,頁112-113。

[43] 石之瑜,《政治心理學》,頁77。

一個固定常數，與自己態度接近者，知覺上會被吸引更近，反之則更遠，誇大與自己人的「同質性」與旁人的「異質性」。[44]

　　第二、「誘發定勢」（evoked set），一般人接受資訊時，會以自己當時集中關注與考慮的問題為定勢，據此來解讀自己接收到的資訊；另外，「誘發定勢理論」（evoked set）也是解釋決策者的知覺與錯誤知覺的理論基礎。通常「知覺」比較會受到根深蒂固預期心理與認知的影響，也會受到及時思考的內容影響：「誘發定勢」的牽動。亦即一個人會根據及時地聯想，去認識與解讀外來的刺激性因素，因此，如果要瞭解某人或某國從某種證據之中得出何種推論，必須知道這個人正在關注的問題，以及他剛接收到的資訊。[45]

　　上述「誘發定勢」有區分兩種狀態：第一、沒有溝通條件下的誘發定勢：當行為體錯誤的判斷別人與自己關注同樣事物，就很容易發生誤導行為。不過，即使沒有上述事件，「誘發定勢」也會影響個人的知覺；不論理智與否，一般人總是根據接收到資訊之際，本身的關注對象來解釋收到的資訊。第二、在溝通以及對他人「誘發定勢」下的判斷情況，行為體趨於根據自己的「誘發定勢」解讀其他行為體的資訊與行為，如果他與其他行為體之間有相同的關注與資訊，會強化此種解讀傾向。反之，上述兩者有不同的背景，可能會出現「錯誤知覺」，除非兩者知道這種錯誤可能發生，也瞭解對方的觀點。[46]

---

[44] 石之瑜，《政治心理學》，頁 77。

[45] 羅伯特傑維斯（Robert Jervis）原著，秦亞青譯，《國際政治中的知覺與錯誤知覺》，第二章 外部刺激、內部過程與行為體意向，頁 206。

[46] 羅伯特傑維斯（Robert Jervis）原著，秦亞青譯，《國際政治中的知覺與錯誤知覺》，第二章 外部刺激、內部過程與行為體意向，頁 206-209。

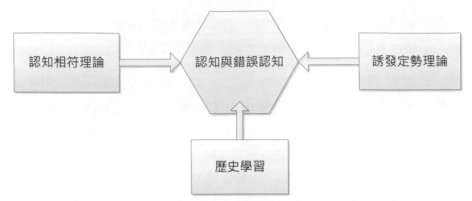

圖3：導致錯誤認知的心理學理論因素示意圖

資料來源：筆者自行整理

（三）影響決策者歷史學習

第三、「歷史學習」：以史為鑑往往為一般人思考的原則，歷史可以教會人們一些東西，也成為一種負擔，讓人們簡單機械將現實與歷史作比較，往往形成錯誤的認識現實。歷史的類比會因為人類的認知侷限，產生誤導作用，讓一些實質上不相干的現實事件，與歷史事件勉強結合，因而產生重大知覺錯誤。

傑維斯認為一個人從國際關係史的重大事件學到的事物是決定他的認識的重要因素，也影響他對所接收的資訊的解釋。如果歷史僅僅發揮加強原有認識的作用，如此一來，具有不同認識的人，就不會從歷史事件中獲得同樣的結論，人們將不會大量將自己的親身經歷引以為例，歷史經驗也就不會改變決策者的觀點。[47]因此，傑維斯出三個相關歷史經驗問題，第一、決策者如何學習（從某一事件中學習的過程如何？）；

---

[47] 羅伯特傑維斯（Robert Jervis）原著，秦亞青譯，《國際政治中的知覺與錯誤知覺》，頁222。

第二、決策者從哪些事件學習較多（哪些是對決策者的影響較大？）；
第三、學習通常會發生何種一般性的結果。[48]

　　因此，從中獲取最多的歷史事件切入，存在四個變項決定一種事件
對後來的知覺趨勢產生影響。第一、親身經歷；第二、早期經歷與同代
人效應；第三、對一個人或是國家產生重大影響的事件；第四、其他可
供類比的事件：自己是否熟悉的許多國際事件，因而可以多方位認識問
題；

　　傑維思認為上述四種變項的重要性與其相關性有以下兩點討論：第
一、如果其中幾個變項都發生作用，事件就會特別發生作用，但是這些
變項因素是遞增或是遞減有待精確進一步測量；第二、從國家角度言，
極其重要的事件例如戰爭，可以產生重大作用，即便沒有參加制定與之
有關政策的人，也如同曾經參與政策制定的人同樣，在知覺傾向方面會
受到重大影響。[49]

　　首先、親身經歷事件，主要在於既有的經驗對個人的知覺產生很大
影響，因為，從一個事件獲取的經驗的適用性只有部分的、間接地取決
於這一事件是否為個人的親身經歷。大部份的學習依賴間接途徑，親眼
目睹與親身經歷特別產生對知覺的影響性。此外，除了親身經歷事件以
外，個人所擔任的職務也會影響一個人當時的知覺與其後的心理傾向。
親身經歷也會產生四種後果：1.親身經歷成為對他人認識的決定性因素，
即使人們收到大量不相符的資訊，此種認識還是會持續存在。另外，親
身經歷影響人們無視形勢與其他人隨著時間的進展產生變化，也忽略在
不同情景中有哪些因素也會改變；2.基於個人不同親身經歷，知覺傾向

---

[48] 羅伯特傑維斯（Robert Jervis）原著，秦亞青譯，《國際政治中的知覺與錯誤知覺》，頁
223。

[49] 羅伯特傑維斯（Robert Jervis）原著，秦亞青譯，《國際政治中的知覺與錯誤知覺》，頁
246。

也不盡相同，例如，有些人親身經歷某一事件，其他人為間接經歷，在此情況下可能會發生錯誤知覺，雙方無法理解對方如何認識事物，與其相對應的行為表現；3.親身經歷可以提供直接觀察與判斷的基準，但是，如果問題很複雜，短暫的親身經歷，親身經歷與直接觀察往往會導致錯誤的認知；4.如果行為體對事件充分瞭解，可以仔細分析事件，同時，也不會因瞭解的過於仔細，以至於影響他未來的知覺，在此種情況下，他的學習就會有成果。[50]

　　第二、早期經歷與同代人效應；相較於「親身經歷」，成年早期經驗的事件對人的知覺傾向產生特別影響作用，包括下列四種經歷：1.在一般人的成年早期會接觸一些新的概念與觀念，一旦這些概念紮根，就會在此人以後生活中產生「潛移默化」的效果。所以，一件事產生的影響是與此件事情發生在一個人生命中的哪一個時段相關聯；2.早期經歷的第二種情況為使人成功的經歷，這種經歷對於個人政治意識產生的影響是一種間接性質，通過個人對如何處理人際關係與工作關係這類一般性認識所產生的影響而起做用；3.屬於價值觀念、棘手問題、思維問題在這類特別耗費時費力的工作（例如佔據一個人全部時間並使他與哪些持有相同觀點的人接觸頻繁的那類工作）中佔據主要位置的因素所產生的彌漫式的影響；4.同代人的效應：在早期經歷的因果作用鍾同代人的效應更為明顯，在某一歷史時期，最重要的事情與事件會影響整體社會，那些當時處於成年狀態的人，自然也會受到這些事件的影響。最先形成的思想很難被抹滅，會影響到以後人們對事物的解讀。此即所謂：同代效應或是同時代人受到的共同影響。[51]因此，要發現一個人所持有的基本政治觀念的來源，必須追溯哪些他早期特別關注的事件，有時候，他

---

[50] 羅伯特傑維斯（Robert Jervis）原著，秦亞青譯，《國際政治中的知覺與錯誤知覺》，頁250-253。

[51] 羅伯特傑維斯（Robert Jervis）原著，秦亞青譯，《國際政治中的知覺與錯誤知覺》，頁258-261。

會明顯的使用這些事件與當前的事件加以類比，更多時候，這些事件提供它的是一種一般性觀念。[52]

　　第三、對一個人或是國家產生重大影響的事件，一件事情的影響力是與這個事件對個人及其所屬群體的重要程度成正比，這些影響重大的事件吸引國家人民運用大量時間與精力，將原先不關心國事的人也動員起來，可以改變許多思想已經成型的人的知覺傾向。包括兩件事件：1.革命─國家爭取獨立的鬥爭或是革命，直接參與的人影響更為深遠，影響其後治理國家與處理世界事務的觀念與戰略。其次，行為體通過自己的努力獲得成功，就會對自己的敵人使用同樣方式，來保持高度警惕。2.上一次戰爭─可以跟革命相提並論的事情，只有這個國家經歷的上一次重大戰爭，與戰爭有關的：戰前的外交活動、戰爭進行的方式、戰時形成的聯盟、戰爭結束的方式，都會深刻影響該國大多數國民的知覺傾向，因此，對人們影響最大的不是以前的戰爭，而是最近一次重大的戰爭，不僅在上一代人身上發生過一次，大部份人親身經歷的也是最近一次重大的戰爭。[53]

　　第四、其他可供類比的事件：自己是否熟悉的許多國際事件，因而可以多方位認識問題；如果這類其他事件的範圍不寬，人們就會機械式的用一種模式來解讀證據。其次，如果一位決策者的知覺體系被為數不多的幾種類比事件所影響，決策者就會將面臨的事件，迅速地與原有的幾個事件加以比較，相關資訊不足，反之，瞭解多種情況者，就可以排除單一歷史事件的影響。[54]

---

[52] 羅伯特傑維斯（Robert Jervis）原著，秦亞青譯，《國際政治中的知覺與錯誤知覺》，頁262。

[53] 羅伯特傑維斯（Robert Jervis）原著，秦亞青譯，《國際政治中的知覺與錯誤知覺》，頁271-279。

[54] 羅伯特傑維斯（Robert Jervis）原著，秦亞青譯，《國際政治中的知覺與錯誤知覺》，頁

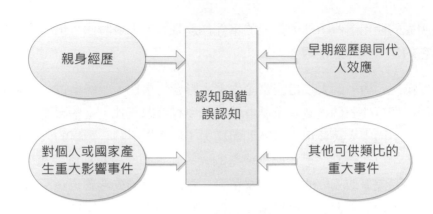

圖 4：影響決策者從歷史中學習示意圖

資料來源：筆者自行整理

　　傑維斯提出近代國際關係史為人類認識國際關係與產生對其他國家印象的重要來源，親身經歷、成年早期的經驗、影響個人與國家的事件、其他可供類比事件等等，存在三種相互關聯的缺陷：1.那些用來作為類比的事情，沒有什麼理由也被用來作為對未來行動的指導；2.從事件結果中去學習，並沒有真正分析詳細的因果關係，搜集到的經驗比較膚淺、形成過分通則化的特徵，許多歷史類比的方式被運用於許多狀況，卻沒有去注意這些事件之間的差異；3.決策者不是首先比較諸多歷史事件，之後選擇對理解目前形勢最有幫助的那一個事件進行類比。因為，基於決策者的知覺傾向，把當前的情景視為與最近發生的重大事件相似的情景，不考慮其他可能的模式，也不去分析這樣的知覺方式會產生何種結果。[55]

　　另外，國內政治與教育培訓也對知覺產生影響，第一、從國內政治中學習：決策者從國內政治體制學習到大部份政治觀念，影響它對於其

　　280-281。

[55] 羅伯特傑維斯（Robert Jervis）原著，秦亞青譯，《國際政治中的知覺與錯誤知覺》，頁282-283。

他國際關係與他國國內體制的認識；那些通過參與國內進程進入政治權力核心的決策者，瞭解如何運用戰略與戰術才能達到預期目標的詳細經驗。國內行為方式是最容易影響知覺傾向的因素，深深根植於全社會的行為方式；[56]第二、教育培訓的影響：一個人的知覺傾向與其個人使命與教育培訓過程相關，傑維斯提出許多試驗證明短期訓練的作用很大，自然比較長期、深入的教育培訓會告訴學員與其工作相關職責、風險、機遇與責任。[57]中共中央黨校其目標在於：「輪訓培訓黨的高中級領導幹部和馬克思主義理論幹部的最高學府，是黨中央直屬的重要部門，是學習、研究、宣傳馬列主義、毛澤東思想和中國特色社會主義理論體系的重要陣地和幹部加強黨性鍛煉的熔爐，是黨的哲學社會科學研究機構。」[58]在中國如果要在政壇嶄露頭角，黨校的經歷與訓練是一個不可或的資歷。[59]

因此，綜合上述「歷史學習」對「認知」的影響，可以四類事件為分類標準，如下「表一：歷史學習對知覺影響檢證一覽表」，來運用分析習近平的「歷史學習」對其決策過程的影響關鍵所在為何？

---

[56] 羅伯特傑維斯（Robert Jervis）原著，秦亞青譯，《國際政治中的知覺與錯誤知覺》，頁294。

[57] 羅伯特傑維斯（Robert Jervis）原著，秦亞青譯，《國際政治中的知覺與錯誤知覺》，頁298-299。

[58] 參見：〈中共中央黨校概況〉，《中共中央黨校》，<http://www.ccps.gov.cn/ccps_overview/201207/t20120720_18914.html>。（檢索日期：2014/04/21）

[59] 根據網站資料記載，中共中央黨校設立三個國家重點學科：馬克思主義哲學、科學社會主義與國際共產主義運動、中共黨史（含黨的學說與黨的建設）；設置3個博士學位授權一級學科、4個博士後流動站；現有博士生導師148人，碩士生導師164人。截至2011年12月，已畢業學位研究生3280人，目前在讀學位研究生近700人。參見：〈中共中央黨校概況〉，《中共中央黨校》，<http://www.ccps.gov.cn/ccps_overview/201207/t20120720_18914.html>。（檢索日期：2014/04/21）

表 1：歷史學習對認知影響檢證一覽表

項目	名稱	內涵	檢證指標
第一類	親身經歷	既有經驗對個人的知覺產生很大影響；	求學過程、就業階段、同儕效應
第二類	早期經歷	成年早期經驗的事件影響個人的認知傾向；	出身背景、成長歷程、家庭教育
第三類	重大事件	對一個人或是國家產生重大影響的事件；	革命建國、經濟蕭條、外國入侵
第四類	類比事件	熟悉的許多國際事件，因而多方位認識問題；	工作經驗、涉外經驗、重要歷練

資料來源：筆者自行整理

參、國家安全決策的建構認知途徑

一、國家安全的建構與認知整合：觀念、知覺與無政府文化

根據認知心理學派代表學者傑維斯（Robert Jervis）分析心理學運用於國際關係研究，其實存在五個缺點：[60]1.強調情緒因素重於認知因素的研究；2.支持此種理論數據都來自於實驗室試驗成果；3.大部份研究充滿政策偏見，低估利益衝突的成分；4.國際體系結構與其相關的危險與機會被忽視或被誤解；5.許多運用於國際關係研究的心理學理論，無法解讀高度理智的人如何思考重要問題。

傑維斯認為大多數國際關係學者根本不重視心理學的研究，無法理解「錯誤認知」與其如何修正的問題。所以，事先選擇一種心理學理論，嘗試糾正前述五項缺陷，從而觀察此一理論如何解釋眾多的國際關係現象。因此，他借鑑態度改變研究、社會心理學、認知心理學與知覺研究

---

[60] 羅伯特傑維斯（Robert Jervis）原著，秦亞青譯，《國際政治中的知覺與錯誤知覺》，頁30-31。

等，讓「態度改變」與「認知研究」有利於心理學與國際關係理論的整合研究。[61]

在運用心理學理論時，通常涉及到證據搜集問題，傑維斯認為透過兩種方式，減輕證據搜集的薄弱性。[62]1.缺乏簡易的方式來確認「認知」的準確性，不過透過下列三種途徑可以瞭解。首先，透過大量證據的歷史案例，也經過許多歷史學家的充分研究，並達成一致的立場；其次，重視對歷史事件的不同解釋，存在許多不同詮釋觀點；第三，有些案例可以視為具有可能性，有屬於假設性的案例，至少可以表達某些「認知」真實存在，但是「認知」很容易發生偏差；2.如果某一個歷史案例並非典型案例，即使存在一種錯誤知覺現象，依然無法做出一般性結論，也無法確定因果關係。所以，傑維斯運用大量不同歷史時期的數據，選擇其中那些頻率很高的錯誤知覺現象來加以研究。

另外，傑維斯指出兩個局限性與一個論點，[63]第一、主要關注於「認知」現象因素，其他決策因素只有在與「認知」有關係者才會分析，集中於認知現象；第二、沒有採用研究認知現象的兩種方法：文化差異與自我心理學，而是集中於：同一文化中，不太受到個人性格影響的錯誤認知規律。另外，傑維斯的著作關鍵在於「非政治性」，很少牽涉到行為體利益，因為利益的概念不容易解釋傑維斯所研究的這類認知與錯覺。知道一個人的利益，並不能告訴我們他如何認識自己所處的環境，也無法得知他會如何選擇最佳途徑實現自己的目標。[64]

---

[61] 羅伯特傑維斯（Robert Jervis）原著，秦亞青譯，《國際政治中的知覺與錯誤知覺》，頁33。

[62] 羅伯特傑維斯（Robert Jervis）原著，秦亞青譯，《國際政治中的知覺與錯誤知覺》，頁34-35。

[63] 羅伯特傑維斯（Robert Jervis）原著，秦亞青譯，《國際政治中的知覺與錯誤知覺》，頁35。

[64] 羅伯特傑維斯（Robert Jervis）原著，秦亞青譯，《國際政治中的知覺與錯誤知覺》，頁35。

　　傑維斯認為，「利益」本身無法解釋為何有些人相信世界是高度相互關聯，如果將「認識」當做給定因素，「利益」本身的確可以解釋「政策」。但是，絕對不能因此忽略「認識」的關鍵作用。傑維斯舉例說明，一旦將蘇聯視為侵略性國家，無論從國家利益或精英利益角度出發，華盛頓都會對莫斯科採取強硬政策，但是，對於蘇聯此種「認知」如何形成？為何會產生此種「認知」？傑韋斯認為此種問題還沒有得到答案。[65]

　　學者秦亞青認為傑維斯的國際政治心理學研究存在兩種局限性，[66]第一、研究層次限定在決策者的「微觀層次」，對於解釋過程中所出現的認知錯誤具有解釋力，在從事國際政治的整體發展，國家行為的宏觀趨勢研究，不如體系層面的研究。第二、傑維斯的研究避開不同文化與社會背景對人的認知的影響，不同國內政治與社會進程對決策者個人認知的作用，他認為：相似文化背景中的個人相互之間會產生錯誤知覺，不同文化背景的決策者也會發生類似的錯誤知覺。秦亞青認為傑維斯並沒有指出：不同文化背景中的個人對同一件事情會產生根本不同的「認知」。

　　所以，事情的問題並不在心理認知過程，而是在於文化上的差異。傑維斯的研究基本上忽略了文化與社會環境對決策者個人的影響，重視個人作為決策者的認知作用，忽略了社會與文化對決策者個人的影響作用。一言之，傑維斯深入分析決策者個人的詳細心理活動，沒有進行分析決策者的「自我」與「他者」的社會性關係對於認知所產生的作用。[67]

---

[65] 羅伯特傑維斯（Robert Jervis）原著，秦亞青譯，《國際政治中的知覺與錯誤知覺》，頁36。

[66] 羅伯特傑維斯（Robert Jervis）原著，秦亞青譯，《國際政治中的知覺與錯誤知覺》，頁20-21。

[67] 羅伯特傑維斯（Robert Jervis）原著，秦亞青譯，《國際政治中的知覺與錯誤知覺》，頁

　　秦亞青認為傑維斯的研究避開了歷史事件與社會實踐對於人的身份與思維的建構作用，只是分析此種身份與思維的反應與表像：人的具體心理活動。所以，如果可以將個人認知心理與社會實踐與身份認同結合起來研究，認知心理與身份認同都可以從觀念角度出發，可以有一些深入分析與創新的空間。[68]

二、國家安全決策建構認知途徑：知覺、身份與客觀利益

　　基本上，「認知」是一種決策者在觀察客觀世界之後做出自己的判斷，[69]存在幾個基本問題：決策者「認知」是一個重要的因素嗎？換言之，邏輯推理可以使我們區別：「心理環境」（psychological milieu）（行為體觀察到的世界）與「行動環境」（operational milieu）（政策得以實施的世界），理解到制訂政策與做出決定過程，包括政治家的「目標」，「權衡」與「認知」等仲介變項的作用。[70]

　　如果人類認識世界的方式沒有根本的不同，認識世界的方式又影響到他們的行為，如此一來，我們不避討論決策過程就可以解釋對外政策，但是，許多個案顯示，事件所表現出來的細節對結果的影響很大，但是也不一定正確。[71]

　　一般關於決策過程的假設：人們認識別人與做出決定的方式，不會影響結果產出，邏輯推理也無法證實此一推論的錯誤。所以，國際關係

21。

[68] 羅伯特傑維斯（Robert Jervis）原著，秦亞青譯，《國際政治中的知覺與錯誤知覺》，頁22。

[69] 羅伯特傑維斯（Robert Jervis）原著，秦亞青譯，《國際政治中的知覺與錯誤知覺》，第一章 知覺與層次分析問題，頁2。

[70] 羅伯特傑維斯（Robert Jervis）原著，秦亞青譯，《國際政治中的知覺與錯誤知覺》，第一章 知覺與層次分析問題，頁2

[71] 羅伯特傑維斯（Robert Jervis）原著，秦亞青譯，《國際政治中的知覺與錯誤知覺》，第一章 知覺與層次分析問題，頁3

研究中的重要變項是否包括：決策因素？在考慮知覺因素時，又可以細分為兩個子問題：政策偏好的重大差異是否與決策者對環境的不同認知有關？「現實」與「認知」之間是否存在重大的不相符現象？[72]

　　社會建構主義代表學者溫特（Alexander Wendt）提出兩個主要核心論點：其一、人類組織結構的「共有理解」（shared ideas）而非由物質力量所決定；其二、有目的的行為體的「身分」（identity）與「利益」（interest）並非自然生成的，而是被「共有理解」所建構的。[73]同時，行為體互動之後，產生不同「文化」，從而形塑雙方的「身分」，進而影響雙方的「利益」，與後續的「政策」與「作為」。

三、國家安全決策建構認知架構：一個簡約模式的建立

　　綜合上述兩個決策研究途徑的優缺點說明加以整合，提出下列此一建構認知的決策分析途徑（下圖四：建構認知的決策途徑示意圖），其中，在行為體的互動中，特別將「共有理解」與「認知」兩項要素分別列出，瞭解其對形成不同三個「無政府文化」的影響，透過「文化」影響國家「身份」的建立，從而影響「利益」的生成，此處特別點出「決策者」如何去觀察「客觀利益」，轉化為「主觀利益」，指導後續國家安全政策的產出過程。

---

[72] 羅伯特傑維斯（Robert Jervis）原著，秦亞青譯，《國際政治中的知覺與錯誤知覺》，第一章　知覺與層次分析問題，頁4。

[73] Alexander Wendt, *Social Theory of International Politics*, p. 1.

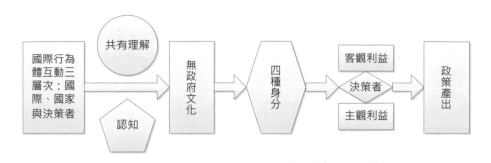

圖 5：建構認知的決策途徑示意圖

資料來源：筆者整理自製

　　另外，除了本文藉由建構主義與認知心理學理論的相關決策者要素，主要在於思考「共有理解」與「認知」之間的相互邏輯關係，透過一個整合性的建構認知的決策分析架構，並透過認知心理學所強調的從「歷史學習」為主要變項，設計一個理解習近平從「歷史學習」之間可能的關鍵影響因素。

表 2：影響習近平歷史學習檢證一覽表

時間	經歷	國內政治	兩岸關係	國際情勢
1953-2014	成長、求學與黨政職務歷練	中國內部重要政經濟大事	兩岸重大互動與交流過程	全球與國際關鍵戰略情勢

資料來源：筆者自行整理

　　在時間面向方面，從 1953 年習近平出生以來，歷經各種不同的成長與學習經驗，尤其是 1969 年文革時期下鄉歷練，以工農兵學員身份進入清華大學就讀，之後開始的一連串黨政經歷磨練，直至 2012 年中共十八大接任總書記，2014 年召開第一次國家安全委員會為驗證期程。並分為國內政治、兩岸關係與國際情勢三大層次，著眼於與中國發展有關的戰略情勢，以作為相互佐證的實證資料。

肆、影響中國國家安全委員會因素

　　影響中國設立國安會的要素，自然包括：國際環境變遷因素、國內安全變化需求以及決策者的思考三類因素，正好是國際政治三個層次分析的要素。

一、國際環境因素：美中國際的競逐

　　2003 年 12 月 10 日，中國前國務院總理溫家寶在美國訪問，在哈佛大學商學院發表一篇：「把目光投向中國」，第一次向全世界宣告：「今天的中國是一個改革開放與和平崛起的大國」。[74]從國際關係理論角度言，中國是否滿足於作為一個「維護現狀的強國」（status quo power），或是改變由西方國家主導的世界秩序，走向一個「改變現狀的強國」（revisionist power）。[75]「中國崛起」（China's rise）反映中國對國家發展戰略與國家命運的規劃與預期思考，但是東亞地區國家更關心「中國崛起」對該地區國際秩序的變化與衝擊。[76]

　　事實上，中國的國際行為受到三片關鍵歷史透鏡所牽動：決策者在審視外部環境、思考在國際事務所扮演角色，以及如何推展政策與行動，反映出北京對國際體系與其國際地位的觀點。[77]2011 年中國已成為世界

---

[74] 朱雲漢、賈慶國主編，《從國際關係理論看中國崛起》（臺北：五南，2007 年），序言，頁 i。

[75] 朱雲漢、賈慶國主編，《從國際關係理論看中國崛起》，序言，頁 i。

[76] 阮宗澤，《中國崛起與東亞國際秩序的轉型：共有利益的塑造與拓展》（北京：北京大學出版社，2007 年），頁 6。

[77] 麥艾文（Evans S. Medeiros）原著，李柏彥譯，《中共的國際行為》（臺北市：史政編譯室，2011 年），頁 33。

第二大經濟體、第一大貨物貿易國，自 2008 年金融海嘯起，對世界經濟年均增長貢獻率超過 20%，其經濟發展受到世界各國關注。[78]

　　基本上，中國對安全環境採取兩種態度，第一、要成功邁向強國之道，就需要與國際更加緊密的接軌；第二、對中國本身經濟與安全所構成的威脅，存在相當大的不確定性因素，並存在以下六個主要觀點：不會發生大國戰爭、全球化、全球均勢、非傳統安全挑戰、能源危機意識與中國崛起的挑戰。[79]此外，如何保持與美國穩定友好的和平共存關係：中美新型大國關係的建立，更是北京的一大戰略挑戰。

　　2014 年 4 月，習近平接見美國國防部長時指出，中美應該在構建新型大國關係的大框架下發展新型軍事關係。雙方應該堅持不衝突、不對抗、相互尊重、合作共贏的原則，更加積極有力推動各領域務實合作，有效管控分歧和敏感問題。[80]其實，早於 2012 年 2 月，習近平時任國家副主席訪美就已提出，推動中美合作夥伴關係不斷取得新進展，努力把兩國合作夥伴關係塑造成 21 世紀的新型大國關係。2012 年 5 月後，北京第四輪中美戰略與經濟對話，胡錦濤《推進互利共贏合作　發展新型大國關係》的致辭。[81]2012 年 11 月，中共十八大報告明確指出：在和平共處五原則下，「我們將改善和發展同發達國家關係，拓寬合作領域，妥善處理分歧，推動建立長期穩定健康發展的新型大國關係。」[82]

---

[78] 〈經濟增長合理　深化改革釋新動力〉，《文匯報》，2014 年 4 月 17 日，<http://paper.wenweipo.com/2014/04/17/WW1404170003.htm>。

[79] 麥艾文（Evans S. Medeiros）原著，李柏彥譯，《中共的國際行為》，頁 14-16。

[80] 〈習近平：中美不衝突不對抗　崔天凱：反對搞亞洲版北約〉，《鉅亨網》，2014 年 4 月 10 日，<http://news.cnyes.com/Content/20140410/KIUSUZWTCJUY6.shtml>。

[81] 〈中美新型大國關係〉，《新華網》，2013 年 6 月 7 日，<http://news.xinhuanet.com/ziliao/2013-06/07/c_124827138.htm>。

[82] 〈胡錦濤在中國共產黨第十八次全國代表大會上的報告〉，《新華網》，2012 年 11 月 17 日，<http://news.xinhuanet.com/18cpcnc/2012-11/17/c_113711665_12.htm>。

　　2013 年 6 月 7 日，習近平在美國加州安納伯格莊園同美國總統奧巴馬舉行中美元首會晤。習近平用三句話概括中美新型大國關係的內涵：一、是不衝突、不對抗。要客觀理性看待彼此戰略意圖，堅持做夥伴、不做對手；通過對話合作、而非對抗衝突的方式，妥善處理矛盾和分歧。二、是相互尊重。就是要尊重各自選擇的社會制度和發展道路，尊重彼此核心利益和重大關切，求同存異，包容互鑒，共同進步。三、是合作共贏。就是要摒棄零和思維，在追求自身利益時兼顧對方利益，在尋求自身發展時促進共同發展，不斷深化利益交融格局。[83]習近平也具體點出四個執行建議，包括如何善用既有對話機制，處理兩國經貿問題，互動新模式與管控分歧之道。[84]其實，建構主義「身份」決定「利益」邏輯，北京透過此新型大國關係的倡議，就是建立與美國之間的「角色關係」，以確定中國在亞太地區的主導權利益。

二、國內環境因素：國內安全的挑戰

　　近年來，中國外部環境趨於和緩，主要在於北京推動「睦鄰政策」與周邊國家修好。目前除了中印邊界問題未妥之外，與俄羅斯、越南陸地領土爭議獲得解決。但是，內部面臨許多非傳統安全的議題，影響中國的內部安全。例如，昆明火車站的大屠殺事件，被認為是疆獨分子的

---

[83]　〈中美新型大國關係〉，《新華網》，2013 年 6 月 7 日，
　　　<http://news.xinhuanet.com/ziliao/2013-06/07/c_124827138.htm>。

[84]　具體建議如下：〈一要提升對話互信新水準，把兩國領導人在二十國集團、亞太經合組織等多邊場合會晤的做法機制化，用好現有 90 多個政府間對話溝通機制。二要開創務實合作新局面，美方應在放寬對華高技術產品出口限制等問題上採取積極步驟，推動兩國貿易和投資結構朝著更加平衡的方向發展。三要建立大國互動新模式，雙方應在朝鮮半島局勢、阿富汗等國際和地區熱點問題上保持密切協調和配合，加強在打擊海盜、跨國犯罪、維和、減災防災、網路安全、氣候變化、太空安全等領域合作。四要探索管控分歧新辦法，積極構建與中美新型大國關係相適應的新型軍事關係。〉，請參見：〈中美新型大國關係〉，《新華網》，2013 年 6 月 7 日，
　　　<http://news.xinhuanet.com/ziliao/2013-06/07/c_124827138.htm>。

一夥人殺害 29 人、導致 143 人受傷的恐怖襲擊事件，[85]突顯新疆地區分裂勢力對中國內部安全的衝擊。

哥倫比亞大學政治學教授黎安友與美國智庫蘭德公司學者施道安，2012 年底出版過一本名為《尋找安全感的中國》的書，分析中國面臨的安全威脅為「四環」：中國疆域之內、圍繞中國的周邊、中國周邊的 6 個區域體系以及周邊以外的外環，點出了中國安全壓力的主要來源：內部穩定問題、地緣環境以及中國融入全球化過程這些因素給中國造成的安全壓力。[86]

基本上，中國的內部安全威脅主要來自於分裂勢力、恐怖主義以及社會穩定問題。但這些安全威脅不能用境內還是境外來界定，也超越了傳統安全和非傳統安全威脅的界限，具有明顯的「聯動」特徵。[87]王逸舟特別點出恐怖主義組織已經成為全世界的「公害」，[88]針對中國而言，在其西北部少數民族聚集地區的某些分裂、極端與恐怖主義勢力，受到境外與特殊勢力支持，成為中國最重要的反恐對象。[89]

三、決策者的因素：習近平的中國夢

2012 年之後，習近平繼任為中共第五代領導人，關於其出身背景有許多描述，之前 2011 年 3 月 9 日，開放網一篇報導分析習近平出生於 1953 年，成長背景帶有毛澤東主政的痕跡：父親遭迫害，青少年教育被

---

[85] 〈昆明恐怖事件過去 1 個月〉，《日經中文網》，2014 年 4 月 2 日，<http://zh.cn.nikkei.com/china/cpolicssociety/8703-20140402.html>。

[86] 〈學者：許多新的威脅將影響中國內部穩定〉，《搜狐新聞網》，2014 年 3 月 28 日，<http://news.sohu.com/20140328/n397359841.shtml>。

[87] 〈學者：許多新的威脅將影響中國內部穩定〉。

[88] 王逸舟等著，《恐怖主義溯源》（北京：社會科學出版社，2010 年），引言，頁 1。

[89] 王逸舟等著，《恐怖主義溯源》，修訂版導讀，頁 19。

中斷，從 16 歲至 22 歲被下放到陝西當「知青」7 年，之後才得以重修學業。[90]

2011 年 8 月 30 日「維基解密」公佈一份美國駐北京大使館 2009 年 11 月 16 日發往美國華府的機密電報，對習近平進行較為詳盡個人經歷與性格描述。[91]宋國誠分析習的成長經驗中，一直存在一道陰影，中共黨內「左傾激進主義」對他父親和家庭的迫害，也就是習仲勛與康生那筆起源於陝北綏德土改運動早年的政治宿怨，讓他從政牢記「謹慎、務實、低調，穩中求進」的原則。[92]

2003 年，福建省外大學校友會等機構編撰《福建博士風采》叢書，首捲入編 381 位博士，有線民貼出習近平在書中「自述」全文，根據習近平描述：「我 1969 年從北京到陝北的延川縣文安驛公社梁家河大隊插隊落戶，七年上山下鄉的艱苦生活對我的鍛鍊很大。最大的收穫有兩點：一是讓我懂得了什麼叫實際，什麼叫實事求是，什麼叫群眾。這是讓我獲益終生的東西。二是培養了我的自信心。」[93]這些親身經驗所獲得的體驗，影響其後的為人處事與工作態度。

其次，「中國夢」是習近平於 2012 年 11 月提出「中華民族偉大復興」的構想，也是中共第五代領導班子的執政理念。其源起在習近平參

---

[90] 金鐘，〈近距離觀察習近平〉，《Open 開放網》，2011 年 3 月 9 日，<http://www.open.com.hk/content.php?id=53#.U1CnOvmSyvM>。

[91] 其原文：〈電報代號 09BEIJING3128，保密等級：機密（Confidential），電報標題：〈副主席習近平的肖像：雄心勃勃的文革倖存者〉（Portrait of Vice President Xi Jinping: 'Ambitious Survivor' of the Cultural Revolution）〉，請參見：〈維基解密透露習近平三大特點〉，《新紀元週刊》，第 286 期（2012 年），<http://www.epochweekly.com/gb/288/11056.htm>。

[92] 宋國城，〈習近平這個人：思想、經歷與治理〉，《台北論壇》，2012 年 6 月 19 日，<http://140.119.184.164/taipeiforum/view_pdf/06.pdf>。

[93] 〈維基解密透露習近平三大特點〉，《新紀元週刊》，第 286 期（2012 年），<http://www.epochweekly.com/gb/288/11056.htm>。

觀「復興之路」展覽時，提出實現中華民族偉大復興「中國夢」，並在
中國十二屆全國人大一次會議上的講話中系統性闡發，在出訪俄羅斯、
非洲國家和出席亞洲博鰲論壇又進論述。[94]事實上，「中國夢」的內涵是
追求經濟騰飛、公平正義、民主法制、富國強兵，並實現國家統一。2014
年 3 月 27 日，習近平在巴黎出席中法建交五十周年紀念大會闡述「中
國夢」，他引述拿破崙說過，中國是一頭沉睡的獅子，當這頭睡獅醒來
時，世界都會為之發抖；但習近平說，「中國這頭獅子已經醒了，但這
是一隻和平的、可親的、文明的獅子。」[95]

　　2014 年 3 月 28 日下午，習近平應德國科爾伯基金會在柏林發表演
講，再度闡述中國和平發展道路和獨立自主的和平外交政策，就是實現
中華民族偉大復興的中國夢。中國要聚精會神搞建設需要兩個基本條件，
一個是和諧穩定的國內環境，一個是和平安寧的國際環境。[96]換言之，
習近平除了闡述「中國夢」是一個和平之夢，也特別點出中國永不稱霸
的戰略思考。

---

[94]〈冷溶：什麼是中國夢，怎樣理解中國夢〉，《中國共產黨新聞網》，2013 年 4 月 26 日，
　　<http://theory.people.com.cn/BIG5/n/2013/0426/c40531-21285625.html>。

[95] 其原文為：「習實現中國夢將為世界帶來機遇不是威脅，是和平不是動盪，是進步不是
　　倒退。中國夢是追求和平的夢，中國夢需要和平，只有和平才能實現夢想。習近平說，
　　中國夢是追求幸福的夢、奉獻世界的夢。中國夢方向是保證人民平等參與、平等發展
　　權利，維護社會公平正義，使發展成果更多更公平惠及全體人民，朝著共同富裕方向
　　穩步前進。」，請參見：〈習近平：中國是和平、可親、文明的獅子〉，《聯合新聞網》，
　　2014 年 3 月 29 日，<http://udn.com/NEWS/MAINLAND/MAI1/8578855.shtml>。

[96] 主要原文：「只有堅持走和平發展道路，只有同世界各國一道維護世界和平，中國才能
　　實現自己的目標，才能為世界作出更大貢獻。和平、發展、合作、共贏是當今世界的
　　潮流。中國不認同〈國強必霸〉的陳舊邏輯。只有和平發展道路可以走得通」，請參見：
　　〈習近平談領土主權問題：我們不惹事但也不怕事〉，《新浪新聞網》，2014 年 3 月 29
　　日，<http://news.sina.com.tw/article/20140329/12092117.html>。

伍、中國國家安全委員會目標運作

一、中國國家安全戰略構想：「總體安全」下的小康社會

　　2013 年 11 月 12 日中共十八屆三中全會上，習近平發表《中共中央關於全面深化改革若干重大問題的決定》，[97]其中關於設立「國家安全委員會」提出：「國家安全和社會穩定是改革發展的前提。只有國家安全和社會穩定，改革發展才能不斷推進。」[98]表達設立國家安全委員會（以下簡稱國安委）的主要戰略構想：「穩定」與「改革」兩者並進的邏輯思考。但是，也有學者認為中國組建國安委某種程度是一種制度化集權作為。[99]例如：1997 年江澤民訪問美國之後，中國計劃成立一個類似美國國家安全委員會機構，組建一個與中共中央、國務院、中央軍委並列的系統。[100]江澤民企圖在退位交權之際，仿效美國國安制度，在中國創立一個除了中央軍委之外的又一個控馭權力的管道。[101]

　　2014 年 4 月 15 日，習近平首次主持中央國家安全委員會第一次會議併發表重要講話，強調要準確把握國家安全形勢變化新特點新趨勢，

---

[97]　其原文如下：「當前，我國面臨對外維護國家主權、安全、發展利益，對內維護政治安全和社會穩定的雙重壓力，各種可以預見和難以預見的風險因素明顯增多。而我們的安全工作體制機制還不能適應維護國家安全的需要，需要搭建一個強有力的平臺統籌國家安全工作。設立國家安全委員會，加強對國家安全工作的集中統一領導，已是當務之急。國家安全委員會主要職責是制定和實施國家安全戰略，推進國家安全法治建設，制定國家安全工作方針政策，研究解決國家安全工作中的重大問題。」，請見：〈中共中央關於全面深化改革若干重大問題的決定〉，《中國共產黨網》，2013 年 11 月 15 日，<http://cpc.people.com.cn/n/2013/1115/c64094-23559163.html>。

[98]　〈中共中央關於全面深化改革若干重大問題的決定〉。

[99]　蔡明彥，〈中國成立國安委：體制改革或個人擴權?〉，《新社會政策雙月刊》，第 32 期（2014 年），頁 21-23。

[100]　〈江澤民曾想建『國安會』 遭政治局反對未遂〉，《大紀元》，2014 年 1 月 23 日，<http://www.epochtimes.com/b5/14/1/23/n4066247.htm>。

[101]　〈江澤民沒能成立國安委，習近平要幹成〉，《明鏡雜誌》，2013 年 11 月 12 日，<http://www.mingjingnews.com/MIB/magazine/news.aspx?ID=M000000260>。

堅持總體國家安全觀，走出一條中國特色國家安全道路。[102]習近平強調國安委成立目的在於：「推進國家治理體系和治理能力現代化、實現國家長治久安的迫切要求，是全面建成小康社會、實現中華民族偉大復興中國夢的重要保障，目的就是更好適應我國國家安全面臨的新形勢新任務，建立集中統一、高效權威的國家安全體制，加強對國家安全工作的領導。」[103]

所以，中國必須建立「總體安全觀」：「以人民安全為宗旨，以政治安全為根本，以經濟安全為基礎，以軍事、文化、社會安全為保障，以促進國際安全為依託，走出一條中國特色國家安全道路。」[104]中國的「國家安全」包括 11 個領域：政治安全、國土安全、軍事安全、經濟安全、文化安全、社會安全、科技安全、資訊安全、生態安全、資源安全、核安全。習近平首次提出「政治安全」概念，要以「以政治安全為根本」，並把「經濟」、「軍事」、「文化」、「社會」等領域的安全問題，列為實現「政治安全」的「基礎」和「保障」。[105]李偉認為，國安委是

---

[102] 〈習近平：堅持總體國家安全觀　走中國特色國家安全道路〉，《國際在線》，2014 年 4 月 15 日，
<http://big5.chinabroadcast.cn/gate/big5/gb.cri.cn/42071/2014/04/15/5951s4505128.htm>。

[103] 〈習近平：堅持總體國家安全觀　走中國特色國家安全道路〉。

[104] 其原文描述為：「貫徹落實總體國家安全觀，必須既重視外部安全，又重視內部安全，對內求發展、求變革、求穩定、建設平安中國，對外求和平、求合作、求共贏、建設和諧世界；既重視國土安全，又重視國民安全，堅持以民為本、以人為本，堅持國家安全一切為了人民、一切依靠人民，真正夯實國家安全的群眾基礎；既重視傳統安全，又重視非傳統安全，構建集政治安全、國土安全、軍事安全、經濟安全、文化安全、社會安全、科技安全、資訊安全、生態安全、資源安全、核安全等於一體的國家安全體系；既重視發展問題，又重視安全問題，發展是安全的基礎，安全是發展的條件，富國才能強兵，強兵才能衛國；既重視自身安全，又重視共同安全，打造命運共同體，推動各方朝著互利互惠、共同安全的目標相向而行。」，請參見：〈習近平：堅持總體國家安全觀　走中國特色國家安全道路〉。

[105] 〈在『最複雜歷史時期』　習近平憂心『政治安全』〉，《新唐人電視台》，2014 年 4 月 17 日，<http://www.ntdtv.com/xtr/b5/2014/04/17/a1103527.html>。

中國國內外安全的最高層級的應對國家安全及突發事件危機處理的機構，並為維護中國國家安全制定頂層戰略。[106]

習近平指出國安委要遵循：「集中統一、科學謀劃、統分結合、協調行動、精幹高效的原則，聚焦重點，抓綱帶目」，點出未來其行動指導綱領，既負責決策設計，又負責部署執行。最後一條原則「精幹高效」，亦即上有習近平、李克強、張德江三巨頭領銜，下則設立精幹的辦事機構。[107]國安會第一層級為主席習近平，其下區分為四級層層負責，建構完整中國國安會體系。[108]

二、中國國家安全戰略目標：「富國強兵」與「強兵衛國」

在總體安全觀架構下，中國特別重視網路資訊安全，2013 年底 18 屆三中全會通過成立「國安委」及「深化改革領導小組」時，已計畫設立網路安全資訊化領導小組，其目的是保障網路安全、維護國家利益、推動資訊化發展。[109]2014 年 2 月 27 日，中國正式成立「中央網路安全和資訊化領導小組」，由中共總書記習近平領軍擔任組長，副組長為副

---

[106] 〈習近平：強軍反恐 捍衛國安〉，《聯合新聞網》，2014 年 4 月 16 日，<http://www.chinatimes.com/newspapers/20140416000433-260108>。

[107] 〈小馬拉大車 習近平定調國安委職能框架〉，《香港文匯網》，2014 年 4 月 15 日，<http://news.wenweipo.com/2014/04/15/IN1404150071.htm>。

[108] 其原文為：「第二層級副主席為李克強（政治局常委、國務院總理）、張德江（政治局常委，人大委員長）；第三層級常務委員，政法委書記孟建柱、中央軍委副主席范長龍、國務委員楊潔篪為其中要員，可能還有其他負責涉外或安全部委首長；第四層級為國安委委員，應為大陸國務院各部分的具體執行部門負責人。在功能方面，國安委成立前後，海外猜測，可能成為成為黨中央、國務院、全國人大、全國政協之外的第五大權力機構，但事實證明，國安委是一個建立在中共黨內的機關，除下設國安委辦公廳，由中辦主任栗戰書兼任之外，並沒有常設機構。」，請參見：〈國安委編制機密 罩神祕面紗〉，《奇摩新聞網》，2014 年 4 月 16 日，<https://tw.news.yahoo.com/%E5%9C%8B%E5%AE%89%E5%A7%94%E7%B7%A8%E5%88%B6%E6%A9%9F%E5%AF%86-%E7%BD%A9%E7%A5%9E%E7%A5%95%E9%9D%A2%E7%B4%97-220106564.html>。

[109] 〈習近平領軍 網路安全成國家戰略〉，《中時電子報》，2014 年 2 月 28 日，<http://www.chinatimes.com/newspapers/20140228000789-260108>。

總理李克強與政治局常委劉雲山，顯示中國高層已將網路安全及發展，提升為國家安全戰略一環。習近平強調：「沒有網路安全，就沒有國家安全；沒有信息化，就沒有現代化」。[110]

2014 年 3 月 5 日，中國十二屆全國人大二次會議審查 2014 年中央和地方預算草案的報告中，國防預算支出為 8082.3 億元人民幣，比 2013 年增長 12.2%，是中國國防費預算 2010 年以來的最高增速。2011 年，中國國防費預算增長 12.7%，2012 年增長 11.2%，2013 年增長 10.7%。基本上，2014 年新增國防費將主要用於提高武器裝備現代化水準、提高軍隊人員生活待遇和推進軍隊體制編制調整改革等三個方面。[111]

2014 年 4 月 14 日，習近平到解放軍空軍司令部就空軍建設和軍事鬥爭準備進行調研，強調要全面加強部隊革命化現代化正規化建設，加快建設一支空天一體、攻防兼備的強大人民空軍，為實現中國夢、強軍夢提供堅強力量支撐。空軍是戰略性軍種，在國家安全和軍事戰略全域中具有舉足輕重的地位和作用，要求優化空軍力量結構，加快新型作戰力量建設，盡快實現向攻防兼備型轉變。[112]

---

[110] 事實上，跟據〈中國網路資訊中心統計，截止 2013 年底，中國網民破 6 億，通過手機上網占 8 成；手機用戶逾 12 億，網站近 400 萬家，全球十大網路企業中國占 3 家，網購用戶達 3 億，電商交易規模破 10 兆人民幣，中國確已成名副其實的『網路大國』〉，請參見：〈習近平領軍 網路安全成國家戰略〉，《中時電子報》，2014 年 2 月 28 日，http://www.chinatimes.com/newspapers/20140228000789-260108。

[111] 〈中國國防費增長 12.2% 維護國家安全正當需要〉，《新華網》，2014 年 3 月 15 日，http://big5.xinhuanet.com/gate/big5/news.xinhuanet.com/politics/2014-03/05/c_119623528.htm。

[112] 〈習近平：建空天一體攻防兼備空軍〉，《文匯報》，2014 年 4 月 15 日，<http://paper.wenweipo.com/2014/04/15/CH1404150006.htm>。

三、中國國家安全政策作為：「國家安全委員會」組建問題

　　為何習近平急於設立「國安委」？存在許多不同觀點，李英明認為國安委基本上算是中共內設機構，避開是否入憲的尷尬問題，國家安全的決策及議事機構，針對國安問題做出決策，並發揮相關跨部委統合協調功能。[113]寇健文觀察，習近平鞏固權力的方法主要有整風反腐、控制輿論、設立新機構以集中權力，包括國安會、全面深化改革領導小組等，得以快速掌握日常事務，用制度來鞏固權力。[114]楊開煌則認為，習近平是「制度型」非「權力型」的強勢領導人，只是習近平相對較急，要儘快做出成績，其深化改革理念「是實的、是急的、是全面的」，否則中國將面臨「亡黨亡國」的危機。一言之，一般人對習近平的理解相當不足，也對習近平上臺後的中國變化準備不足。[115]

陸、國家安全會議的建構認知途徑檢證

　　透過分析影響中國國際、國內與決策者因素之後，中國成立國家安全委員會的過程來完成其國家安全戰略與政策的頂層設計，本文藉由建構認知的決策途徑加以驗證其可行性。首先，習近平建立與美國的互動關係，形成與美國平起平坐的新型大國角色身份，如此才能在亞太地區共享安全利益的獲取，呈現出「身份」決定「利益」的思考。

　　其次，藉由認知心理學的「歷史學習」可以發現習近平的出生、成長、求學與下放過程，對其後來的為人處事與從政風格有很大的影響。

---

[113]　李英明，〈大陸國安委的架構與決策〉，《中時電子報》，2014 年 4 月 9 日，
　　　<http://www.chinatimes.com/newspapers/20140409001086-260310>。

[114]　〈學者：習近平集權但非政治強人〉，《中央通訊社》，2014 年 4 月 15 日，
　　　<http://www.cna.com.tw/news/acn/201404150249-1.aspx>。

[115]　〈學者：習近平集權但非政治強人〉，《中央通訊社》，2014 年 4 月 15 日，
　　　<http://www.cna.com.tw/news/acn/201404150249-1.aspx>。

透過四類「歷史學習」：「親身經歷」、「早期經歷」、「重大事件」、「類比事件」，可以瞭解習近平所處時期與國際政治分析的三個層次有重大密切關係，當然足以驗證先天與後天培養的「認知」對於決策者的影響。

不過，建構主義強調行為體之間的「共有理解」，某種程度「認知」是決策者個別的思考，如何讓其他「決策者」也能理解，才能達到相互建構的過程。因此，習近平擔任國家副主席時就去美國訪問，一定程度也是要建立與美國決策者的「共有理解」。

從下「表三：影響習近平歷史學習檢證一覽表」中可以發現，習近平沒有「留洋經驗」，務實地從中國本土角度思考國家安全議題。在文革期間父親被鬥、整肅下放的經驗，讓其瞭解權力競逐的險惡，也知道國家與社會安定的重要性。所以，在組建國安會的過程中，提出「總體安全觀」就是一種全面性穩定國家與社會的必要手段。此外，「中國夢」的提出，以中華民族的角度出發，從過往歷史經驗中，擺除百年屈辱的心態，要發展出一套有中國特色的國家安全戰略。

另外，習近平從 1981 年 2007 之間都在地方任職，從河北、福建到浙江任職，從基層到省委書記高層，充分累積其地方行政經驗，展現其務實心態，更能夠理解人民的想法，就是一種「換位思考」的體現。尤其在對台事務方面，引進台資、外資，充分發揮有中國特色的社會主義資本制度。

表三：影響習近平歷史學習檢證一覽表

年代	重要經歷	國內政治	兩岸發展	國際要聞
1953-1960	1953年6日 習近平出生			1953年 韓戰結束
1961-1965				1962年 中印邊界 戰爭
1966-1970	1969年下鄉	1966年文化 大革命		1969年中 蘇珍寶島 衝突
1971-1975	1974年入黨 陝西省延川縣文安驛公社 梁家河大隊知青、黨支部書 記			1971年參 與聯合 國、1972 年簽署上 海公報
1976-1980	1975-1979年 清華大學化工系基本有機 合成專業學習 1979-1982年 國務院辦公廳、中央軍委辦 公廳秘書	1976文革結 束、鄧小平 復出、整肅 四人幫運 動、	1978台美斷 交、	1979年 中美建交
1981-1985	1982-1983年 河北省正定縣委副書記 1983-1985年 河北省正定縣委書記	「一國兩 制、和平統 一」	「以三民主 義統一中 國」	1982年 中美八一 七公報
1986-1990	1985-1988年 福建省廈門市委常委、副市 長 1988-1990年 福建省甯德地委書記	1989年天安 門事件、江 澤民接任總 書記	1987年開放 兩岸榮民探 親	1990年 兩德統 一、1990 東歐民主 化、

1991-1995	1993-1995 年 福建省委常委，福州市委書記、市人大常委會主任 1995-1996 年 福建省委副書記，福州市委書記、市人大常委會主任 1996-1999 年 福建省委副書記	1992 年鄧小平南巡確立改革開放政策、中國對台江八點公布	1992 年香港會談、 1993 年辜汪新加坡會談	1991 第一次波灣戰爭、1991 前蘇聯解體、1991 兩韓和解加入聯合國、
1996-2000	1996-1999 年 福建省委副書記 1999-2000 年 福建省委副書記、代省長	1997 收回香港、1999 澳門	1996 第三次台海危機、2000 台灣政黨輪替	1997 亞洲金融風暴、199 科索沃戰爭
2001-2005	2002-2002 年 浙江省委副書記、代省長 2002-2003 年 浙江省委書記，代省長 2003-2007 年 浙江省委書記、省人大常委會主任	2002 胡錦濤接任總書記	2004 民進黨再度執政、2005 反分裂國家法、	2001 中美軍機擦撞事件、2001 九一一國際恐怖主義攻擊、2001 阿富汗戰爭、2003 第二次波灣戰爭
2006-2010	2007-2008 年 中央政治局常委、中央書記處書記，中央黨校校長 2008-中央政治局常委、中央書記處書記，中華人民共和國副主席，中央黨校校長 2010 年 10 月 中央政治局常委、中央書記處書記，中華人民共和國副主席，中央黨校校長，中央軍事委員會副主席	中國對台：胡六點、	2006 台灣凍結：國統會與國統綱令、 2007 以台灣名義加入聯合國、 2008 兩岸大三通、兩岸簽訂經濟合作架構協議（ECFA）	美國華爾街金融風暴、中東北非茉莉花革命

2011	2010-2012 年 中央政治局常委、中央書記處書記，中華人民共和國副主席，中共中央軍事委員會副主席，中華人民共和國中央軍事委員會副主席，中央黨校校長			北非中東茉莉花革命
2012	2012-2013 年 中央委員會總書記，中共中央軍事委員會主席，中華人民共和國副主席，中華人民共和國中央軍事委員會副主席	中共十八大習近平接任總書記、薄熙來事件、第一艘航空母艦：遼寧號、	馬英九總統連任、	習近平訪問美國
2013	2013-2014 年 中央委員會總書記，中共中央軍事委員會主席，中華人民共和國主席，中華人民共和國中央軍事委員會主席	設立國家安全委員會、公布東海防空識別區	兩岸簽訂服務貿易協議	敘利亞內戰、
2014	同上	召開第一次國安會會議	太陽花學生運動	俄羅斯入侵烏克蘭、併吞克理米亞

資料來源：筆者自行整理

柒、結語

　　首先，有關安全決策的傳統理論途徑都聚焦於國際體系與國家互動層次去分析，關於「國內政治」對於安全與對外政策的影響，也有一定的分析成果。針對主要決策者的分析，「認知心理學派」應該屬於另闢蹊徑，提供研究者從「認知相符理論」、「誘發定勢理論」與「歷史學習理論」三個角度，提供瞭解決策者面臨政策產出的影響因素。在本文中藉由這三種心理學理論來分析國家安全決策過程，並未深入分析上述三種理論之間的相容性或是互斥性，該是未來可以深入地研究課題。

　　建構主義強調觀念與文化對於國家行為體互動所產生的影響，也提出身份決定利益的邏輯思維，有助於認知心理學從單一決策者心理狀態分析的視野。同時，建構主義區隔「客觀利益」與「主觀國家利益」，經由決策者的認知，提出國家利益的優先順序，才得以律定國家安全政策的優先推動順序，或是與其他國家安全政測的聯動性。

　　其次，為了有精進國家安全決策的分析途徑，將認知心理學的「知覺」與建構主義的「共有理解」加以整合，透過「歷史經驗」的四個影響因素，對決策者的影響，嘗試評估決策者對國家利益的態度，從而分析主觀國家利益的優先考量。本文分析習近平出生至今的成長歷程，透過：國際情勢、中國內部政治、兩岸關係等三個層面，理解重要歷史事件可能對習近平國家安全決策的重要影響力。

　　從研究中發現，1969 年習近平被下放到農村插戶學習過程，對他一生從政認識有很大影響力，爭取民心獲得信任為做人處事的基本原則。多年在福建省任職經驗，理解經濟開放、兩岸經貿交流，又讓他比較理解兩岸交流的「綿角」，自然對台政策有軟有硬，硬的更嚴、軟的更入裏，嚴格考驗台灣的國家安全戰略與政策。

　　第三，習近平對於國家利益之所在、國際戰略情勢的發展，以及考量其國內重大事件的衝擊，上台未久在「總體國家安全觀」角度下，就提出「國家安全委員會」的建立，整合中國國家安全戰略「設計」、「協調」與「執行」。基本上，除了可以釐清目前中國缺乏清楚的國家安全戰略的疑慮，並有整合各代領導人的國家安全觀：毛鄧時期的軍事安全為第一、江澤民時期的「新安全觀」、胡錦濤時期的「綜合安全觀」，更清楚地透過制度設計，形成一個具有總統制國家的決策特色與內閣制國家集體決策的風格，建立一個有中國特色的國家安全政策的「制度化」決策機制，讓習近平的權力某種程度超越歷代領導人的權限，更有助於外界理解北京領導決策的思維理則，及其相應之道。

　　其實，台灣早有國安會議的成立，早期僅僅是決策者權力另一個面向的集中機制，及至解嚴之後，透過「法制化」成為一個總統有關國家大政方針：兩岸、外交與國防相關的國家安全決策「諮詢機構」。2006年民進黨執政時期，首度提出一份「2006年國家安全報告」，於2008年政權更迭時期，提出修正的「2006年國家安全報告」（2008修正版），其後2008年5月國民黨重新執政，迄今為止，沒有跡象再度出版任何有關的「國家安全報告書」。

　　相反的，2014年4月15日，北京正式召開國家安全委員會第一次會議，未來勢必會加緊出版中國國家安全戰略報告，類似「國防白皮書」，配合中國崛起與美國建立新型大國關係思考下，成為世界其他國家理解具有「改革與開放」特色的中國國家利益與安全戰略的準據。

　　總之，國家安全政策的決策過程，除了理解內、外部安全環境的實際情況之外，決策者的「心理環境」應該是一個關鍵課題，如何深入理解決策者的實際思維，除了「歷史學習」之外，如何正確解讀「知覺」，並且避免「錯誤知覺」的形成，該是未來可以深入探討的課題。

物質力量與戰爭結果：
以雙邊戰爭結果對 CINC 指標進行初步檢討

唐欣偉

（文化大學政治學系助理教授）

壹、研究背景及目的

在美國小布希總統的大部分任期間，世上主要強權都加入華府主導的反恐陣營，彼此至少能維持表面和諧。但在歐巴馬總統上臺後，強權間的軍事對峙再次浮現。先是中共與日本為釣魚台劍拔弩張，而後俄國與歐美在烏克蘭針鋒相對。還有學者認為 2014 年的世局與百年前一次世界大戰爆發前夕類似。[1]一旦真的爆發大國戰爭，哪方勝算較大？這是筆者想探究的問題。

戰爭勝敗會受物質因素與非物質因素影響。本研究先嘗試找尋物質因素與勝敗之間的關係。至於物質因素不能解釋的部分，就可歸諸非物質因素。物質因素的影響顯而易見，即使著重「觀念」之重要性的 Alexander Wendt，也不否認物質力量會影響特定結果發生之可能性。「軍力較弱的國家通常不能征服較強的國家，軍力較強的國家卻往往能征服較弱者。」[2]他也承認相對軍事力量的重要性。[3]

---

[1] Margaret Macmillan, "1914 and 2014: Should We be Worried?" *International Affairs,* Vol. 90, No. 1 (2014), pp. 59-70.

[2] Alexander Wendt, *Social Theory of International Politics* (New York: Cambridge University, 1999), p. 110.

[3] Wendt, Social Theory of International Politics, p. 282.

　　向來重視權力政治的現實主義者，自然比 Wendt 更強調軍力。例如 John Mearsheimer 便以物質力量作為界定權力的基礎，並進一步將國家權力分為潛在權力（latent power）和軍事權力（military power）兩種。前者與財富、人口有關，但後者才是國際政治的重點。[4]與 Mearsheimer 同樣有軍事背景的美國前國務卿 Colin Powell 曾說，美國需要「硬權力」（hard power）以贏得二次世界大戰。此事被強調軟權力（soft power）著稱的 Joseph Nye 所引述，[5]而通常不被視為現實主義者的 Nye，也肯定 Powell 的說法，並認為美國在軍事領域仍是獨一無二的強權。[6]Nye 認為硬權力包含軍事與經濟力，[7]這大致分別相當於 Mearsheimer 所謂的軍事權力與潛在權力。

　　儘管 Nye 所提的軟權力（約略相當於改變意見的能力或說服力）在 21 世紀初成為學界與政界討論焦點，卻非本研究主要的關切對象。除了因為軟權力較難測量之外，還因為 Nye 也承認，要靠硬權力才能贏得戰爭。

　　在討論到對（硬）權力的具體衡量方式時，Mearsheimer 特別引述了權力轉移論者的研究成果。[8]然而該學派以國內生產毛額（GDP）作為權力衡量的指標，顯然不同於 Mearsheimer。David A. Lake 曾指出，GDP 與軍事開支乃是國關領域兩種衡量權力的標準做法。[9]與 Mearsheimer 同

---

[4] John J. Mearsheimer, *The Tragedy of Great Power Politics* (New York: W. W. Norton & Company, 2001), pp. 55-56.

[5] Joseph S. Nye Jr., *Soft Power: The Means to Success in World Politics* (New York: Public Affairs, 2004), p. ix.

[6] Nye, Soft Power: The Means to Success in World Politics, p.4.

[7] Nye, Soft Power: The Means to Success in World Politics, p.5.

[8] Mearsheimer, The Tragedy of Great Power Politics, p. 57.

[9] David A. Lake, *Hierarchy in International Relations* (Ithaca: Cornell University Press, 2009), p. 177.

屬現實主義陣營的 Kenneth N. Waltz 雖認為要將經濟力與軍事力予以綜合評估，[10]卻也主張「權力可以讓一個國家在面對他國的武力時，維持自主性」、[11]「各國都在評估他國的能力，尤其是他國造成傷害的能力。」[12]難怪 Wendt 認為 Waltz 所謂的能力，主要是指毀滅性武力諸如長矛、坦克與洲際彈道飛彈等能殺人與摧毀財物的科技產品。[13]

表 1：重要國際關係學者對權力或其運用方式的概念對比

Nye（2004: 1-11）	硬權力			軟權力
	軍事力	經濟力		
Mearsheimer（2001: 55-56）	軍事權力	潛在權力		
Wendt（1999: 23）	毀滅力	生產力		
Organski（1968: 111-115）Bruce de Mesquita（2006: 233）	強迫	懲罰	獎勵	說服
	武力			
Carr（1964: 108）	軍事力	經濟力		改變意見的能力

資料來源：作者編製。

　　若以 Mearsheimer 等現實主義者的主張為準，中共的權力仍遠不及美國。中國人民解放軍現在若與美軍或美日同盟軍交戰，勝算不高。美國軍力的優勢非常大，中共在短期內不可能趕上。但是若依權力轉移論者的主張，中共的權力已直逼美國。若以兩次世界大戰為例，勝利屬於擁有較高 GDP 總值的那一方。[14]權力轉移論者還主張，體系中的主導強權與其他國家間的國力差距愈大，被挑戰的機率就愈小。冷戰期間的蘇

---

[10]　Kenneth N. Waltz, *Theory of International Politics* (New York: McGraw Hill, 1979), p. 130.

[11]　Waltz, *Theory of International Politics*, p. 194.

[12]　Waltz, *Theory of International Politics*, p. 131.

[13]　Wendt, *Social Theory of International Politics*, p. 255.

[14]　唐欣偉，〈權力及其衡量方式〉，向駿主編，《美中權力轉移：理論與實務》（南京：江蘇人民出版社，2010 年）；陳重成、唐欣偉，〈中國大陸崛起對當前國際體系的衝擊〉，《遠景基金會季刊》，第 6 卷，第 4 期（2005 年），頁 101-137。

聯並沒有對美國發動攻擊，就是因為前者的 GDP 還不到後者之半，沒有能力挑戰之故。但 GDP 可能過於高估開發中國家的實力。[15]主張權力平衡論的現實主義學者，認為冷戰時期美蘇之間能夠保持和平，是因為雙方的軍力大致相等，所以能夠維持權力平衡。這方面的歧見也是近年來學界對「中國是否崛起」與「美國是否衰落」，仍爭論不休的原因之一。若以 GDP 衡量國力，則中國大陸在 21 世紀初已崛起成為能與美國比肩的強國，而且即將成為兩極中較強的一方。若以軍力來衡量，則美國獨霸的態勢仍很穩固。向來重視權力政治的現實主義者，比較傾向後一種立場。

晚近有國內學者，在探討東亞的權力政治問題時，兼顧軍事力與經濟力，取其算數平均數來衡量國力。[16]Correlates of War (COW) Project 也提供了常用的綜合國力指標（Composite Index of National Capabilities, CINC），由各國的總人口數、都市人口數、鋼鐵產量、能源消耗量、軍事開支、軍隊人數等六項數值占國際體系總數的比例，取其算術平均數而成，兼顧人口、經濟與軍事三個層面。[17]表 2 列出 1998 年以來學者在進行相關研究時，常用的國力指標：

---

[15] Mearsheimer, *The Tragedy of Great Power Politics*, pp. 62-63; 陳欣之，〈霸權與崛起強權的互動—美國對中國暨印度的策略〉,《遠景基金會季刊》，第 12 卷，第 1 期（2011 年），頁 14。

[16] Yu-shan. Wu, "Power Shift, Strategic Triangle, and Alliance in East Asia," *Issues and Studies,* Vol. 47, No. 4 (2011), pp. 1-42.

[17] *Correlates of War Data*, http://www.correlatesofwar.org/; Bruce Bueno de Mesquita, *Principles of International Politics: People's Power, Preference, and Perceptions* (Washington D. C.: CQ Press, 2006), p. 248.

表 2：1998 年以來國際政治經驗研究中常用之國力指標

	GDP	CINC	Others
Debs & Monteiro (2014)		Y	
Hopf (2013)			Y
Beckley (2011/2012)			Y
Wu (2011)			Y (GDP and military expenditures)
Hebron, James & Rudy (2007)		Y	Y
Tessman (2005)			Y
Fritz & Sweeney (2004)		Y	
Genna & Hiroi (2004)	Y		
Kadera & Sorokin (2004)			Y
Tessman & Chan (2004)			Y
Efird, Kugler & Genna (2003)		Y	
William & Reed (2003)		Y	
Sweeney (2003)		Y	
Moul (2003)	Y	Y	
Rapkin & Thompson (2003)	Y		
Sobek (2003)			Y (population and expenditures)
Kim (2002)		Y	
Colaresi (2001)			Y (naval capability and military strength)
Hewitt & Young (2001)		Y	
Lektzian & Souva (2001)	Y	Y	
Schweller (1998)		Y	

資料來源：作者編製。

　　大致上，CINC 是學界比較常用的國家物質力量指標。許多學者往往在簡要敘述其採用之國力指標後，就逕行加以運用，卻鮮少有人檢討這些指標對戰爭結果的解釋力。筆者認為，國際政治中的物質力量指標，應該反映一國打勝仗的能力。本研究擬填補此一空缺，藉由對近兩百年

來之戰爭勝敗的分析，檢驗物質力量指標解釋戰爭結果的能力，並以之作為評估一國是否為強權、計算國際政治體系中強權數目，與衡量權力平衡或權力轉移對戰爭與和平之影響的基準。

貳、研究方法與進行步驟

本研究主要以量化統計方式，在 19、20 世紀的國際戰爭（inter-state wars）中找尋決定戰爭結果的物質因素，特別是被視為與國力有關的部分。

一、擬探究之事件：純粹的雙邊戰爭

與其他類似的資料庫進行比較後，本研究擬以 Correlates of War (COW) project 4.0 版之戰爭資料庫作為主要資料來源。[18]該資料庫涵括了 95 場 1816-2007 年間的國際戰爭（inter-state wars）與 560 場涉及非國家實體的戰爭（extra-state, intra-state, and non-state wars）。

在國際戰爭中，又可分為參戰國超過兩個的戰爭，以及雙邊戰爭。本研究分析的對象僅限於純粹的雙邊戰爭。唯有如此，才能在理想化的情形中判斷雙方實力對比與戰爭結果間的關係。倘若參戰國超過兩個，雖也能區分為兩個陣營，但每個陣營的實力是否相當於陣營內各國實力的總和，卻很有問題。[19]因此，從 1848-1849 年奧地利—薩丁尼亞戰爭到 2003 年入侵伊拉克之戰的 38 場多國戰爭，皆被排除在本研究範圍之外。

---

[18] Meredith Reid Sarkees and Frank Whelon Wayman, *Resort to War: A Data Guide to Inter-State, Extra-State, Intra-State, and Non-State Wars, 1816-2007* (Washington D. C: CQ Press, 2010).

[19] Randall L. Schweller, *Deadly Imbalances: Tripolarity and Hitler's Strategy of World Conquest* (New York: Columbia University Press, 1998), p. 188.

　　另一方面，若某參戰國同時又捲入其他戰爭，其政府顯然也不能集中資源對抗一個敵人。其中最常見的類型，就是某國同時遭逢內亂與外患。例如在 1904-1905 年日俄戰爭期間，俄國內部也爆發了「血腥星期日」戰爭；在 1931-1933 年中日戰爭期間，中國內部也有國共內戰（1930-1936）與新疆回變（1931-1934）。像這樣因為交戰國內部戰爭（intra-state war）而被排除在本研究範圍的戰爭，共有 11 場。第二常見的類型，是某參戰國同時與某個國際體系外的成員發生戰爭（extra-state war）。例如英國在參與 1856-1857 年之英國—波斯戰爭時，又在 1856-1860 年之中英法第二次鴉片戰爭中，與當時不被視為國際體系成員的中國交戰。[20]另外一個例子是，參與 1862-1867 年間法墨戰爭的法國，也參與了 1858-1862 年間的法越戰爭（在前者開戰後才結束），又和美英荷三國聯手與日本的長州藩交戰（1863-1864 年下關戰爭）。準此，包括1884-1886年中法戰爭在內的 7 場戰爭也被排除。最後一種類型是，某參戰國同時與兩個以上的外國交戰。例如發生在 1900 年 7 月 17 日到 1900 年 10 月 10 日間的中俄戰爭，與同年 6 月 17 日至 8 月 14 日間的八國聯軍之役部分期間重疊，就不被納入本研究範疇。因為中國政府要面對的敵人不僅限於俄國，還包括美國、英國、法國、日本等國，所以中俄戰爭的結果，顯然不能純由中俄雙方的實力對比來判定。又如土耳其從 1919 年起，同時分別與希臘和法國交戰，因此這兩場戰爭也都被排除在外。

　　依前述標準篩選後，研究者從 COW 資料庫中篩選出符合條件的全部 32 場戰爭，發生地點遍布歐亞大陸、非洲，以及南北美洲各地（請見表 3）。

---

[20] 若採用國際關係英國學派（English School）的界定方式，則中國已算國際體系成員，卻非國際社會成員。

二、依變項：戰爭結果

戰爭結果乃是本研究之依變項。COW 計畫的執行者大致將其區分為某國取勝、妥協或僵局，以及繼續進行等數類。[21]戰爭結果可以被當作次序變項處理：強者獲勝賦予數字 1、弱者獲勝賦予數字-1、妥協或僵局等其他情形皆賦予數字 0；也可被當作二元類別變項處理：強者獲勝賦予數字 1、其他情形賦予數字 0。本研究採用前一種處理方式，以提供較多訊息。

表 3：本研究擬分析之戰爭及相關變項數據

戰爭名稱[22]	戰果	CINC 比	GDP 比
1823 法國—西班牙（Franco-Spanish）	1	4.863046	
1828 俄國—土耳其（First Russo-Turkish）	1	2.683496	
1846 美國—墨西哥（US-Mexican）	1	4.61313	
1848 普魯士—丹麥（Prussian-Danish）	1	8.435101	
1851 巴西—阿根廷（Brazilian-Argentine）	1	2.798834	
1859 西班牙—摩洛哥（Spanish-Moroccan）	1	9.882225	
1860 撒丁尼亞—羅馬（Italian-Roman）	1	6.233669	
1860 撒丁尼亞—兩西西里（Italian-Sicillian）	1	1.834473	
1863 哥倫比亞—厄瓜多（Colombian-Ecuadorian）	1	3.256016	
1876 薩爾瓦多—瓜地馬拉（Salvadorian-Guatemalan）	-1	1.083364	
1877 第二次俄國—土耳其（2nd）	1	3.925679	
1885 瓜地馬拉—薩爾瓦多	-1	1.067689	
1897 土耳其—希臘（Turkish-Greco）	1	11.51614	
1909 第二次西班牙—摩洛哥（2nd）	1	11.83790	
1932 玻利維亞—巴拉圭（Bolivian-Paraguayan）	-1	2.021758	
1934 葉門—沙烏地阿拉伯（Yemeni-Saudi Arabia）	-1	1.674288	
1935 義大利—衣索比亞（Italian-Ethiopian）	1	11.96042	

---

[21] Sarkees and Wayman, *Resort to War: A Data Guide to Inter-State, Extra-State, Intra-State, and Non-State Wars, 1816-2007*, pp. 60-61.

[22] 名稱前四位數字代表戰爭開始年。CINC 較高者排名在前。

1939 蘇聯—芬蘭（Russo-Finnish）	1	77.00312	34.25856
1954 中共—中華民國（PRC-ROC）	1	14.56086	33.52376
1956 蘇聯—匈牙利（Soviet-Hungarian）	1	33.87871	24.65565
1962 中共—印度（PRC-Indian）	1	2.109381	1.064674
1965 印度—巴基斯坦（Indian-Pakistani）	-1	4.676001	8.436906
1969 埃及—以色列（Egyptian-Israeli）	0	3.685986	1.820174
1969 薩爾瓦多—宏都拉斯（Salvadoran-Honduran）	1	1.396617	1.8278
1971 第二次印度—巴基斯坦（2nd）	1	6.183276	7.550267
1974 土耳其—賽普勒斯（Turco-Cypriot）	1	59.13365	
1982 英國—阿根廷（Anglo-Argentine）	1	3.448396	3.434349
1982 以色列—敘利亞（Israeli-Syrian）	0	1.094915	1.452992
1986 利比亞—查德（Libyan-Chadian）	-1	4.338332	5.859099
1987 中共—越南（Sino-Vietnamese）	0	8.254424	31.84716
1993 亞塞拜然—亞美尼亞（Azeri- Armenian）	-1	2.209016	2.056136
1995 祕魯—厄瓜多（Peruvian-Ecuadorian）	0	2.140494	1.798408

資料來源：整理自 Sarkees & Wayman（2010）。

三、自變項：物質力量之對比

　　本研究之自變項的測量方式，來自國際政治學者常用之物質國力指標，特別是 CINC 與 GDP（PPP）。[23]由於物質力量的大小要透過比較才有意義，[24]所以會將兩國數值相除，以數值較大者作為分子，數值較小者作為分母，取得一個大於一的比值。該比值代表著較強者的物質力量，相當於較弱者的幾倍。

---

[23] *Maddison Data*, http://www.ggdc.net/maddison/oriindex.htm.

[24] Waltz, *Theory of International Politics*, p. 98.

參、資料分析

　　筆者先對 CINC 數值的大小與戰爭勝敗間的關係進行分析。在所研究的 32 場戰爭中，交戰雙方的 CINC 差距最大者逾 77 倍（1939-1940 年的蘇聯—芬蘭戰爭），差距最小者還不到 1.07 倍（1885 年的瓜地馬拉—薩爾瓦多戰爭），平均比值約為 9.51。也就是說，平均而言，較強者的 CINC 約為較弱者的 9.51 倍。但是該比值的中位數僅為 4.13。這顯示出在 16 場戰爭中，雙方 CINC 的比率小於 4.13；像蘇聯—芬蘭戰爭與 1974 年土耳其—賽普勒斯戰爭等少數物質力量懸殊的案例，將平均值拉大到遠高於中位數的水平。

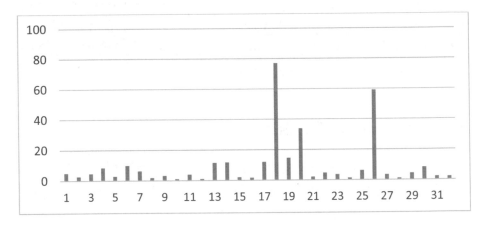

圖 1：32 場單純雙邊戰爭之交戰方 CINC 比值

資料來源：依 COW 數據計算後繪製。

　　CINC 較高者在這 32 場戰爭中贏得 21 場勝利，占比約 65.63%。可見 CINC 指標大致可用來解釋戰爭勝敗，準確率將近三分之二。從第一場法國干涉西班牙革命的戰爭，到第九場哥倫比亞對厄瓜多的戰爭，都是由 CINC 較高的一方發動，然後取勝。勝敗結果完全可以預料。第十

場的 1876 年薩爾瓦多對瓜地馬拉之戰中，CINC 較高的薩爾瓦多反而戰敗。第十一場的 1877-1878 年俄土戰爭又回復到前九場戰爭中力強者勝的常軌，然而第十二場的 1885 年瓜地馬拉對薩爾瓦多之戰中，CINC 較高的一方（這次是瓜地馬拉）再度敗北。

這兩場中美洲的戰爭似乎暴露出 CINC 指標的侷限性，然而瓜地馬拉與薩爾瓦多的 CINC 差距非常小，大約為 7%~8%，是所有 32 對交戰組合中，差距最小的。在 1876 年的戰爭中，薩爾瓦多的 CINC 較高；到了 1885 年再次交戰時，強弱之勢顛倒過來。這也是在所有交戰兩次以上的組合中，絕無僅有的現象。由此可見，瓜地馬拉與薩爾瓦多的物質力量幾乎相等，較強的一方並沒有多大優勢。

然而到了 20 世紀，CINC 較高卻未能取勝的案例愈來愈多。到了本研究所探討的 32 場雙邊戰爭中的最後五場，CINC 較高者全都未能贏得勝利。

在 11 場 CINC 較高的一方未能取勝的案例中，有 4 場是不分勝負，7 場則是由 CINC 較低的一方獲勝。這 11 場戰爭中，交戰雙方的 CINC 比值都小於平均值 9.51。其中戰成平手的 1987 年中越邊界戰爭，是雙方物質力量差距最大的案例（約 8.25 倍）。CINC 比值在此之上的其他純粹雙邊戰爭，從差距約 9.88 倍的 1859-1860 年西班牙—摩洛哥戰爭，到差距最大的蘇芬戰爭，都是由 CINC 較高的一方取勝。因此，就本研究尋獲的經驗證據以觀，跨越大約十倍物質力量差距的門檻者，百分之百都能獲勝。

將這 32 個案例中，交戰雙方的 CINC 比值由小到大依序列出名次，然後計算該名次與三種戰果之間的等級相關係數，可以得出 Spearman's Rho=0.511698，屬於中度相關。

　　假如採用權力轉移論者認為比較準確的 GDP 指標，可供比較研究的案例會從 32 個減少為 14 個，因為很多國家早期的 GDP 數據不夠完整。在這 14 個交戰雙方該年的 GDP 數據皆可取得的案例中，GDP 較高的一方，往往 CINC 也較高。唯一的例外是 1982 年的以色列—敘利亞對戰組合：前者 CINC 較高，後者 GDP 較高。該戰爭陷入僵局，所以單比較 CINC 或 GDP 都不易幫我們解釋此結果。

　　在 14 場可比較 GDP 的 20 世紀中後期戰爭中，第一場就是蘇芬戰爭。蘇聯 1939 年時的 GDP 約為芬蘭的 34.26 倍，該比率遠低於 CINC 的 77 倍。CINC 比值第二高的土耳其—賽普勒斯戰爭，因為後者無 GDP 資料而無法計算。儘管如此，在這 14 場戰爭中雙方 GDP 的平均比值仍達 11.399，高於 CINC 之平均比值。GDP 比值最高之案例仍是蘇芬戰爭，最低案例則是 1962 年的中印邊界戰爭（中方 GDP 僅約比印方高 6%）。中位數約為 4.65 倍，也遠低於平均數。此一分布情形與 CINC 相若。

　　在探討 GDP 大小與戰爭結果的關係時，筆者發現只有半數戰爭是由 GDP 較高的一方獲勝（十四場中的七場）。就此而論，GDP 指標解釋戰爭勝敗的能力反而不及 CINC。

肆、對於「異常」案例的討論

　　儘管 CINC 指標有助於解釋將近三分之二的純粹雙邊戰爭結果，而且在國際政治學界被廣泛採用，但仍有 11 場戰爭的結果與預期不符。在此針對這些「異常」案例從事進一步分析。

一、1876 年薩爾瓦多對瓜地馬拉，CINC 較低的瓜地馬拉獲勝。交戰雙方 CINC 各項指標比較如下：

	鋼鐵產量	能源消耗	軍隊人數	軍事開支	都市人數	總人口數	CINC
薩	0	0	0.022563	0.089249	0	0.065964	0.0296
瓜	0	0	0.06769	N/A	0	0.069054	0.0274
比			0.333333			0.95525	1.083364

　　事實上，瓜地馬拉在軍隊人數與總人口數兩方面皆占優勢，但因 COW 找不到該國軍事開支數據，CINC 總值才低於薩爾瓦多。假如將軍事開支缺值的影響排除，則瓜地馬拉的勝利符合預期。

二、1885 年瓜地馬拉對薩爾瓦多，CINC 較低的薩爾瓦多獲勝。交戰雙方 CINC 各項指標比較如下：

	鋼鐵產量	能源消耗	軍隊人數	軍事開支	都市人數	總人口數	CINC
瓜	0	0	0.0675	N/A	0	0.0753	0.0286
薩	0	0	0.0225	0.066	0	0.0719	0.0267
比			3			1.046083	1.067689

　　排除軍事開支項目後，瓜地馬拉較強。但薩爾瓦多仍能取勝。可能是因為雙方實力差距太小（本案例為 32 場雙邊戰爭中，CINC 差距最小者）。瓜地馬拉在軍隊人數方面有三倍的優勢，遠高於 CINC 的優勢，但仍不足以確保勝利。瓜地馬拉總統兼主將親赴火線而被擊斃，於是軍心潰散。這很可能就是導致該國戰敗的非物質因素。[25]

---

[25] Sarkees and Wayman, *Resort to War: A Data Guide to Inter-State, Extra-State, Intra-State,*

三、1932 年玻利維亞對巴拉圭，CINC 較低的巴拉圭獲勝。交戰雙方 CINC 各項指標比較如下：

	鋼鐵產量	能源消耗	軍隊人數	軍事開支	都市人數	總人口數	CINC
玻	0	0.0005	0.1169	0.0562	0.084072	0.171602	0.0716
巴	0	0	0.0501	0.035031	0.062774	0.064438	0.0354
比			2.3333	1.604305	1.339286	2.663043	2.021758

　　玻利維亞的 CINC 約為巴拉圭的兩倍，此一優勢數值遠低於本研究探討之 32 個案例之平均值與中位數。玻利維亞在能源消耗、軍隊人數、軍事開支、都市人數與總人口數方面都有若干優勢，可是仍不足以確保勝利。

四、1934 葉門對沙烏地阿拉伯，CINC 較低的沙烏地獲勝。交戰雙方 CINC 各項指標比較如下：

	鋼鐵產量	能源消耗	軍隊人數	軍事開支	都市人數	總人口數	CINC
葉	0	0	0.264784	N/A	0	0.181927	0.0893
沙	0	0.0003805	0.058841	N/A	0.053246	0.154308	0.0534
比			4.5			1.178985	1.674288

　　葉門對沙烏地阿拉伯 CINC 的比值約 1.67，比 1932 年時的玻利維亞對巴拉圭之比值更低。值得注意的是，葉門在軍隊人數方面有 4.5 倍的優勢，卻仍未能取勝。這可能是因為沙烏地阿拉伯在能源消耗與都市人數方面的優勢，足以抵銷軍隊人數的劣勢；也可能是沙國在軍事開支方面占有優勢，只是 COW 未能蒐集到相關數據。

---

and Non-State Wars, 1816-2007, p. 105.

五、1965 印度對巴基斯坦，CINC 較低的巴基斯坦勝。交戰雙方 CINC
　　各項指標比較如下：

	鋼鐵產量	能源消耗	軍隊人數	軍事開支	都市人數	總人口數	CINC
印	1.418082	1.2242626	5.878102	1.192157	6.81771	14.68983	5.2034
巴	0.002849	0.1678300	1.334618	0.283152	1.446304	3.441955	1.1128
比	497.6923	7.2946459	4.404332	4.210314	4.713886	4.267873	4.676001

　　印度對巴基斯坦在 CINC 方面的優勢達 4.676 比 1，雖然還不及 32
個案例的平均值，卻已高出中位數。而且印度在六項指標中皆有四倍以
上的優勢，鋼鐵產量的優勢更將近五百倍，卻仍未能取勝。值得注意的
是，印度在軍事開支方面的優勢，比其他領域的優勢來得小。

六、1969 埃及對以色列，不分勝負。交戰雙方 CINC 各項指標比較如下：

	鋼鐵產量	能源消耗	軍隊人數	軍事開支	都市人數	總人口數	CINC
埃	0.053299	0.1082318	0.926448	0.441255	1.564356	0.905402	0.6665
以	0.021039	0.1172344	0.402804	0.308057	0.15497	0.080801	0.1808
比	2.533333	0.9232082	2.3	1.432379	10.09457	11.20527	3.685986

　　埃及在 CINC 方面對以色列有 3.68 倍以上的優勢，但仍未能取勝。
埃及在軍事開支方面的優勢最小，這再次顯示出軍事開支的重要性。

七、1982 以色列對敘利亞，不分勝負。交戰雙方 CINC 各項指標比較如下：

	鋼鐵產量	能源消耗	軍隊人數	軍事開支	都市人數	總人口數	CINC
以	0.018534	0.1207171	0.752625	1.078668	0.179014	0.088157	0.372137
敘	0	0.1241015	1.101402	0.333576	0.281165	0.203481	0.339878
比		0.9727291	0.683333	3.233653	0.636686	0.433244	1.094915

　　以色列的 CINC 比敘利亞高出約 9%，此優勢僅略大於先前探討過
的兩個中美洲案例。若以 GDP 衡量，敘利亞的力量甚至大於以色列。
在 CINC 的六大成分中，以色列在鋼鐵產量與軍事開支方面占優，其他
四項皆處於劣勢。但是軍事開支方面的優勢至少可以讓以國立於不敗之
地。另外一種解釋則是，兩國力量大致相當，所以不分勝負。

八、1986 年利比亞對查德，CINC 較低的查德獲勝。交戰雙方 CINC 各
　　項指標比較如下：

	鋼鐵產量	能源消耗	軍隊人數	軍事開支	都市人數	總人口數	CINC
利	0	0.189703	0.319668	0.166376	0.242081	0.071554	0.1649
查	0	0.001622	0.077282	0.005742	0.039197	0.104208	0.038
比		116.92071	4.1363636	28.9765721	6.1760722	0.6866458	4.3383320

　　利比亞在 CINC 與軍隊人數方面都有四倍以上的優勢，而都市人數、
軍事開支與能源消耗方面的優勢更是明顯。查德僅在總人口數方面占優，
卻能贏得勝利。此外，美國在 1986 年空襲利比亞，並提供情報給查德
以對抗利比亞。[26]儘管 COW 並未將美國列為參戰國，但外援也有助於
查德取勝。

九、1987 年中國對越南，不分勝負。交戰雙方 CINC 各項指標比較如下：

	鋼鐵產量	能源消耗	軍隊人數	軍事開支	都市人數	總人口數	CINC
中	7.667021	7.030749	12.47174	0.618024	14.00241	22.08047	10.6147
越	0.010081	0.087019	4.451668	N/A	0.650499	1.248848	1.28962
比	760.54054	80.795991	2.8015873		21.525650	17.680667	8.2544238

　　在這 11 場 CINC 占優卻未能取勝的案例中，中越雙方的 CINC 差距
最大。在鋼鐵產量、能源消耗與都市人數方面，中方領先的幅度更為明
顯。由於 COW 沒有越南該年的軍費數據，這樣當然會使越南的總得分
偏低。這似乎顯示出，軍事開支對於戰爭勝敗的影響力比較大，而且
CINC 指標對中國的國力可能估計偏高。

---

[26] Sarkees and Wayman, *Resort to War: A Data Guide to Inter-State, Extra-State, Intra-State, and Non-State Wars, 1816-2007*, pp. 174-175.

十、1993 年亞塞拜然對亞美尼亞，CINC 較低的亞美尼亞獲勝。雙方 CINC 各項指標比較如下：

	鋼鐵產量	能源消耗	軍隊人數	軍事開支	都市人數	總人口數	CINC
塞	0.032625	0.1441745	0.188214	0.01752	0.130298	0.13401	0.1078
美	0	0.0122138	0.087833	0.020669	0.104282	0.06786	0.0488
比		11.804231	2.142857	0.847682	1.249471	1.974806	2.209016

　　亞塞拜然在 CINC 方面有 2.2 倍以上的優勢，在 CINC 的六個成分中，有五項都占優勢。亞美尼亞只在軍事開支一個項目上領先，卻能取勝。這再次凸顯出軍事開支的重要性。

十一、1995 秘魯對厄瓜多，不分勝負。交戰雙方 CINC 各項指標比較如下：

	鋼鐵產量	能源消耗	軍隊人數	軍事開支	都市人數	總人口數	CINC
祕	0.068239	0.0876430	0.498764	0.105597	0.765459	0.415023	0.32345
厄	0.004665	0.0746659	0.251551	0.064035	0.30961	0.202115	0.15111
比	14.62857	1.1738030	1.982759	1.649057	2.472335	2.053403	2.140494

　　祕魯的 CINC、軍隊人數、都市人數與總人口數都約為厄瓜多的 2 倍，鋼鐵產量更為後者的 14 倍以上，卻仍無法取勝。祕魯在軍事開支方面的優勢較小，而鋼鐵產量相對而言並不重要。

伍、研究發現與未來研究方向

　　經過前述探討後，於此列出四點研究發現：

一、真正純粹的兩國間戰爭數目非常少，大多數戰爭都有三個以上的參戰方，有時是第三國，有時是某國內部的某個勢力。

二、CINC 指標可以解釋 65.63%的單純雙邊戰爭結果，而交戰雙方的 CINC 比值與戰爭勝敗之間，有中度相關性。CINC 超過對手十倍以上，則百分之百能獲勝。這意味著 CINC 在解釋和預測戰爭結果

方面，有某種程度的實用價值。CINC 的比例完全可以解釋 19 世紀前半的單純雙邊戰爭之勝敗，卻完全不能解釋 1982 年之後的雙邊戰爭結果。至於權力轉移論者採用的 GDP 指標，只能解釋 50%的雙邊戰爭結果，表現不如 CINC。

三、若針對 CINC 不能解釋的異常案例進行分析，會發現軍事開支對於戰爭勝敗的影響較大，而鋼鐵產量的影響較小。在 1993 年的亞塞拜然對亞美尼亞之戰的案例中，亞美尼亞僅在軍事開支一個項目領先，卻仍能取勝。可惜軍事開支的資料並不齊全，在 CINC 六項指標中的缺值最多。

四、在探討 1987 年中越邊界戰爭時，研究者已提及 CINC 可能高估中國的實力。COW 自 1860 年起，將中國列為國際體系的成員。該年中國的 CINC 值高居世界第二，僅次於英國，而凌駕於法、俄、普、奧列強之上。後來中國的排名雖被美國超越，但僅憑龐大的人口數量，仍能持續保持世界第三或第二的位置直到 1895 年。1894-1895 年間，CINC 值遠低於中國的日本在甲午戰爭中獲勝。日本成為各方承認的強權，而中國直到 1950 年才被 COW 列入強權名單。從 1996 年起，中國的 CINC 值又超越美國，成為世界第一位。可是後者顯然直到 21 世紀初都還是世界第一強國。由此可見，不能貿然直接套用 CINC 來評估中國的實力或評估中美的實力對比。目前中國的軍事開支已凌駕日本，但仍遠不及美國。美國的軍事開支甚至超越中俄兩國軍費的總和。因此美國現在仍是最可能在大國戰爭中取勝的一方。

中國大陸對台次區域戰略構想與運作模式
－以「海峽西岸經濟區」[1]對接台灣、金門為例

邱垂正

（國立金門大學國際暨大陸事務系助理教授）

壹、問題意識與研究目的

一、前言

　　過去兩岸從政治外交軍事的對峙衝突，自 2008 年馬政府上台後逐漸出現緩和，取而代之的是，兩岸在經濟社會文化等領域擴大交流合作，在眾多的中共對台經濟戰略與方案中，其中最受矚目便是 2009 年「海峽西岸經濟區」（以下簡稱「海西區」）與 2010 年「平潭綜合實驗區」（以下簡稱「平潭實驗區」）政策相繼推出。雖然早在 1980 年經濟特區概念推動便是中國改革開放中經常運用來達成經濟創新的學習與增長模式，不足為奇。但在 2014 年 3 月前兩岸已簽署了 21 項協議後的「和平發展」新時期，在全球化的背景下，中共官方以政策主導規劃的次區域經濟整合模式，透過簽署兩岸經濟合作協議（ECFA）與後續補充協議，企圖強化「海西區」與台灣經濟整合，在兩岸經濟緊密對接下所謂「海峽經濟區」是否會出現？[2]中國大陸對台灣的次區域合作戰略構想為

---

[1] 「海峽西岸經濟區」以福建省為主體，涵蓋浙南溫州、金華、衢州、麗水地區，贛南贛州、吉安地區，贛東鷹潭、上饒地區，粵東汕頭、潮州、梅州、揭陽地區共 20 個城市群，行政區域面積達 28.8 萬平方公里，占中國行政區劃面積的 3%，常住人口約 9000 萬人，占中國的 7%，2005 年確定設立之初，經濟規模達到 1.5 萬億元，占中國的 7.4%。參見：郭瑞華，〈海峽西岸經濟區評析〉，《展望與探索》，第 4 卷，第 4 期（2006 年），頁 9-14。

[2] 中國大陸將規劃福建全部、浙江、廣東、江西的一部份，規劃為「海峽西岸經濟區」，將台灣島設定為「海峽東岸經濟區」，完成對接整合後，就形成所謂「海峽經濟區」。

何？以及與之相關的運作模式為何？這些戰略課題不僅攸關未來兩岸關係發展，其對台灣政治經濟未來發展也將有一定程度影響，值得探究。

以兩岸次區域合作觀點討論中共已推出「海西區」與「平潭實驗區」政策，除了受到經濟運行的比較優勢與全球化生產模式的影響之外，中國政府規劃「海西區」政策明顯偏重以地緣政治經濟觀點（Geo-political economy perspectives）。一方面是考量福建地方政府對發展自身經濟有高度需求，另方面要滿足北京中央政府對台長期戰略佈署的政經需要。因此中共提出「海西區」方案，基本是結合福建的地緣區位與文化五緣關係的基礎上，針對吸納台灣推出一系列的特殊優惠政策。至於「海西區」或「平潭島」能否發揮對接台灣優勢，除了客觀的經濟與市場因素外，主要將端賴兩岸政府間的合作程度而定。

近年來隨著跨區域經濟合作盛行，從次區域整合的視角，學界將區域主義、次區域主義做更清楚的劃分，不只是相對的範圍大小概念，次區域主義專指一些中、小、微型經濟體而言，出現了所謂「微區域主義」（micro-regionalism）[3]，「微區域主義」也是一種次區域合作概念，推動合作推動者主要都是地方政府層次。透過兩岸次區域合作治理的研究途徑進行兩岸跨區域合作研究，在兩岸學界著墨仍屬有限，[4]例如金門、廈門跨境合作就是重要的研究案例，金門面臨小三通邊緣化危機以及「海西區」地緣磁吸作用，尤其是廈門在「綜合配套改革實驗區」與「自由

[3] Katsuhiro Sasuga, *Micro-regionalism and Governance in East Asia* (New York: Routledge, 1999), pp. 1-10.

[4] 邱垂正，〈兩岸次區域經濟合作的新起點—以金廈小三通加值化做起〉，發表於「第二屆兩岸區域合作論壇」（廈門：兩岸關係和平發展協同創新中心等共同主辦，2013 年 7 月 5 日-7 日），頁 121-139。

貿易試驗區」規劃與發展，[5]對距離不到 10 公里金門，要跳脫地緣影響，只追求自身的發展格局的可能性，已越趨渺茫。因此受制於「海西區」地緣緊密關係與金門自身經濟淺碟型態特性，「海西區」與廈門特區的發展，對金門未來就具有關鍵的影響力，這點是台灣與金門分別面對大陸「海西區」地緣政經效應所呈現出來的差異所在。

二、研究目的

本研究主要探討近來次區域經濟整合的發展規劃，透過次區域整合理論角度來探討兩岸關係發展的意義，並以地緣經濟理論視角，理解中國大陸針對台灣規劃次區域經濟合作區--「海西區」戰略意圖與政策目的。尤其從地緣角度，金門島緊鄰海西區發展核心區廈門市，深受「海西區」規劃發展的影響，如何掌握「海西區」對金門的機會與挑戰，尋求金廈跨境整合的可能模式與路徑選擇，相信對台灣與金門都具有重要的參考價值。因此，本研究目的如下：

（一）歸納跨邊境次區域經濟發展的理論與實踐

除了全球化與各國多邊區域整合之外，在國與國、區域與區域之間整合的層次，也出現所謂次區域經濟整合，至於次區域整合是相對於區域整合而言，迄今為止，自 20 世紀 80 年代末、90 年代初冷戰結束後次區域經濟合作現象出現以來，學者對此討論概念包括：「成長三角」（Growth Triangle, GT）、「自然經濟區域」（Natural Economic Territories, NETs）、「次區域經濟區」（Sub-Regional Economic Zones, SREZs）、「次經濟自由貿易區」（Sub-Regional Free Trade Areas, SRFTA）、「跨國經濟

---

[5] 廈門自 2011 年開始實施國務院所批覆的「廈門市深化兩岸交流合作綜合配套改革試驗總體方案」（簡稱綜改方案），主要為對接台灣經濟。2013 年上海自由貿易實驗區（簡稱自貿區）成立，廈門也積極綜改區的基礎上轉型為「廈門自由貿易實驗區」，2013 年 11 月廈門通過「關於成立海關特殊監理區域整合何自貿區建設工作組的通知」，全力推動成立廈門「自貿區」。

區」（Transnational Economic Zone）、「跨國成長區」（Cross-National Growth Zones）、「次區域主義」（Sub-regionalism）、「微區域主義」（Micro-regionalism）等等「次區域」概念。[6]

　　基本上這些理論與實踐沒有標準界定，上述概理論概念與實踐經驗應放在同一套檢視標準來探討，包括概念釐清、內容意涵與機制作用等三者，較具有意義。

　　1.概念釐清：認為次區域經濟合作是一個相對的概念而不是絕對的概念，次區域是相對於區域而言的。如果把東亞看作是一個區域，那麼東北亞或是東南亞則為次區域；如果把東北亞看作是一個區域則圖們江地區便是一個次區域；當然圖們江地區相對於東亞也是一個範圍更小的次區域，因此可見，從地理範疇而言，次區域是相對於區域而言的，從這個視角看，如果一國內部毗鄰的地區間進行的區域合作也可以稱作次區域合作。

　　2.內容意涵：相對區域合作，次區域合作更具彈性，更為具體，地方政府往往是合作主體。

　　3.機制運作：次區域經濟發展的過程中，市場機制與政府機制誰先起到主導作用的問題。如果是市場主導的，企業應該如何規範，用誰的法律法規？如果是政府主導，是先由中央或是地方發動？

（二）綜整中國發展跨邊境次區域經濟合作區的戰略構想

　　中國大陸自十六大開始基於促進邊疆地區的安全繁榮、改善與周邊國家與地區的關係，[7]推動中國大陸經濟國際化等戰略目標，開始推動跨

---

[6] 所謂「次區域」（Sub-region）是「區域」的相對概念，例如亞太區域，東北亞就是一個次區域；東北亞是一個區域，圖們江流域就是次區域；兩岸關係經貿整合若是一個區域的概念，海峽西岸經濟區，（簡稱「海西區」）或是平潭綜合實驗區（簡稱「平潭島」）與金馬地區、台灣部分地區的經濟對接就是屬於次區域。

邊境「次區域經濟合作」。而中國大陸學者曹小衡認為中國大陸推動次區域經濟合作優於區域合作的主要優勢在於：1.次區域經濟合作通常只涉及成員國領土的一部份，相對區域經濟可以分散風險。2.次區域相對區域有較大的靈活性，一個國家與地區可以同時進行幾個次區域經濟合作。3.次區域地區的產品市場與投資資本主要依賴次區域以外的地區，不歧視非成員國。4.次區域不同於出口加工區，合作範圍更廣泛，合作領域包括貿易投資、旅遊合作、基礎設施、人力資源與環境保護等。5.生產要素的跨國界流動，主要依靠參與方的協調與合作。6.地方政府是次區域合作的主體與主要推動者。[8]

目前中國大陸政策參與跨邊境地區的次區域經濟合作主要包括:1.「粵港澳次區域經濟合作」，以香港澳門和廣東為核心的。2.「圖們江跨國自由貿易區」，參與國家有中國大陸、俄羅斯、朝鮮等次區域經濟合作，中國以吉林省為參與主體。3.「中國與朝鮮次區域經濟合作」，以中國遼寧省為參與主體。4.「新疆跨邊界次區域經濟合作」，合作國家有哈薩克、吉爾吉斯、烏茲別克、土庫曼，中國以新疆為參與主體。5.「大湄公河次區域經濟開發」，參與國家包括緬甸、寮國、柬埔寨、泰國與越南等，中國主要參與以雲南省與廣西省為主。6.「海西區次區域合作」主要是針對台灣的次區域經濟合作，主要中國大陸海西區為主（如圖1）。

---

[7] 2002 年 11 月中共十六大的報告明確提到了「以鄰為善、以鄰為伴」的周邊外交方針。2003年 9 月在印尼巴厘島東協與中日韓（10+3）會議，中國總理溫家寶首次提到「睦鄰、安鄰、富鄰」的周邊外交政策。2004 年中國確定外交工作的「四個佈局」，即「大國是關鍵，周邊是首要，發展中國家是基礎，多邊是舞台」。2009 年 7 月胡錦濤總書記在第十一次駐外使節重申「做實做深構築周邊地緣戰略依托工作，鞏固發展中國家在我國外交全局中的基礎地位」。因此周邊地區已成為構築中國國家安全「首要」問題，並將其提高到了戰略依存的高度。

[8] 曹小衡，〈中國大陸次區域經濟合作發展戰略與政策觀察〉，林佳龍主編，《打破悶經濟—新區域主義的動力學》（台北：獨立作家出版社，2013 年），頁 126。

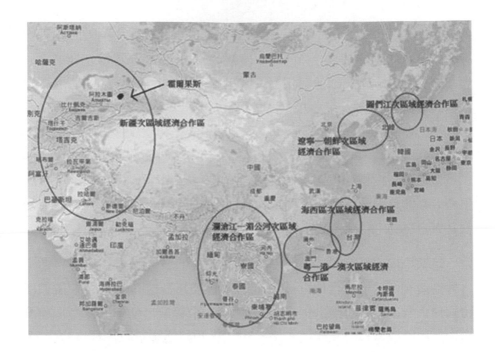

圖 1：中國跨邊界次區域經濟合作區分佈圖

資料來源：作者自行繪製

三、掌握中國推動對台灣次區域經濟合作區規劃發展──「海西區」戰略與政策觀察

　　中國福建省政府於 2004 年提出的「海西區」戰略構想。2009 年被中央政府認可，並於 5 月 4 日公布「關於支持福建省加快建設海峽西岸經濟區的若干意見」經過進一步修改後，5 月 14 日由中華人民共和國國務院發布《國務院關於支持福建省加快建設海峽西岸經濟區的若干意見》；2011 年 3 月國務院正式批准《海峽西岸經濟區發展規劃》；2011 年 4 月 8 日，國家發展和改革委員會全文發布《海峽西岸經濟區發展規劃》。

　　「海西區」的核心計畫有二，一是平潭島開發計畫，2010 年 9 月大陸公布「平潭綜合實驗區總體規劃（2010-2030）」，這項長達二十年的開發計畫，預計投入 4000 億人民幣。平潭島位於福建福清市外海，最大島海潭島面積（323 平方公里）約為金門的兩倍，距離台灣新竹進 68 海浬（約 125 公里）。平潭島開發是海西區的招牌亮點，優惠措施號稱是「特區中的特區」，十一五、十二五規劃十年內要在平潭島投入近三千億人民幣，[9]並喊出「五個共同」戰略構想（共同規劃、共同開發、共同經營、共同管理、共同受益），2012 年 2 月還特別向台灣公開招募員工幹部 1000 名，引發台灣高度關切。[10]目前平潭開發並積極與台灣進行直航，已引發金馬離島小三通邊緣化危機出現。[11]

　　「海西區」另一個核心規劃是廈門綜合配套改革實驗總體方案的規劃與執行，2011 年底出台的「廈門市深化兩岸交流合作綜合配套改革試驗總體方案」（簡稱：廈門綜改方案）主要的重點就是要將廈門市打造成「一區三中心」：「一區」就是兩岸新型產業和現代服務業的合作示範區，「三個中心」就是貿易中心、航運中心，和金融中心。簡介如下：

（一）兩岸新型產業和現代服務業的合作示範區

　　目前已完成「兩岸新型產業和現代服務業的合作示範區發展改革規劃」（簡稱示範區規劃）的編制工作，規劃總面積 156 平方公里，包括金融商務、保稅物流、綜合服務、文化旅遊、新興產業等，核心區在翔

---

[9] 根據筆者實際調研，所謂「平潭建設每天燒一個億或兩個億（人民幣）」說法，並非是政府直接投入，而是透過國有企業圈地開發興建，再出售給投資者。

[10] 蘇芳禾、舒子榕，〈賴幸媛：台灣人任平潭領導 恐違法〉，《聯合晚報》，2012 年 3 月 27 日，版 A4；沈明川，〈注意囉！尹啟銘警告：投資平潭充滿風險 平潭放利多來台招商！尹：投資環境條件並不好，語言也不通 台商前往投資要審慎〉，《聯合晚報》，2012 年 3 月 14 日，版 A4。

[11] 邱垂正，2013a，〈直航後金門小三通的邊緣化與加值化〉，發表於「2013 金門經濟高峰論壇」（金門：台灣競爭力論壇等共同主辦，2013 年 6 月 10 日），頁 72-81。

安區規劃 45 平方公里，計畫深化與台灣產業對接，在節能環保、文化創意、研究設計等引進龍頭產業項目。

（二）兩岸金融服務中心

2012 年 9 月福建省政府通過支持廈門建設兩岸區域性金融服務中心若干意見，廈門成為大陸首家建立兩岸跨境人民幣結算清算的城市，廈門與台灣共有 12 家六對銀行簽訂了跨境人民幣代理清算協議，2012 年兩岸跨境人民幣清算量約 200 億元，佔全中國大陸的七分之一，廈門金融區高樓相繼動工，吸引海內外金融機構入駐企圖心明顯。現階段廈門兩岸金融中心以引進更多境內外實力雄厚的金融類企業總部落戶為為主要目標。兩岸簽署服務貿易協議，大陸方面在福建投資金融業專門列有優惠措施，台資銀行在福建設有分行，可以提出在福建省設立異地分支機構的申請，並同意台資合併持股比例可達 51%。[12]

（三）兩岸東南航運中心

目標設定為打造廈門成為開放型經濟的主要門戶，建成亞太地區重要的集裝箱樞紐港和國際郵輪母港，積極爭取無紙化通關試點，打造世界首座第四代自動化集裝箱碼頭。目前總投資 55 億元（人民幣）的東南國際航運中心總部大樓及遠海港口自動化試點項目已開工建設。

（四）對台灣貿易中心

規劃要提升大宗商品集散功能，打造台灣農產品、特色商品大陸集散分撥基地，加快大嶝對台小額商品交易市場擴建工程，建設兩岸航空冷鏈業務轉機試點、輸台藥材集散中心。目前，廈門已成為中國大陸進

---

[12] 羅添斌，〈中國對台開放 80 項，閩投資優惠佔 14 項〉，《自由時報》，2013 年 6 月 24 日，版 A3。

口台灣水果與稻米的最大口岸，大嶝對台小額貿易交易市場免稅額也從
三千元提高到六千元人民幣。[13]

　　面對上海 2013 年成立「自由經貿實驗區」競爭挑戰，「海西區」的
平潭、廈門也向北京中央積極申設成為下一個「自貿區」，[14]使自己成為
更自由、更便利、更友善的經貿投資環境。而廈門規劃發展與金門未來
發展緊密連帶，對金門而言，既是機會也是挑戰。

　　「海西區」及「平潭實驗區」於 2011 年正式被納入「國民經濟和
社會發展第十二五年規劃綱要」（簡稱十二五計畫）文件中。「十二五計
畫」第 58 章，其章名：「推動兩岸關係和平發展和祖國統一大業」，揭
櫫要以「堅持和平統一、一國兩制」方針和現階段發展兩岸關係，推進
祖國和平統一進程八項主張，全面貫徹推動兩岸關係和平發展重要思想
和六點意見，牢牢把握兩岸關係和平主題，反對與遏制台灣分裂活動」，
作為「十二五計畫」的對台工作的政治前提。

　　第 3 節「支持海峽兩岸經濟發展區建設」：「充分發揮海峽西岸區在
推進兩岸交流合作的先行先試作用，努力構築兩岸交流合作的前沿平台，
建設兩岸經貿的緊密區域、兩岸文化交流的重要基地和兩岸直接往來的
綜合樞紐。發揮福建對台交流的獨特優勢，提昇台商投資區功能，促進
產業深度對接，加快平潭綜合實驗區開放開發，推進廈門兩岸區域性金
融服務中心建設。支持其他台商投資相對集中地區經濟發展。」[15]

---

[13] 即將開幕的平潭對台小貿商城免稅額也設定為 6000 元。參見：蔣升陽，〈廈門大嶝：
對台小額商品交易免稅額調至 6000 元〉，《人民網》，2012 年 11 月 1 日，
<http://finance.people.com.cn/BIG5/n/2012/1102/c1004-19472384.html>。

[14] 2014 年 2 月 12 日至 16 日筆者前往廈門、福州、平潭進行訪談研究時，陸方官員與學
者說明平潭、廈門申請「自貿區」過程。

[15] 中華人民共和國國民經濟和社會發展第十二個五年規劃綱要編寫組，〈中華人民共和國
國民經濟和社會發展第十二個五年規劃綱要〉，2011 年，《新華網》，
<http://big5.xinhuanet.com/gate/big5/news.xinhuanet.com/politics/2011-03/16/c_12119391
6.htm>。

　　因此從十二五文件內容不難發現，中共規劃「海西區」具有高度的對台政治性統戰意圖。而有關「海西區」主要政策方案的進程如下圖二所示。

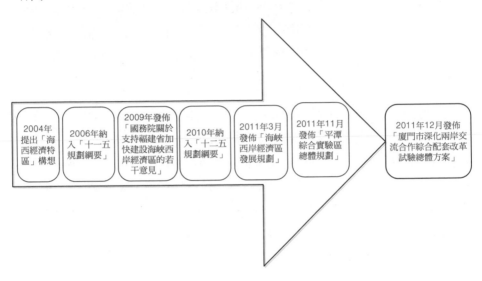

圖2：「海峽西岸經濟區」規劃時間進程示意圖

作者自行繪製

四、探索並評估「金廈跨境經濟合作」的機會與挑戰

　　從中國推動次區域合作戰略構想與實踐經驗，在邊境推動「跨境經濟合作區」根據兩國邊境地區對外開放的特點和優勢，劃定特定區域，以賦予該區域特殊的財政稅收、投資貿易以及配套的產業政策，吸引人流、物流、資金流、技術流、信息流等各種生產要素在此匯聚，通過邊境兩邊地區的對接，實現邊境地區的充分互動與優勢互補，實現合作區的快速發展，進而帶動其他周邊地區的發展。以中國大陸而言，「跨境經濟合作區」特色在於實施「兩國一區、境內關外、自由貿易、封關運

作」的管理模式，[16]實施貨物貿易、服務貿易和投資自由的開放政策，在兩國設立「一區兩國」的經濟合作特區。「跨境經濟合作區」在中國大陸各省與周邊國家合作目前正加緊推行中，[17]但真正成功案例並不多見。

　　然而，金廈次區域合作提法對金門而言可能太大，例如大湄公河計畫涉及多國與國際組織的積極參與很難適用金廈之間的合作，參照中國大陸次區域「跨境經濟合作區」概念，要建構「金廈一區、境內關外、自由貿易、封關運作」運作模式往往涉及兩岸政府的協商，需要有循序漸進過程。現階段兩岸政府尚未就次區域合作為議題進行協商，然而，金廈雙方早已在小三通的基礎上進行旅遊合作，並透過兩岸兩會達成「解決金門用水問題共同意見」，正規劃並落實金廈通水方案，[18]雙方正就建設方式、引水規模與工作規劃進行多次的技術性協商，預計 2014年 8 月簽約。此外，為解決金門供電不足問題，金廈雙方正針對籌劃金廈電網進行可行性研究。

　　因此金廈已在兩岸跨邊境次區域合作累積了不少基礎，以利於未來進一步建構「金廈跨境經濟合作區」創造有利條件。在時機方面，金門要建立有地緣經濟戰略特色並因應台灣「自由經濟示範區」總體規劃，探索「金廈跨域經濟合作方案」可能模式，雖有助於為金門找到最適發展方案。但金廈畢竟隸屬不同的中央政府，「金廈合作」如何在進一步

---

[16] 羅聖榮、郭小年，〈雲南省跨境經濟合作區建設：現狀、問題與建議〉，劉稚主編，《大湄公河次區域合作發展報告（2011-2012）》（北京：社會科學文獻出版社，2012 年），頁 96。

[17] 在邊境經濟合作區的基礎上，中國大陸各省也提出跨域經濟合作的新發展戰略，如廣西省提出中越祥-同登、東興-芒街跨境經濟合作區的建設，吉林省提出中俄琿春-哈桑、中朝琿春-羅先的跨域經濟合作區，而雲南省則提出中越河口-老街跨境經濟合作區、中緬瑞麗-木姐跨境經濟合作區、中寮磨憨-磨丁跨境合作區。

[18] 2013 年 6 月兩岸兩會在第九次高層會談達成「解決金門用水問題共同意見」，為開啟金廈供水雙方將積極全力促成，共同落實。參見：張晏彰，〈兩岸簽署服貿協議，並就金門月達成共同意見〉，《青年日報》，2013 年 6 月 22 日，版 1。

「跨境經濟合作區」達成共識，不僅對金門、廈門意義重大，在兩岸關係發展深具意義並兼具考驗，但中央政府介入與授權是必要條件，其中的充滿各種挑戰與變數，亟需釐清並明確化，才得以務實推動。

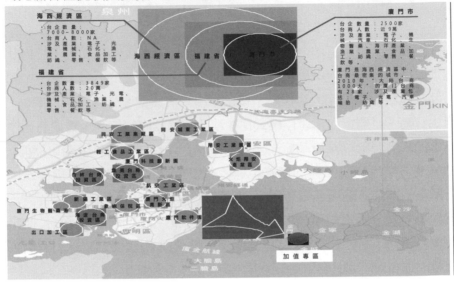

圖3：金門面臨海西區與廈門發展所帶來的跨境合作發展機會與挑戰

資料來源：金門縣政府提供

貳、次區域經濟整合的理論意涵

一、次區域經濟合作理論研究現況

Machlup 從經濟史角度，定義區域經濟合作為「將個別不同的經濟體結合在一起成為大的經濟區域」（combining separate economies into large economic regions）。[19]首先出現的次區域經濟合作案例是在 1989 年

---

[19] Fritz Machlup, *A History of Thought on Economic Integration* (New York: Columbia University press, 1977), p. 3.

12 月，由新加坡總理吳作棟倡議，在新加坡、馬來西亞的柔佛州、印尼的廖內群島之間的三角地帶建立經濟開發區，並稱之為「增長三角（成長三角）」（growth triangle），吳作棟將「增長三角」定義為：在政治型態、經濟發展階段不同的三個國家（地區）的互補關係、促進貿易投資，以達到地區政治安定、經濟發展目標而設置的多國籍經濟地帶。[20]

美國學者 Scalapino, Robert A 列舉了珠江三角洲－香港之間的經濟合作以及新/柔/廖「增長三角」等案例，提出了「自然經濟領土」（Natural Economic Territories, NETs）的概念，說明了 NETs 生產要素充分互補後所帶來的經濟成長與經濟體系的建立。[21]

大陸學者李鐵立與姜懷寧則以邊界效益的角度來說明次區域經濟合作可能性與機制建立，他們認為邊界效應有「屏障效應」與「中介效應」，[22]次區域經濟合作就是將「屏障效應」轉為「中介效應」的過程，目前國際間出現次區域合作就是趨勢，就是邊界的「中介效應」取代「屏障效應」，而「中介效應」是指兩國（地）間的經濟、社會、文化具有交流合作需求，可以大大降低雙方合作的交易成本，中介效應條件有：自然人文地理具有連續性與相似性、經濟發展水平具有梯度差異、以及具有腹地優勢與過境需要等。

近年來隨著跨區域經濟合作盛行，學界將區域主義、次區域主義做更清楚的劃分，不只是相對的範圍大小的概念，出現了所謂「微區域主義」（micro-regionalism），次區域主義專指一些中小型經濟體而言，至於

[20] Tsao Yuan Lee, *Growth Triangle: The Johor-Singapore-Riau Experience* (Singapore: Institute of Southeast Asian Studies, 1991), pp. 2-5.

[21] Robert A. Scalapino, "Challenges and Potentials for Northeast Asia in the Twenty-First Century," paper presented at the "Regional Economic Cooperation in Northeast Asia" (Honolulu, Hawaii: North East Economic Forum, 1999), p. 31.

[22] 李鐵立、姜懷寧，〈次區域經濟合作機制研究：一個邊界效應的分析框架〉，《東北亞論壇》，第三期（2005 年），頁 90-94。

「微區域主義」則是一種次國家或次區域的地緣概念，推動合作的推動者主要是地方政府，[23]此一「微區域主義」合作概念對金廈跨域合作頗具啟發意義。

也有學者認為「次區域合作」概念必須加以澄清並重新界定，次區域合作是一個相對於區域經濟合作的概念，以是否跨越國界與邊境為標準再予區分為「國際次區域經濟合作」和「國內次區域經濟合作」，或是以參與主體是否具有「獨立行政權」為標準與國際區域經濟合作進行區分。[24]本研究採用跨越邊境且具有獨立行政權（含地方政府），探討中國大陸推動跨邊境次區域經濟合作為主要研究範圍，至於中國國內次區域經濟合作不是本研究的課題，較符合「海西區」與廈門對金門的關係定位。

學界對於「次區域合作」相關名詞定義或概念多有差異。[25]一般而言大都承認次區域它具有以下特性：

（一）靈活性：相對全球多邊、區域主義多邊經濟合作形式，次區域的合作都較為容易，例如，新/柔/廖「增長三角」等案例從正式倡議到付之實施僅短短兩年，相對於而東協自由貿易區早於 1970 年代就開始醞釀，經過 15 年才協商出具體方案，歐盟成立也是歷經 20 年的磨合[26]，才逐漸有明顯進展。此外，合作議題較為廣泛多樣，地方政府積極性強等特性與區域主義差異較大。

---

[23] Katsuhiro Sasuga, Micro-regionalism and Governance in East Asia, pp. 1-10.

[24] 董銳，〈國際次區域經濟合作的概念演進與理論研究綜述〉，《呼倫貝爾學院學報》，第 17 卷，第 5 期（2009 年），頁 23。

[25] 胡志丁等，〈次區域合作研究方向的變遷及其重新審視〉，《人文地理》，第 1 期，總第 117 期（2011 年），頁 63。

[26] 歐盟整合的「新功能主義」在 1966 年盧森堡協定就趨沒落，一直到 1987 年「單一歐洲法」生效後，才見「新功能主義」復甦，新功能主義的「擴溢效果」才發揮較大的解釋力，成為主流，請參考黃偉峰，〈歐盟整合模式與兩岸主權爭議〉，收錄於《歐洲

（二）**鄰近性**：次區域的地緣位置相鄰近，使投資、貿易活動中的運輸、通訊費用降低，降低生產成本；而且地理位置鄰近的地區或國家，往往也有較為接近的語言、文化背景，有助於合作關係增進。

（三）**利益共享性**：成功的次區域合作案例能使參與各方與有關投資者共享經濟利益，經濟較發達的合作方通過資本與技術輸出獲得利益，另一方則獲得增加就業機會，改善基礎設施的機會。例如 1992 年新/柔/廖「增長三角」合作案例，新加坡對柔佛、廖內的大量投資、技術轉移與移轉勞力密集產業，不但獲得直接的經濟利益，還拓寬了原本狹小的經濟活動空間，促成了產業升級，同時增加了最稀缺的水資源，而印尼、馬來西亞則獲得技術、增加就業機會，改善基礎建設，如今馬來西亞的柔佛州已開發成為新興工業中心，廖內群島的巴但島更成為重要的度假中心，[27]類似案例也發生在中國華南地區的粵港澳合作案例。

（四）**外向性**：次區域合作往往建立在國際資本較為活躍的地區，其開發目標具有明顯的外向性，即利用國際資本與技術，結合本地的生產要素如勞動力、土地，生產商品出口，合作目的是為了進一步出口導向，不會歧視非參與方。例如新/柔/廖「增長三角」，除了新加坡的資金外也吸引美、日等投資資金。大湄公河次區域合作與圖們江次區域合作，除參與國外，如聯合國、亞洲開發銀行等國際機構往往扮演重要金主的角色。

（五）**政治性**：次區域合作往往涉及政府權責，尤其是跨邊境的次區域合作往往涉及一個國家的外交主權，仍需由中央政府出面交涉解

整合模式與兩岸紛爭之解決》論文集（台北：中央研究院歐美所歐盟研究小組主辦，2000 年 6 月 9 日），頁 5-6。

[27] 陸建人，〈增長三角—亞洲區域經濟合作的新形式〉，《當代亞太》，第 1 期（1994 年），頁 35。

決。依照次區域合作的經驗所涉及政治性因素有二，[28]一是參加各合作方有著友好或是比較穩定的關係，否則就算各方有著明顯的互補性，也會因政治交惡，如邊界糾紛而無法展開合作；二是需要中央政府政策支持，跨邊界次區域合作往往涉及主權管轄，任何次區域合作就算地方政府有高度積極性，若沒有中央政府同意或努力促成，相關成效也將十分有限。此外，政治風險而言，相對於區域主義，次區域合作一因涉及地區較為局部，其合作實驗的政治風險較低，是改善鄰國關係可嘗試的途徑。

參、中國大陸推動跨邊境次區域合作的戰略構想探討

中國大陸次區域經濟合作戰略目標是服膺於國家整體的大戰略，是整體大戰略下的具體部署。所謂國家整體大戰略包括「國內再平衡」與「國際再平衡」兩者。[29]由於中國國土遼闊，次區域發展可分為國內層次的次區域經濟發展區，以及跨邊境次經濟發展區，涉及「國內再平衡」中國境內區域發展規劃不是本文研究範圍，而本文主要聚焦在跨邊境次區域經濟合作，目前中國參與邊境次區域經濟合作主要有：圖們江流域的次區域經濟合作、大湄公河次區域經濟合作，新疆跨邊境經濟合作區、

---

28 陳德照，〈增長三角—值得重視的區域經濟合作新形式〉，《亞非縱橫（北京）季刊》，第 3 期（1994 年 8 月），頁 4-5。

29 「國內再平衡」的挑戰：1.源能資源短缺的挑戰；2.生態環境惡化的挑戰；3.經濟社會發展一系列不平衡問題的挑戰；4.巨大規模自然災害、可能出現的戰爭的挑戰；5 貪腐問題挑戰。「國際再平衡」挑戰：1.政治挑戰。一個太平洋能否容下中美兩個大國的問題。911 後，大部分美國及其盟友開始意識到國際恐怖主義才是對其安全的首要威脅，才是它們的最主要、最直接的敵人。同時，也有部分人開始把中國視為假想敵。2.經濟挑戰：美國次貸危機所引發的全球金融危機、財政危機愈演愈烈，世界經濟舉步維艱，大陸外部經濟環境處於惡化狀態。3.外交挑戰：阿拉伯之春引發的阿拉伯世界的政治動盪，還是朝鮮政權更替之後。引發的一系列危機事件，抑或是在中國南海區域頻繁爆發的與周邊國家的衝突對抗，種種跡象表明，如今的國際政治環境比過去想像的要惡劣得多、複雜得多。4、軍事挑戰。參見：曹小衡，〈中國大陸次區域經濟合作發展戰略與政策觀察〉，《台灣智庫通訊》，第 26 期（2013 年），頁 14。

中朝次區域經濟合作區，以及中國大陸與港澳的粵港澳次區域經濟合作
區、中國大陸與台灣的「海西區」次區域經濟合作等六個個案（如表 1）。

表 1：中國邊境次區域經濟合作主要個案彙整

次區域經濟合作名稱	實施期程	參與主體	邊境參與國與地區	運作機制	成效評估
粵、港、澳次區域經濟合作	2003年開始	廣東	香港、澳門	**協議**：在 CEPA 架構下中港簽署「粵港合作框架」、中澳「粵澳合作框架」。 **實驗區**：深圳前海—香港、珠海橫琴-澳門，雙方皆有合作契約。	因架構內的經濟體具有地理位置相近、雙方交流頻繁、語言文化相同等優勢，加上同為一個政治實體所領導，在中共中央政府政策運作下進展順利，目前已成為中國大陸「一國兩制」架構下經濟交流範疇內最可能成功的示範點。
海峽西岸經濟區	2009年展開	福建全部，廣東、浙江、江西部份	台灣	**協議**：兩岸簽署經濟合作框架協議（ECFA），但兩岸並未協議「海西區」合作事項，而「海西區」與「平潭島」皆為中共片面設置。 **實驗區**：福建平潭綜合實驗區-台灣，中共片面設置。	雖然海西區是中共對台經貿交流平台架構中力推的新經濟示範區，但因福建本身區位與地理條件不如北方長三角及南方珠三角等兩大台商集中區域。 海西區目前規劃兩個主要的核心區，「平潭綜合時驗區」與「廈門綜改實驗區」。

大湄公河次區域經濟合作	1950年代展開	雲南	緬甸、寮國、泰國、越南、柬埔寨	**協議**：1995年在泰國清萊簽訂「湄公河流域可持續發展合作協定」，1996、1997兩年簽訂許多實施項目，且獲得國際組織等國家資助3730萬美元。 **實驗區**：五清溝通計畫（清邁、清萊、景棟、景通—琅勃拉邦、景洪）。	本區是亞洲次區域經濟開發區中最為重要的項目之一，主因為湄公河自中國發源於越南入海，途中流經國家皆為東南亞政治實體中重要或極具開發潛力的國家，僅一條湄公河的榮枯就關係著民生、經濟、水利、發電等重大議題，而區域成員國彼此的民間或官方交流也早已十分熱絡，被認為是跨國間次區域經濟合作的明日典範。
圖們江跨國自由貿易區	1992年	吉林	中國、俄羅斯、朝鮮、韓國、蒙古	**協議**：聯合國開發計畫署（UNDP）制定「圖們江地區發展計畫」且提出「圖們江經濟發展區和東北亞發展的推薦戰略研究報告」。 **實驗區**：分為大三角與小三角，大三角為中國延吉—禪先清津—俄羅斯符拉迪—俄羅斯符拉迪沃斯托克、小三角為中國琿春—朝鮮羅津—俄羅斯波謝特。	圖們江自古為中國與朝鮮的界河，近代因俄羅斯（蘇聯）的介入，導致此區域的紛爭不斷，惟近年在經濟民生的考量下，身處邊界爭議的雙方已有共識儘速開此區域。 該區因為坐擁中國東北、俄羅斯東部以及北朝鮮等廣大腹地與天然資源，此區若能將邊界爭議化為最低，將有可能成為東北亞最具潛力的的經濟推升動能。

| 中朝次經濟合作區 | 2010年代展開 | 遼寧 | 中國、朝鮮 | **協議**：中國吉林省編制「中朝羅先經濟貿易區總體規劃」與「中朝羅先經濟貿易區先鋒白鶴核心區和羅津港核心區控制性詳細規劃」，朝鮮修訂了「羅先經貿法」，制定「黃金坪、威化島經濟區法」，雙方都有約束法令。
實驗區：朝鮮東北角的-羅先經際貿易區、與丹東一江之隔的黃金坪和威化島經濟區 | 北韓長期的重軍輕經的國家走向在新任國家領導人金正恩上任後銳意逐步推動經濟建設後有了不同面向，雖然此區僅有中國及北韓共同推動，但在北韓未來若開放後急邁躍進的拉動下，極有可能成為推升北韓邁向開發中國家的經濟動能 |
| 新疆跨邊境經濟合作區 | 1992年展開 | 新疆 | 中國、哈薩克斯塔、吉爾吉斯斯坦、烏茲別克斯坦、土庫曼斯坦 | **協議**：「關於在邊境地區加強軍事領域信任的協定」開始了相互促進，「中塔吉關於三國國界交界點的協議」解決了邊界問題，「上海合作組織」的建立與「烏洽會」的召開，使中國與中亞的石油發展更加緊密。
實驗區：有世紀合同之稱的「中哈石油管道」 | 本區坐擁豐富的石油及原物料礦石資源，雖然區域內成員國複雜加諸涉邊境爭議也較其他區域為多，不過在中國強勢領導統合下，本區可能成為西亞的經濟開發明珠。 |

資料來源：筆者整理自中國國務院相關部委之官方資料。

　　趙永利、魯曉東等人特別將圖們江流域的次區域經濟合作、瀾滄江
—湄公河次區域經濟合作，中國與中亞的次區域經濟合作等，說明這三
個次區域經濟合作與 Balassa 著名國際區域經濟整合五種層次高低不同
的「自由貿易區」、「關稅同盟」、「共同市場」、「經濟同盟」、「完整經濟
聯盟」的經濟合作觀點不同，[30]這三個中國與邊境鄰國次區域經濟合作
案，具有三項特點：1.次區域合作基礎是較低層次的經濟互補性，大都
集中在初級要素的互補上。2.次區域合作中政府具主導性，特別是地方
政府是合作的主體，也使得次區域經濟合作體現出鮮明的政治色彩。3.
次區域經濟合作成功案例經常有國際機構的積極參與，如聯合國、國際
金融機構。4.次區域合作具有非制度性特質，亦即參與方強調行動的軟
約束，體現的是功能的一體化而非制度的一體化，各成員國利益衝突嚴
重時往往會妨礙合作進程。5.次區域合作在內容上非常廣泛，除商貿領
域外，還包括投資、旅遊、基礎建設設施、人力資源、環保、技術等多
個合作領域。6.次區域合作中的開放性和非歧視性，相對區域經濟整合
對非參與方的保護主義色彩，次區域因高度需要藉助外部投資，相對地，
實踐上較具開放色彩和非歧視原則。[31]

　　至於中國大陸與港澳、台灣的次區域合作與前述大陸邊境三個次區
域經濟發展不同，中港澳會兩岸之間的次區域經濟發展程度較高，未來
潛力很大，且事關中共推動「一國兩制」政策成效，中共賦予特殊的政
治意涵。例如「平潭綜合實驗區」而言，依照上述特點規劃，現階段就
涉及問題有：1.需要政府強力介入主導，協調市場與政府關係，2.著力
先行先試，才能增強對台灣的吸引力，3.促進體制機制創新，不斷完善
兩岸制度化合作框架，要實施「比特區更特的政策」，為兩岸融合發展

---

[30] Bela Balassa, *The Theory of Economic Integration* (Homewood, Illinois: Richard D. Irwin, 1961), p. 1.

[31] 趙永利、魯曉東，〈中國與周邊國家的次區域經濟合作〉，《國際經濟合作》，第 1 期（2004 年），頁 51-54。

與和平統一提供模式與有益借鏡，4.要破解「共同管理」難題，在「五個共同」中大力推動兩岸政治、經濟、社會與文化建設，增進兩岸認同與互信基礎。[32]

肆、兩岸次區域合作的主體與平台的評估

一、次區域合作的主體

　　歸納次區域合作的特質，以及綜觀中國大陸與周邊國家跨邊境次區域經濟合作的經驗，有中央政府、地方政府、國際組織（或超國家組織）等四項合作主體，分別扮演不同的角色與功能，必須加以思考。[33]四項次區域合作主體對兩岸之間次區域合作的互動頗具啟發性，概述如下：

（一）中央政府是授權單位：跨邊境的合作往往涉及國家主權、外交事務與邊境管理，合作初始階段往往需要由中央政府出面主導與授權，這是次區域合作的必要條件，中央政府決定著跨邊境次區域合作區的前景與內容。因此，若想促進兩岸在「海西區」次區域合作，兩岸的中央政府就必須展開協商，因此目前兩岸官員已主張在兩岸經濟合作框架協議 ECFA 下協商「海西區」或「平潭實驗區」。[34]或是推動「金廈合作」深化次區域合作，朝向「金廈跨境經濟合作區」達成共識，不僅對金門、廈門經濟發展意義重大，

---

[32] 林在明等，〈區域經濟合作模式對平潭綜合實驗區開發開放的借鑒意義〉，《亞太經濟》，2010 年 03 期（2010 年），頁 225-230。

[33] 馬博，〈中國跨境經濟合作區發展研究〉，《雲南民族大學學報》，第 1 期（2010 年），頁 51-54；王元偉，〈跨境經濟合作區發展戰略研究〉，《時代金融》，第 7 卷，第 450 期（2011 年），頁 4。

[34] 蘇秀慧，〈杜紫軍：兩岸經濟特區合作 要談 我經濟示範區可與平潭島、古雷半島或海西等產業進行交流 要在 ECFA 架構下協商〉，《經濟日報》，2013 年 6 月 10 日，第 A12 版。

對兩岸關係發展也深具意義，但兩岸的中央政府介入授權與簽署
合作協議，是不可缺少的必要條件。

（二）地方政府是經濟合作主要的利益代表： 要在中央授權下後，基於
邊境地緣關係的次區域合作（含跨境經濟合作），地方政府往往
是主要的利益代表與合作主體。以次區域合作發展經驗而言，次
區域合作的發動者與倡議者往往是地方政府，地方政府也往往是
真正的利益代表。[35]例如中國加入大湄公河次區域發展而言，代
表簽約與授權皆來自北京中央政府，但真正處理次區域合作的實
際運作的卻是廣西與雲南地方政府，負責參與越南、緬甸、寮國、
柬埔寨與泰國的經常性的對話或工作小組。金馬小三通而言，金
馬兩縣地處外島，鄰近海西，縣政府往往是小三通這項次區域合
作項目的主要利益代表。

（三）國際組織（超國家組織）可以扮演區域合作的倡導者： 例如聯合
國開發計畫署（UNDP）與亞洲開發銀行（ADB）積極介入並協
調各國推進「大湄公河開發計畫」、「圖們江地區次區域經濟合作」、
「新－柔－廖」等次區域合作各項進度；「上海合作組織」則對
推動「新疆與中亞各國的次區域經濟合作」向來扮演關鍵性角色。
然而在兩岸次區域合作，基於中共對台一貫立場，國際機構組織
將較難以發揮作用。

（四）企業是次區域合作的主要建設力量： 跨邊界次區域合作最重要、
最活躍的經濟行為體是企業。各國政府推動次區域經濟合作主要
在吸引國內外企業積極投入，而企業參與進駐程度也往往是評估
次區域合作成效的指標。因此，要衡量中國大陸對台次區域合作

---

[35] 張玉新、李天籽，〈跨境次區域經濟合作中我國沿邊地方政府行為分析〉，《東北亞論壇》，
第 4 期（2012 年），頁 77-84。

所規劃的「海西區」與「平潭島」之成效，最簡單的指標，便是
企業進駐合作區的數量與投資金額。

二、兩岸次區域四種合作模式

根據大陸學者曹小衡指出中國大陸次區域合作有下列四種模式：一
是雙方由官方（地方或更高層級）推動合作；二是雙方由半官方（官方
授權機構如政府基金等），如兩岸海基海協兩會；三是一方是官方機構
與另一方為民間組織；四是雙方都是民間組織。[36]在次區域合作發展過
程中，其合作平台的演變與與發展路徑，大致可分「政府主導型」、「企
業主導型」，以及「政府、企業、民間正式與非正式共同推動」等三個
不同類型，但三種類型沒有先後關係，不同的次區域經濟合作，有不同
配搭的合作平台，無固定模式。

在亞洲國家中，中國是發展次區域合作經濟最豐富的國家之一，成
效也最為顯著。基於兩岸特殊的政治經濟地緣因素，兩岸交流合作有逐
漸朝向次區域合作的發展趨勢；此外中國對台次區域戰略也與中國與其
他邊境國家不同，現階段中國對台次區域戰略構想與實踐經驗有主要下
列特點：

（一）中國大陸內部對台經濟合作不限於「海西區」，而呈現「多區域
　　　並進的多對一合作關係」發展格局。[37]但各區域提出對台經濟或
　　　產業合作戰略必須配合北京中央政府的整體政策，中央主導色彩
　　　鮮明。

（二）海西區次區域合作構想自 2005 年納入「十一五」計畫以來，因
　　　欠缺兩岸政府間的合作平台與合作項目，導致海西區次區域合作

---

[36] 曹小衡，〈中國大陸次區域經濟合作發展戰略與政策觀察〉，頁 170。
[37] 林佳龍等著，《打破悶經濟—新區域主義的動力學》，頁 19。

長期以來成效有限。但 2013 年兩岸經濟合作協議 ECFA 運作模
式下並簽署兩岸服務貿易協議，中國大陸主動開放「海西區」（福
建、廣東）市場開放承諾，這次兩岸政府首次透過協議將海西區
合作納入共同合作事項。

（三）因兩岸特殊關係，北京嚴防國際勢力介入兩岸關係中，現階段國
　　　際組織與國際資源要介入兩岸次區域合作將較為困難。

伍、現階段中國大陸次區域經濟整合的運作與成效

一、中國大陸主要三個沿邊跨境次區域都有國際機構與組織介入

從中國跨邊境次區域合作可分為兩大類型，第一類是「沿邊跨境次
區域合作」，包括：圖們江流域次區域合作、大湄公河次區域合作，新
疆跨邊境合作區、與中朝次區域合作區等四個，第二類是與「一國兩制」
概念有關的中國大陸與港澳、中國大陸與台灣的次區域合作等共六個重
要的次區域合作區。其中，圖們江流域次區域合作、大湄公河次區域合
作，新疆跨邊境合作區等三個沿邊跨境次區域合作區，歷時最久且成效
最為顯著，而它們較為成功的背後都有依拖國際機構與組織的介入與資
助，使得跨國合作得以順利推進。

大湄公河次區域合作是由國際組織發起促成的，1992 年由亞洲開發
銀行倡導並建立大湄公河次區域合作 GMS 機制，GMS 啟動 20 年來，
湄公河流經中國（瀾滄江）、緬甸、寮國、泰國、柬埔寨、越南等六國
在能源、投資與貿易、農業與環境、交通、禁毒合作、旅遊與人力資源
開發與湄公河聯合執法等項目，都取得長足發展與卓著成就，成為亞洲
甚至是全世界最為成功的國際合作案例之一。[38]

---

[38] 劉稚、邵建平，〈雲南省跨境經濟合作區建設：現狀、問題與建議〉，《大湄公河次區域

　　圖們江次區域流域於上世紀 90 年代被聯合國開發計畫署（UNDP）
列為重點支持的多國合作開發項目，開發最初定位在中朝俄交界的圖們
江三角洲地區。2005 年 UNDP 提出圖們江合作範圍擴大到整個中國東
北三省、內蒙古自治區、北韓羅津－先鋒經濟貿易區、外蒙古東部省區、
韓國東部港口、俄羅斯濱海邊疆區等建立「大圖們江倡議」（GTI）合作
機制，共同推動能源、投資貿易、交通運輸與物流、旅遊與環保領域的
合作，[39]促進次區域內的合作開發。

　　目前新疆跨邊境次區域合作發展則建立在「上海合作組織」合作機
制進行內進行，中國、俄羅斯、哈薩克、吉爾吉斯、塔吉克與烏茲別克
等六國簽署協議，透過舉行經貿部長級會議、投資與發展論壇、推動能
源、交通、電信合作計畫，建立跨境經濟合作區等，中亞五國與新疆的
貿易額佔新疆對外貿易額的屢創新高，新疆與中亞五國發展各種加工項
目、進出口貿易中心與經濟合作中心，[40]合作進展快速且合作領域不斷
擴大。

　　基於地緣安全因素，自 2011 年逐漸開展的中朝（北韓）次區域合
作仍屬於雙邊關係；而中國基於「一國兩制」考量，針對台港澳的次區
域合作「粵港澳次區域合作」、「海西區次區域合作」皆排除國際組織與
機構介入，這也突顯北京政府不願國際勢力插手的戰略思維與基本立
場。

合作發展報告（2011-2012）》（北京：社會科學文獻出版社，2013 年），頁 1-21。

[39] 袁曉慧，〈圖們江區域開發項目現狀評估〉，《國際經濟合作》，第八期（2007 年），頁
44-49。

[40] 王海燕，〈中國與周邊國家區域經濟合作的機制創新探討〉，《新疆師範大學學報（哲學
社會科學版）》，第 33 卷，第 4 期（2012 年），頁 16-21。

二、「粵港澳」與「海西區」次區域合作的運作模式與成效

（一）「粵港澳」、「海西區」具有「地方利益、中央主導」的制度運作模式

從次區域經濟合作的角度，地方政府往往是主要的利益團體，對制度建構往往基於利益的驅使，自下而上要求制度安排，但北京在處理「一國兩制」的理論與實踐，則往往具有由上而下的制度主導性，因此無論是珠三角的粵港澳合作框架或是「海西區」與台灣交流合作政策，反應出「地方利益、中央主導」制度特色。例如，大陸福建省與平潭綜合實驗區自 2010 年起大打「臺灣牌」，筆者曾赴實地訪談，大陸相關官員與學者一致指出，「海西區與平潭島刻意強調與台灣對接的大肆宣傳，福建主要目的在爭取北京中央政府給予福建「海西」或平潭特殊政策，若沒有打著臺灣旗號，北京中央的優惠特殊政策就下不來，因此地方政府主要目的主要在發展福建自己經濟」。

基本上整個「海西區」規劃大都先由地方發動，中央再給予批覆與背書。中國大陸其他地方的次區域經濟合作發展也都符合先由地方發動，再由中央核可與背書，這種「先地方、後中央」的決策流程，地方往往要思考除了發展自身經濟外，必須要去「迎合」北京中央的政策需求，「海西區」總體規劃是對所有外資開放，宣傳上卻只鎖定「台灣」訴求，福建透過訴求「台灣」，爭取中央對「海西區」政策的支持與背書的企圖心至為明顯。

（二）「粵港澳」與「海西區」具有制度同形性（isomorphism）

「粵港澳」與「海西區」具有高度的制度同形性，北京為落實「一國兩制」的中央高度，對於粵港澳次區域經濟合作的制度規劃與實踐經驗，透過制度模仿與參照運用於「海西區」的規劃，以符合所謂「一國兩制」標準與規格。此外，因為「粵港澳」、「海西區」在推行上，具有

時間序列先後明顯次序，兩區制度同形性運作容易判斷且十分明顯，包
括相同層次的制度模仿，如 CEPA 與 ECFA 協議簽署；「珠江三角洲地
區改革發展規劃綱要」與「海峽西岸經濟區發展規劃」制度內容多有類
似設計，設立實驗示範區運作也相類似；粵港澳有「前海、橫琴、南沙」，
海西區則有「平潭、廈門」等（如表二）。就連中央與地方協調機制--
「部際協調會議」制度設計也相類似。

表2：「粵港澳合作框架」與「海峽西岸經濟區」制度對照

區域整合	廣東/香港	廣東/澳門	福建/臺灣
與中國大陸協議	更緊密的經濟夥伴的安排 CEPA	更緊密的經濟夥伴的安排 CEPA	兩岸經濟合作架構協議 ECFA
次區域	珠江三角洲地區改革發展規劃綱要 粵港經濟合作框架粵澳經濟合作框架		海峽西岸經濟區發展規劃
實驗區	深圳前海區、南沙	珠海橫琴半島、南沙	平潭綜合實驗區、廈門市綜改方案

資料來源：作者自行製表

（三）「粵港澳」與「海西區」次區域成效差異大

　　跨境次區域經濟合作合作主體而言，必須透過中央政府牽頭簽署協
議，地方政府作為合作的主體，輔以國際組織的響應，以及民間企業的
投入。「粵港澳」與「海西區」在「一國兩制」政策思維，北京自當排
除國際組織或外國介入整體合作制度建立（外資企業投資則不限），然
而在雙方政府簽署協議，粵港澳都是北京眼下的地方政府，只要北京出
面牽頭安排，締結合作制度相當順暢進展順利，相關整合或合作制度框
架比較多重，兩岸則因政治定位難以解決，台灣政府與大陸政府合作發
展「海峽經濟區」可能性並不高，「海西區」的規劃與執行都是大陸方

面「單方的、片面的」的制度運作，缺乏兩岸政策與制度共同努力的運作機制，加上經濟客觀條件又不及粵港澳地區，「海西區」的成效遠遠不及「粵港澳」。

「海西區」規劃在兩岸地方政府層次，金門、馬祖兩島嶼因鄰近海西區，且受大陸經濟社會發展影響，未來生存發展融入「海西區」發展與規劃向來是金馬地方政府與民間的訴求與心聲，但在台灣的兩岸關係條例規範下，凡涉及中國大陸事務皆屬於中央政府職權，除非被中央授權，否則地方政府難有作為。2013 年兩岸簽署服貿協議，若干大陸市場開放項目以福建作為優惠地區，勉強算是兩岸合作第一步，但成效如何有待觀察，相關粵港澳政府積極擴建相關區域的基礎交通設施，積極評估制度對接，現階段「粵港澳」的整合程度與運作成效遠遠優於「海西區」。

（四）服貿協議簽署開啟兩岸在「海西區」次區域合作的開端

相對於過去「海西區」都是陸方自行規劃運作，台灣政府採取迴避或冷處理的態度，然而自 2013 年兩岸簽署服貿協議，在中國對台灣服務貿易特定承諾表，中國對台開放 80 項服務業，經作者條文對照統計，特別針對「海西區」（福建、廣東）投資列有優惠項目達 12 項（如表三），比例達七分之一以上，兩岸服貿協議也開啟兩岸政府在「海西區」次區域合作的開端。但因協議尚未生效，但其對台經濟對接之成效，對「海西區」是否透過服貿協議發揮吸引台商轉移投資，值得持續關切。

表 3：《海峽兩岸服務貿易協議》中關於海峽西岸經濟區優惠條款列表

序號	兩岸服貿協議條文內容
01	允許取得大陸監理工程師資格的台灣專業人士在福建省註冊執業，不受在台灣註冊執業與否的限制。
02	允許台灣服務提供者以跨境交付方式，在上海市、福建省、廣東省試點舉辦展覽。
03	委託江蘇省、浙江省、福建省、山東省、廣東省、重慶市、四川省商務主管部門審批在當地舉辦的涉台經濟技術展覽會，但須符合相關規定。
04	允許台灣服務提供者在福建省設立合資企業，提供在線數據處理與交易處理業務，台資股權比例不超過 55%。
05	允許台灣服務提供者在福建省、廣東省以獨資民辦非企業單位形式舉辦養老機構。
06	允許台灣服務提供者在福建省、廣東省以獨資民辦非企業單位形成舉辦殘疾人福利機構。
07	允許台灣服務提供者在福建省設立獨資企業，經營港口裝卸、堆場業務。
08	允許台灣服務提供者在大陸設立合資、合作或獨資企業，提供公路卡車和汽車貨運服務。對在福建省、廣東省投資的生產型企業從事貨運方面的道路運輸業物立項和變更的申請，分別委託福建省、廣東省省級交通運輸主管部門進行審核或審批。
09	允許台灣服務提供者在大陸設立合資（台資股權比例不超過 49%）或合作道路客貨運站（場）和獨資貨運站（場）。對在福建省、廣東省設立道路客貨運站（場）項目和變更的申請，分別委託福建省、廣東省省級交通運輸主管部門進行審核或審批。
110	台灣的銀行在福建省設立的分行可以參照大陸關於申請設立支行的規定提出在福建省設立異地（不同於分行所在城市）支行的申請。
111	若台灣的銀行在大陸設立的法人銀行已在福建省設立分行，則該分行可以參照大陸關於申請設立支行的規定提出在福建省設立異地（不同於分行所在城市）支行的申請。
112	允許符合設立外資參股證券公司條件的台資金融機構按照大陸有關規定在上海市、福建省、深圳市各設立 1 家兩岸合資的全牌照證券公司，台資合併持股比例最高可達 51%，大陸股東不限於證券公司。

資料來源：兩岸服務貿易協議附件一「服務貿易特定承諾表」

另一方面，2009 年開始開放中資來台投資，將透過立法院協助取得現今中資法人機構，若以法人機構大陸所在登記地劃分，也得可發現中資來台投資的機構除了第三地陸資外，以省市別而言以福建省比例最多，件數與金額都高居首位（如表四），與對台灣經貿最緊密長三角、珠三角省分卻名列其後，與實際兩岸經貿經驗似有不符，比較合理的解釋，北京核准來台投資案例以配合「海西區」大陸企業廠商為主。

表 4：陸資法人來臺投資分區來源統計表金額

單位：美金千元

地區別	件數	金額	地區別	件數	金額
第三地陸資	143	444,015	浙江	10	2,808
福建	26	164,160	天津	1	1,906
北京	16	93,758	河南	1	1,565
上海	13	56,978	四川	2	248
江蘇	22	31,272	湖南	1	220
廣東	23	16,500	山西	1	210
江西	1	6,332	湖北	1	203
遼寧	4	5,286	海南	1	61
山東	7	2,842			
			總計	273	823,363

資料來源：經濟部投審會

陸、結論

　　自上個世紀開始，「海西區」就是中國對台跨境次區域合作的主要戰略規劃標的，直至 2009 年「海西區」的次區域合作政策才陸續被提出來與落實，截止目前為止，後發的「海西區」對台經濟對接合作成效仍遠遠不及珠三角、長三角。基本上「海西區」次區域制度政策創新仍訴求其地緣優勢，但這種地緣優勢與全球化或區域整合的比較利益優勢若無法結合，則「海西區」與台灣經濟對接成效將較為有限，然而「海西區」在北京中央政策大力背書支持下，並於 2013 年開始透過兩岸經濟合作協議運作模式，從兩岸服務協議開始強化「海西區」次區域對台灣經濟吸納能力，「海西區」對台次區域合作已開始透過兩岸間政府協議進行合作，其成效是否能帶動兩岸經濟合作新趨勢，值得持續關注。

　　面對中國大陸推動大湄公河、大圖們江次區域合作成功案例，台灣已有學者倡議，台灣在面臨區域主義下簽署自由貿易的困境，應思考以次區域合作來突破「悶經濟」的困境，認為全球移動的企業，固然會選擇以國家全境的法令與經營，但也會考慮選擇次區域合作的跨國城市群條件，[41]發揮次區域合作的靈活性，倡議以次區域合作模式突破政治主權的藩籬。例如，未來台灣六都城市群或離島金門可透過國際或兩岸次區域合作模式，進而向世界連結。

　　以金門而言，因地緣位置鄰近「海西區」的大廈門城市群，在前述次區域整合理論的自然經濟領土（natural economic Territories, NETs）與微區域主義（Micro-regionalism）的概念，若能考量全球化與區域整合所及，國家對地方的支持與制約的能力日漸下降，地方也在無法單靠國家來應對全球化所帶來的經濟壓力，遂形成以地方特色為基本單元的發

---

[41] 林佳龍等著，《打破悶經濟──新區域主義的動力學》，頁 26。

展策略，創造新的區位優勢，其所採行政策不再是依循中央體制或科層程序，而是符合區域決策的彈性方式，彌補中央高層標準化的缺失，創造所屬區位優勢的競爭力，[42]金廈跨境合作無疑可做為兩岸次區域先行合作的重要示範區。

金廈推動次區域合作項目如小三通、通水、通電或通橋，過去金門縣政府與台北中央常有不同立場且相互衝突。中央政府擔憂金門地方政府與大陸有關部門「過往甚密」衝擊中央政策立場，地方政府則埋怨中央政府漠視離島居民權益，阻礙金門發展。因此而要建立金廈次區域合作相關的管理機制，需要台北中央政府授權並與對岸政府簽署合作協議將是先決條件，然而地方政府又是次區域合作的主體與主要的利益代表，因此如何在金門建立中央與地方的協作關係，組建處理金門島嶼外部事務的治理機制，需要有一套兼顧兩岸關係與島嶼經濟發展的新戰略構想，這需要政府以創新思維因應未來兩岸或金廈的次區域跨境合作所帶來的機會與挑戰。

---

[42] 馬彥彬，〈兩岸次區域合作之探討---以中台灣與海西為例〉，《第二屆兩岸區域合作論壇》（廈門：兩岸關係和平發展協同創新中心等共同主辦，2013 年 7 月 5 日-7 日），頁 6-9。

新瓶舊酒？東亞海權爭奪戰中的中國海警

林廷輝

（中央警察大學水上警察學系兼任助理教授）

摘要

東亞海權爭奪中，無論是在東海或南海，相關聲索國的海上實力成為確保其海洋權利之後盾，在為避免直接涉入各方軍事衝突下，多數利用海上警察作為維權手段。就行政機關角度觀察，如何讓機關有效推動國家政策，達到國家戰略總體目標，是組織發展與組織再造之重點工作，中國海警在中國海洋戰略思維目標下，重新整編過去多元的海事機關。

本文首先釐清東亞海權爭奪戰之本質與挑戰，其次說明中國發展海權之戰略目標，並就中國海警之行政組織發展與再造之安排予以討論，最後評估此一組織改造，能否有效維護中國海權戰略目標，分別提出幾點觀察。

關鍵詞：

中國海洋戰略、東海、南海、中國海警、海上執法

壹、前言

東亞海權爭奪，指東海及南海周邊國家，對其仍存在爭議之領土主權與其衍生之海洋權利之主張發生歧異，當中包括專屬經濟水域及大陸礁層重疊問題，進一步對其生物資源（魚類、蝦蟹、珊瑚等）與非生物資源（洋流發電、海洋深層水、海底礦產、天然氣、石油、可燃冰等）經濟資源歸屬問題產生衝突，各種維權形態與組織陸續出現。由於中國海岸線長共計 18,000 多公里，擁有 37 萬平方公里的領海和約 300 萬平方公里的專屬經濟區，原本中國傳統為一陸權國家，但在國家經濟發展及對能源與資源需求急切之下，也不得不開始重視海洋資源的爭取與維護，傳統上，中國在維護海洋權益上與既有海權國家（美國、英國等）相較較為陌生，長期以來，中國對海洋文化並未深入探究，海上執法力量分散，為求海洋維權能統一事權，中國海警便在此一背景下重新編組成立。

2012 年 11 月，前中國國家主席胡錦濤在十八大的報告中指出：「我們應提高海洋資源開發能力，堅決維護國家海洋權益，將中國建立為海洋強國。」[1]建設「海洋強國」便成為中國海洋戰略目標。2013 年 3 月，根據《第十二屆全國人民代表大會第一次會議關於國務院機構改革和職能轉變方案的決定》（下稱《決定》），將原國家海洋局及其下屬中國海監總隊、原公安邊防海警部隊、原農業部中國漁政、原海關總署海上緝私警察的隊伍和職責整合，重新組建國家海洋局，並以「中國海警局」的名義開展海上維權執法活動，同年 7 月 22 日正式掛牌，國家海洋局下屬的中國海警同時還接受公安部業務指導，而在《決定》中，同時整

---

[1]〈胡錦濤十八大提建海洋強國，日方立即回應〉，《大公網》，2012 年 11 月 9 日，<http://news.takungpao.com.hk/military/view/2012-11/1256022.html >。

合加強衛生和計劃生育、食品藥品、新聞出版和廣播電影電視、海洋、能源管理機構等，海洋方面機構並未在此波組織再造中被整併入其他機構，反倒統整相關海事機構以有效執行任務。中國海警主要任務除了打擊海上犯罪外，更重要的任務是在維護中國海洋權利；在編制上，中國海警局為國土資源部國家海洋局的下屬單位，但接受公安部業務指導，局長由公安部副部長接任，在政策指導方面，在國務院下設立國家海洋委員會，負責研究制定國家海洋發展戰略，統籌協調海洋重大事項，加強海洋事務統籌規劃和綜合協調，國家海洋委員會的具體工作則由國家海洋局負責。

中國海上執法機關的整合，展現出中國政府對維護海洋權益及經營海洋事務的企圖心，不過，單純將相關執法機關整編，是否足以達到維護其東亞海權之目標，雖有待後續觀察，不過，從瞭解中國海洋總體戰略目標、行政組織再造及執法力度等角度觀察，大致可窺探中國海警未來在東亞「海上警備競賽」中將扮演之角色與地位，及其對東亞海權爭奪戰之影響。

貳、東亞海權爭奪戰與中國海洋政策

一、東亞海權爭奪戰

東亞海權爭奪戰，無論是東海或南海，雖說涉及海洋權利的爭奪，然而最主要的問題仍舊集中在釣魚台列嶼及南海諸島等島礁領土歸屬問題，因此，主要的衝突是由領土主權糾紛衍生而來。觀諸國際上的衝突，一般指的是國際行為主體之間因爭奪權力、資源、社會價值而進行的壓制、傷害或消滅對方的行為或目標不相容時所處的狀態。因此，國際衝突通常有由「衝突主體」、「不相容目標」和「衝突行為」三個基本要素構成。至於衝突主體間對領土資源的爭奪、國內衝突外溢、文化衝

突、外來干涉，常常是導致國際衝突的直接原因。儘管國際衝突的起因、規模、類型與真正的戰爭存在極大差異，但無一例外地會危害相關國家的安全，並可能對周邊國家乃至全球產生重大影響。

中國與日本間在東海乃至西太平洋上之海洋權益「不相容目標」部分已很明確，當中包括「釣魚台主權問題」、「沖之鳥礁衍生專屬經濟區及大陸礁層權益」與「東海大陸礁層（油氣田）權益」，就中國與日本雙方各自觀點而言，這些地方不應存在領土主權爭議，因為各自均宣稱擁有完整的主權及主權權利。

中國與東南亞國家（特別是南海聲索國），也存在著南海爭端，特別是有關南沙群島及中國主張之九斷線（U形線）之爭議，中國主張享有南海諸島所有島礁，此與周邊國家發生根本利益上的衝突，因此包括1974年中國與南越政府海戰，中國占領西沙群島、1988年中越赤瓜礁海戰、1995年美濟礁事件、2012年中菲黃岩島對峙事件等等，均讓中國體認到海權發展，需靠實力來達成。

自2006年開始，中國海監在中國管轄海域不間斷、全方位地開展海空協同巡航執法。據統計，2012年，中國海監編隊18次進入釣魚台列嶼領海巡航；截至2013年3月初，中國海監已在釣魚台列嶼及其附屬島嶼海域連續巡航7個月之久，在該海域的例行維權巡航執法更加常態化。在2013年春節期間，中國海監50、51、66、137船編隊及中國海監75、167船編隊都各自在東海和南海海域開展了例行維權巡航執法。[2]

2013年3月，改制後的中國海警局，以原本中國海監為主力，仍持續進行定期維權巡航執法36個航次，海上巡航262天，完成飛機巡航

---

[2] 〈解密中國海監巡航執法：曾遭日本巡視船多次夾擊〉，《中國新聞網》，2013年3月11日，<http://dailynews.sina.com/bg/news/int/chinanews/20130311/15464330916.html>。

402 次。巡航範圍覆蓋了中國管轄的全部海域，抵近觀察南沙群島被侵佔島礁 18 處，無人島礁 26 處，搜集了大量最新資料，此外，組織巡航編隊共 50 次進入釣魚台列嶼領海巡航。[3]2013 年，在公務船建造領域，中船重工七四所接單額度約人民幣 2.8 億元，當中包括萬噸級執法船的合同，計畫建造超越目前全世界最大噸級 7,175 噸敷島級巡視船。[4]此外，中國海警局也計畫在 2014 年建造 20 艘海警船，開展 4 型新購飛機委託管理服務採購，繼續推進省級維權專用海監船等建造。自 2014 年 1 月以來，中國已有兩艘新型 4,000 噸級（南海分局的中國海警 3401 及東海分局的中國海警 2401）、多功能海洋執法船完成建造並交付。[5]

　　2014 年 5 月 3 日，中國海事局發佈航行通告稱，鑽井平臺海洋石油 981 從 2014 年 5 月 2 日至 8 月 15 日在北緯 15 度 29 分 58 秒、東經 111 度 12 分 06 秒的位置展開作業，中國將鑽油平台移到爭議海域，並派船艦在周遭護衛後，越南亦派出 29 艘海軍軍艦和海警船前往捍衛越南所稱的主權，中國派遣 80 艘船隻及飛機前往越南大陸礁層海域，撞毀 8 艘越南海警公務船，造成 6 人受傷。當中，中國出動了導彈護衛艦、導彈護衛艇、海警 39 艘、運輸船 14 艘、石油工程船 6 艘，其他 12 艘，海監飛機運 12 幾十架次，同時，981 平臺上有武警駐守，防止越南特工蛙人登上平臺。5 月 16 日，中國在西沙海域，由漁政船 306 號控制載有 12 名越南漁民的漁船，增加部署至 126 艘船隻護衛 981 平臺，5 月 17 日，中國部署約 119 艘船隻護衛 981，同時增加了 755 號快速攻擊導彈

3 〈國家海洋局：2013 年海監 50 次巡航釣魚台列嶼領海〉，《中國江蘇網》，2014 年 1 月 16 日，<http://www.oeofo.com/news/201401/16/list42003.html >。

4 〈中國簽萬噸海監船訂單〉，《文匯報》，2014 年 1 月 22 日，<http://paper.wenweipo.com/2014/01/22/CN1401220006.htm >。

5 〈中國 2014 年將建造 20 艘海警船〉，《文匯報》，2014 年 2 月 23 日，<http://news.wenweipo.com/2014/02/23/IN1402230067.htm >。

艦，789 號快速攻擊巡邏艦。[6]這樣緊張的情勢，一直持續到 981 平臺作業完畢，不過，未來中國第二個深海鑽井平臺—海洋石油 982，將於 2016 年 8 月交付，另有海洋石油 943、海洋石油 944 兩座鑽井平臺，將於 2015 年 9 月和 10 月交付，[7]亦將前往南海進行勘探，換句話說，海洋爭端未能停歇。

二、中國海洋政策

在中華人民共和國海洋政策方面，主要歷經三個發展階段，首先是在中華人民共和國成立初期，主要特徵在注重海防。1958 年發布領海聲明，宣布領海寬度為 12 浬，1964 年成立國家海洋局，但文化大革命使得海洋政策發展停頓；在文革後，1984 年國家海洋局提交了《中國海洋開發戰略研究報告》，主要在海洋立法階段，1986 年「中華人民共和國漁業法」，1992 年「中華人民共和國領海及毗連區法」，1998 年「中華人民共和國專屬經濟區和大陸架法」等；1996 年中國批准加入「聯合國海洋法公約」，同年制定《中國海洋 21 世紀議程》，闡明海洋永續發展的基本戰略、戰略目標、基本對策及主要行動領域，1998 年發表《中國海洋事業的發展》白皮書，1999 年修訂《海洋環境保護法》，2001 年頒布《海域使用管理法》，2012 年中共在十八大提出建設「海洋強國」後，中央高層決定增設「中央海洋權益工作領導小組」，以加強決策和協調，應對周邊海洋領土爭端頻發的嚴峻挑戰。中共中央於 1981 年恢復設立中央外事工作領導小組，2000 年設立中央國家安全工作領導小組，2013 年後再增設海權領導小組，可視為對海洋權益的重視。中央外事辦公室

6　〈中越海上衝突細節:中方主動發射水炮傷其 6 人〉，《大公報》，2014 年 5 月 8 日，<http://news.takungpao.com.hk/world/exclusive/2014-05/2465749.html>；〈港媒:越南指西沙中國軍艦撤炮衣，準備對其開火〉，《大公報》，2014 年 5 月 19 日，<http://news.takungpao.com.hk/world/exclusive/2014-05/2483220.html>。

7　〈海洋石油 982 開工建造〉，《中國海洋石油報》，2014 年 7 月 9 日，<http://www.cnooc.com.cn/data/html/news/2014-07-08/chinese/357936.html>。

將同時作為這三個小組的辦事機構，這種制度安排，凸顯出對維護海權的重視程度。由於這三個以中央名義設置的小組橫跨黨、政、軍各大系統，吸收了外交、外宣、國家安全、軍事情報、外經貿等重要部門的負責人作為成員，提高維護海權的合作力量。

中央海權領導小組與國務院機構改革中決定設立的「國家海洋委員會」並不相同，前者屬於中共中央機構一部分，後者隸屬於國務院。海權小組主要負責涉外維權，海洋委員會則負責制定國家海洋發展戰略，統籌協調海洋重大事項，包括海洋經濟、區域開發、生態環境保護、海洋科技等方方面面，前者辦事機構設在中央外辦，後者辦事機構設在國家海洋局。國家海洋委員會為中最高階層的海洋事務統籌與協調機構，國務院機改革和職能轉變方案提出，設立國家海洋委員會，為中國海洋行政管理體制由半集中向集中轉變的重要指標，國務院機構改革和職能轉變方案設定的國家海洋委員會職能主要包括兩個部分，負責研究制定國家海洋發展戰略；統籌協調海洋重大事項。

中國海警概念的正式提出中國海警局是根據中國共產黨十八屆二中全會會議精神要求，按照新一輪大部制改革方案及《國務院機構改革和職能轉變方案》重組的一個新機構。國家海洋局以中國海警局名義開展海上維權執法，接受公安部業務指導，正式提出中國海警這一概念。

中國的海洋政策，一般以三種形式出現，一是由中國共產黨黨中央有關海洋發展指導文件或規劃，例如十八大報告明確提出，要建設海洋強國，從而確立了中國最為重要的海洋基本政策；其次為全國人大或其常委會通過的海洋法律，如「中華人民共和國領海及毗連區法」、「中華人民共和國專屬經濟區和大陸架法」、「中華人民共和國海洋環境保護法」、「中華人民共和國海域使用管理法」等；第三是由國務院通過的海洋行政法規，例如「中華人民共和國漁業法實施細則」、「中華人民共和

國漁港水域交通安全管理條例」、「中華人民共和國海洋傾廢管理條例」
等。

　　至於中國國家海洋事業發展十二五計畫，則勾勒出中國海洋事業未
來發展的目標與具體作為，特別在執法層面，「實施常態化的海洋維權
巡航執法，開展多種形式的海洋維權行動，深化相關對策研究，強化管
轄海域的實際控制，加強海上航行安全保障，切實維護國家海洋權益。」
「強化對中國管轄海域的定期維權巡航執法，進一步提高海上維權執法
與管控能力，購置、建造用於維權巡航執法的船舶、飛機，建設保障基
地，提升監視監控和通信聯絡能力。」「在傳統漁場開展常態化護漁維
權行動，保護中國漁船在東海、南海傳統漁區的生產活動。結合海南國
際旅遊島建設，科學規劃西沙、南沙旅遊線路。在管轄海域和島礁建立
海洋保護區，切實加強海洋生態環境保護和管理。按照《聯合國海洋法
公約》等相關規定，積極推進在公海及國際海底區域內的資源開發、科
學調查等活動。加強中國海洋權益主張的對內對外宣示和解釋工作，正
確引導社會輿論。」[8]

　　中國維護海洋權益的頂層設計，並非從十八大才開始，前中國國家
主席胡錦濤曾在十七大報告中早已提出「加大機構整合力度，探索實行
職能有機統一的大部門體制，健全部門間協調配合機制」。規劃中國國
務院直屬的國家海洋行政綜合管理機構，以現役中國海警為基礎進行整
合，將現行海上執法力量的職能和機構統一，建立綜合性海上執法力量，
代表國家實施海上綜合執法，統一負責中國大陸領海、鄰接（毗連）區、
專屬經濟區、大陸礁層海域的維權、巡防、公安、緝私、救撈和搜救、
漁政護漁、環保和海域使用監管、保護海上設施和標誌、保護海上科研
活動和生產者的合法權益等職能；可以依照國際法和中國法律在管轄海

---

[8]〈國家海洋事業發展十二五規劃〉，《國家海洋局》，2013 年 4 月 11 日，
　〈http://www.soa.gov.cn/zwgk/fwjgwywj/shxzfg/201304/t20130411_24765.html〉。

域對違法船舶採取警告、驅趕、緊追、登臨、查詢、搜查、罰款、扣押和逮捕等措施。

　　2013 年 1 月 30 日，中共中央政治局第三次集體學習時，習近平便指出：「要堅持走和平發展道路，但決不能放棄我們的正當權益，決不能犧牲國家核心利益。任何外國不要指望我們會拿自己的核心利益做交易，不要指望我們會吞下損害我國主權、安全、發展利益的苦果，對中共十八大報告提出的海洋強國戰略的具體謀劃。」[9]在中共十八大提出「海洋強國」後，2013 年 7 月 30 日，習近平專門召集以海洋強國研究為主題的第八次政治局集體學習，並明確表示海洋權益對中國至關重要。習近平稱，未來將通過和平、發展、合作、共贏方式推進海洋強國建設，但前提是「主權屬我」。在集體學習中，由中國海洋石油總公司副總工程師、中國工程院院士曾恒一、國家海洋局海洋發展戰略研究所研究員高之國負責講解。習近平在肯定海洋在國家經濟發展格局和對外開放中的作用更加重要，在維護國家主權、安全、發展利益中的地位更加突出後，描繪涉及提高海洋資源開發能力、保護海洋生態環境、發展海洋科技技術、維護海洋權益的龐大計劃。在維護海洋權益方面，習近平明確提出維護海洋權益的 12 字方針「主權屬我、擱置爭議、共同開發」。堅持用和平方式、談判方式解決爭端，「但決不能放棄正當權益，更不能犧牲國家核心利益」。[10]

　　在美國重返亞太戰略的刺激下，中國發覺，在南海以及釣魚台列嶼等問題暴露了中國海上戰略空間的弱點，加之伴隨中國全球影響力的擴

---

[9] 〈習近平：不要指望我們拿核心利益做交易〉，《今日新聞》，2013 年 1 月 30 日，<http://www.nownews.com/n/2013/01/30/332485>。

[10] 〈主權屬我，中國十二字方針護海權〉，《人民網》，2013 年 8 月 1 日，<http://www.blog.people.com.cn/article/1/1375326945002.html>。

大，海外利益邊疆的持續拓展，強大的海上力量已成為中國急需完成的戰略任務。[11]

參、中國海洋行政管理機構變革：中國海警之成立

在中共十八大「海洋強國」政策指導方針下，中國行政組織開始進行變革，以便符合此一政策指針。一般而言，一個國家之行政機構如要進行組織再造，主要目的是要讓組織的成本品質、服務和速度獲得進步，對行政組織而言，能採取更為靈活、機動及效率的行為，達到國家政策目標。2013 年中國海警局整編完成，此一行政組織改造，主要是中國內部行政組織改造、中國周邊海域動盪以及全球海權競逐等多重因素下進行，觀察中國海洋行政管理機構變革，首先要從變革前的執法編制與能量開始。

一、中國海警局成立前之執法能量

中國欲達成海洋政策目標，海洋行政管理機構因此也要隨之調整，有別於人民解放軍的海軍主要目標在防禦功能，中國海警局在執法體制上，在 2013 年組織再造之前，中國的海洋行政執法體制為分散執法體制，此一體制主要包括五支海洋執法隊伍，透過「中國海監」、「中國海事」、「中國海警」、「中國漁政」及「中國海關」等分別進行平行執法，協調機制與指揮體系多頭馬車，因此又常被稱為「五龍治水」。

（一）中國海監

中國海監隸屬於國家海洋局的海洋執法隊伍，全名為「中國海監總隊」。1998 年 10 月 19 日，中國中央編制委員會辦公室發下《關於國家

---

11 「觀察：政治局部署海洋強國，展強硬姿態」，《大公網》，2013 年 8 月 1 日，<http://news.takungpao.com.hk/mainland/focus/2013-08/1800133.html >。

海洋局船舶飛機調度指揮中心更名為中國海監總隊的批覆》，至 1999 年
1 月 13 日，中國海監總隊掛牌成立，為國家海洋局直屬單位。依據該總
隊《職能配置、內設機構和人員規定》，均參照中國國家公務員制度進
行管理。在「十二五」規劃中，中國海監還將計劃建造 36 艘大中型海
監船，配備各省級地方海監機構，其中 1,500 噸級 7 艘，1,000 噸級 15
艘，600 噸級 14 艘。

　　中國海監是國家海洋局領導下、中央與地方相結合的海上行政執法
隊伍，由中國國家、省、市、縣四級海監機構共同組成。中國海監總隊
的主要職能是依照有關法律和規定，對中國管轄海域（包括海岸帶）實
施巡航監視，查處侵犯海洋權益、違法使用海域、損害海洋環境與資源、
破壞海上設施、擾亂海上秩序等違法違規行為，並根據委託或授權進行
其他海上執法工作。

（二）中國海事

　　中國海事隸屬於交通運輸部的海洋執法隊伍又可稱為中國海巡，全
稱為中國海事局，成立於 1998 年，中國海事是在原港務監督局和原船
舶檢驗局的基礎上合併組建而成，是交通運輸部直屬機構，實行垂直管
理體制，中國海事局下設天津海事局、河北海事局、山東海事局、遼寧
海事局、黑龍江海事局、江蘇海事局、上海海事局、浙江海事局、福建
海事局、深圳海事局、廣東海事局、長江海事局、廣西海事局、海南海
事局等 14 個直屬海事機構，以及 28 個地方海事機構。

　　中國海事的海上執法主要負責國家海上安全監督、防止船舶污染、
船舶及海上設施檢驗、航海保障管理和行政執法。中國海事亦被稱為海
上交警，負責港口以及海上船舶出現的一切有關交通、環境事宜。除了
海上港口外，在中國內水部分的江河、湖泊等內陸水部分，中國海事也
扮演著取締違法的重要角色。

（三）中國海警

　　中國海警隸屬於公安部的海洋執法隊伍，全稱為「中國公安邊防海警部隊」，隸屬於公安部邊防局，中國海警是在 1979 年組建的海上公安巡邏大隊的基礎上逐漸發展而來，在部隊序列上稱「中國人民武裝警察海警部隊」，行政上稱「公安部海洋警察局」，對外稱「中華人民共和國海洋警察局」，簡稱「中國海警」。公安部海洋警察局包括大連、上海、廈門、廣州和三亞五個海警指揮部，下轄若干海洋警察局、海洋警察大隊。戰時，海洋警察部隊作為海軍的輔助和後備力量，由中央軍委、海軍統一指揮。中國海警組建初期主要承擔維護沿海治安和緝私任務，此後海警擔負的任務逐漸增加，職能不斷擴展，主要負責在中國管轄海域進行巡邏檢查，實施治安行政管理，打擊海上偷渡、走私、販槍販毒和海上搶劫等違法犯罪活動。

（四）中國漁政

　　中國漁政為農業部的海洋執法隊伍，全稱為「中國漁政局」或「農業部漁業局」，其機構設立可追溯至 1958 年，中國漁政是最為龐雜的一支，過去並沒有統一的領導核心，直到 2000 年，經中央機構編制委員會辦公室批准，中國漁政指揮中心才正式成立。中國漁政的主要職能包括維護國家海洋權益、養護水生生物資源、保護漁業水域生態環境和邊境水域漁業管理；承擔漁船、漁港、水產養殖和水產品質量安全等漁業行政執法任務；負責漁業船舶和船用產品檢驗，保障漁業生產秩序和漁業安全生產等。因此，中國漁政的執法大致可分為：漁政、港監和船檢。

（五）中國海關

　　中國海關為海上緝私的執法隊伍。1987 年中國國務院成立海關總署，統一管理全國海關，實行集中、統一的垂直領導管理體制，在對外開放的口岸和海關監管業務集中的地點設立海關，而在海上及岸際，中國海

關執法工作主要由海關總署下設的緝私局承擔，海關總署作為中國防止走私泛濫的主要職能部門，其海上執法主要包括兩大類：打擊走私和口岸管理。

五支隊伍中，中國海監是五支執法力量中裝備力量最強大的隊伍，2012 年底的統計資料顯示，中國海監已經擁有海監執法隊員約 1 萬人，船艇 400 餘艘。其中排水量 1,000 噸的 29 艘，3,000 噸級以上的共 6 艘，飛機 10 架。不過，在武器裝備上，公安邊防海警部隊則有絕對優勢，配有普通公務船不具備的機槍和機炮。邊防海警的巡邏船較小，1,000 噸級的僅有三艘；海關總署緝私船大多在 300 噸以下。2012 年開始，邊防海警部隊已經開始招標設計 2,000 噸級的巡邏船；而海關總署也於同年年底集中招標 64 艘緝私艇的設計建造，其中包括 3 艘 1,500 噸級和 9 艘 600 噸級的緝私艇，僅此兩項訂單總額就超過人民幣 18 億元。[12]

二、國家海洋局擔負執行海洋政策大任

1964 年 2 月 11 日，中共中央批復國家科委黨組《關於建議成立國家海洋局的報告》，同意在國務院下成立直屬的國家海洋局。7 月 22 日，第二屆全國人民代表大會第 124 次常務會議，批准在國務院下成立直屬的國家海洋局，作為職權性海洋行政組織，10 月 31 日，國務院任命第一任國家海洋局局長，由中國人民解放軍海軍南海艦隊副司令齊勇為首任局長，就任後，提出國家海洋局機關及其北海、東海、南海三個分局所屬機構人員編制的請示。1965 年 3 月 18 日，國務院批准通過，其編制共計 1,095 人。[13]2013 年 3 月組織再造後，國家海洋局機關人員編制已改為 372 名，較 2008 年時 133 名的編制增加了近兩倍，其中局長 1 名、副局長 4 名，增設 1 名副局長兼任中國海警局局長（目前由公安部

---

[12]　〈簡論中國海警的歷史沿革和發展前景探析〉，《法律教育網》，2013 年 9 月 25 日，<http://www.chinalawedu.com/new/201309/caoxinyu20130925094043371389433.shtml >。

[13]　滕祖文，《海區海洋行政管理研究》（北京：海洋出版社，2009 年），頁 1。

副部長兼任,首任局長由孟宏偉擔任),[14]國家海洋局局長兼任中國海警局政委,紀委書記 1 名,司局領導職數 44 名(含總工程師 1 名,中國海警局副局長 2 名、副政委 1 名,機關黨委專職副書記 1 名,離退休幹部工作機構領導職數 1 名)。原國家海洋局下的中國海監總隊在北京的機關人員併入新成立的海警司,由事業編制轉爲行政編制。[15]

　　國家海洋局曾於 1998 年 6 月,由中國國務院批准了《國家海洋局職能配置、內部機構和人員編制規定》,載明「國家海洋局是國土資源部管理的監督管理海域和海洋環境保護、依法維護海洋權益和組織海洋科技研究的行政機構」。2013 年 6 月 9 日,中國國務院批准了《國家海洋局主要職責內設機構和人員編制規定》,職責包括負責組織擬訂海洋維權執法的制度和措施,制定執法規範和流程。在中國管轄海域實施維權執法活動。管理保護海上邊界,防範打擊海上走私、偷渡、販毒等違法犯罪活動,維護國家海上安全和治安秩序,負責海上重要目標的安全警衛,處置海上突發事件。負責機動漁船底拖網禁漁區線外側和特定漁業資源漁場的漁業執法檢查並組織調查處理漁業生產糾紛。負責海域使用、海島保護及無居民海島開發利用、海洋生態環境保護、海洋礦產資源勘探開發、海底電纜管道鋪設、海洋調查測量以及涉外海洋科學研究活動等的執法檢查。指導協調地方海上執法工作。參與海上應急救援,依法組織或參與調查處理海上漁業生產安全事故,按規定許可權調查處理海洋環境污染事故等。

---

[14] 孟宏偉(1953.11-),黑龍江哈爾濱人,1975 年 6 月加入中國共產黨,1972 年 12 月參加工作,北京大學法律系法律專業畢業,法學學士學位,中南工業大學管理工程專業畢業,工學碩士學位。現任公安部副部長、黨委委員,國際刑警組織中國國家中心局局長,副總警監警銜。孟宏偉,《中國警察網》,2012 年 12 月 26 日,<http://museum.cpd.com.cn/n1068570/c15237921/content.html >。

[15] 〈國家海洋局新設海警司令部〉,《大公網》,2013 年 7 月 13 日,<http://news.takungpao.com/paper/q/2013/0713/1757520.html >。

　　與 1998 年的規定相較，2013 年國家海洋局被取消的任務包括：1.
取消專項海洋環境預報服務資格認定。2.取消海洋傾倒廢棄物檢驗單位
資質認定。3.取消海洋石油勘探開發溢油應急計畫審批。4.取消國家級
海洋自然保護區實驗區內開展參觀、旅遊活動審批。5.取消海岸工程建
設專案環境影響報告書審核。6.根據《國務院機構改革和職能轉變方案》
需要取消的其他職責。下放的職責包括：1.將省內縣際海域界線勘定職
責下放省級海洋行政主管部門。2.根據《國務院機構改革和職能轉變方
案》需要下放的其他職責。不過，受人矚目的是加強的職責包括：1.加
強海洋綜合管理、生態環境保護和科技創新制度機制建設，推動完善海
洋事務統籌規劃和綜合協調機制，促進海洋事業發展。2.加強海上維權
執法，統一規劃、統一建設、統一管理、統一指揮中國海警隊伍，規範
執法行為，優化執法流程，提高海洋維權執法能力，維護海洋秩序和海
洋權益。[16]

三、2013 年後的中國海警局

　　由於國家海洋局的中國海監、公安部的邊防海警、農業部的中國漁
政、海關總署的海上緝私員警等執法單位各自職能單一，執法過程中遇
到非職責範圍內的違法行為無權處理，影響執法效果，且各單位重複發
證、重複檢查，成本高、效率低，增加了企業和民眾負擔。2013 年的機
構改革中，國務院機構改革和職能轉變方案重要內容之一，就是重新組
建國家海洋局，重新組建後的國家海洋局，具有幾個特色，首先，國家
海洋局主要的政策指導單位為設立在國務院下的國家海洋委員會，國家
海洋委員負責研究制定國家海洋發展戰略，並統籌協調海洋重大事項。
國家海洋局負責國家海洋委員會的具體工作；其次，整合了海上執法隊

---

[16] 參閱《國家海洋局主要職責內設機構和人員編制規定》第 1 項職能轉變之規定，規定
全文詳見國務院辦公廳，〈國務院辦公廳關於印發國家海洋局主要職責內設機構和人員
編制規定的通知〉，國辦發（2013）52 號，2013 年 7 月 9 日，《國家海洋局網站》，
<http://www.soa.gov.cn/zwgk/fwjgwywj/gwyfgwj/201307/t20130709_26463.html >。

伍,成立了新的國家級的海警局,加強海上維權執法,統一規劃、建設、
管理、指揮,規範執法行為,優化執法流程。

　　中國海警在國家海洋局內部機構包括作為海警司令部、中國海警指
揮中心的「國家海洋局海警司」,海警政治部的「國家海洋局人事司」,
海警後勤裝備部的「國家海洋局財務裝備司」,由原本的國家海洋局北
海分局、東海分局及南海分局等,更名為中國海警局北海分局、中國海
警局東海分局及中國海警局南海分局。在北海分局又分為遼寧總隊、天
津總隊、河北總隊、山東總隊等;東海分局又分為江蘇總隊、上海總隊、
浙江總隊及福建總隊;南海分局則分為廣東總隊、海南總隊及廣西總隊
(表1)。共計3個分局,11個總隊,中國海警局可以直接命令11個總
隊,其編制員額為16,296名。[17]

　　五龍合一的設想始於 2005 年,時任總理溫家寶就提出在北部灣試
點,將海警、漁政、海關、海警、海事合併,儘管當時表示允許失敗,
但是一定要做,但這一設想最終未能實現。重組之後的中國海警不僅集
中了中國目前最精銳的海上執法力量,還在陸續接收大批新裝備,硬體
實力將迅速超越日本海上保安廳,成為僅次於美國海岸警衛隊的全球第
二大海上執法力量,此外,中國海警局也不斷加強空中實力,接收一批
MA60 海上巡邏機,該機安裝有電光感測器和合成孔徑雷達,對海上目
標的監控範圍和精度較目前裝備的運-12Ⅳ小型巡邏機有大幅提升。同時,
全球最大水上飛機「蛟龍-600」也計畫裝備中國海警,預計 2014 年年底
即可首飛。[18]

---

[17] 〈國家海洋局新設海警司令部〉,《大公網》,2013 年 7 月 13 日,
　　<http://news.takungpao.com/paper/q/2013/0713/1757520.html >。

[18] 〈中國海警局接收大批新裝備 實力超日本海保廳〉,《大公網》,2013 年 3 月 11 日,
　　<http://news.takungpao.com.hk/military/exclusive/2013-03/1484234.html >。

表1：中國海警局各分局、總隊及分隊一覽表

3 個分局	海區編號	11 個總隊	分隊	駐地
北海分局	1	遼寧總隊	海警第一支隊	大連
			海警第二支隊	丹東
		河北總隊	海警支隊	秦皇島
		天津總隊	海警支隊	天津
		山東總隊	海警第一支隊	威海
			海警第二支隊	青島
東海分局	2	江蘇總隊	海警支隊	太倉
			海警第二大隊	海門東灶港
		上海總隊	海警支隊	上海
		浙江總隊	海警第一支隊	台州
			海警第二支隊	寧波
			海警第三支隊	溫州蒼南、平陽
		福建總隊	海警第一支隊	福州
			海警第二支隊	泉州
			海警第三支隊	廈門
南海分局	3	廣東總隊	海警第一支隊	廣州
			海警第二支隊	汕頭
			海警第三支隊	湛江
		廣西總隊	海警第一支隊	北海
			海警第二支隊	防城港
			海警第三支隊	欽州
		海南總隊	海警第一支隊	海口
			海警第二支隊	三亞
			海警第三支隊	文昌

　　※其他單位：廣東邊防總隊廣州海警專業兵訓練基地（正團）、海南邊防總隊文昌海警專業兵訓練基地（正團）、山東邊防總隊威海海警專業兵訓練基地（正團）、寧波公安海警學院（正軍）資料來源：中國公安部網站。

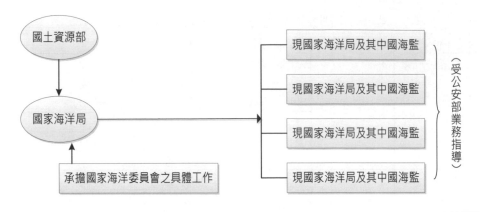

圖 1：2013 年重組後的國家海洋局

資料來源：修改自王琪、王剛、王印紅、呂建華，《海洋行政管理學》（北京：人民出版社，2013 年 7 月），頁 73。

2013 年機構改革和職能轉變方案，成立新的海上執法隊伍中國海警局，將與分別隸屬於海洋局、公安部、農業部、海關的海上執法隊伍進行整合與協調，因此，在協調機制安排方面包括：[19]

（一）與公安部有關職責分工

國家海洋局以中國海警局名義開展海上維權執法，接受公安部業務指導。

（二）與國土資源部有關職責分工

國家海洋局負責海洋礦產資源勘探開發的執法檢查，對違法違規行為依法實施行政處罰，認為有必要吊銷行政許可的，提請發證機關吊銷。

---

[19] 《國家海洋局主要職責內設機構和人員編制規定》第 1 項。

（三）與農業部有關職責分工

國家海洋局參與擬訂海洋漁業政策、規劃和標準，開展機動漁船底拖網禁漁區線外側和特定漁業資源漁場的漁業執法檢查，對違法違規行為依法實施行政處罰，認為有必要吊銷行政許可的,提請發證機關吊銷。農業部、國家海洋局共同提出海洋野生動植物自然保護區劃定方案,國家海洋局負責執法檢查,對違法違規行為依法實施行政處罰,認為有必要吊銷行政許可的,提請發證機關吊銷。

（四）與海關總署有關職責分工

海關與中國海警建立情報交換共用機制,海關緝私部門發現的涉及海上走私情報應及時提供給中國海警,中國海警開展海上查緝並回饋查緝情況,按照管轄許可權辦理案件移交,雙方共同制定案件移交等具體辦法;海關和中國海警加強協作聯動,對於發生在海上及沿海非設關地的重大走私活動,海關和中國海警可組織開展聯合打私行動,統一部署、統一組織;海關在陸上和內河、界河、界湖緝私和查辦案件中,發現涉及海上的走私活動,應通知中國海警,中國海警應及時部署查緝;中國海警在海上緝私過程中,發現涉及陸上內河、界河、界湖走私的,及時通知海關緝私部門予以查處;海關發現監管船舶未經海關許可擅自駛離海關監管區的,或在監管中遭遇暴力抗拒執法的,可通告中國海警,中國海警應予以攔截;海關和中國海警加強珠江口水域緝私的協作聯動,雙方在淇澳島大王角與孖州島燈標連線以內的水域開展緝私活動時,相互提供執法支持。

（五）與交通運輸部有關職責分工

中國海警在維權巡航執法過程中發現船舶及其有關作業活動造成海洋環境污染的,應當立即採取措施予以制止並現場調查取證,處罰工作依照有關防治船舶污染的國際公約和法律法規由相關主管部門進行

処理；交通運輸部與國家海洋局共同建立海上執法、污染防治等方面的協調配合機制並組織實施。換句話說，此次交通運輸部下的中國海事並未納編中國海警局，然在執行海上取締違法任務上，中國海事局與中國海警局仍採取共同執行海上執法，強調「共同」平行執法作為，維護中國自身的海洋權益。

（六）與環境保護部有關職責分工加強海洋生態環境保護聯合執法檢查

與沿海地區各級政府和各涉及海洋事務部門，落實海洋生態環境保護責任情況進行監督檢查。

肆、維護海洋權益效能：中國海警局前景與評估

中國長久以來尚未建立起成熟的海上執法體系，且中國有關海洋方面的法律制度未能對各部門的海上執法許可權作出明確的劃分，因而造成各個海上執法部門間常出現職能重疊、職能重複、執法空白等現象。再加上立法不清，權責劃分不明，導致各海上執法機關之間爭奪海上執法權，或任意推卸管理職責，放棄海上執法權的現象時常發生。

中國海警局的成立，適用了統一執法的需要，有利於維護海洋權益，不過，成立後的海警局內部如何整合，目前仍在磨合階段，過去五支海上執法隊伍，分屬不同部會，雖然中國海警局成立，但要實現真正的統一執法，仍有以下幾點困難需要克服。

首先是機構合併的問題：機構合併是統一執法的基礎，不過目前觀察到的是，雖然各個執法單位對外統稱中國海警，不過在組織編制上，各執法單位需要重新設置和整合，以適用統一執法的需要；其次是權力關係的重新建立，中國海警局不僅僅是將其他機構併入，其執法權限和隸屬關係也必須重新規劃，例如國家海洋局及公安部之間協調，漁政船

相關能量建置與人員訓練等仍由農業部掌控，內部整合困難度高；第三是人員整合及人事關係的解決，例如國家海洋局海上執法主力為中國海監，現中國海監卻要聽命於公安部，且由公安部副部長兼任中國海警局局長，使得海監系統人員在海警局系統中受到壓抑，然其編制又在國家海洋局，因此，人事上的調和，也是未來中國海警局要面對的困難。此外，中國海事局並未在此次整併過程中納入中國海警局統一指揮，反倒與中國海警局平行執法，也是中國海警局未來進一步需面對的課題。

就組織再造的綜合意涵而言，從行政學的角度可從以下幾點深入觀察，包括流程中心、顧客導向、目標取向、系統思考及資訊科技等五項：[20]

（一）「流程中心」（Process-focused）：

以往組織之設計及改革皆循史密斯（A. Smith）的分工論，依工作性質的不同而劃分成若干的功能部門，且各部門有其自身的規劃、程序及優先順序。使得原本完整的流程變得支離破碎，事權牽扯不清。組織再造則是以流程為中心，以顧客滿意為導向，將現行流程予以重整，使其能克竟全功。

（二）「顧客導向」（Customer-driven）：

流程再造的目的在於提升顧客的滿意度，包括內在顧客與外在顧客，首先就內在顧客而言，其係指組織成員，管理者必須重視組織成員感受，透過授權使組織成員能有較大的自主空間以自我管制、自我實現。就外在顧客而言，其係指服務對象，整個組織須以顧客滿意為目標，亦即執行流程之設計應以顧客為導向。

---

[20] 張潤書，《行政學》（修訂三版）（台北：三民書局，2005 年），頁 522-523。

（三）「目標取向」（Goal-oriented）：

　　流程再造必須是目標取向，首先，流程設計方面，應先評估組織本身的資源與能力，根據所欲達成的目標，設計出一套兼顧效率與效能的新流程，其次，在績效衡量方面，目標為掌控監督與給薪標準的關鍵因素。

（四）「系統思考」（Systems thinking）：

　　組織再造必須具備系統思考的能力。係統思考是看見整體的一項修鍊。是一個架構，能讓我們看見相互關聯而非單一的事件，看見漸漸變化的形態而非瞬間即逝的一幕。再造工程即以系統整體觀點對現行之流程重新思考、描述、分析以創造新流程。唯有透過系統思考，才能跳脫功能部門的分割與侷限，根據實際的需要來重新建構組織之流程。

（五）「資訊科技」（Information technology）：

　　資訊科技是支持再造工程力量的來源，透過資訊科技可使組織運作更靈活，部門間連繫更具彈性，達到提升政府效率、迅速傳遞訊息的目的。此外，資訊科技可使流程運作過程具備更快捷的服務（faster）、更扁平的組織（flatter）、更親切的服務（friendly）。

　　中國海警在流程中心方面，的確將過去分屬於五個執法單位予以整合，對外統一以中國海警名義維權與執法，整體業務上以具有執法及使用槍械經驗之公安部統一指揮，將現行五龍治海的流程重整；其次，中國海洋事務最主要的顧客為中國共產黨領導階層與中國人民，就內部領導成員而言，統一事權是成立中國海警最主要目的，由中共中央海權領導小組為中心，於國務院設立國家海洋委員會進行協調，由國家海洋局執行其政策，由中國海警局維護其權益，取締非法情事，因此，統整海上執法能量，使內部領導成員（主要指中共中央海權領導小組成員）滿

意，對中國人民而言，統整海上執法能量，強化對東海及南海的管控，將符合中國人民的期望。

就目標取向而言，建設「海洋強國」是中國海洋政策戰略目標，中國海警整合其海上執法能量與資源，同時不斷建造海上執法船及訓練海上執法人員，統整指揮體系與流程，有助於達到目標。不過，在系統思考方面，中國海警局的成立，並未就各個部門及所欲達成的海洋戰略目標，進行相互關聯及系統性的整合，只是將對外名稱統一，指揮體系雖統一，但功能部門仍舊分割與具有侷限性，甚至交通部門的海事局海巡艦並未納入統一執法體系，因此，重新建構組織仍是未來有待改革的項目；最後則是資訊科技的配合，目前中國海警局僅以硬體設施發展為其主要目標，即使大批的海上執法船在未來陸續下水服役，海上協調作業，以及包括軟體設備的提升，如雷達系統等，仍有待質的提升。

從 2013 年中國海警局體制的安排，似乎代表著中國政府並沒有打算將所有涉及海洋事務機構全部集中到一個機構當中，例如交通部海事局仍擔當以往執法任務，因此，在職能上仍保留分工原則，主要目的在提高管理效能，降低管理成本，因此，海洋統一管理，綜合管理，並非意味著否定其他涉及海洋事務機構在海洋行政管理中的作用，主要在「國家海洋委員會」上進行有效的管理與協調。

伍、結論

東亞海權爭奪戰中，東海及南海問題特別嚴峻，如前所述，中國海警局成立前，2012 年海監編隊 18 次進入釣魚台列嶼領海，但在中國海警局成立前後，2013 年整年度進入釣魚台列嶼領海巡航次數暴增至 50次；此外，建造萬噸級的海警船，3,000-4,000 噸海警船陸續下水服役，重新整編的中國海警以中國海監、公安邊防總隊、漁政船為主力，雖然

東亞海權爭端導因於各個強權國家爭取海洋最佳位置，不過，中國海警局整編完成後與維權力度提升是存有正相關的，更激起了周邊國家對中國的戒心。

在組織架構上，中國海警最顯明的變化是成立海警司，作爲海警司令部、海警指揮中心；人事司兼海警政治部；成立財務裝備司爲海警後勤裝備部。司、政、後等部門是解放軍及武警部隊才具有的架構，此設置等於更加證明中國海警具有準軍事化力量之性質。無論是在東海或南海未來海洋權益爭奪戰上，中國不斷增加海上執法與維權能力下，將會有更多的船舶與海上行為（作業漁船、探測船或探勘開發行為）受到中國海警船的干擾。

重組海事部門反應出中國決策者想要加強中國的海上執法能力，此被視為中國打造海洋強國不可或缺之一步。許多中國人認為他們國家的海洋利益日益受到蠶食，建立統一執法力量首要目的是宣示國家海洋利益。因此，中國海警局的成立，絕不會僅是「新瓶舊酒」，而是「新瓶裝入新、舊混合酒」，新瓶指的是中國海警此一新的編制，而新酒則看出不斷提升的海上及空中硬體設備，舊酒則指原本四大機構一起整編成為同一機構，至於海上指揮與領導體系的變革，也是未來海上執法單位調度是否得宜的最重要觀察點；至於中國海警成立後海上執法成效如何，也留待未來中國拓展海權結果及其在維護與拓展海權中的角色而定，不過可以肯定的是，中國海警局組織再造工程，確實對其爭取東亞海權之作為，注入了一劑強心針，對東亞各國而言，中國整合自身海洋維權機構，亦足以代表中國企圖涉及海洋事務之積極態度。

由行政組織再造之角度觀察，中國海警局在流程中心、顧客導向、目標取向等方面是明確的，不過，在系統思考與科技資訊方面仍有進步之空間，過去的五龍治海，雖然現階段已整合在中國海警局下，然原本海上執法部門編制並未更動，特別是與交通運輸部海事局所屬的中國海

巡，中國海警局需與其「共同」執法，並非凌駕於海事局之上，足見中國內部相關單位本位主義仍強，整併並非易事。

中國海警局雖有海警司令部、海警指揮中心作為統一調度指揮部門，依權責能掌控協調各個海上執法單位，然而，從中國海警局掛牌真正運作至今亦僅一年多，雖然在東海及南海海域維權其權利，但卻無法證明相關海域權益歸屬，以及領土爭端可獲得最終解決，中國海警局的任務與目的也僅在維持這些爭議持續存在，因此，中國海洋戰略總體目標「海洋強國」能否實現，中國海警局未來在東亞海域的實力展現強度與成效是否能有突破作為，將是判斷能否達此目標之重要指標。

台灣國際戰略的再省思：戰略思考的觀點

施正權

（淡江大學國際事務與戰略研究所副教授）

摘要

邁入二十一世紀第二個十年之際，整個世界局勢基本上仍不離「大變動」(Macroshift) 與深具「弔詭」(Paradox)特質，兩岸關係的發展亦復如此。雖然兩岸經貿緊密的連結，但台灣人民對大陸的反感與敵對感，卻從未降低。主要原因除了中國對台灣國際空間的打壓，以及台灣對中國人文傳統、發展模式、政治制度，以至於自由與生活價值的不放心。特別是台灣受限於中國所建構的國際鳥籠，國際行動自由備受限制。本文旨在於從戰略思考角度出發，探索台灣以間接戰略為主的應有的國際戰略思考與行動－如何藉由世界大變動所提供的契機，爭取最大行動自由；如何「以迂為直，以患為利」，以凸顯兩岸差異，強化主體性，贏得各國的實際支持，畢竟台灣面對的是國力與國際地位絕對不對稱的對手。

就台灣所面臨的國際環境而言，除了中國和平的崛起外，全球在六大驅動力的推進下，產生了革命性的劇變。諸如能源、糧食與水資源短缺，國際權力結構分散，新國際行為者的登場，以及全球多極體系的形成。概括地說，在全球大變動與驅動力的分析中一個兼具務實與理想的解決全球問題的行動戰略已漸浮現，它所可能產生的國際行動自由空間，對台灣是個契機；然而，一個崛起的中國實質上更加侷限了台灣的國際行動自由。相對地，基於現實需求，兩岸的經貿密切頻繁。所以，台灣的國際戰略思考即不能以全然的國際面向為主，必須兼具兩岸的因素。

台灣的國際戰略可概分為國際戰略思考與國際戰略行動兩部分。就前者而言，包含：1.突顯兩岸差異，強化台灣主體性；2 避免經濟依賴造成政治退讓；3.整合內部共識；4.培養國際戰略行動的人才與團隊。而後者可略分為：1.傳統外交行動；2.科技外交行動；3.司法、情報與安全合作外交行動；4.環境外交行動；5.經濟外交行動；6.文化外交行動。

關鍵字：

戰略思考、國際戰略、國際戰略行動、台灣、中國

「計利以聽，乃為之勢以佐其外。勢者，因利而制權也。」

－《孫子兵法・計篇》[1]

「戰略是一種思想的方法(Method of thought)，並不是一種單一界定的準則(Doctrine)，將隨著狀況的變化而變化。在某些情況中最好的戰略，在另外的狀況中，卻可能是最壞的。因此，戰略的目的即在於整理事件，依優先次序加以排列，然後選擇最有效的行動路線。」

－薄富爾(Andre Beaufre, 1902-1975)[2]

壹、世變的延續與弔詭的趨勢

邁入二十一世紀第二個十年之際，整個世界局勢基本上仍不離「大變動」(Macroshift) 與深具「弔詭」(Paradox)特質，兩岸關係的發展亦復如此。

就大變動趨勢而論，鄂文・拉胥羅(Ervin Laszlo)在二十一世紀初始即指出：「到了二十一世紀第一個十年時，由包括政治範疇的衝突、經濟範疇的脆弱性和金融範疇的不穩定，以及氣候和環境問題的惡化的種種所引發的高度緊張，會使得社會進入大變動的『混沌躍進期』。」[3]揆諸當前此五大範疇的交相激盪－俄羅斯併吞克里米亞、北韓核武問題、伊朗限核談判、激烈氣候變遷、糧食危機、水資源危機，以及緩慢復甦的歐美金融危機等，都說明此一變動的持續發展；然而，《經濟學人》(The Economist)的觀察卻充滿著光明的未來。作者們表示，從人口、環境、

---

[1] 孫武撰，曹操等注，《十一家注孫子》（北京：中華書局，2012 年），頁 12。

[2] Andre Beaufre, *An Introduction to Strategy* (London: Faber&Faber, 1965), p. 13.

[3] 鄂文・拉胥羅(Ervin Laszlo)著，杜默譯，《開始》(Macroshift：Navigating the Transformation a Sustainable World)（台北：大塊文化出版公司，2001 年），頁 57。

經濟和知識四大議題的發展來看，未來五十年的世界，將有很大的機會更富有、更健康、連結程度更高、更永續、更具生產力、更富創意、教育程度更高、貧富和兩性之間更趨平等，因為「創造性破壞的風暴正將我們吹向更美好的地方」。[4]

　　次就兩岸關係發展來看，更見弔詭特質。兩岸迄今已簽署 21 項協議，[5]雙向交流總人次從 2008 年開放初期的 470 萬人次，提升到 2013 年的超越 800 萬人次；[6]經貿關係益形緊密。台灣對中國的經貿依賴度從 1991 年的 11.7%，到 2011 年提升至 38%；[7]2013 年台灣對大陸的貿易順差則高達 392 億美元；[8]然而，弔詭的是，台灣人民對中國的反感度超過 50%以上。例如，《台灣指標民調》2013 年 8 月所公布的《台灣民心動態調查》報告指出，對中國覺得反感(包括有些反感與很反感)高達 62.5%，[9]《新台灣國策智庫》在 2014 年 3 月中下旬所作的民調則顯示，50.1% 的台灣人民認為中國對台灣是敵對的。[10]

---

[4] 丹尼爾·富蘭克林(Daniel Frank)、約翰·安德魯斯(John Andrews)編著，羅耀宗譯，《2050 趨勢巨流》 *(Megachange：The World in 2050)* （台北：天下雜誌公司，2012 年），頁 13。

[5] 〈馬：兩岸簽署 21 項協議都「利大於弊」〉，《台灣新聞》，2014 年 4 月 3 日， <http://www.taiwannews.com.tw/etn/print.php>。

[6] 〈兩岸話題/第 17 屆海峽兩岸旅行聯誼會盛況空前 兩岸交流質化發展 目標朝千萬人次邁進〉，《欣新聞》，2014 年 3 月 7 日， <http://www.xinmedia.com/n/print.aspx?articleid=6616&type=3>。

[7] 〈自由共和國〉吳介民/政治經濟學-鎖國，鎖進中國？〉，《自由時報》，2013 年 9 月 9 日， <http://news.ltn.com.tw/news/opinion/paper/712251/print>。

[8] 行政院大陸委員會，〈兩岸經濟交流統計速報 102 年 12 月份〉， 2014 年 2 月 10 日，《行政院大陸委員會》，<http://www.mac.gov.tw/public/Data/43109374771.pdf>。

[9] 〈「台灣民心動態調查、身分認同與統獨」民調新聞稿〉，《台灣指標民調》，2013 年 8 月 12 日，< http://www.tisr.com.tw/?p=3173>。

[10] 〈國族認同調查 台灣僅 2.3%人自認是中國人〉，《自由時報》，2014 年 4 月 3 日， <http://www.libertytimes.com.tw/2014/nem/apr/3/today-fo5.htm >。

　　換言之，此一曾被論者稱之為以「九二共識」為基礎的兩岸「戰略性改善」，[11]何以會有前述台灣人民的弔詭認知?概括地說，造成此一弔詭認知的原因不一，但最主要的仍是對台灣基於主權因素的國際(外交)打壓，隨之而來的是對中國的制度與價值信心的喪失所致。所以，儘管自胡錦濤以來，以和平發展為主軸的兩岸關係，已進入「深水區」，[12]習近平又繼之以民族溫情呼喚，甚或加大經貿讓利，但仍抵不過全面打壓台灣國際空間的負面作用。

　　質言之，植基於《中華人民共和國憲法》,《國防法》與《反分裂國家法》的一個中國是在中華人民共和國的前提下，不管是一中原則或一中框架，最終都是以「一國兩制」將台灣納入中華人民共和國版圖的戰略佈局。自然地，對中國和平統一的沒信心，也就對任何有可能導致此一結果的任何政策不放心，剛落幕的反服貿太陽花學運即為顯例。

　　當然，在可預期的未來，中國的一中框架加上美國模糊的一個中國政策，台灣的國際外交空間的擴展，將是極有限的；更遑論美中在競合的前提下所漸次形成的「新型大國關係」的可能影響。其次，尤其值得注意的是，在所謂兩岸和平發展的前提下，台灣國際空間的有限伸展，因而漸次形成常態性的戰略制約：

一、點頭外交

　　沒有中國的點頭同意，台灣在以主權國家身分參與的國際組織或活動，都將被打壓或阻撓，而所謂的「WHA 模式」即為典型範例。[13]美國

---

[11] 李英明，〈兩岸如何渡過深水區〉，《旺報》，2012 年 8 月 17 日，版 C7。

[12] 同前註。

[13] 陳隆志，〈由馬政府「WHA 模式」談台灣入聯〉，《自由時報》，2013 年 10 月 27 日，<http://www.libertytimes.com.tw/2014/oct/27/today-p12.htm >。

在臺協會理事主席薄瑞光(Raymond Burghardt)即曾明白表示，台灣要參加國際組織之前，先決條件就是北京要點頭。[14]

二、點頭經濟

誠如論者所言，中國大陸就是台灣進軍國際區域經濟的守門者，如果沒有大陸點頭，台灣在國際上就是中國的一省。所以基本上，名分都沒有了，遑論能否加入。[15]

面對此一弔詭新形勢，似乎台灣的國際行動自由將備受限制；然而，若從戰略思考角度來設想，那麼台灣的國際戰略仍有其相當大的運作空間。

正如冷戰時期，美俄在核子僵持的情況下，充分運用間接戰略(Indirect Strategy)，改變了直接戰略的思維，爭取彼此的行動自由；[16]台灣受限於中美在傳統主權外交概念下所建構的「國際鳥籠」(International Birdcage)，[17]更應發揮戰略思考，運用間接戰略，以爭取行動自由，凸顯兩岸的差異性，強化台灣的主體性，尤其是國際戰略。薄富爾即指出，間接戰略中，其行動自由幾乎是決定於其相關係的地區以外的因素，意即國際層次，與地區之內的因素相關性較低。[18]

本文旨在於從戰略思考角度出發，探索台灣以間接戰略為主的應有的國際戰略思考與行動－如何藉由世界大變動所提供的契機，爭取最大

---

[14]　陳一新，〈WHA 模式不是萬靈丹〉，《國政評論》，2009 年 5 月 6 日，
　　<http://www.rpf.org.tw/printfriendly/5843>。

[15]　〈短評－馬總統沒說出的真相〉，《旺報》，2014 年 3 月 24 日，
　　<http://www.chinatimes.com/newspapers/20140324001020-260310>。

[16]　Beaufre, *op. cit.*, chap. 4.

[17]　Shelley Rigger, *Why Taiwan Matters: Small Island, Global Powerhouse* (Lanham, Maryland: Rowman & Littlefield publishers, Inc., 2011), chap. 8.

[18]　Beaufre, *op. cit.*, p.110.

行動自由；如何「以迂為直，以患為利」，[19]以凸顯兩岸差異，強化主體性，贏得各國的實際支持，畢竟台灣面對的是國力與國際地位絕對不對稱的對手。

貳、概念的界定與說明

　　本文所採取的研究概念主要有二：第一，戰略思考。第二，間接戰略的外部動作(Exterior Manoeuvre)[20] － 國際戰略。就「戰略思考」一詞來看，誠如美國學者 Liedtka 所言，它是經常廣泛地與普遍地運用於戰略領域中，冒著幾乎失去其意義的風險。幾乎很少使用此一名詞的人會去加以界定，而有做出界定者，又幾乎是無所不包的定義。[21]而在現代戰略研究領域中，對於戰略思考一詞，也是運用多於界定。[22]至於國際戰

---

[19]　孫武撰，曹操等注，前引書，頁 122。

[20]　Beaufre, *op. cit.*, pp. 110-113.

[21]　Jeanne M. Liedeka, "Strategic Thinking: Can it be Taught?" *Long Range planning*, Vol. 31 No. 1 (1998), p. 121.

[22]　目前筆者所蒐集到有關戰略思考較為具體的定義或概念分析有以下 11 筆：1. 鈕先鍾，《戰略研究入門》，第四章，〈戰略思想的取向〉；2. 薛釗，《戰略性的思考》（台北：時英出版社，2001 年）；3. 施正權，〈戰略思考與戰略方向之研究：兼論台灣國家安全戰略之思考與方向〉，戴萬欽主編，《2009 年台灣與世界關係》（台北：時英出版社，2009 年），頁 13-45；4. 施正權，〈論戰略思考：創造、轉化與應用〉，翁明賢主編，《變遷中的亞太戰略情勢》（台北：淡江大學國際事務與戰略研究所，2012 年），頁 187-195；5. 艾琳・珊德斯（T. Irene Sanders)著，張美智譯，《致勝思維》(*Strategic Thinking and the New Science—Planning in the midst of Chaos, Complexity, and Change*)（台北：金錢文化公司，1998 年），頁 214-216；6. 喬・巴克(Joel Arthur Barker)著，徐聯恩譯，《未來優勢》(*Future Edge*)（台北：長河出版社，1993 年），頁 24；7. Andre Beaufre, *An Introduction to Strategy* (London: Faber and Faber Ltd., 1965), p. 13, 29, pp. 44-45；8. Grover Starling, *Strategies Policy Making* (Illinois: The Dorsey Press, 1998), p. 223；9. Eaton Lawerence, "Strategic Thinking," A Discussion Paper, Prepared for the Research Directorate, Policy, Research and Communication Branch, Public Service Commission of Canada, (April 27, 1999), pp. 1-15.；10. Douglas E. Waters, "Understanding Strategic Thinking and Develop Strategic Thinkers, "*Joint Force Quarterly*, Issue 63, (4th Quarter, 2011), pp. 113-119；11. Harry R. Yarger, *Strategy and the National Security Professional* (Westport: Prager Security International, 2008), pp. 11-14.

略一詞,在戰略研究中較為少見,且往往直接運用在國際關係的研究上,缺少概念的界定;[23]使用這一名詞最多的則是在企業管理領域,指涉的是國際行銷或競爭戰略,常常與全球戰略(Global Strategy)交互使用。[24]

當然,深入且廣泛的解析此二概念並非本文主旨之所在;於此僅就其主要概念略作說明與界定,以作為分析之用。

一、戰略思考

「戰略思考」一詞的起源已不可考,但如果從薄富爾的戰略概念切入,或可獲得一基本認知。薄氏認為,戰略是「敵對意志使用力量解決彼此衝突的辯證法藝術。」[25]因此,戰略不僅是力量的統合運用,更是一種思考的方法,亦即目標的優先次序與行動方案的選擇;復加以在資源與環境的變異性,所以戰略思考即無固定標準或前例可循,必須以假設作為起點,透過原創性思想(Original Thought)來產生答案;思考時空不僅及於可預見的未來,且納入長遠的可能發展。質言之,戰略思考基本上即具有總體性、系統性、未來性、行動性等特質,而這也是論者在說明或界定戰略思考時,所共同之處。以下僅以兩例加以說明。美國公共政治學者司塔林(Grover Starling)指出,戰略思考的特質有以下幾點:[26]

（一）設定目標的次序,以確保可運用的資源更好地集中在所面臨的問題上。

---

[23] 例如,UNISDR, "What is the International Strategy?" <http://www.unisdr.org/who-we-are/international-strategy-for-disaster-reduction>.

[24] Richard Lynch, "What is Global Strategy? And why is it important?" *Global Strategy*, <http://www.global-strategy.net/what-is-global-strategy/>.

[25] Beaufre, *op. cit.*, pp.13, 22, 34.

[26] Grover Starling, *Strategies Policy Making* (Illinois: The Dorsey Press, 1998), p. 223.

（二）在任何關鍵的情況中，發現那些使政策成功或失敗的因素。如何發現這些因素並不具有任何神秘，端賴於清楚地界定問題。

（三）確認所處環境的相互關聯性，簡單地說，即社會系統的觀點。

（四）確保目標、計畫與程序的彈性，即能適應變遷的環境。無論政策成功或失敗，或部分成功，都要能預見，而且提出下一步驟。

（五）藉由經驗要能了解，某些目標是要比其他目標好；清楚簡單的目標要比複雜模糊的目標好；實際而富挑戰性的目標要比不可能任務或微不足道的目標更具優先性。

（六）政策應該包含具有內在一致性的目標，而非混合的目標。同樣地，每一目標都應和所擬之計劃中所要達成的目標保持一致。

美國戰略學者梅哈特(Richard M. Meinhart)則認為，戰略思考的專業能力(Competencies)包括五項統合能力(Ability)：[27]

（一）**批判性思考(Critical Thinking)**：指的是一種謹慎地、自覺地與適當地運用深思的質疑能力。換言之，它是指涉思考的深度與廣度、客觀性，以及政策或戰略選擇的品質與可行性。

（二）**系統性思考(Systems Thinking)**：此能力係指觀察與思考任何問題或環境的整體性，而非僅是部分。亦即能確認戰略環境的本質是互賴性、變異性、不確定性、複雜性與模糊性。

（三）**創造性思考(Creative Thinking)**：係指能夠發展辨認、解釋與有助於解決當前或潛在問題和狀況的新觀念與新概念的能力。它將能提升理解、擴大可能的解釋與行動的選擇，以及確認潛在的各種機會。

（四）**全程性思考(Thinking in Time)**：它指的是一種了解在形塑未來時，延續過去與變遷過程的角色的思考特質，即將時間視為連續性趨勢(Continuous Stream)的能力。它能夠將連接跨時期的各種分

---

[27] Yarger, *op. cit.*, pp. 12-14.

離現象，也能夠將潛在的未來與選擇聯繫在一起，導向所要的未來。質言之，全程的思考將可降低政策與戰略的不確定性、複雜性，以及模糊性。

（五）**道德性思考(Ethical Thinking)**：它所涉及的是評估政策或戰略的正當性(Rightness)的能力。它能夠說明政策或戰略在本國與其他國際成員之間的可接受性、戰略行動的效果與結果。

綜合薄氏與前述二例的概念，現代的戰略思考，基本上具有若干共同特質：掌握變的因素、清楚地界定目標的可行性與一致性、清楚地界定問題、多元化與彈性的思考、系統性思考，以及前瞻性思考等；然而，值得吾人注意的是在過去的有關戰略思考研究中，無論是在企管領域、公共政策領域、或戰略領域，基於理性與利益的前提下，皆未涉及梅哈特所述之道德性思考，即重視政策或戰略的正當性，以期提升在本國與國際成員間的被接受度。或許這是基於美國 911 事件之後，發動全球反恐戰爭以來，面臨軟權力(Soft Power)大量流失，陷入戰略行動的困境，所建構的新概念；但是，無論如何，此一新概念的加入，將使戰略行為者在從事戰略行動選擇之際，能有更廣泛且深入地思考，並增加達成戰略目標的公算。

二、國際戰略

現代定義的國際戰略的概念是在第二次世界大戰之後，漸次發展起來。[28]國際戰略一詞的起源已不可考，但它經常被運用於形容對一些國際重大問題進行的一般宏觀性研究，[29]或如前述企業領域的國際行銷或競爭戰略。茲試就國際戰略的定義、結構與行動，加以扼要說明。

---

[28] 康紹邦、宮力等，《國際戰略新論》（北京：解放軍出版社，2006 年），頁 5-10。

[29] 高金鈿主編，《國際戰略學概論》（北京：國防大學出版社，1995 年），頁 2。

（一）國際戰略的定義與結構

　　儘管國際戰略一詞在當前已廣泛使用，但是就其概念與定位，仍略嫌混淆不清。就概念而言，有廣義的國際戰略，指的是包括一切對外關係的戰略。例如，李少軍即認為：「涉及對外關係的戰略可稱為對外戰略，也可稱為國際戰略。」「國家要實施和貫徹自己的對外政策，就必須有適宜的措施與手段，這種措施與手段實際上就是國際戰略。」[30]高金鈿則認為，所謂國際戰略，「是指主權國家在對外關係領域內較長時期、全局性的謀略，也即主權國家在國際鬥爭中運用國家實力謀求國家利益的籌劃與指導，其主要表現型態是主權國家的對外戰略。」[31]李景治和王明進則指出：「國際戰略是主權國家在較長時期內參與國際競爭的總體方略。」[32]概括地說，廣義的國際戰略係指國家對如何運用力量執行對外行動的全程綜合規劃與指導。狹義的概念則仍將行動目標限制在政治、軍事。例如，張季良即認為：「國際戰略指的是一國對較長一個時期整個國際格局、本國的國際地位、國家利益和目標以及相應的外交和軍事政策等總的認識和謀劃。」[33]

　　另就定位而言，在一個國家的戰略體系裡，國家戰略(或大戰略、總體戰略、國家安全戰略等)[34]是居於最高指導地位，而於其下有不同層次與類別的戰略，例如政治戰略、經濟戰略、心理戰略、軍事戰略(國防戰略)、科技戰略等；運作的範圍則包含國際與國內，因為就國家戰略的定義來看即是如此。以 1979 年美國國防部出版的《軍事及有關名詞辭典》(Dictionary of Military Associated Terms)的界定為例：「在平時和戰時，發

---

[30] 李少軍主編，《國際戰略報告》（北京：中國社會科學出版社，2005 年），頁 32-34。

[31] 高金鈿主編，前引書。

[32] 李景治、羅天虹等著，《國際戰略學》（北京：中國人民大學出版社，2003 年），頁 9。

[33] 楊曼蘇主編，《國際關係基本理論導讀》（北京：中國社會科學出版社，2001 年），頁 155。

[34] 鈕先鍾，《戰略研究入門》（台北：麥田出版社，1998 年），頁 40。

展和應用政治、經濟、心理、軍事權力以達到國家目標的藝術和科學。」[35]顯然地，每一項戰略的運用是內外兼具的。精確地說，所謂的國際戰略是在國家戰略指導下，概括前述各種力量的發展分配與運用，以對外爭取國家利益的一種行動藝術與科學，絕非如李景治、王明進所言，國際戰略和國家戰略、大戰略等概念是屬於同一層次；[36]也非李少軍所認為的，國際戰略在很大程度上就是國家安全戰略。[37]

　　本文擬採用的是廣義的國際戰略概念。而就運作過程而論，最具關鍵者則為戰略思考，因為當前所面對的是一個加速變遷，充滿不確定性、危險與機會的大變動時代，戰略思考將有助於合理、有效的戰略的選擇。另就國際戰略的結構而言，至少應包括三個部分：[38]

1. **國際戰略形勢判斷**：就戰略思考來看，面對變異性固然重要，但是如何掌握長程且具有全局性的發展趨勢，更為重要。例如，找出影響形勢的主要力量、關鍵事件與層次，進而分析其可能趨勢。

2. **國際戰略目標選擇**：如同其他戰略目標一般，國際戰略必須有相對的穩健性，例如為達成在一定時期內的根本目的，以獲取國家利益；然而，為實現此一根本目的所設定的階段目的則須隨著客觀環境的變化而予以調整。

3. **國際戰略的戰略指導**：雖然戰略指導在學術界尚未有明確與統一的界定，一般咸認為係指對既定概略的執行和落實，是實現戰略目標的途徑、手段與方法。

---

[35] 同前註，頁 30。

[36] 李景治、羅天虹等著，前引書，頁 5。

[37] 李少軍主編，前引書，頁 35。

[38] 高金鈿主編，前引書，頁 9。

概括地說，從上述概念與結構的檢視來看，國際戰略的根本目的即在於透過國際戰略行動來達成國際戰略目標；而戰略思考的概念架構則是在真實的世界中運用戰略理論，與形塑成功地增進特定的國家利益，而不會有造成國家其他利益負面結果的過度風險的戰略。

（二）國際戰略行動

國際戰略行動即在國際戰略指導下，國家對外所採的合理有效行動，而國際戰略行動的選擇與進行，因為資源因素與環境因素的變異，必須以原創性的思維來產生方案，這也正是薄富爾何以將戰略視為一種思想方法的主要原因之一。

國際戰略行動的核心概念在於行動自由的爭取，主要決定於：1.目標、2.權力、3.環境。[39]權力的適當分配，而目標能動態調整與之作最佳配合，且能適應於環境的變異。環境固有其變異，往往較難於控制；但如何透過造勢，形成有利環境，又何嘗不是爭取行動自由的一種方法。[40]

國際戰略行動的選擇，薄富爾依據雙方所能動用的相對資源、爭執目標的重要性，以及行動自由，將戰略行動概分為五種典型：[41]

1.直接威脅(the direct threat)：如果目標只具有輕微的重要性，而所能動用的資源卻相當巨大，則也許只要使用此種資源為威脅，即可讓敵人接受我方所提的條件。

2.間接壓迫(the indirect pressure)：如果目標只具有輕微的重要性，然而能運用的資源卻不適當，不足以施加一種決定性的威脅，則為了達

---

[39] Yarger, *op. cit.*, p.11.

[40] 鈕先鍾，前引書，頁 274-275。

[41] Beaufre, *op. cit.*, pp.26-27.

成所要的目標，必須採取較陰險的行動，可能是政治性的、外交性的、或經濟性的。當行動自由受到限制時，此種典型即最適用。

3. **一連串的連續行動**(a series of successive actions)：假使行動自由受到限制，且所能動用的資源也是有限，然而目標卻是具有相當大的重要性，則必須採取一連串的行動，其中兼具直接威脅和間接壓迫，還需配合有限度的武力使用。

4. **長期鬥爭**(a protracted struggle)：如果行動自由很大，然而所能運用的資源卻不足以獲得軍事性的決定，那就應採取一種長期鬥爭的戰略，目的是磨垮敵人的士氣，使他感到厭倦而自動放棄。

5. **以軍事勝利為目的的暴力衝突**(violent conflict aiming at military victory)：假使透過軍事資源很充足，則可以透過軍事勝利來尋求決定。這種衝突可能是很猛烈的，但卻應使其時間盡量縮短。

　　相對於薄富爾基於戰略思考的行動分析，李德哈特(B. H. Liddell Hart, 1895-1970)戰略行動與建構和平的原則，對於國際戰略行動的選擇與執行，亦頗具參考價值。就戰略行動，李氏提出六條正面、兩條反面，稱之為「公理」(Axiom)的原則：[42]

1.正面
(1)調整你的目標以來配合手段。
(2)心理永遠記著你的目標。
(3)選擇一條期待性最少的路線。
(4)擴張一條抵抗力最弱的路線
(5)採取一條可以具有幾個目標的作戰線。
(6)計劃和部署必須具有彈性以來適應環境。

---

[42] 李德哈特(B. H. Liddell Hart)著，鈕先鍾譯，《戰略論》(*On Strategy*) （台北：軍事譯粹社，1957 年），頁 345-346。

2.反面

(1)當敵人有備時，絕不要把你的重量投擲在一個打擊之中。

(2)當一次嘗試失敗之後，不要沿著同一路線，或採取同一形勢，再發動攻擊。

而就建構和平，李氏歸納出八項基本原則：[43]

1.研究戰爭並從歷史學習。

2.只要可能，應盡量保持強大的實力。

3.在任何情況中，都應保持冷靜。

4.應有無限的忍耐。

5.絕勿逼迫對方作負隅之鬥，並且經常要幫助他顧全面子。

6.假設你自己是站在他的地位上，也就是要透過他的眼光來看一切事物。

7.應絕對避免自以為是的態度，再也沒有比這種態度更能使人變成如此盲目。

8.必須力戒兩種最普遍的致命妄想，勝利的觀念和戰爭不能加以限制的觀念。

另外，值得注意的是，在國際戰略決策的分析中，國內因素往往是被忽略的，[44]而這在民主國家是至關緊要的，甚至會掣肘國際戰略的遂行，這正如外交政策與國內政策相互關係的爭論一般。依照現實主義(Realism)的觀點，國際政治的本質在於規範外交政策與降低它的變化度；換言之，要玩國際遊戲，就必須遵守規則。然而，必須說明的是，外交政策不能降低為具有固定規則的西洋棋博弈、單一的主導價值，以及單一最完美的決策者。普特南(Robert Putnam)即曾指出：外交政策至少是

---

[43] 李德哈特(B. H. Liddell Hart)著，鈕先鍾譯，《為何不和歷史學習》(*Why Don't We Learn from History*)（台北：軍事譯粹社，1981），頁 80-81。

[44] 例如，近些年中國出版社的國際戰略專書中，從未涉及國內因素的分析。詳參閱康紹邦、宮力等，《國際戰略新論》（北京：解放軍出版社，2006 年）；李少軍主編，《國際戰略學》（北京：中國社會科學出版社，2009 年）。

一種雙重的博弈，單是國內社會各種不同的表現所形成的互動，要比一場博弈要多得多。歸結地說，外交政策從未能夠自它所源起的國內系絡抽離；如果沒有國內社會與國家，也就沒有外交政策。[45]

所以，同樣地，如果沒有國內基礎的支撐，與之相互配合，也就沒有國際戰略；而且，若就當前大變動的趨勢來看，某些國內利益和價值也惟有透過國際合作與遵守國際規則才能獲得，國際金融危機，激烈氣候變遷、能源危機等，莫不如此。

參、台灣面對的國際戰略環境

概括地說，國際戰略環境是指在「一個時期內世界各主要國家(集團)在矛盾、鬥爭或者合作、共同處理中的全局狀況和總體趨勢。具體而言，國際戰略環境是國際政治、經濟、軍事形式的綜合體現。」[46]此一界定基本是從高階政治為主的觀點出發；然而，若從全球大變動的角度切入，則科技、文化、環境、思想等因素，應納入考量。當然，這並非意味著國際戰略環境的概念將擴及無所不包的地步，而是從系統思考的角度而言，應儘可能將變異因素納入，以形成相對應的可能國際戰略。

誠如前述，本文只在於解析台灣在面對中美所共構的「國際鳥籠」的困境，如何透過外部動作－國際戰略的運用，輔以內部動作－國內的支撐，爭取國行動自由，以凸顯兩岸的差異性與強化台灣的主體性。因此，國際戰略環境的分析，也僅就其犖犖大者，略加說明。

---

[45] Christophor Hill, *The Changing Politics of Foreign Policy* (New Yorks: Palgrave Macmillan, 2003), p. 37.

[46] 康紹邦、宮力等，前引書，頁51。

一、全球大變動

　　誠如前述拉胥羅所指出，21 世紀的第一個十年，國際社會將進入大變動的「混沌躍進期」，加上漸進的經濟全球經濟化，異質文化，加入社會之間的接觸更加頻繁，不出數年，便會進入「關鍵決定期」。[47]證諸官方與學者的研究，似乎更說明了這一變動的的可能趨向。

　　美國國家情報委員會(National Intelligence Council, NIC)在 2008 年11 月公佈的《全球趨勢 2025：轉型的世界》(*Global Trend 2025: A Transformed World*)報告中指出，人口持續成長與氣候變遷，將對能源(資源)、糧食與水資源短缺；但是技術尚不足以規模上取代傳統的能源結構。而國際權力結構將更加分散，新國際行為者將登場，全球多極體系正在形成。[48] 歐盟安全研究所(EU Institute for Security Studies)在 2006 年提出《2025 年世界將發現什麼……》(*Le Monde En 2025*)報告，亦具有類似前述報告的預測，但比前者在安全與穩定的問題上，更具全面性觀點。[49]

　　而專家學者對此一議題的分析與前瞻，更是憂心其可能導致衝突的強度，甚至危及地球的生存。例如水資源與糧食的短缺與爭奪，將可能引發「水資源戰爭」[50]和「糧食戰爭」；[51]石油的漸趨枯竭與爭奪，勢將

---

[47] 有關「混沌躍進期」與「關鍵決定期」的概念分析，詳參閱鄂文・拉普羅，前引書，頁 36-37。

[48] 美國國家情報委員會(National Intelligence Council, NIC)編，中國現代國際關係研究院美國研究所譯，《全球趨勢 2025—轉型的世界》(*Global Trend 2025: A Transformed World*)（北京：時事出版社，2009 年），2025 全球形勢表。

[49] 詳參閱妮科爾・涅索托(Nicole Gnesotto)、吉奧瓦尼・格雷維(Giovanni Grevi)著，范煒煒譯，《2025 年世界將發生什麼……》(*Le Monde En 2025*)（北京：東方出版社，2010年）。

[50] 莫德・巴洛(Maude Barlow)、東尼・克拉克(Tony Clarke)著，張岳、盧瑩、謝伯讓譯，《水資源戰爭》(*Blue Gold: The Fight to Stop the Corporate Theft of the World's Water*)（台北：高寶書版集團，2011 年）。

引爆「石油戰爭」。[52]而當前似乎已不可逆轉的激烈氣候變遷，是否必然導致「氣候戰爭」？[53]甚至這多樣化的人類安全問題接踵而至，可能促成人類社會「大崩壞」，[54]最後導致「地球末日的來臨」。[55]

面對大變動可能帶來的威脅，雖然世界各國囿於主權與國家利益，未能有具體而立即的因應方案，例如，早於 2012 年到期的《京都議定書》(Kyoto Protocol)，遲遲未能達成共識，而延用至今；但是，2000 年聯合國的千禧年發展目標(UN Millennium Development Goals, MDG)，迄 2013 年卻已獲得可觀的成果。[56]另外，聯合國第十九次華沙氣候變遷會議，儘管未能獲得有意義的結果，但也達成不分窮國富國一律都應對減少溫室氣體排放作出貢獻的妥協方案。[57]概括地說，基本上全球合作的呼籲與全球道德倫理的強調仍是大於衝突與對抗。證諸學者專家的看法，亦復如此。

布魯斯・瓊斯(Bruce Jones)等人則引介弗朗西斯・鄧(Francis Deng)的「負責任主權」(Sovereignty as Responsibility)概念，作為維持國際秩序的原則。它的主要內涵是：「國家政府有義務保障國民最低水準的安

---

[51] 拉吉・帕特爾(Raj Patel)著，葉家興等譯，《糧食戰爭》(*Stuffed and Starved: Markets, Power and the Hidden Battle for the World Food System*) （台北：高寶書版集團，2009 年）。

[52] 威爾・思道爾(F. William Engkahl)著，趙剛、曠野等譯，《石油戰爭：石油政治決定世界新秩序》(*A Century of War*) （北京：知識產權出版社，2008 年）。

[53] 格溫・戴爾(Gwynne Dyer)著，林聰毅譯，《氣候戰爭》(*Climate Wars?*) （台北：財信出版公司，2009 年）。

[54] 賈德・戴蒙(Jared Diamond)著，廖月娟譯，《大崩壞：人類社會的明天？》(*Collapse: How Societies Choose to Fail or Succeed*) （台北：時報文化出版公司，2006 年）。

[55] 比爾・麥吉本(Bill McKibben)著，束宇譯，《即將到來的地球末日》(*Earth: Making a Life on a Tough New Planet*) （北京：中信出版社，2010 年）。

[56] 〈2013 年千禧年發展報告〉，《美國之音》，2013 年 2 月 13 日，<http://www.voafanti.com/gate/big5/www.voachinese.com/content/un-news-center-20130702/1693844.html >。

[57] 〈聯合國氣候會議落幕 達妥協方案〉，《自由時報》，2013 年 11 月 25 日，<http://www.libertytimes.com.tw/2013/new/nov/25/today-int7.htm >。

全和社會福祉，對本國國民和國際社會均負有責任。」析言之，負責任主權號召所有國家對自己那些產生國際影響的行為負責任，要求國家將相互負責作為重建和擴展國際秩序基礎的核心原則、作為國家為本國國民提供福祉的核心原則。在一個安全相互依存的世界上，國家在履行對國民的責任的同時，必然與其他國家發生關聯。負責任主權還意味著世界強國負有積極責任，幫助較弱的國家加強行使主權的能力，這是『建設責任』(Responsibility to Build)。」[58]

瓊斯等人對鄧的負責任主權的引介與進一步運用於國際秩序的維繫，有其道德性的呼籲，也有其務實性的期待—大國的積極協助。換言之，雖然薩克斯(Jeffrey D. Sachs)認為，解決全球問題，再也不能依賴美國的領導，而是需要堅決的全球合作；[59]然而，鑑諸從第二次世界大戰以來，傳統安全以迄傳統與非傳統安全融為一體的大變動，莫不需要美國與各主要大國的支持與帶動，以及世界其他國家的配合，始能有效因應與改善。只不過是在加速全球化的前提下，當大國尚有所僵持之際，次要國家與非國家行為者的功能性合作，更凸顯其角色的重要性，而這也將成為台灣契入此一解決全球問題過程的可能機會。

二、全球變遷的六個驅動力

高爾(Al Gore)針對當前的全球變遷—匯合諸多革命性劇變，提出六個驅動力的分析，並指出，我們所即將面對的是一個本質上與過去完全不同的未來，具有高度的威脅：(一)相互依存、緊密聯結的全球經濟興起。(二)全球電子通訊網絡快速連結。(三)全球出現全新的權力轉移，產

---

[58] 布魯斯‧瓊斯(Bruce Jones)等著，秦亞青等譯，《權力與責任：構建跨國威脅時代的國際秩序》(*Power and Responsibility: Building International Order in an Era of Transnational Threat*)（北京：世界知識出版社，2009年），頁8-9。

[59] 傑佛瑞‧薩克斯(Jeffrey D. Sachs)著，陳信宏譯，《66億人的共同繁榮：破解擁擠地球的經濟難題》(*Common Wealth: Economics for a Crowded Planet*)（台北：天下雜誌公司，2008年）。

生迥異於國去的政治、經濟與軍事力量的平衡。(四)全球以不永續的方式高速成長，並無視於其帶來的毀滅性的後果。(五)人類研發出各種革命性且威力強大的新生物學，以及生化、基因和材料科技，且發明自然界從未出現的新物種。(六)全新關係的人類文明的集體力量與生態系統，亦即人類文明的發展必須大規模全面轉型，才能在人類文明和未來之間，建立起新的健康與和諧的關係。[60]

　　不同於拉胥羅植基於「混沌理論」(Chaos Theory)的大變動演化分析，高爾就全球變遷的事實，以深入的研究報導為基礎，輔以數據為依據的歸納分析；但是，就兩者的分析主題與內容看，則是大同小異；而在解決方法上，則不約而同的強調了思考方式的改變與創新，以及即時採取行動。尤其具有特色的是拉胥羅對擁抱地球倫理的主張—即讓全球社群可以生活於尊嚴、自由，而不破壞彼此的生計、文化、社會和環境的全體人族群所共同的道德觀，[61]與 1991 年羅馬俱樂部(the Club of Rome)所倡議的「新世界倫理」亦有異曲同工之妙。[62]

　　儘管兩者的分析有著務實與兼具理想和務實之別，但若就當前全球大變動的複雜性、總體性與加速性來看，那麼欲求此一問題的緩和或解決，基於傳統主權與國家利益的思考已全然無法因應，兼具理想與務實的思考與行動，隱然已成為主要模式，這也就為國家行為者帶來更廣大的國際行動自由。

---

[60] 高爾(Al Gore)著，齊若蘭譯，《驅動大未來》(*The Future: Six Drivers of Global Change*) （台北：遠見天下文化出版公司，2013 年），頁 14-15。

[61] 鄂文・拉胥羅(Ervin Laszlo)著，杜默譯，前引書，頁 119。

[62] 羅馬俱樂部(The Clubs of Roman)著，黃孝如譯，《第一次全球革命》(*The First Global Revolution*) （台北：時報文化出版公司，1992 年），頁 192-193。

三、弔詭的中國和平崛起

邁入二十一世紀的第二個十年，中國的和平發展戰略操作越發細膩、深化與彈性；然而，相對地，不僅於國際間是如此，兩岸之間也一樣。

2003 年 10 月 7 日，溫家寶完整地提出「睦鄰、安邦、富鄰」的外交政策。2003 年 11 月 3 日，鄭必堅提出了中國和平崛起的論述，以回應中國威脅論和中國崩潰論；2005 年 9 月 15 日，胡錦濤確立了和諧世界的戰略構想；2005 年 12 月 12 日發布的《中國和平發展道路白皮書》，則總結了前此的總體戰略構想。2011 年 1 月 26 日，鄭必堅在美國史丹佛大學的演講中，提出完整深化「利益匯合點」的建構及「利益共同體」的構想，以進一步具體化中國的「和平發展道路」與「建構和諧世界」的具體方針。[63]甚至，2013 年 10 月 3 日，習近平在印尼提出建設中國－東盟命運共同體，[64]遑論其他援助外交、鐵路外交、軟實力外交等。質言之，中國展開了截然不同以往的「柔性攻勢」[65]戰略。然而，弔詭的是，美國自 2009 年-2011 年漸次形成「亞洲再平衡」(Rebalancing to Asia) 戰略，以因應中國的崛起；[66]而亞洲國家在 2012 年的國防支出，首次超越歐洲國家，掀起新一輪的軍備競賽。[67]

至於兩岸關係更形弔詭。正如前述，自 2008 年以來，兩岸經貿往來更甚以往，人民交流頻繁緊密，官員來台絡繹不絕；然而，雖然在外

---

[63] 鄭必堅，《中國發展大戰略》（台北：天下遠見出版公司，2014 年），頁 262。

[64] 〈習近平在印尼國會發表演講：攜手建設中國－東盟命運共同體(全文)〉，《網易新聞》，2013 年 10 月 3 日，< http://news.163.com/13/1003/16/9A9AM6Q200014JBS_all.html >。

[65] 「柔性攻勢」一詞最早係由蔣緯國將軍在 1982 年 7 月 7 日所提出，本文借用此一名詞。詳參閱蔣緯國，《柔性攻勢 一個重建人類秩序之全球戰略》（台北：中華戰略學會，1982 年）。

[66] 吳銘彥，〈凱瑞亞洲行與亞洲再平衡戰略〉，《中央日報》，2014 年 2 月 28 日。本文引自《新浪新聞》，< http://news.sina.com.tw/article/20140228/11870290.html >。

[67] 戴維·皮林，〈亞洲掀起軍備競賽期〉，英國《金融時報》， 2014 年 4 月 8 日，本文引自《FT 中文網》，<http://big5.ftchinese.com/story/001055645?full=y >。

交休兵之下，中國未曾再從台灣奪取邦交國，但是持續不斷地打壓台灣的國際行動自由，以雄渾的經濟與政治實力，逐漸縮小台灣國際活動空間。這種結合圍棋式與象棋式的外內合一的圍台與攻台行動戰略，正是產生弔詭的主要原因；[68]而日前(2014 年 4 月 11 日)剛落幕的太陽花學運，則呈現出弔詭根深蒂固的另一原因－中國模式與台灣社會的衝突：[69]

(一)中國模式與台灣人文傳統的衝突：

　　台灣在經濟的快速發展及市場的擴張與工商業的高速發達，不僅讓人民都享有發展的紅利，同時也享受人文的美好和人性的溫暖，這與中國模式形成強烈反差。

(二)中國模式與社會正義的衝突：

　　台灣的社會正義主要體現為均富。富人不炫富，窮人有保障、有尊嚴；不只有各種社會福利保障，更有整個消費結構保障；而且，人民用最低稅負，卻擁有了最好的社會福利和公共服務。然而，中國的兩極化社會的發展模式與台灣沒有相容性。

(三)中國模式與自由及生活價值的衝突：

　　雖然台灣的憲改體制仍有許多缺失，代議制度確實也常常失靈，但是卻享有高度的政治自由與言論自由；相對地，中國的種種不自由，排斥自由平等，卻是令人恐懼的。其次，中國模式所呈現生活價值觀—絕對的發展主義、徹底的物質主義、金權主義、無視人的尊嚴等，亦為台灣人民所鄙視。質言之，兩岸的價值衝突是文明的衝突，也構成了最大的文明距離。

---

[68] 顏建發，《台灣的選擇：亞太秩序與兩岸政經的新平衡》（台北：新銳文創，2014 年），頁 19。

[69] 笑蜀，〈台灣學運暴露兩岸深層危機〉，英國《金融時報》，2014 年 4 月 11 日，本文引自《FT 中文網》，< http://big5.ftchinese.com/story/001055726>。

　　概括地說，在全球大變動與驅動力的分析中，一個兼具務實與理想的解決全球問題的行動戰略已漸浮現，它所可能產生的國際行動自由空間，對台灣是個契機；然而，一個崛起的中國實質上更加侷限了台灣的國際行動自由。相對地，基於現實需求，兩岸的經貿密切頻繁。所以，台灣的國際戰略思考即不能以全然的國際面向為主，必須兼具兩岸的因素。質言之，這是一場實力不對稱的戰略行動自由爭取的過程。

肆、台灣的國際戰略

一、台灣的國際戰略思考

　　或許誠如論者所言，因為兩岸簽訂 ECFA，才會有其後的台日漁業協定、投資協定與美國對台免簽證，顯示兩岸關係甚難以純經濟角度視之；[70]但是，究實而論，這也是多方戰略角力與平衡的結果。換言之，還是得從戰略行為者的意志辯證切入加以思考。誠如李德哈特所言，要從對方的地位和眼光來看待一切事物，並經常要幫他顧全面子。在中國崛起之際，掀起新一波實現中華民族偉大復興的中國夢風潮，更不可能有太多的政治妥協；[71]然而，如果不是具有太直接的衝擊，中國也會在表示抗議立場之後接受。例如，台灣僅有 22 個邦交國，卻有 129 個國家或地區給與台灣免簽待遇，[72]台紐 FTA 與台星經濟夥伴協議，亦復如此；未來台灣進入各種區域經濟整合，更可能是如此。當然，這可能會有落入前述點頭經濟之虞；但如何透過談判，不傷中國太大面子，同時

---

[70] 蘇起，〈兩岸原地踏步　國際關係失分〉，《天下雜誌》，第 545 期（2014 年 4 月 16 日），頁 67。

[71] 習近平，〈在會見國民黨榮譽主席吳伯雄一行時的談話〉，2013 年 6 月 13 日。中共中央文獻研究室編，《習近平關於實現中華民族偉大復興的中國夢論述摘編》（北京：中央文獻出版社，2013 年 12 月），頁 59。

[72] 法廣，〈兩岸護照免簽證待遇對比：台灣過百　大陸僅 45 國〉，《阿波羅新聞網》，2014 年 1 月 30 日，< http://tw.aboluowang.com/2014/0130/368299.html >。

納入欲與我國締約國之顧慮，在形式上妥協，而爭取實質利益，進而凸顯主體性的差異才是我們應努力之道。

　　就當前戰略情勢而言，在可預期的未來，突顯兩岸差異，強化台灣主體性，應是可行的目標。換言之，在考慮中國的顏面，以及台灣交往國家的顧慮之下，能為大家所接受，或勉強接受的戰略行動方案才是最適的。因此，傳統主權外交固然是根本，但如何在權變之下，契入大變動的全球趨勢中，整合非邦交大國外交、環境外交、科技外交、援助外交、能源外交、司法與安全合作外交等，並適切掌握戰略平衡的可能契機，始為可行之道。例如，美國的亞洲再平衡(Rebalancing to Asia)、對兩岸問題的「戰略模糊」政策(Strategic Ambiguity)，以及長久以來，台灣作為美國對中國進行「戰略拒止」(Strategic Denial)[73]未能改變的角色與地位；這也正是為何解放軍將領劉亞洲會斷然指出：「坦率地講，台灣是中國領土的一部分我們要控制它，……不是中國的領土一部分我們也要控制它，非控制它不可。」[74]

　　次就國內因素而論，長期的經濟不景氣、政治惡鬥與貧富差距擴大，[75]甚至有 160 萬戶家庭、約 523 萬人陷入「家計懸崖」—連續五年沒有儲蓄，平均每戶家庭是負儲蓄 8700 多元。[76]如此，如何能形成對國際戰略的有效支撐?另就經濟自主性而言，台灣幾已喪失經濟思考能力，政府未能扮好領頭羊的角色，致力經濟轉型，創新產業，進行經濟改革，然後商人迎頭趕上，共同努力；然而，台灣卻在「兩岸合作，去賺世界

---

[73] Rigger, *op. cit.*, p.172.

[74] 劉亞洲，〈台灣問題〉，《劉亞洲戰略文集》（北京：軍事內部參政資料，2005 年），頁 34。

[75] 吳挺鋒、何榮幸，〈2014《天下》國情調查：貧富差距嚴重 對政府不滿創新高〉，《天下雜誌》，539 期（2014 年 1 月 8 日），頁 70。

[76] 黃昭勇，〈160 萬台灣家庭 財政陷懸崖〉，《天下雜誌》，510 期（2012 年 11 月 14 日），頁 28。

的錢」的思維下，窄化台灣的經濟視野，陷入「一籃式經濟」的危機[77]（台商對外投資 63.7%集中於中國）[78]，也難怪形成兩岸服貿不通過，台灣經濟絕對沒希望的意象。析言之，如何避免經濟依賴成為政治退讓（當然，這是中國的主要戰略目標），除了創新產業，加速轉型，以提升經濟實力外，更重要的是，展開經濟自由化改革，從多方面展開自由化，迎頭趕上和其他國家的貿易談判，以加強台灣的競爭力。[79]質言之，誠如蔡宏圖所言，亞洲不只有中國，其他亞洲國家同樣是台灣重要的產業機會。[80]例如，印尼不僅是中國「世界市場」的接班人，也是「世界工廠」的候選人，它真正的需要的不是熱錢，而是實質投資，正是台灣擅長製造的中小企業的機會。[81]

再就根本的政治向心力與安定力來看，如何整合共識，立足台灣，[82]則是國際戰略行動的另一支柱。當前的兩岸對比，是一個中國，兩個台灣。[83]中國在明確的和平發展戰略下，朝實現中華民族偉大復興的中國夢邁進，全民意志是凝聚的；然而，台灣卻在特殊的歷史際遇和政治操弄下，統－獨對立，藍－綠對抗，台灣－中國意識分歧，使得台灣在

---

[77] 南方朔，〈台商賺錢術≠台灣經濟學〉，《天下雜誌》，542 期（2014 年 3 月 5 日），頁 20。此一觀點之相關論述，'尚可參閱：卜睿哲（Richard C. Bush）著、林添貴譯，《未知的海峽：兩岸關係的未來》（*Uncharted Strait: The Future of China-Taiwan Relations*）（臺北市：遠流出版事業公司，2013 年），頁 206-207。

[78] 此一數字為 2013 年整年之統計，數字來源：台灣經濟研究院編，〈兩岸經濟統計月報〉，《行政院大陸委員會》，第 250 期（2014 年 2 月），<http://www.mac.gov.tw/public/Attachment/422017442664.pdf>。

[79] 黃嘉倫，〈卜睿哲：面對服貿 台灣想放手一搏〉，《天下雜誌》，545 期，頁 64。

[80] 〈蔡宏圖：亞洲不只有中國〉，《天下雜誌》，541 期（2014 年 2 月 19 日），頁 136。

[81] 〈封面故事〉，《遠見》，328 期（2013 年 10 月），頁 8。

[82] 本段論述主要引自施正權，〈戰略思考與戰略方向之研究：兼論台灣國家安全戰略之思考與方向〉，戴萬欽主編，《2009 年台灣與世界關係》（台北：時英出版社，2009 年），頁 41。

[83] 林中斌教授於〈圓桌論壇〉的發言，第五屆戰略學術研討會（淡水：淡江大學國際事務與戰略研究所主辦，2009 年 5 月 1 日）。

兩岸互動戰略中，在在處於被動。然而，就憲政之治的觀點而論，政治菁英對憲政的執著與憲法的忠誠，是最為首要。例如，美國在南北戰爭時期，雙方對憲法有不同見解，但對憲法的忠誠，在戰後迅即恢復。[84]同樣地，當前不管有任何政治爭議，自是應以中華民國憲法為最高共識，由此而產生政治認同；依此而制定的各種法律，即政治規則，也必須遵守。換言之，如果沒有實質共識與程序共識，台灣不僅無以立足台灣，也無法穩健強化兩岸，更無以行動全球。

　　再就戰略資源來看，兩岸當前的高度不對稱，不僅中國學者認為兩岸的現狀是一個隨著時間朝向大陸方面的傾斜，現狀是無以長久維繫；[85]甚至，米爾夏默(John J. Mearsheimer)還建議台灣追求「香港戰略」(Hong Kong Strategy)，接受中國統一，並努力確保過程和平，以獲得最大可能的自治權。[86]因此，如何在有限資源下針對明確的優先目標，做最適分配變成為主要考量。析言之，更應修訂目標與範圍；而且，培養國際戰略行動的人才與團隊更是刻不容緩，惟有如此才能因應大變動時代與中國和平崛起下台灣國際戰略行動之所需。[87]

二、台灣的國際戰略行動

　　中國在和平發展戰略所獲致的國際政治、經濟地位的快速提升，是其圍堵台灣國際活動空間，弱化台灣國際法人資格的有力支柱。儘管兩岸關係的大幅改善，也持續和平穩定發展。，但是，在可預期的未來，國際打壓行動是將持續的。然而，誠如前述，國際戰略環境的大變動與

---

[84] 呂亞力，《政治學》（台北：三民書局，1985 年），頁 95。

[85] 鄭必堅，前引書，頁 318。

[86] John J. Mearsheimer, "Say Goodbye to Taiwan," *The National Interest,* March-April 2014 issue, pp.9-10, retrieved on Mar. 3, 2014, <http://nationalinterest.org/print/article/say-goodbye-taiwan-9931>.

[87] 陳一新，前引文。

弔詭發展，在在都亟需國家行為者與非國家行為者的通力合作，始能有效因應與解決，尤需大國之間的合作，以加速其推動，這也就讓台灣的國際行動自由有了擴大的機會。以下僅就 2008 年迄今，台灣的國際戰略進行檢視。

（一）傳統外交行動

台灣以主權國家為身分的國際行動，在美國與中國的一個中國共識下，是日益艱困的，尤其是 1998 年 6 月 3 日，前美國總統柯林頓(W. J. Clinton)在上海所提出的對台「三不」政策—美國不支持台灣獨立；不支持「兩個中國」、「一中一台」；不支持台灣加入任何必須由主權國家參加的國際組織，[88]更堅定中國以「一國兩制」統一台灣，操作「一中框架」為工具。所以，以政治實體或經濟實體進行國際政治空間的擴展，就成為不得不的選擇，例如城市外交與國際非政府組織的參與。其次，雖然我國退出聯合國而失去參與多邊公約資格，但是處於大變動時代，人權、經貿、公共衛生、反貪腐、環境生態、國際援助等相關事項的公約，台灣可以國內立法方式，將各類攸關我國發展的公約納入國內法，展現對於多邊公約的參與，與全球共同關心的共同議題接軌，進而優化我國的國際形象。[89]

再者，如何實質提升台灣主體性的行動，亦應持續強化。例如，增加對台免簽證國家；爭取外國來台設立代表處，目前在台約有 50 個代表處；積極在外國設立相對應館處，目前我國有將近 108 個駐外館處，[90]發揮實質外交功能。[91]而且，強化非邦交大國關係，應為重點所在。因

---

[88] 錢其琛，《外交十記》（香港：三聯書店，2004 年），頁 281。

[89] 陳長文，〈多邊公約國內法化不能只靠馬總統〉，《中國時報》，2009 年 4 月 20 日，版 A14。

[90] 此一駐外館處數目，統計於：〈駐外單位網站連結〉，《中華民國駐外單位聯合網站》，<http://www.taiwanembassy.org/dept.asp?mp=2&codemeta=locationIDE >。

為，雖然與之無邦交關係，但大國對於低階政治的國際議程設定、非政府組織、多邊公約等，都具有高度影響力，相當有助於改善各國對我參與此領域行動的認知與支持。例如日前（2014 年 4 月 13 日）美國環保署長吉娜‧麥卡錫(Gina McCarthy)抵台訪問即為顯例。

表 1：台灣傳統外交行動

時間	簽約者	主要內容	名稱
2008/11/18	中華民國、中美洲國家	外長會議	第 14 屆中華民國與中美洲國家合作混合委員會外長會議聯合公報
2009/04/03	駐日台北經濟文化代表事務所、財團法人交流協會	短期簽證	臺日打工度假簽證換函
2009/05/14	聯合國	經濟社會文化	經濟社會文化權利國際公約批准書。(2009 年 5 月 14 日簽署，並於 2009 年 05 月 22 日公布。但在 2009 年 6 月 15 日，遭聯合國以聯合國大會 2758 號決議僅承認中華人民共和國為中國合法代表給拒絕。)
2009/05/14	聯合國	人權	公民與政治權利國際公約批准書。(2009 年 5 月 14 日簽署，並於 2009 年 05 月 22 日公布。但在 2009 年 6 月 15 日，遭聯合國以聯合國大會 2758 號決議僅承認中華人民共和國為中國合法代表給拒絕。)
2010/10/19	中華民國政府與諾魯共和國	政府間互免外交及公務護照簽訂協定	中華民國政府與諾魯共和國政府間互免外交及公務護照簽訂協定

---

91 Rigger, op. cit., p.177.

2011/05/16	中華民國政府與巴拿馬共和國政府	傳統外交	中華民國政府與巴拿馬共和國政府間互免外交、公務、領事及特別護照簽證協定
2011/06/27	駐台拉維夫台北經濟文化辦事處處與以色列台北經濟文化辦事處	互免簽證協議	駐台拉維夫台北經濟文化辦事處處與以色列台北經濟文化辦事處互免簽證協議
2011/10/12	中華民國政府與布吉納法索政府	簽證協定	中華民國政府與布吉納法索政府有關核發兩國持外交、公務暨普通護照人士簽證協定
2012/01/06	中華民國政府與聖多美普林西比民主共和國政府	簽證協定	中華民國政府與聖多美普林西比民主共和國政府間有關核發兩國持外交、公務暨普通護照人士簽證協定第一號修正協定
2013/02/04	美國在臺協會、駐美國台北經濟文化代表處	特權、豁免	美國在台協會與駐美國台北經濟文化代表處間特權、免稅暨豁免協定
2013/11/08	中華民國外交部；WTO	政府採購協定締約會員國	政府採購協定修正議定書之接受書

資料來源：

1. 《美國在臺協會》，<http://www.ait.org.tw/en/agreements-list.html>。

2. 〈外交部條約協定查詢系統〉，《中華民國外交部》，<http://no06.mofa.gov.tw/mofatreatys/>。

（二）科技外交行動

所謂科技外交，係指：「以主權國家的國家元首(政府首腦)、外交機構、科技部門、專門機構(如中科院、國家自然科學基金會)和企業等為主體，以促進科技進步、經濟和社會發展為宗旨，以互惠互利、共同發展為原則而開展的與世界其他國家或地區及國際組織等之間的談判、訪問、參加國際會議、建立研究機構等多邊或雙邊的科技合作與交流。」[92]就此定義來看，台灣從產業規模、產業群聚競爭力，以及創新能都具備其優勢，若能完善整合將足以形成充足的科技戰略行動力，在當前科技全球化中，有效擴展台灣行動空間；而以當前形勢而論，台灣在此一行動頗具成果，例如與包括俄羅斯、澳洲、印度與越南等 15 國簽署科技協定；2003 年國科會與歐盟資訊社會總署簽署第一份官方合作協議－《雙邊科技合作保證協議》，台灣因此將可與歐盟各會員國進行科技合作；新竹科學園區也與 12 個國家 23 個科學園區簽訂姐妹園區。[93]

如果能以非邦交大國－如美國、俄羅斯、法國等－為先例，進行各種科技合作或交流，或能帶動其他國家與台灣合作的意願。再者，如何統籌、善加運用新資訊科技，以行銷台灣，突顯台灣特色，應是在科際外交之餘，建構國際科技戰略的重點。

以日前太陽花學運為例，學生將 Ipad 與 Ustream 結合，立即將立法院內活動傳播至國內，並連上 CNN 的公民網 iReport，同步傳佈全世界，進行了一場政府所不能及的新媒體戰；這同時也意味著，台灣國際傳播戰略的思考與行動已亟需變革，以新資訊科技即時、同步地行銷台灣－形構話語權與國際形象。[94]

---

[92] 趙剛，《科技外交的理論與實踐》（上海：時事出版社，2007 年），頁 30。

[93] 施正權，〈世界秩序典範變遷中的台灣國際行動戰略〉，王高成主編，《兩岸新形勢下的國家安全戰略》（台北：秀威科技公司，2009 年），頁 170-171。

[94] 魚夫，〈新科技打敗傳媒的一場戰爭〉，《天下雜誌》，544 期（2014 年 4 月 2 日）頁 112。

表 2：科技外交行動

時間	簽約者	主要內容	名稱
2008/11/25	台北駐加經濟文化代表處、加拿大駐台貿易辦公室	農業合作	台加農業及農業食品科學技術合作瞭解備忘錄
2009/2/26	中華民國、挪威	農業合作	中挪有關種子寄存於斯費巴全球種子庫（SGSV）協定
2010/8/30	中華民國農業委員會與巴布亞紐幾內亞	農牧部間農業技術合作協定	Agreement on Agricultural Technical Cooperation between the Council of Agriculture of the Republic of China(Taiwan) and the Department of Agriculture and Livestock of Papua New Guinea (PNG)
2011/6/13	駐加拿大臺北經濟文化代表處與加拿大駐臺北貿易辦事處	農業及農業食品領域科學合作綱領	駐加拿大臺北經濟文化代表處與加拿大駐臺北貿易辦事處農業及農業食品領域科學合作綱領
2012/12/11	中華民國與中美洲農牧保健組織	農牧技術及財務合作協定	中華民國與中美洲農牧保健組織技術及財務合作協定
2013/4/14	台北駐南非共和國聯絡處南非駐台聯絡處	農林漁業合作	臺非農林漁業合作協議
2008/8/25	美國在臺協會、駐美國台北經濟文化代表處	氣象預報發展	Implementing Arrangement #20 Development of a High-Resolution Quantitative Precipitation Estimation and Quantitative Precipitation Forecast(HRQ2)System Pursuant to the Agreement between the Taipei Economic and Cultural Representative Office in the United States and the American Institute in Taiwan for Technical Cooperation in Meteorology and Forecast Systems Development

2008/9/15	美國在臺協會、駐美國台北經濟文化代表處	氣象合作	Implementing Arrangement Number 4 Consultancy Services For The Enhancement Of The CWB Data Assimilation System To The Agreement Between The Taipei Economic and Cultural Representative Office in the United States And The American institute in Taiwan For Technical Cooperation Associated With Establishment Of Advanced Data Assimilation and Modeling Systems
2008/11/7	美國在臺協會、駐美國台北經濟文化代表處	臺美福衛三號星系衛星系統頻率協調合作協議	Coordination Arrangement between The Taipei Economic and Cultural Representative Office in the United States and the American Institute in Taiwan for Coordination Regarding Normal Operations and Special Uplink Operations for the Formosat-3 Satellite System
2009/6/1	美國在臺協會、駐美國台北經濟文化代表處	氣象與衛星合作	Implementing Arrangement Number 2 to the Agreement between the Taipei Economic and Cultural Representative Office in the United States and the American Institute in Taiwan for Technical Cooperation associated with Dwvwlopment, Launch and Operation of a Constellation Observing System for Meteorology, Ionosphere and Climate
2009/7/13	美國在臺協會、駐美國台北經濟文化代表處	氣象預報合作	臺美氣象預報系統發展技術合作協議第 21 號執行辦法
2010/1/25	美國在臺協會、駐美國台北經濟文化代表處	「臺灣與美國航空氣象現代化作業系統發展技術合作協議」—航空氣象現代化作業系統強化及支援計畫 13 號執行辦法	Implementing Arrangement Number 13 Enhancement and Support Services for the Advanced Operational Aviation Weather System (AOAWS-ES) to the Agreement between the Taipei Economic and Cultural Representative Office in the United States and the American Institute in Taiwan for Technical Cooperation Associated with Establishment of Advanced Operational Aviation Weather System

2010/5/27	美 國 在 臺 協 會、駐美國台北 經濟文化代表 處	駐美國臺北經 濟文化代表處 與美國在台協 會間有關氣 象、電離層與氣 候衛星星系觀 測系統之發 展、發捨及操作 之後續計畫合 作協定	Agreement between the Taipei Economic and Cultural Representative Office in the United States and the American Institute in Taiwan for Technical Cooperation associated with Development, Launch and Operation of A Constellation Observing System for Meteorology, Ionosphere and Climate Follow-on Mission (Formosa-7/Cosmic-2)
2010/7/13	美 國 在 臺 協 會、駐美國台北 經濟文化代表 處	臺美氣象先進 資料同化與預 報模式系統發 展技術合作協 議第 7 號執行 辦法	Implementing Arrangement Number 7 Consultancy Services for the Operational Implementation of Autonowcaster for CWB to the Agreement between the Taipei Economic and Cultural Representative Office in the United States and the American Institute in Taiwan for Technical Cooperatio associated with Establishment of Advanced Date Assimilation and Modeling Systems
2010/7/13	美 國 在 臺 協 會、駐美國台北 經濟文化代表 處	臺美氣象先進 資料同化與預 報模式系統發 展技術合作協 議第 6 號執行 辦法	Implementing Arrangement Number 6 Consultancy Services for the Enhancement of the CWB Date Assimilation System to the Agreement between the Taipei Economic and Cultural Representative Office in the United States and the American Institute in Taiwan for Technical Cooperation Associated with Establishment of Advanced Date Assimilation and Modeling Systems
2010/7/19	美 國 在 臺 協 會、駐美國台北 經濟文化代表 處	臺美科學及氣 象技術系統支 援之技術合作 協議第 3 號執 行辦法	Implementing Arrangement Number 3 Provisions of Operations, Maintenance, and Reconditioning Support for the WSR-88D System to the Agreement between the Taipei Economic and Cultural Representative Office in the United States and the American Institute in Taiwan for Technical Cooperation in Scientific and weather Technology Systems Support

2010/7/19	美國在臺協會、駐美國台北經濟文化代表處	臺美氣象預報系統發展技術合作協議第22號執行辦法	Implementing Arrangement Number 22 Development of a Hazardous Weather Monitoring and Forecast System Pursuant to Agreement between the Taipei Economic and Cultural Representative Office in the United States and the American Institute in Taiwan for Technical Cooperation in Meteorology and Forecast Systems Development
2010/9/29	中華民國政府與尼加拉瓜政府	衛星影像暨地理資訊系統技術合作協定	Acuerdo Entre EL Gobierno DE LA Republica DE Nicaragua Y EL Gobierno De LA Republica DE China(Taiwan) Sobre La Cooperacion EN Materla DE Sensoramiento Remoto (SR) Y Sistemas DE Informacion Ge1234aficos(SIG)
2010/12/27	美國在臺協會、駐美國台北經濟文化代表處	臺美航空氣象現代化作業系統發展技術合作協議-航空氣象現代化作業系統氣象技術增強計畫第14號執行計畫	Implementing Arrangement Number 14 Technical Enhancements for the Advanced Operational Aviation Weather System (AOAWS-TE) to the Agreement between the Taipei Economic and Cultural Representative Office in the United States and the American Institute in Taiwan for Technical Cooperation associated with Establishment of Advanced Operational Aviation Weather Systems
2011/5/14	美國在臺協會、駐美國台北經濟文化代表處	氣象合作	台美氣象預報系統發展技術合作協議第23號執行辦法
2011/5/16	美國在臺協會、駐美國台北經濟文化代表處	氣象合作	臺美氣象先進資料同化與預報模式系統發展技術合作協議第8號執行辦法
2012/3/6	美國在臺協會、駐美國台北經濟文化代表處	氣象科技合作	Agreement Between the American Institute in Taiwan and the Taipei Economic and Cultural Representative Office in the United States for Technical Cooperation in Meteorology and Forecast System Development

2008/6/2	中華民國標準檢驗局奧地利標準中心合作總協定	商業標準	中華民國(台灣)標準檢驗局與奧地利標準中心合作總協定
2008/9/3	台灣智慧財產局、西班牙專利商標局間	智慧財產合作	台灣智慧財產局與西班牙專利商標局間機關合作瞭解備忘錄
2010/3/4	駐紐西蘭臺北經濟文化辦事處與紐西蘭商工辦事處	標準、技術性法規及符合性評鑑法規管理合作協議	Regulatory Cooperation Arrangement on Standards, Technical Regulations and Conformity Assessmsnt between the Taopei Economic and Cultural Office in New Zealand and the New Zealand Commerce and Industry Office
2013/9/20	中華民國智慧財產局與西班牙專利商標局	技術創新保障	中華民國智慧財產局與西班牙專利商標局間專利審查高速公路瞭解備忘錄
2008/6/18	美國在臺協會、駐美國台北經濟文化代表處	醫療合作	臺美公共衛生暨預防醫學合作計畫綱領第三號執行辦法
2009/4/14	美國在臺協會、駐美國台北經濟文化代表處	醫療健康	Implementing Arrangement Number 4 to the Guidelines for a Cooperative Program in Public Health and Preventive Medicine between the AIT and the Coordination Council for North American Affairs
2009/4/14	北美事務協調委員會、美國在臺協會	公共衛生暨預防醫學合作計畫綱領第四號執行辦法	Implementing Arrangement Number 4 to the Guidelines for a Cooperative Program in Public Health and Preventive Medicine between the Coordination Counch for North American Affairs and the American Institute in Taiwan
2010/6/24	駐越南臺北經濟文化辦事處與駐台北越南經濟文化辦事處	醫療合作協定	Agreement on Medical Cooperation between the Taipei Economic and Cultural Office in Hanoi and the Vietnam Economic and Cultural Office in Taipei
2010/9/15	中華民國政府與甘比亞共和國政府	醫療合作協定	Agreement of Medical Cooperation between the Government of the Republic of China and the Government of the Republic of the Gambia

2012/4/20	臺灣行政院國家科學委員會與法國國家健康與醫學研究院	醫療合作	臺灣行政院國家科學委員會與法國國家健康與醫學研究院合作協定
2013/9/3	美國在臺協會、駐美國台北經濟文化代表處	健康技術交流	Memorandum of Understanding Regarding Scientific Exchange Activities
2008/6/30	中華電信股份有限公司電信研究所日本獨立行政法人情報通信研究機構	電信合作	中華電信股份有限公司電信研究所與日本獨立行政法人情報通信研究機構間科技合作瞭解備忘錄
2010/3/29	臺灣國家通訊傳播委員會與蒙古通訊傳播監督委員會	通訊傳播監理合作瞭解備忘錄	Memoradum of Understanding for Cooperation in the Fields of Communication Regulation between National Communication Commission of Taiwan and Communication Regulatory Commission of Mongolia
2010/12/6	駐加拿大臺北經濟文化代表處與加拿大駐臺北貿易辦事處	通訊科技合作方案瞭解備忘錄	Meorandun of Understanding between the Taipei Economic and Cultural Office in Canada and the Canada Trade Office in Taipei on Cooperation on Scientific and Technological Projects Related to Telecommunications
2011/9/6	中華民國國家通訊傳播委員會與捷克共和國捷克	電信辦公室電信合作瞭解備忘錄	中華民國國家通訊傳播委員會與捷克共和國捷克電信辦公室電信合作瞭解備忘錄
2013/5/7	中華民國國家通訊傳播委員會與大韓民國韓國	通訊傳播	中華民國國家通訊傳播委員會與大韓民國韓國放送通訊審議委員會通訊傳播瞭解備忘錄
2008/7/8	行政院國家科學委員會法國國家研究署	科技合作	行政院國家科學委員會與法國國家研究署簽署合作協定之附錄

2008/9/29	美國在臺協會、駐美國台北經濟文化代表處	環境科技技術合作	Extension of Agreement between The Taipei Economic and Cultural Representative Office in the United States and the American Institute in Taiwan for the Technical Cooperation in the Field of Environmental Protection
2008/10/27	美國在臺協會、駐美國台北經濟文化代表處	天文、物理技術合作	Agreement Between The Taipei Economic And Cultural Representative Office In The United States And The American Institute In Taiwan For Cooperation In Astronomy And Astrophysics Research; Implementing Arrangement between the Taipei Economic and Cultural Representative Office in the United States and the American Institute in Taiwan for Cooperation in Astronomy and Astrophysics Associated with the Atacama Large Millimeter Array Project
2008/11/3	臺灣行政院國家科學委員會、捷克科學基金會	科技合作研究	臺灣行政院國家科學委員會與捷克科學基金會間研究合作瞭解備忘錄
2008/11/12	美國在臺協會、駐美國台北經濟文化代表處	水資源發展技術	Amendment No.1 To Appendix No. 8 To The Agreement Between The Taipei Economic And Cultural Representative Office In The United States (TECRO) And The American Institute In Taiwan (AIT) For Technical Assistance In Areas Of Water Resource Development
2008/12/17	美國在臺協會、駐美國台北經濟文化代表處	環境保護技術合作	Implementing Arrangement #8 To the Agreement Between The Taipei Economic And Cultural Representative Office In The United States And The American Institute In Taiwan For Technical Cooperation In The Field Of Environmental Protection For Fiscal Year 2008, 2009 And 2010 Program Implementation

2008/12/18	美國在臺協會、駐美國台北經濟文化代表處	技術合作	1.Amendment 1 to Annex 8 to Memorandum of Agreement NAT-1-845 between the American Institute in Taiwan and The Taipei Economic and Cultural Representative Office in the United States 2.Amendment 1 to Annex 9 to Memorandum of Agreement NAT-1-845 between the American Institute in Taiwan and The Taipei Economic and Cultural Representative Office in the United States
2009/1/22	駐越南臺北經濟文化辦事處、駐臺北越南經濟文化辦事處間	科技合作協定	駐越南臺北經濟文化辦事處與駐臺北越南經濟文化辦事處間科技合作協定
2009/5/15	中華民國國科會；斯洛伐克科技部	科學合作	台斯科學合作協定附錄
2010/2/3	美國在臺協會、駐美國台北經濟文化代表處	臺灣與美國優良實驗室操作(GLP)計畫相容確認書	Taipei Economic and Cultural Representative Office in the United States and the American Institute in Taiwan Letter of Confirmation of Compatible Good Laboratory Practices Programs
2010/4/29	臺灣行政院國家科學委員會與澳大利亞海洋科學院	海洋科技交流	Memorandum of Understanding between the National Science Council of Taiwan (NSC) and the Australian Institutioe of Marine Science (AIMS)
2010/5/5	中華民國行政院國家發展委員會、捷克共和國內政部	臺捷（捷克）電子化政府合作備忘錄	Memorandum of Understanding between the Research, Development and Evaluation Commission, Executive Yuan, the Republic of China (Taiwan) and the Ministry of the Interior of the Czech Republic on Cooperation in the Field of E-Government

2010/7/6	美國在臺協會、駐美國台北經濟文化代表處	駐美國臺北經濟文化代表處與美國在臺協會間有關適用於10伏特可編輯式約瑟芬型電壓標準之交付暨支援技術合作專案之「中美物理科學合作計畫綱領第二號執行辦法」	Implementing Arrangement Number 02 Delivery and Support of a 10V Programmable Josephson Voltage Standard to the Guidelines for a Cooperative Program in Physical Sciences between the Taipei Economic and Cultural Representative Office in the United States and the American Institute in Taiwan for Technical Cooperation Associated with Delivery and Support of a 10V Programmable Josephson Voltage Standard
2010/9/3	中華民國行政院國家科學委員會與捷克共和國技術署	資訊交換合作瞭解備忘錄	Memorandum of Understanding on Information Exchange between the National Science Council, Republic of China (Taiwan) and the Technology Agency of the Czech Republic
2011/2/11	中華民國中央標準檢驗局；沙烏地標準度量衡品質局技術合作計畫	技術合作	標準檢驗局與沙烏地標準度量衡品質局技術合作計畫
2011/5/11	行政院國家科學委員會與法國國家資訊暨自動化研究院	科學合作	臺灣行政院國家科學委員會與法國國家資訊暨自動化研究院科學合作
2012/2/13	中華民國行政院研究發展考核委員會與斯洛伐克共和國總理府	資訊社會全權代表辦公室間電子化政府合作協定	中華民國行政院研究發展考核委員會與斯洛伐克共和國總理府資訊社會全權代表辦公室間電子化政府合作協定
2012/6/20	駐澳大利亞台北經濟文化辦事處與澳洲辦事處	科學及研究合作瞭解備忘錄	駐澳大利亞台北經濟文化辦事處與澳洲辦事處科學及研究合作瞭解備忘錄
2012/8/31	中華民國行政院國家科學委員會與波蘭共和國國家科學中心	科學合作協定	中華民國行政院國家科學委員會與波蘭共和國國家科學中心科學合作協定

2012/11/8	臺灣行政院國家科學委員會與歐洲分子生物聯盟及歐洲分子生物組織	生物科技合作	臺灣行政院國家科學委員會與歐洲分子生物聯盟及歐洲分子生物組織間合作協定
2012/12/7	臺灣行政院國家科學委員會與波蘭共和國國家研究發展中心	科學與技術合作協定	臺灣行政院國家科學委員會與波蘭共和國國家研究發展中心科學與技術合作協定
2013/6/18	美國在臺協會、駐美國台北經濟文化代表處	漁業、水產	Cooperation in Fisheries and Aquaculture
2013/9/6	美國在臺協會、駐美國台北經濟文化代表處(AIT代表NASA；TECRO代表國科會)	科技與技術合作	Cooperation in the Global Learning and Observations to Benefit the Environment Program

資料來源：

1.《美國在臺協會》，<http://www.ait.org.tw/en/agreements-list.html>。

2.〈外交部條約協定查詢系統〉，《中華民國外交部》，<http://no06.mofa.gov.tw/mofatreatys/>。

（三）司法、情報與安全合作外交行動

　　自 1970 年代以還，非傳統安全威脅日已漸增；邁入 21 世紀的加速全球化進程，更使國家安全陷入新困境，非透過多邊合作無以因應，例如，恐怖主義、毒品犯罪、金融危機、環境與生態危機等。而且，在思考上也不能再以傳統安全的主權國家思維來面對問題，合作的行為者自然更擴及於非國家行為者的參與。換言之，從功能與解決問題的思考切

入，這是一場以整個世界為戰場的無煙硝戰爭，使得傳統安全概念從國家安全走向人類安全與全球安全。[95]

　　相對於此趨勢，台灣完善的司法、情報與安全制度適可提供有效助力，也在無形中增加國際行動自由，尤其是與大國之間的密切合作，其他主要國家也多有所在。例如，與美國、德國、澳洲、以色列等；在洗錢與協助恐怖主義相關情資、打擊毒品犯罪、司法互助、國土安全等方面的合作，也同時能強化台灣的主體性，突顯與中國的差異性。

表 3：司法、情報與安全合作外交行動

時間	簽約者	主要內容	名稱
2008/5/27	中華民國法務部、阿魯巴	洗錢與協助恐怖主義相關情資交換	Memorandum Of Understanding Between The Money Laundering Prevention Center Investigation Bureau, Ministry Of Justice Republic Of China(Taiwan) And Reporting Center Unusual Transactions Aruba (Mot-Aruba) Concerning Cooperation In The Exchange Of Information Related To Money Laundering And Financing Of Terrorism
2008/5/27	中華民國法務部、美國金融犯罪調查局	洗錢與協助恐怖主義相關情資交換	Memorandum of Understanding Between The Money Laundering Prevention Center And The Finalcial Crimes Enforcement Network Concerning Cooperation In The Exchange of Information Related to Money Laundering And Terrorists Financing
2009/2/10	美國在臺協會、駐美國台北經濟文化代表處	打擊毒品犯罪	Drug Enforcement

[95] 王逸舟，《探尋全球主義國際關係》（北京：北京大學出版社，2006 年），頁 127。

2008/10/31	中華民國法務部、馬其頓洗錢防治中心	情報交換	關於洗錢及資助恐怖主義相關金融情資交換合作瞭解備忘錄
2009/3/4	中華民國、荷蘭	司法合作	台荷關於洗錢、資助恐怖主義及相關犯罪之情資交換合作瞭解備忘錄
2009/7/22	臺灣海關與波蘭海關	打擊關務詐欺行為瞭解備忘錄	臺灣海關與波蘭海關間關於打擊關務詐欺行為瞭解備忘錄
2010/4/12	駐越南臺北經濟文化辦事處與駐臺北越南經濟文化辦事處	民間司法互助協定	Agreement between the Taipei Economic and Cultural Office in Vietnam and the Vietnam Economic and Cultural Office in Taipei on Judicial Assistance in Civil Matters
2010/4/13	駐澳大利亞臺北經濟文化辦事處與澳大利亞商工辦事處	藥物管理合作瞭解備忘錄	Memorandum of Understanding between the Taipei Economic and Cultural Office in Australia and the Australian Commerce and Industry Office in Taipei
2010/6/30	中華民國與以色列	洗錢及資助恐怖主義金融情資交換合作了解備忘錄	Memorandum of Understanding between the CompetentAuthorities of the Republic of China (Taiwan) and of Israel Concerning Cooperation in the Exchange of Financial Intelligence Related to Money Laundering and the Finacing of Terrorism
2011/3/28	中華民國法務部調查局洗錢防制處；尼泊爾中央銀行金融情報中心	司法合作	中華民國法務部調查局洗錢防制處與尼泊爾中央銀行金融情報中心間關於洗錢及資助恐怖主義相關金融情資交換合作瞭解備忘錄
2011/4/12	中華民國政府與馬紹爾共和國政府	司法互助合作	中華民國政府與馬紹爾共和國政府間引渡條約
2011/7/12	中華民國法務局調查局洗錢防制處與亞美尼亞共和國中央銀行金融監測中心	「關於洗錢及資助恐怖分子相關金融情資交換合作瞭解備忘錄」	中華民國法務局調查局洗錢防制處與亞美尼亞共和國中央銀行金融監測中心間「關於洗錢及資助恐怖分子相關金融情資交換合作瞭解備忘錄」

2011/12/20	美國在臺協會、駐美國台北經濟文化代表處	司法互助	Agreement on Enhancing Cooperation in Preventing and Combating Serious Crime
2012/9/25	臺灣海關與德國海關	打擊關務詐欺合作協議	臺灣海關與德國海關打擊關務詐欺合作協議
2013/4/19	駐菲律賓臺北經濟文化辦事處與馬尼拉經濟文化辦事處	刑事司法互助協定	駐菲律賓臺北經濟文化辦事處與馬尼拉經濟文化辦事處刑事司法互助協定
2008/11/20	美國在臺協會、駐美國台北經濟文化代表處	國土安全	Port Air Quality Partnership Declaration On the Occasion of a Port Air Quality Partnership Conference
2012/11/26	美國在臺協會、駐美國台北經濟文化代表處	國土安全	Arrangement Between AIT and TECRO Regarding Mutual Recognition of the Supply Chain Security Programs of their Designated Representatives DHS through Customs and Border Protection and Directorate General of Customs Taiwan Ministry of Finance
2013/9/25	美國在臺協會、駐美國台北經濟文化代表處(AIT代表國土安全部；TECRO代表內政部)	邊境安全合作	Join Statement Between AIT and TECRO for Cooperation on Repatriation of Persons Bearing Taiwan Passports

資料來源：

1.《美國在臺協會》，<http://www.ait.org.tw/en/agreements-list.html>。

2.〈外交部條約協定查詢系統〉,《中華民國外交部》,<http://no06.mofa.gov.tw/mofatreatys/>。

（四）環境外交行動

　　目前聯合國或世界各國的外交部中，對環境外交並無嚴格的定義，大抵係環境保護及其所衍生之相關科學、能源、生態(包含森林、海洋、大氣層等)、生物多樣性(Biodiversity)等國際之間的交涉或談判。[96]就此內涵而言，台灣在過去 60 多年來的經濟發展過程中，面對環境生態迭遭破壞所產生的問題所累積的經驗與研發的技術，已具備一定的成熟性與穩定性，足以提供有需求的國家做參考，甚至與以協助。其次，台灣的島國生態所面臨的問題，經學界與政府合作進行的研究與方案的研擬，對於全球生態非永續性問題，都能作為解決方案或制定政策的借鏡。[97]

　　然而，目前的國際上的主要環境公約，皆為以主權國家身分所訂定台灣無法參與；同時，台灣外交部或其他部會亦無相對於其他國家的對口單位設置，如何能有效地推動環境外交的工作?[98]也因此，環境外交原本極有可能成為類似科技外交般的有效國際戰略行動，但實際上是乏善可陳。

---

[96] 〈環境外交〉，《全人百寶箱》，<http://hep.ccic.ntnu.edu.tw/browse2.php?s=795>。

[97] 詳參閱蕭新煌等，《台灣 2000 年》(台北：天下文化出版公司，1993 年)；蕭新煌等，《永續台灣》(台北：天下遠見出版公司，2003 年)。

[98] 胡念祖，〈推動環境外交〉，《行政院永續發展委員會全球資訊網》，<http://nsdn.epa.gov.tw/download/4-6.doc>。

表 4：環境外交行動

時間	簽約者	主要內容	名稱
2009/6/3	亞東關係協會、財團法人交流協會	環境保護、氣候變遷	第三屆台日環境會議同意議事錄
2011/6/10	美國在臺協會、駐美國台北經濟文化代表處	環境保護技術合作協定	駐美國台北經濟文化代表處與美國在台協會環境保護技術合作協定第 9 號執行辦法
2013/7/16	美國在臺協會、駐美國台北經濟文化代表處	環境與技術	Extension of Agreement for the Technical Cooperation in the Field of Environmental Protection
2013/7/16	美國在臺協會、駐美國台北經濟文化代表處	環境、清潔能源	Technical Cooperation in Atmospheric Monitoring, Clean Energy, and Environmental Science
2013/7/16	美國在臺協會、駐美國台北經濟文化代表處	環境、清潔能源	Implementing Arrangement #10 for Technical Cooperation in the Field of Environmental Protection

資料來源：

1.《美國在臺協會》，<http://www.ait.org.tw/en/agreements-list.html>。

2.〈外交部條約協定查詢系統〉，《中華民國外交部》，
　　　　　　<http://no06.mofa.gov.tw/mofatreatys/>。

（五）經濟外交行動

誠如史迪格里茲(Joseph E. Stiglitz)所言，商業利益不能優先於國家利益，各國的自由貿易協議往往不是要建立真正的自由貿易體系，大多都是為了政治的考量。所以，任何貿易協商談判，都必須把握三個原則：(1)任何貿易協議應該要對等；(2)任何貿易協議都不能將商業利益置於廣義的國家利益之前；(3)過程必須透明。而且缺乏良善的管理，全球化自由貿易將是企業獲利，人民承受風險。[99]

析言之，自由貿易並非不好，但是如果缺乏良善管理，以及配套措施，例如，輔導從業人員轉型，改變產業結構，鼓勵創新，健全開放法制，以及適當的補救措施等，那自由貿易，反而成為障礙。其次，對台灣而言，如何放眼全球投資契機，亦極為重要。雖然中國對台的「點頭經濟」已隱然成形，但總無法阻擋台灣的全球投資行動。質言之，長期以來以美國為主的安全依賴是不爭的事實；但是，一面倒的對中國經濟依賴，絕非正確的戰略選項。

再者，除了簽署自由貿易協定、融入區域經濟整合外，功能性的經濟合作—例如金融、投資保障、消費商品安全等，都有助於強化台灣的主體性。

---

[99] 陳玎詒編譯，〈錯誤的自由貿易 傷害公眾利益〉，《天下雜誌》，544 期（2014 年 4 月 2 日），頁 102-104。

表 5：經濟外交行動

時間	簽約者	主要內容	名稱
2008/7/15	臺灣金融監督管理委員會、約旦保險監理委員會	金融保險資訊交流	臺灣金融監督管理委員會與約旦保險監理委員會資訊交換瞭解備忘錄
2008/9/15	加拿大金融機構監理總署、駐加拿大台北經濟文化代表處間	金融合作	加拿大金融機構監理總署及駐加拿大台北經濟文化代表處間關於相互合作之瞭解備忘錄
2008/10/9	駐澳大利亞臺北經濟文化辦事處（TECO）、澳大利亞商工辦事處（ACIO）	工業財產合作	Memorandum of Understanding on Bilateral Cooperation in Industrial Property between the Taipei Economic and Cultural Office in Australia (TECO) and the Australian Office in Industry Office, Taipei
2009/10/22	美國在臺協會、駐美國台北經濟文化代表處	美牛貿易	Agreement of USDA to Assume the Responsibilities of the Designated Representative of AIT under the Protocol of BSE-Related Measures for the Importation of Beef and Beef Products for Human Consumption
2008/11/5	臺灣金融監督管理委員會、杜拜金融服務總署	金融合作	臺灣金融監督管理委員會與杜拜金融服務總署瞭解備忘錄
2008/11/6	亞東關係協會、日本交流協會	經濟貿易	亞東關係協會與日本交流協會簽署之第 33 屆經濟貿易會議記錄
2008/12/26	財團法人國際合作發展基金會、美洲青年創業基金	財團法人國際合作發展基金會與美洲青年創業基金會瞭解備忘錄	Memorandum of Understanding between International Cooperation and Development Fund and Young Americas Business Trust, Inc.

2009/5/15	中華民國（臺灣）金融監督管理委員會與加州銀行局	金融業務	Memorandum of Understanding between the Financial Supervisory Commission of the Republic of China (Taiwan) and the California Department of Financial Institutions
2009/6/11	行政院金融監督管理委員會與愛爾蘭金融服務監理機關	金融業務合作	Memorandum of Understanding between the Financial Supervisory Commission of Taiwan and the Irish Financial Services Regulatory Authority
2009/6/18	駐臺拉維夫臺北經濟文化辦事處與駐臺北以色列經濟文化辦事處	經濟文化合作	駐臺拉維夫臺北經濟文化辦事處與駐臺北以色列經濟文化辦事處間之關務互助協定
2009/6/22	駐加拿大臺北經濟文化代表處與加拿大駐臺北貿易辦事處	競爭法適用瞭解備忘錄	Memorandum of Understanding between the Taipei Economic and Cultural Office in Canada and the Canadian Trade Office in Taipei Regarding the Application of Comprtition Laws
2009/6/24	臺灣金融監督管理委員會與比利時金融暨保險委員會監理合作	金融與保險資訊互換	臺灣金融監督管理委員會與比利時金融暨保險委員會監理合作暨資訊互享換函
2009/6/25	國際保險監理官協會	保險資訊合作交換	國際保險監理關協會合作與資訊交換多邊協定備忘錄
2009/10/23	中華民國經濟部中小企業處與南非貿易工業部中小企業發展局	經濟合作	Memorandum of Agreement between Small and Medium Enterprise Administration Ministry of Economic Affairs, Republic of China (Taiwan) and Small Enterprise Development Agency, Republic of South Africa
2009/12/18	駐臺拉維夫臺北經濟文化辦事處與駐臺北以色列經濟文化辦事處	避免所得稅雙重課稅及防杜逃稅協定	Agreement between the Taipei Economic and Avoidance of Double Taxation and the Prevention of Fiscal Evasion with Respect to Taxes on Income
2010/1/19	台北經濟貿易辦事處、印度尼西亞經濟貿易辦事處	臺印(尼)一鄉鎮一產業合作計畫書	One Village One Product Agribusiness Cooperation Plan

2010/2/23	亞太經濟合作會議	亞太經濟合作支援基金瞭解備忘錄	Memorandum of Understanding, Asia Pacific Economic Cooperation Support Fund
2010/4/19	駐匈牙利代表處與匈牙利駐臺北貿易辦事處	避免所得稅雙重課稅及防杜逃稅協定	Agreement between the Taipei Representative Office in Hungary and the Hungarian Trade Office in Taipei for the Avoidance of Double Taxation and the Prevention of Fiscal Evasion with Respect to Taxes on Income
2010/6/8	中華民國與甘比亞國和國	投資促進及相互保護協定	中華民國與甘比亞國和國投資促進及相互保護協定
2010/7/7	美國在臺協會、駐美國台北經濟文化代表處	臺美勞資爭議調解與替代性解決方案合作計畫協定	Agreement for the Cooperative Program in Labor Mediation and Alternative Dispute Resolution between the Taipei Economic and Cultural Representative Office in the United Ststes and the American Institute in Taiwan
2010/9/13	臺灣智慧財產局與捷克工業財產局	合作瞭解備忘錄	Memorandum of Undersyanding Regarding Cooperation between Taiwan Intellectual Property Office and Industrial Proerty Office of the Czech Republic
2010/9/27	臺灣公平交易委員會與匈牙利競爭局	執行競爭法及公平交易法合作協定	Co-operation Agreement between the Taiwan Fair Trade Commission and the Hungarian Competition Authority Regarding the Application of Competition and Fair Trading Laws
2010/10/9	駐新加坡台北代表處與新加坡駐台北商務辦事處	消費商品安全資訊協定	Presentative Office in Singapore And The Singapore Trade Office in Taipei On Information relating to Consumer Product Safety
2010/11/12	亞太經濟合作會議(APEC)	捐助亞太經濟合作(APEC)秘書處瞭解備忘錄	Memorandum of Understanding, Contribution to the APEC Secretariat

2010/12/24	駐法國台北代表處與法國在台協會	所得稅務	駐法國台北代表處與法國在台協會建立避免所得稅雙重課稅及防杜逃稅機制之協定」及其附件「臺灣賦稅署與法國國家財政司實施避免所得稅雙重課稅及防杜逃稅協議
2011/3/15	國際證券管理機構組識	證資訊交流合作	國際證券管理機構組識諮商、合作與資訊交換多邊瞭解備忘錄
2011/7/6	歐盟；常駐世界貿易組織代表團	爭端解決程序與規則瞭解書	爭端解決程序與規則瞭解書第 21 條與第 22 條之適用順序協定
2011/7/12	駐新德里台北經濟文化中心與駐台北印度台北協會	關於關務互助協定	駐新德里台北經濟文化中心與駐台北印度台北協會間關於關務互助協定
2011/7/12	駐新德里台北經濟文化中心與駐台北印度─台北協會	避免雙重稅及杜逃稅協定	駐新德里台北經濟文化中心與駐台北印度-台北協會避免雙重稅及杜逃稅協定
2011/7/13	駐瑞士台北文化經濟代表團與瑞士商務辦事處	避免所得稅雙重課稅協定修約換函	駐瑞士台北文化經濟代表團與瑞士商務辦事處避免所得稅雙重課稅協定修約換函
2011/9/22	亞東關係協會與財團法人交流協會	投資自由化、促進及保護合作協議	亞東關係協會與財團法人交流協會有關投資自由化、促進及保護合作協議
2012/3/5	駐紐西蘭台北經濟文化辦事處暨紐西蘭商工辦事處	關於設定共同投資創業投資基金策略合作協議	駐紐西蘭台北經濟文化辦事處暨紐西蘭商工辦事處關於設定共同投資創業投資基金策略合作協議

資料來源：

1. 《美國在臺協會》，<http://www.ait.org.tw/en/agreements-list.html>。

2. 〈外交部條約協定查詢系統〉，《中華民國外交部》，
　　　　<http://no06.mofa.gov.tw/mofatreatys/>。

（六）文化外交行動

　　文化外的定義在當前學術界大致可分為兩類：1.文化外交就是主權國家的文化交往。2.強調文化外交的目的性。如果相較於美國學者大抵將文化外交等同於公共外交(Public Diplomacy)，那麼文化外交即指「主權國家之間進行文化交流並以此來實現特定外交目標行為總和。」[100]就此定義而論，具有戰略目標、思考、國際化與行動的特質；而就運用資源來看，台灣的文化資源毋寧是極為豐富。經過六十多年來的融和、創造與轉化，已形成包含原住民文化、漢人原鄉文化、漢人移民精神、基督教精神，以及日治時代的文化所形成具有中華特色的台灣文化，兼具大陸與海洋文化的多元文化，自然是有異於原始的中華文化，具有相當的差異性與主體性，有利於台灣文化外交的擴展。[101]

　　馬英九總統在 2011 年釐定了文化外交的內容與作法，期能讓台灣成為國際上的和平締造者。人道援助提供者、文化交流推動者，以及新科技與商機的創造者。執行單位文建會提升為文化部，而外交部、教育部與僑委會予以配合。[102]而其成效，即使是中國的《中國評論學術出版社》也予以高度肯定，總括有三點：1.擴大了「中華民國」在國際上的影響；2.「台灣特色文化」得到外界輿論的肯定和讚賞；3.輔助提升了與非邦交國的既有實質關係，因而該社亦提出「化區隔為融合，降競爭

---

[100] 余惠芬，〈論中國對東南亞的文化外交〉，《暨南學報(哲學社會科學版)》，第 3 期（2010年），頁 1，
　　<http://jnxb.jnu.edu.cn/skb/CN/article/downloadArticleFile.do?attachType=PDF&id=325>。

[101] 施正權，〈兩岸和平進程的展望：文化的戰略方向的觀點〉，戴萬欽主編，《世界新格局與兩岸關係：善意與雙贏的機會》（台北：時英出版社，2011 年），頁 97-98。

[102] 〈馬英九的「文化外交」政策〉，《中國評論學術出版社》，
　　<http://hk.crntt.com/crn-webapp/cbspub/secDetail.jsp?bookid=47921&secid=47940>。

升合作」的因應之道，可顯見其對台灣的文化外交行動實效的認知是極
為嚴峻的。[103]

　　然而，嚴格地說，仍有亟待提升之處。例如，論者即指出，文化部
主要是負責「常態性」文化交流活動，著重於不設目的的交流與溝通；
而外交部則較具外交意識導向，例如宣傳我國的處境、立場與價值觀，
提升國際形象。但是，目前的行動卻是分工而不合作，缺乏一個文化外
交總體戰略。換言之，如果文化外交有如前述定義之實質外交目的地是
否應由外交部統籌主導，加以建構之，[104]而使之更具戰略思考，而非線
性思考，期能有助於台灣文化外交的再強化，應是殊值有關單位深入思
考。

表 6：台灣文化外交行動

時間	簽約者	主要內容	名稱
2008/6/2	中華民國(臺灣)教育部國際文教處、美國印第安那州教育廳	教育合作	中華民國(臺灣)教育部國際文教處與美國印第安那州教育廳間教育合作備忘錄續約換函
2008/6/5	中華民國教育部國際文教處美國俄亥俄州教育廳	教育合作	中華民國(臺灣)教育部國際文教處與美國俄亥俄州教育廳間教育合作瞭解備忘錄續約換函
2008/9/8	台灣教育部、奧地利聯邦共和國教育藝術暨文化部	教育文化交流	台灣教育部與奧地利聯邦共和國教育,藝術暨文化部普通及職業教育與訓練合作瞭解備忘錄
2008/9/15	駐越南臺北經濟文化辦事處、駐臺北越南經濟文化辦事處	教育合作	駐越南臺北經濟文化辦事處與駐臺北越南經濟文化辦事處教育瞭解備忘錄

---

[103] 同前註。

[104] 劉大和，〈台灣亟待推擴文化外交〉，《TaiwanNews 財經文化周刊》，第 170 期（2005 年 1 月 27 日-2 月 4 日），頁 74。

2008/12/5	美國在臺協會、駐美國台北經濟文化代表處	教育合作	Memorandum of Understanding on Educational Cooperation Between The Taipei Economic and Cultural Representative Office In The United States And The American Institute In Taiwan
2009/2/10	中華民國教育部國際文教處、美國佛羅里達州教育廳	教育瞭解備忘錄	中華民國教育部國際文教處與美國佛羅里達州教育廳兼教育瞭解備忘錄
2009/2/18	中華民國教育部國際文化教育事業處、美國緬因州教育廳	教育瞭解備忘錄	中華民國教育部國際文化教育事業處與美國緬因州教育廳間教育瞭解備忘錄
2009/3/19	中華民國（臺灣）教育國際文教處與美國密西根州	教育廳間教育合作瞭解備忘錄續約換函	中華民國（臺灣）教育國際文教處與美國密西根州教育廳間教育合作瞭解備忘錄續約換函
2009/3/30	中華民國（臺灣）教育部國際文教處與美國愛荷華州教育廳	教育合作瞭解備忘錄續約換函	中華民國（臺灣）教育部國際文教處與美國愛荷華州教育廳間教育合作瞭解備忘錄續約換函
2008/10/29	行政院原住民族委員會、加拿大駐臺北貿易辦事處間原住民族事務合作瞭解備忘錄	原住民事務合作	行政院原住民族委員會與加拿大駐臺北貿易辦事處間原住民族事務合作瞭解備忘錄
2008/12/19	美國在臺協會、駐美國台北經濟文化代表處	旅遊合作	Principles for Cooperation on Improving Travel Security between The Taipei Economic and Cultural Representative Office in the United States and the American Institute in Taiwan

2010/4/16	駐加拿大台北經濟文化代表處與加拿大駐臺北貿易辦事處	有關青年交流瞭解備忘錄(打工)	Memorandum of Understanding between the Taipei Economic and Cultural Office in Canada and the Canadian Trade Office in Taipei Concerning Youth Mobility
2013/2/27	駐歐盟兼駐比利時代表與比利時台北辦事處	度假打工協定	駐歐盟兼駐比利時代表與比利時台北辦事處度假打工協定

資料來源：

1. 《美國在臺協會》，<http://www.ait.org.tw/en/agreements-list.html>。

2. 〈外交部條約協定查詢系統〉，《中華民國外交部》，
　　　　<http://no06.mofa.gov.tw/mofatreatys/>。

　　　概括地說，上述係從契合於戰略環境的變項，分析台灣的國際戰略行動—傳統外交、科技外交、司法、情報與安全合作外交、環境外交、經濟外交，以及文化外交，並著重於與非邦交國家所簽訂的各種合作或交流的協議、協定或備忘錄等，尤其是非邦交大國的檢視。因為突顯差異，形塑國際形象，係在於釐清各國對台灣與中國關係的正確認知，而各種合作交流文件的簽署卻是強化台灣國家主體性的實質支撐。就2008~2013 年的成果看，傳統外交仍是較為艱困的，經濟外交亦稍形頓挫，司法、情報與安全合作外交與科技外交提升實質關係最多，環境外交則尚有成長空間，文化外交雖成果豐碩，但若能增加實質合作交流協議的簽署，將更能促化前述各種外交行動。質言之，從戰略思考看，隨著大變動與國際弔詭形勢所帶來的機會、危機與挑戰，台灣作為一個負責任、有效能的國際行為者，若能形成務實可行的國際戰略，仍是大有可為的。

伍、結語

　　儘管從客觀形勢而論，或許誠如鄭必堅所言：「無論是國際大局，還是國內大局，都朝有利於大陸的方向傾斜」；[105]然而，就戰略形勢分析來說，形勢是客觀的，成之於人，力量是主觀的，操之在我，除非台灣的領導者持續一面倒向中國的線性思考，否則鄭氏所言並不必然產生決定性影響，正如孫子所言：「計利以聽，乃為之勢以佐其外。勢者，因利而制權也。」[106]另就利害之辨而言，孫子更指出：「雜於利，而務可信也；雜於害，而患可解也。」[107]析言之，並非無視於中國的崛起態勢，也不因中國打壓台灣，而形成民粹式的排中情結，而是基於形勢判斷，利害之辨，作出明智的戰略選擇，誠如論者所言：「我們必須建構的是互利共贏的經濟關係，而非誰讓利給誰的依賴關係。」[108]

　　其次，在軍事安全上主要依賴美國，一直存在著討論與爭議；然而，基於兩岸軍事力量的不對稱，又是不得不然的戰略考量。但是，如果台灣依目前的裁軍、縮減國防軍費的發展趨勢，能否達成有效嚇阻不無疑問；倘若再加上美國棄台論的對照，[109]那麼台灣除了鞏固與美國的實質關係之外，如何凝聚內部共識、加速經濟發展，以建構有效嚇阻力量，

---

[105] 鄭必堅，前引書，頁 318。

[106] 孫武著，曹操等注，前引書，頁 12。

[107] 同前註，頁 156。

[108] 顏建發，前引書，頁 1，趙春山，〈推薦序〉。

[109] 有關美國棄台論，可參閱 Mearsheimer, *op. cit.*；賴怡忠，〈美國棄台論與總統大選〉，《Nownews》，2011/03 月號，
<http://mag.nownews.com/article.php?mag=9-54-4495#ixzz2vGGmnFfB >；卜睿哲 (Richard C. Bush)著、林添貴譯，前引書，頁 316-336。

而非僅係依賴作為美國「戰略拒止」的棋子，或美國對盟國合夥伴建立同盟的指標者。[110]

再者，如何從線性思考轉為戰略思考亦至為關鍵，尤以對中國的經貿依賴關係為然。而面對著世界大變動與弔詭趨勢、中國的點頭外交與點頭經濟的合圍，台灣如何借由戰略思考，形成有效合理，且被國際行為者能廣為接受的國際戰略行動，恐怕是台灣領導人亟需具備的戰略智慧；同時，國際戰略的雙重博弈則必須重新被認知；固然當前力量的對比是傾向中國，但是不對稱的作戰中，意志與行動自由才是關鍵。

---

[110] 同前註，頁 336。

不對稱與創新：台灣國防思維的迷思與挑戰

陳文政

（淡江大學國際事務與戰略研究所　助理教授）

> 我國採取有效務實的態度，將建構「小而精、小而強、小
> 而巧」之國防武力，在「防衛固守、有效嚇阻」戰略構想
> 指導下，以「創新與不對稱」思維戮力推動建軍備戰，期
> 能發揮「以小搏大」的效果，並使共軍在估算戰爭所須付
> 出代價後，不敢輕啟戰端。[1]

　　這是我國國防部首度在公開的政策文件中揭示將以採取「創新與不對稱」的思維來因應中國的軍事威脅；隨後在《2013 年國防報告書》與《2013 年四年期國防總檢討》中也賡續提出「創新與不對稱」思維與相類似的論述。[2]若「創新與不對稱」並非宣傳口號一句，吾人當更清楚地釐清與瞭解：「創新與不對稱」究何所指？其應用與限制何在？對於國軍因應未來中國軍事威脅的效能有何助益與風險？本文將針對以上這些問題提出看法。

---

[1] 國防部，《2011 年國防報告書》，頁 71。

[2] 《2013 年國防報告書》提出：「我國國防政策主要目的在建構「固若磐石」之國防武力，依安全環境趨勢、科技革新及戰略需求，採取『創新／不對稱』思維，提昇聯合作戰效能，完善軍備發展機制，結合全民力量，發展『小而精、小而強、小而巧』之精銳戰力，以捍衛我中華民國主權與國家利益，維護臺海和平安全」。而在《2013 年四年期國防總檢討》提出：「國軍依安全環境趨勢、科技革新及戰略需求，持續推動組織型態與兵力結構現代化，採『創新／不對稱』思維，提昇聯合作戰效能，完善軍備發展機制，結合全民力量，以嚇阻任何犯我企圖，使國軍成為確保臺海和平、領土安整及區域穩定之堅實後盾」。見：國防部，《2013 年國防報告書》，頁 57；《2013 年四年期國防總檢討》，頁 22。美國國防部幾乎在每年度的中國軍力報告都會提到中國在發展不對稱戰力云云（見註 35），但首次在 2013 年的中國軍力報告有關臺灣部分提到：「臺灣認知到無法追及中國的軍事支出，現正在國防規劃中整合創新與不對稱的措施來反制中國不斷增強的戰力。」見：U. S. DoD, *Military and Security Developments Involving the People's Republic of China*, 2013, p. 59.

壹、創新：核心軍事領域的重大變革

在西方，「創新」（innovation）與「不對稱」（asymmetry）都不是新語彙，也都不是清楚而無爭議的概念。不僅兩詞經常被其他稱法所取代，也各有不同參照基準（reference）與語意（linguistic symbolism）。因此，在運用於具體政策時，必須注意到所涉的系絡（context）的差異，並非可以不假思索全盤仿效。

創新一詞，本為管理學界所採用，指「新理念、流程、產品與服務的發想、接受與實踐。」[3]1960 年代起開始被國防政策學者跨界運用在軍事事務，當時的論述主要聚焦在如何克服軍種本位主義（service parochialism）以推動國防組織改革與引進新式武器。[4]1980 年代起，國際關係與安全研究學界開始系統性地對軍事創新進行研究；[5]1990 年代

---

[3] Victor A. Thompson, *Bureaucracy and Innovation* (Alabama: University of Alabama Press, 1969), p. 5.

[4] 當時相關的學術著作，有：Michael H. Armacost, The Politics of Weapons Innovation: The Thor-Jupiter Controversy (New York: Columbia University Press, 1969); Demetrios Caraley, The Politics of Military Unification: A Study of Conflict and the Policy Process (New York: Columbia University Press, 1966); Vincent Davis, The Politics of Innovation: Patterns in Navy Cases (Denver: University of Denver, 1966); Samuel P. Huntington, The Common Defense: Strategic Programs in National Politics (New York: Columbia University Press, 1961); Peter Paret, Innovation and Reform in Warfare (Colorado: United States Air Force Academy, 1966) 等。

[5] 當時，國際關係與安全研究著名學者 Barry Posen 的《軍事準則的起源》是研究軍事創新的重要文本。Posen 將軍事創新的分析層次拉到國際結構，主張：軍隊不易創新，通常只有重大挫敗之後，或文人介入鼓勵創新時，創新才會發生。關鍵的轉折點在於文人介入軍事創新的動機。Posen 認為：國際結構權力平衡的考量會讓文人領導人注重軍事事務，構成介入、鼓勵軍事創新的動機。一旦文人介入鼓勵，組織既有的變革障礙就能被緩和或壓制。見：Barry Posen, *The Sources of Military Doctrine: France, Britain, and Germany between the World Wars* (Ithaca: Cornell University Press, 1984), chapter 2. 主要的追隨論述有：Ariel Levite, *Offensive and Defensive in Israeli Military Doctrine* (Boulder: Westview, 1989); Jack Snyder, *The Ideology of the Offensive: Military Decision Making and the Disaster of 1914* (Ithaca: Cornell University Press, 1984). 主要的批判論述有：Deborah Avant, *Political Institutions and Military Change: Lessons from Peripheral Wars* (Ithaca: Cornell Univer-

起，美軍在科技、準則與組織上的創新成為各國仿效的標竿，「軍事事務革命」（revolution in military affairs, RMA）成為當時的熱門語彙，不僅引發了歷史學界的加入論戰，[6]軍事事務革命亦成為實務界討論的議題，[7]這使得軍事創新的論述跨出了學術圈，從純理論之探討，更進一步成為可具體影響政策的智識工具，相關研究在廣度（從組織與武器面的創新擴大到軍事準則創新）與深度（從官僚組織理論擴大到權力平衡理論、科技決定論、專業團體論、體制主義論與組織文化論）都有長足的進展。[8]基本上，軍事創新乃核心軍事領域的重大變革，學者間雖然有不同稱法，但內涵大致一致，屬不同詞而同義。

軍事創新既為核心軍事領域的重大變革。分論之，核心軍事領域涉及變革的範圍、重要性與其對組織影響的深度等標準，創新通常涉及到

---

sity Press, 1994); Elizabeth Kier, *Imagining War: French and British Military Doctrine between the Wars*. (Princeton: Princeton University Press, 1997); Stephen P. Rosen, *Winning the Next War: Innovation and the Modern Military* (Ithaca: Cornell University Press, 1991); Kimberly M. Zisk, *Engaging the Enemy: Organization Theory and Soviet Military Innovation, 1955-1991* (Princeton: Princeton University Press, 1993).

[6] 當時，許多軍事事務革命論的支持者認為：由於資訊科技的興起，將帶動戰爭本質的革命性改變。而歷史學者向來對於革命一詞所帶來任何與過去一切兩斷、不持續性的宣稱至為敏感，軍事事務革命論點也因此引發了歷史學者的反駁。代表作品有：MacGregor Knox and Williamson Murray eds., *The Dynamics of Military Revolution, 1320-2050* (Cambridge: Cambridge University Press, 2001); Williamson Murray and Allan R. Millett eds. *Military Innovation in the Interwar Period* (Cambridge: Cambridge University Press, 1996); Geoffrey Parker, *The Military Revolution: Military Innovation and the Rise of the West, 1500-1800* (Cambridge: Cambridge University Press, 1988).

[7] 軍事事務革命的政策論述代表作品有：Emily O. Goldman and Thomas G. Mahnken eds., The Information Revolution in Military Affairs in Asia (New York: Palgrave, 2004); Richard O. Hundley, Past Revolutions, Future Transformations: What can the History of Revolutions in Military Affairs Tell Us about Transforming the U. S. Military? (Santa Monica: RAND, 1999); Elinor Sloan, The Revolution in Military Affairs: Implications for Canada and NATO (Montreal: McGill-Queen's University Press, 2002).

[8] 管理學界、歷史學界與國關關係與安全研究學界（復可次分為權力平衡理論、官僚組織理論、科技決定論、專業團體論、體制主義論與組織文化論等各種對軍事創新等不同理論途徑）不同的論點與代表著作，可參閱：陳文政，〈軍事創新的理論發展：科際比較研究的角度〉，《問題與研究》，第 50 卷，第 3 期（2011 年），頁 105-140。

角色、任務、核心價值、權力地位、結構、互動與決策模式、主要執行人員等重要組織要素的重大改變。[9]在軍事創新的論述中,除純理論探討外,所研究的軍事創新類型或案例主要有準則、組織或軍備等三類(或綜合二類以上)攸關軍隊建軍備戰之重要領域變革類型。而重大變革則涉及與原有準則、組織或軍備具有相當顯著的差異性與不一致性。創新須具有相當程度的新穎性,但創新不等同於發明,也不限於率先採用,且對於進行創新的組織具有相當的新穎性,即為已足。[10]如圖一所示,在管理學界:創新是組織內一種打破而非維持既有架構的改變,「策略性變革」(strategic change)或「轉型」(transformation)等詞在語意與內涵上與創新相近,均指激進、全面與重大的變革。[11]但至於「精進」(fine turning)及「漸進性變革」(incremental adaptation)則與創新有所區別,因後兩者具有「維持組織策略、結構與過程的調和」的共通目的:「精進」在精益求精,在強化既有架構,而創新則在改變此一架構。「漸進性變革」則被認為是組織的小調整以因應環境的小變化,或許會修改組織的策略、結構或管理流程,但變革幅度較為和緩。[12]在國際關係與安全研究、國防政策學界,除了使用軍事創新一詞外,用詞較為寬鬆。「軍事事務革命」、「軍事轉型」(military transformation)、「戰略調整」(strategic

---

[9] Barbara Senior, *Organizational Change* (Essex: Prentice Hall, 2000), pp. 39-42.

[10] Lloyd A. Rowe and William B. Boise, "Organizational Innovation: Current Research and Evolving Concepts," *Public Administration Review*, Vol. 34, No. 3 (1974), p. 285. 有時甲國習以為常的慣例被引進到乙國後,就成為乙國的創新。歷史上,多數軍事創新以仿效他國成功先例的型態出現,這種仿效他國先例的創新,稱為創新的外部「擴散」(diffusion)。

[11] 管理學派復將「轉型」區分為「整體轉型」(corporate transformation)與「局部轉型」(modular transformation)兩類,「策略性變革」與「整體轉型」相似,後者被界定為「激進的改變,帶來組織整體在結構、系統、程序、任務、核心價值或權力分配的革命性轉變」。至於「局部轉型」在規模與範圍上較「整體轉型」為小,通常侷限在組織內部門與單位的重組或再造。見:Andrzej Huczynski and David Buchman, *Organizational Behavior: An Introductory Text* (Essex: Prentice Hall, 2001), p. 605.

[12] Senior, *Organizational Change*, pp. 39-40.

adjustment）或「國防改革」（defense reform）等詞在意涵大抵仍與創新相近，均為打破既有架構的變革類型。至於「軍事現代化」（military modernization）一詞的用法則介於管理學派的精進與漸進性變革之間。[13] 此外，亦有學者採取中性化的名詞或將創新一詞中性化，前者如 Theo Farrell and Terry Terriff 使用中性的「變革」一語，但他們亦表明他們所研究的「軍事變革」是重大的軍事變革，在內容上乃「軍事組織在目標、實際戰略與（或）組織的改變」，在意涵上與軍事創新實無二致。[14]後者如 Terry C. Pierce 則把創新一語中性化，將創新等同變革後，再加上形容詞以作區別，另提出「打斷現狀創新」（disruptive innovation）與「持續現狀創新」（sustaining innovation）兩大分類，前語指超越傳統軌跡的戰鬥效能增加，意義上與一般所謂創新之意涵相近，後語指在傳統軌跡內的戰鬥效能增加，意涵上接近管理學派所使用的精進一語。[15]歷史學

---

[13] 軍事事務革命乃指「軍事行動的本質與執行方式有典範轉移式的改變，這種典範轉移會使得某一主要國家的核心軍事能力變得過時或失去關連，且（或）以新的戰爭型態創造出更多新的核心軍事能力。」見：Hundley, *Past Revolutions, Future Transformations*, p. 9. 戰略調整為「軍事組織『角色與任務』的改變。」見：Emily O. Goldman, "Mission Possible: Organizational Learning in Peacetime," in Peter Trubowitz, Emily O. Goldman, and Edward Rhodes ed., *The Politics of Strategic Adjustment: Ideas, Institutions, and Interests* (New York: Columbia University Press, 1999), p. 25, fn. 5. 軍事轉型（有時亦被稱作兵力轉型）在意涵上仍然與軍事事務革命相近，均強調激進與重大的軍事變革，因此相形於軍事現代化，軍事轉型要更為激進，現代化乃演進性改變，是組織為改進其執行既定任務之能力所為之漸進式升級。相反地，軍事轉型指的是在一定軌跡上軍力的急升（discontinuous increase）；而之前所提的軍事事務革命則是更具野心的軍事效能的躍升（discontinuous leap）。見：Elinor Sloan, *Military Transformation and Modern Warfare: A Reference Handbook* (Westport: Praeger, 2008), pp. 7-8. 而「國防改革」，「因為出自於共識或者是與達成組織目標的相關人士之附和，所以改革不是革命，也不同於演進，因為改革不是冗長的小幅度調整。改革的精義在於迅速與根本地改變基本的作業流程。」見：James A. Blackwell Jr. and Barry M. Blechman, "The Essence of Reform," in James A. Blackwell Jr. and Barry M. Blechman ed., *Making Defense Reform Work* (Washington D. C.: Brassey's, 1999), p. 1.

[14] Theo Farrell and Terry Terriff "The Sources of Military Change," in Theo Farrell and Terry Terriff ed., *The Sources of Military Change: Culture, Politics, Technology* (Boulder: Lynne Rienner, 2002), p. 5.

[15] Terry C. Pierce, *Warfighting and Disruptive Technologies: Disguising Innovation* (London: Frank Cass, 2004), p. 1.

界則多使用軍事創新或軍事事務革命兩詞，但亦有結合變革的途徑與策
略後，提出強調政軍領導人「由上而下」（top-down）所推動的「革命性
創新」（revolutionary innovation）與藉長期組織文化與學習所持續漸進
「由下而上」形成之「演進性創新」（evolutionary innovation）兩項分類，
後者的意涵則與管理學派的漸進性變革相近。[16]

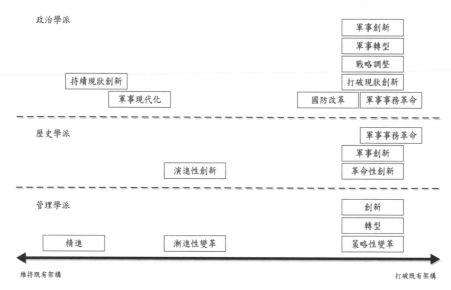

圖 1：不同學界各種與創新相關之名詞

資料來源：陳文政，「軍事創新的理論發展：科際比較研究的角度」，《問題與研究》，50
　　　卷，3 期（2011 年），頁 110。

　　在 1990 年代後，管理學學界逐漸走出理性主義後，對於創新也有
些不同的見解。新一代的創新研究者，批評過去對於組織創新的研究過
於簡化組織變革的複雜性，[17]也挑戰變革過程是能夠預期並可加以控制

---

[16] Williamson Murray, "Innovation: Past and Future," in Murray and Millett eds. *Military Innovation in the Interwar Period*, pp. 300-328.

[17] Mary J. Hatch, *Organization Theory: Modern Symbolic and Postmodern Perspectives* (Oxford: Oxford University Press, 1997), p. 356.

的假定。[18]這些採取突現性變革（emergent approach）論者的論點撼動過去對於創新的概念，例如：面臨到複雜的外在環境，大型組織最好是以小型的漸進式變革來達成創新的目標，而且創新的過程未必是大張旗鼓，而常是持續性的試驗與調整。[19]在此概念下，儘管創新目標仍在打破既有架構，但未必要採取迅速、激進的策略，而是採取累進、徐緩的途徑，創造環境、利用機會、鼓勵學習、積少成多，達成既定的質變的終局效果。[20]雖然，國際關係與安全研究學界目前尚欠缺以此類後現代的角度對軍事創新的系統性研究，[21]但在實務界，美國國防部已在十年前便已提出「轉型中的轉型」（transforming transformation）此等富有後現代管

---

[18] 一些持後現代主義立場的管理學者認為：組織變革的過程乃處於一種「隨時間而無休止的建構中」（perpetual construction by the moment itself），是沒有終點可言，在過程中，認同與區隔、持續與轉型、已知與不可知同時並存。特別是變革幅度鉅大的創新，在本質上與未來的不確定性是不可分的，因此，要預先設定出一套可控制創新過程的方法是不可能的，在組織邁向未知領域時，變革者需不斷視情況來調整因應策略。見：Jose Fonseca, *Complexity and Innovation in Organization* (London: Routledge, 2002), pp. 8-9; Hatch, *Organization Theory*, pp. 355-357; Ralph D. Stacey, Douglas Griffin, and Patricia Shaw, *Complexity and Management: Far or Radical Challenges to Systems Thinking* (London: Routledge, 2000), pp. 52, 123.

[19] 例如：Bernard Burnes 提出七項這種突現式組織變革的特色：（一）為適應動態與不確定的外在環境，變革過程是組織持續性試驗與調整的過程；（二）變革是政治性、社會性過程，而非分析性、理性過程；（三）變革是多層次、跨組織的過程，以流動與混雜的型態並歷經一段時日而開展出來，並包含了一系列相互關連的細項計畫；（四）多以需耗時日的中小型漸進式變革來達成組織重大的改造與轉型；（五）領導者的任務並不在於計畫或實施，而是創造或促成一個有助於鼓勵並保持實驗精神、學習與冒險的組織架構與氣氛，發展出確認變革需求並加以實施的專責編組；（六）儘管領導者被期許是個促成者，而不是實際執行者，但領導者應負起發展出組織願景或能夠指引組織正確邁向所欲變革的共通目標之責任；（七）要能夠讓前述目標順利達成，組織應聚焦在包括資訊蒐集（針對組織外在環境與內在目標與能力）、溝通（傳遞、分析並討論所獲資訊）與學習（發展出新技巧、辨識出合宜因應策略與從自身與他人的過去經驗與現在作法中獲得知識等能力）之類的主要活動上。Bernard Burnes, *Managing Change: A Strategic Approach to Organizational Dynamics* (Essex: Pearson, 2002), pp. 299-300.

[20] James B. Quinn, "Managing Strategic Change," in Christopher Mabey and Bill Mayon-White eds., *Managing Change* (London: Open University Press, 1993), pp. 65-84.

[21] Elinor Sloan 的《軍事轉型與現代戰爭型態》是少數例外，但仍然是一本政策分析多過於理論比較的著作。見：Sloan, *Military Transformation and Modern Warfare*.

理學派的概念。[22]在此等概念中，過去被認為是無關宏旨的「漸進性變革」、「持續現狀創新」或「演進性創新」有可能並非全然細瑣的、技術性的，而很可能是在打破既有架構的堅定方向感下有目的性的階段性作為，不能等閒視之。

最後，創新（與其他前述的同義語）在語意上，連結著正面意義，被認為可以從打破架構的變革中達成組織本身或其產品、服務等的進步，常在推動變革過程中，一方面創造創新的迫切需要，另一方面正當化支持創新者的立場，並削弱反對者的正當性。但歷史顯示，軍事創新不必然能帶來軍隊效能的正面提昇，打破既有架構，有時未蒙其利但先受其害，成功地推動方向錯誤的軍事創新有時比無法發動軍事創新更具災難性的結果。例如：法國在二次大戰前並非沒有推動裝甲戰戰具或戰法的創新，法製的戰車性能被認為普遍要比德軍好，但戰車運用的準則方向錯誤。同樣的，法國的馬其諾防線也被認為是當代要塞防禦的登峰之作。兩項方向錯誤的創新被成功的推動，導致法軍二次大戰迅速挫敗的軍事因素。[23]

最後，創新一般指涉組織的變革作為，參照基準為組織本身，是組織本身用以適應變動環境或增進效能所採取的行動。但軍事轉型一詞作為軍事創新的衍生語，除多數用以說明組織的變革作為外，偶而具有不同的參照基準──環境，用以敘述軍事衝突的型態或本質已產生明顯有

---

[22] 轉型中的轉型強調「軍事轉型應當以過程──而非最終狀態──來看待，無法預見有可確定宣布轉型完成的一天，而是轉型的過程將一直持續下去。」見：U.S. Department of Defense, *Elements of Defense Transformation*, 2004, p. 2.

[23] Eugenia C. Kiesling, "Resting Uncomfortably on Its Laurels: The Army of Interwar France," in Harold R. Winton and David R. Mets eds., *The Challenge of Change: Military Institutions and New Realities, 1918-1941* (Lincoln: University of Nebraska Press, 2000), pp. 1-34.

別於過去的革命性變化。[24]在這種內涵下，轉型一詞與若干不對稱的概念（見註 30）是一致的。

貳、不對稱：不均等、不同、不對等、不相當、不順眼

與創新相比，不對稱一詞的使用，則較限縮於國際關係與安全研究、國防政策學者圈中，但較之創新，不對稱的概念發展較為分歧，常同詞不同義。雖然與創新一樣都是關係性的（relational），但不對稱一詞參照基準有時為環境（不對稱的敵我態勢、不對稱的戰爭型態），有時是組織本身（不對稱的戰法、戰具），不像創新一詞多指組織作為。因此，與創新相較，不對稱是更為模糊的概念。

不對稱的概念早期由國際關係學者提出，用來當作破解權力平衡與嚇阻兩理論，乃指衝突兩造在物質條件的不均等，例如 T. V. Paul 定義不對稱為「雙方可投入於戰場上國力資源的不均等（unequal power resources）」；[25]也可指衝突兩造所涉利益的不均等，例如 Andrew Mack 認為當衝突涉及一方重大利益（如國家存亡），而對於另一方則否時，出現不對稱性。[26]而 Ivan Arreguin-Toft 則結合 Paul 與 Mack 兩家的論點衍生較為嚴謹的論點，主張能力與利益的差距形成政治弱點（political vulnerability）的不同，這才是不對稱性的所在，國力較弱的國家應迴避

---

[24] 將轉型視為戰爭型態或本質的轉變的代表論述有：Colin S. Gray, *Transformation and Strategic Surprise* (Carlisle: Strategic Studies Institute, 2005); Merrick E. Krause, "Decision Dominance: Exploiting Transformational Asymmetries," *Defense Horizons*, No.23 (2003); Clifford J. Rogers ed., *The Military Revolution Debate: Readings on the Military Transformation of Early Modern Europe* (Colorado: Westview Press, 1995); Martin van Creveld, *On Future War* (London: Brassey's, 1991).

[25] T. V. Paul, *Asymmetric Conflicts: War Initiation by Weaker Powers* (New York: Cambridge University Press, 1994), p. 3.

[26] Andrew J. R. Mack, "Why Big Nations Lose Small Wars: The Politics of Asymmetric Conflict," *World Politics*, Vol. 27, No. 2 (1975), pp. 175-200.

與強國採取同樣的戰略作為，例如：以傳統的防禦抵抗強國傳統的攻擊或以非傳統的防禦抵抗強國非傳統的攻擊（以 Arreguin-Toft 的分類，傳統的攻防指傳統戰爭、非傳統的攻防指非傳統戰爭如游擊戰），因此，不對稱的戰略乃指與強國對立（opposite）的戰略作為。[27]戰略研究學者認為：國際關係學界此類對於不對稱的定義並無新意。[28]但戰略研究或國防政策學者間對於不對稱也沒有一致性見解，有的甚至認為不對稱一詞言之無物故棄而不用。[29]在戰略研究或國防政策圈，早期最常見的定義約可分為三種類型：（A）或認為不對稱乃衝突行為體的不對等，敵對兩造並非同等地位的競爭者（peer competitors）形成不對稱，常見的類型為在軍事衝突中一方為民族國家，而另一方為非民族國家（可能是部落、革命叛亂團體、恐怖份子或甚至是幫派）。[30]（B）或認為衝突雙方所使用的戰具不相當（incomparability），不對稱乃因為敵對兩造使用性質不同的武器裝備，常見的類型為在軍事衝突中一方使用傳統武器，而另一方則使用包括核生化或資訊戰在內等異質性、非傳統武器。[31]（C）

---

[27] Ivan Arreguin-Toft, *How the Weak Win Wars: A Theory of Asymmetric Conflict* (New York: Cambridge University Press, 2005), chapter 2 and 8. Arreguin-Toft 的論點獲得國際關係與安全研究學界較多的贊同，支持的論述如：John A. Gentry, *How Wars are Won and Lost: Vulnerability and Military Power* (Santa Barbara: Praeger, 2012).

[28] 例如：David L. Buffaloe 便認為：國際關係學者此類的定義是老生常談，B. H. Liddell 早就倡議過「間接路線」（indirect approach），主張「聰明的戰略就是避免敵人的強項、打擊他的弱項」，更不要提《孫子》裡早有「趨弱避強」的概念。見：David L. Buffaloe, Defining Asymmetric Warfare (Arlington: Institute of Land Warfare, 2006), p. 7.

[29] 例如：Colin S. Gray, "Thinking Asymmetrically in Times of Terror," *Parameters*, Spring 2002, p. 5. Buffaloe 也指出由於定義的混淆，美國軍方在 2000 年代中葉起也很少用到不對稱一詞。見 Buffaloe, *Defining Asymmetric Warfare*, pp. 11-13.

[30] 如：Max G. Manwaring, *The Complexity of Modern Asymmetric Warfare* (Norman: University of Oklahoma Press, 2012). 持此論者更認為：過去 Clausewitz 以國家、軍隊、人民為三位一體的戰爭概念是歷史的例外而非常態，在二次大戰後的軍事衝突又開始恢復到非以國家為必要戰爭行為體的型態，形成戰爭的轉型。Creveld, *On Future War.*贊同的論述如：John T. Plant Jr., "Asymmetric Warfare: Slogan or Reality," *Defense & Strategy*, 1/2008, pp. 8-10; Rupert Smith, *The Utility of Force: The Art of War in the Modern War* (New York: Alfred A. Knopf, 2005).

[31] 如：Kenneth F. McKenzie Jr., *The Revenge of the Melians: Asymmetric Threats and the Next

或認為不對稱乃戰法的不同（difference），衝突雙方武力針對的目標與對象不同產生不對稱，常見的型態為在軍事衝突中一方武力的使用在針對對方的政府與其軍隊、戰術（或戰略）目標與打擊敵方物質力量或佔領特定地域有關，而另一方則主要針對民眾，目標在打擊敵方意志。[32]

　　這些界定都有欠缺區隔性的缺陷，一個沒有明顯區隔性的新用語勢必很容易就與既有的舊用語產生概念上的重疊，混淆也就難以避免。例如：衝突行為體的不對等便必然會與游擊戰（insurgency，或反游擊戰counterinsurgency）、非正規戰（irregular war）等概念相混淆。[33]而 Colin Gray 也提出：所有的戰法或戰略，都會有對應反制的戰法或戰略，從攻勢與守勢到脅迫與真正使用武力等等的對應，每個對應都有對稱性與不對稱性。因此，不對稱戰法是意義空泛的名詞。[34]同時，這些界定也都有以偏蓋全的缺陷，在應用此等概念時，常生例外或疑問。以戰具的不相當而言，核生化或資訊戰固然可以勉強歸類非傳統戰具，但當前任何一個軍事能力中等以上的國家或多或少都擁有此等武力或具有生產此等武器的潛能。中國常被美國認為是對其不對稱威脅的來源，[35]但中國

QDR (Washington D.C.: Institute for National Strategic Studies, 2000).

[32] Buffaloe, *Defining Asymmetric Warfare*, p. 17.

[33] Charles J. Dunlap Jr., "Preliminary Observation: Asymmetrical Warfare and Western Mindset," in Lloyd J. Matthews ed., *Challenging the United States Symmetrically and Asymmetrically: Can America Be Defeated?* (Carlisle: U. S. Army War College, 1998), p. 1; David J. Lonsdale, "Strategy," in David Jordan *et al.* eds., *Understanding Modern Warfare* (New York: Cambridge University Press, 2008), pp. 55-56.

[34] Colin S. Gray, *The Strategy Bridge: Theory for Practice* (Oxford: Oxford University Press, 2010), pp. 66-68.

[35] 例如：最近的美國國防部年度中國軍力報告中指出：一旦中國對台動武，中國會想辦法嚇阻美國的介入，若不成，則會「阻撓美軍的介入並以不對稱、有限與速戰的方式贏得勝利。」見：U. S. DoD, *Military and Security Developments Involving the People's Republic of China*, 2013, p. 56. 類似的用法幾乎每年都會出現於該年度報告中：如：U. S. DoD, *Military and Security Developments Involving the People's Republic of China*, 2011, pp. 22, 27, 49; *Military and Security Developments Involving the People's Republic of China*, 2010, pp. 22, 27, 29, 51; *Military Power of the People's Republic of China*, 2009, pp. 14, 17, 20, 43; *Military Power of the People's Republic of China*, 2008, pp. 19-22, 42; *Military*

在行為體或戰具上都與美國對等與相當。游擊戰（反游擊戰）以爭取民心向背為目標，是典型不對稱的戰法，但戰略轟炸也是民眾為目標（鼓動民心不支持持續戰爭），卻鮮少被稱之為不對稱。

　　不對等、不相當與不同，故可基於理性假定加以量化，但更大部分地構成不對等、不相當或不同是出於文化上的判斷—或更精準地講—「我」（self）的文化判斷。[36]因此，不對稱與其說是行為體的不對等、戰具的不相當或戰法的不同，倒不如說是對對方行為體、戰具、戰法的「看不順眼」。看不順眼的深層原因在於衝突兩造政府、軍隊與人民彼此在文化上的差異。因此，晚近的主張認為：出於文化的認知不同才是不對稱形成的原因，「文化不對稱」（cultural asymmetry）也成為研究的主軸。繼美國國防部於 1997 年首次在政策文件中〈當年出版的《四年期國防總檢討》〉提到不對稱後，終於在 1999 年的《聯合戰略檢討》（*Joint Strategy Review*）第一次為不對稱下了官方的定義：

> 不對稱的途徑乃使用「與美國所預期作戰方式不大相同的方法」（using methods that differ significantly from the United States' expected method of operations）以迴避或消耗美國的強項、打擊美國的弱點。一般而言，〔不對稱途徑〕重點在心理打擊，像是以震驚、混淆來牽制敵方的主動權與行動

Power of the People's Republic of China, 2007, pp. 13, 15, 32; *Military Power of the People's Republic of China*, 2006, pp. 7, 24, 38; *Military Power of the People's Republic of China*, 2005, pp. 1, 26, 37; *Report to Congress on PRC Military Power*, 2004, pp. 13, 52; *Report to Congress on PRC Military Power*, 2003, pp. 20, 34, 46; *Military Power of the People's Republic of China*, 2002, pp. 14, 31, 49。民間學界也不乏此種用法，例如：John Copper 認為：「北京正準備以『不對稱戰爭』計畫針對美國軍力上的弱點或『空隙』，以抵銷美軍在核武與高科技上的優勢。」見：John F. Copper, *Playing with Fire: The Looming War with China over Taiwan* (Westport: Praeger, 2006), p. 228. 學界間相類似論述如：Ted Galen Carpenter, *America's Coming War with China* (New York: Palgrave, 2005), pp. 162-163.

[36] Michael P. Fisherkeller, "David versus Goliath: Cultural Judgment in Asymmetric Wars," *Security Studies*, Vol. 7, No. 4 (1998), pp. 1-43.

自由。不對稱方法需要對於敵手弱點的充分瞭解。不對稱
途徑需要有創新、非傳統的戰術、武器或科技，並應用到
戰爭型態的各個層次（戰略面、作戰面與戰術面）上與橫
跨軍事作戰所有面向。[37]

「與美國所預期作戰方式不大相同的方法」生動地說明了不對稱的
重點並非不對等、不相當或不同，而在於預期的落差。衝突各造各有不
同的歷史發展背景，也形成各自不同的軍事文化，進而形塑不同的遂行
戰爭的方式。[38]美軍軍官 Charles Dunlap 即指出：「因為文化上的差距，
許多文明對戰爭的觀點跟西方的角度截然不同，西方人不知道這些不同，
甚至於這些不同跟他們的直覺完全違背。西方人總認為別的民族的想法
跟他們是一樣的。」[39]因此，當一方以對方（如美國）文化所能接受的
戰爭方式以外的行為體、武器或戰法進行戰爭時，對對方（在此為美國）
而言，這種超乎預期、直覺的作戰型態就構成不對稱。這種文化不對稱
在特定的歷史系絡中有不同的型態：在早期西方軍事傳統中，騎兵是貴
族的特權，刀劍近接搏擊是正道，但弓弩則與此一傳統文化相背，因此，
儘管弓弩的殺傷效果較佳，卻被認為是賤民的低俗戰爭型態，這是不對

---

[37] U.S. Joint Staff, *Joint Strategy Review*, 1999, p. 2. 引號內為作者所自行強調。

[38] 所以具特定國家軍事文化特色的特殊作戰方式及傳統──例如：美國的戰爭方式
（American way of war）──向來都是軍史或戰略研究的主要研究議題之一。代表論
述有：Robert M. Citino, *The German Way of War: From the Thirty Years' War to the Third
Reich* (Lawrence: University Press of Kansas, 2005); Antulio J. Echevarria II, *Toward an
American Way of War* (Carlisle: Strategic Studies Institute, 2004); Richard W. Harrison, *The
Russian Way of War: Operational Art, 1904-1940* (Lawrence: University Press of Kansas,
2001); Thomas G. Mahnken, *Technology and the American Way of War since 1945* (New
York: Columbia University Press, 2008); Lawrence Sondhaus, *Strategic Culture and Ways
of War* (New York: Routledge, 2006); Robert R. Tomes, *US Defense Strategy from Vietnam
to Operation Iraqi Freedom: Military Innovation and the New American Way of War,
1973-2003* (London: Routledge, 2007); Russell F. Weigley, *The American Way of War: A
History of United States Military Strategy and Policy* (Bloomington: Indiana University
Press, 1977);

[39] Dunlap, "Preliminary Observation," p, 4.

稱。[40]更具體地說，儘管均為民族國家、武器也相當、戰法大抵上也相同，但德國在一次大戰時的潛艦攻勢被英國人視為「非英國的」（un-English），對於英國，德國的潛艦威脅是非紳士作為的不對稱；[41]同樣的，日本在二次大戰末期的神風特攻隊也同樣出乎美國人對於戰爭的文化認知，對日本人武士道精神的神聖犧牲，但對於美國是野蠻且不對稱的。文化的接受度經常是歷久彌新，美國人在文化上無法接受神風特攻隊，六十年後同樣仍無法接受恐怖份子的自殺攻擊。[42]但有些則隨著歷史的演進，文化接受度有可能產生變化，不對稱也會有所更動。例如：在一次大戰期間被英國認為具不對稱性的潛艦航運破壞戰，在二次大戰期間則被各交戰國（包括英國與美國）所廣泛使用。

　　基於早期戰略研究與國防政策學者概念化不對稱的結果，若具體運用在軍事作戰上，不外乎趨弱避強，重點在不以敵人擅長的作戰方式交戰，內涵上與國際關係與安全研究界 Arreguin-Toft 所提的對立戰法並無太大區隔性。但較為深入的文化不對稱論，既置不對稱於文化的接受度上，當運用在軍事作戰時，除了被動地不以敵人擅長的作戰方式交戰，可發掘、操作衝突對造社會與價值架構上的弱點，主動地使敵人無法以其擅長的作戰方式交戰。[43]美軍《聯戰願景 2010》（*Joint Vision 2010*）指出：正當性與道德標準是美軍軍力的要件，而敵軍不但不會依此架構與美軍交戰，甚至視之為可加以發掘、操作的事物。[44]正因為要試圖去發掘、操作對方在社會與價值架構上的弱點，不對稱戰法經常必須要超越

---

[40] Victor Davis Hanson, *Why the West Has Won: Carnage and Culture from Salamis to Vietnam* (New York: Faber and Faber, 2005), chapter 1; Sondhaus, *Strategic Culture and Ways of War*, pp. 2-3.

[41] J. R. Hill, *Anti-Submarine Warfare* (Annapolis: U.S. Naval Institute Press, 1985), p. 8.

[42] Victor Davis Hanson, Ripples of Battle (New York: Anchor, 2004), pp. 38-54.

[43] 陳文政、趙繼綸，《不完美戰場：資訊時代的戰爭觀》（台北：時英出版社，2001 年），頁 273。

[44] U.S. Joint Staff, *Joint Vision 2010*, 2010, pp. 28, 34.

純粹軍事野戰範疇，結合其他政治、經濟與心理要素，即便不是大戰略（grand strategy）的一部，也是多面向戰略的整合。[45]1986 年春節攻勢（Tet Offensive）中，武元甲大膽地放棄在鄉村地區的游擊戰術而改在城鎮地區採取高風險的正面攻堅，便是極具代表性的不對稱作戰，武犧牲戰術上的不對稱利基（以美軍擅長的正面接戰，故蒙受了重大傷亡）但贏得了戰略上的不對稱利基（春節攻勢讓美國民情輿論對美國介入越戰的信心與支持度大減，從而使美軍無法再以其擅長的速戰速決作戰方式）。[46]

　　文化不對稱的論述在複雜度上明顯地超越國際關係與安全研究所強調的物質條件與所涉利益的不均等，並為政治弱點論建立更周全的解釋；文化不對稱也為戰略研究與國防政策學界過於簡化的行為體的不對等、戰具的不相當或戰法等不同說法，提供了更深入結構性解釋。更重要的是，文化不對稱正視了西方軍事思維中的種族優越感。在美國，除了極少數學者主張美國也應該以其人之道反制其人、以不對稱對付不對稱外，[47]不對稱所指涉的對象通常不但是物質或科技條件比美國低的敵手，而且敵手所使用的作戰方式具有不文明、不人道等「非美國」（un-American，不是美國文化所能接受）等負面意涵。與創新一詞的正面意涵相比，不對稱常見於令美國憎惡的敵手身上。[48]當創新（或其同義語）與不對稱同樣用於組織行為時，被認為是彌補環境不對稱的手段，

---

[45] Buffaloe, *Defining Asymmetric Warfare*, pp. 17-26; Steven Metz and Douglas V. Johnson II, *Asymmetry and U.S. Military Strategy: Definition, Background, and Strategic Concept* (Carlisle: U. S. Army War College, 2001), pp. 5-6.

[46] Harry G. Summers Jr., *On Strategy: A Critical Analysis of the Vietnam War* (Novato: Presidio, 1995). P. 133; Ronald H. Spector, *After Tet: The Bloodiest Year in Vietnam* (New York: Vintage, 1993), pp. 311-312.

[47] Metz and Johnson, *Asymmetry and U.S. Military Strategy*, p. 3.

[48] Buffaloe, *Defining Asymmetric Warfare*, pp. 12-13; Metz and Johnson, *Asymmetry and U.S. Military Strategy*, p. 14.

但前者多會用在美國或親西方的國家，而後者則多用於美國的敵手或潛在敵手。[49]

參、臺海軍事態勢的轉變與因應

當前臺海軍事態勢面臨到程度性與結構性上的轉變：（一）臺海軍力均衡（military equilibrium）的模式無法維持，兩造軍力差距（military disparity）在近年內急遽拉大；以及（二）臺海兩造的關係自 2008 年後由競爭轉向合作，雙方在所涉利益與策略上的不對稱性（asymmetry）日益明顯。在中國積極追求「統一」臺灣且未放棄以武力達成此一目標的定數不變下，本文認為：這兩項變化，使得臺灣面臨到來自中國既有舊架構與發展中新型態等兩併存的軍事威脅，此一態勢將不利於臺灣。

在（一）軍力均衡上，臺灣軍隊過去向以（A）外交上，美國的協防支持、（B）地理上，運用有利戰術位置、（C）人員上，維持高昂訓練素質與士氣、以及（D）裝備上，引進先進裝備等四項有利條件來中和或抵銷對岸人民解放軍在數量上的優勢（quantitative superiority），這是維持臺海軍力均衡的模式。在 2000 年代之前，這個模式固非全無挑戰，但起碼能夠勉力維持。

在過去，挑戰主要來自美國對臺態度的變化，造成此一模式中（A）外交與（D）裝備兩條件的鬆動。互 1950 到 1970 年代，臺灣與美國間有軍事聯盟關係，在此關係下，「臺海中立化」固然排除了當時政府「反攻大陸」的企圖，但美軍第七艦隊的協防，掌握台灣海峽的制空制海，使得台澎的安全無虞，政府可以重兵囤駐或要塞化金馬外島，使之成為軍事防禦的前沿陣地或反攻大陸的跳板，甚至於可藉對中國大陸沿海島

---

[49] Dunlap, "Preliminary Observation," pp. 6-11.

嶼的襲擾，對中國形成壓力。但 1940 年代的在華府的棄台論雖因韓戰後的戰略調整而收斂，又在 1970 年代因美中關係正常化，美國對臺態度開始疏遠而再度抬頭。[50]1979 年，美國與臺灣斷交後，軍事聯盟關係終止，雖然隨即有《台灣關係法》試圖維繫兩國關係，但《台灣關係法》中美國對臺安全承諾與防衛性物資與服務的提供無法與過去的軍事聯盟關係相當，《台灣關係法》與美中的「三項公報」間的競合與優先順位也一直存在模糊；但無論臺灣方面如何樂觀詮釋，像 1950 年代美國公開宣稱不惜動用核武以保障臺灣安全的堅定決心，[51]已不復返。同時，隨著美中關係更為密切，且臺海軍事態勢在 2000 年代之後，越來越不利於臺灣（見下敘），美國一旦介入臺海衝突，預期的成本與風險越高，美國對臺灣的安全承諾也越趨保留。

　　同樣的，美國對臺態度的趨淡對我國引進先進裝備造成影響。限於篇幅，本文不窮究軍力所有面向，僅論最具關鍵性、指標性的制空戰力。如表一所示，在 1950 年代，臺灣獲得美軍新式裝備難度甚低，以臺灣空軍當時的主力戰機 F-86、F-100 與 F-104 戰機為例，我軍獲得與同樣機款在美軍服役的時間差分別在五、四與二年，1956 年美軍開始裝備 AIM-9 響尾蛇空對空飛彈，這是當時美軍空中對戰的利器，而 1958 年在第二次臺海危機（八二三砲戰）我空軍即以此款飛彈打下九二四空戰

50　John Lewis Gaddis, *Strategies of Containment: A Critical Appraisal of Postwar American National Security Policy* (New York: Oxford University Press, 1982), pp. 57-61; Henry Shih-Shan Tsai, *Maritime Taiwan: Historical Encounters with the East and the West* (Armonk: M. E. Sharpe, 2009), pp. 180; 191-194.

51　第一次臺海危機時，1955 年 3 月 15、16 日，美國政府宣布準備使用核子武器來對付共產黨在台灣地區的軍事行動。艾森豪總統後來在回憶錄上表示：「只有這樣才能有效讓中共瞭解我們的決心有多堅定。」分見：Alexander L. George and Richard Smoke, *Deterrence in American Foreign Policy: Theory and Practice* (New York: Columbia University Press, 1974), p. 291; Robert L. Suettinger, "U.S. 'Management' of Taiwan Strait 'Crises'," in Michael D. Swaine and Zhang Tuosheng, and Danielle F. S. Cohen eds., *Managing Sino-American Crises* (Washington D.C.: Carnegie Endowment for International Peace, 2006), p. 257.

大捷。易言之，台灣空軍曾經一度與美軍在裝備水平上幾乎是同步的，臺灣獲得美製戰機的速度也快過日本與南韓（臺灣 F-86 的服役比日本與南韓快一年、F-104 的服役比日本快二年）。

表 1：我軍引進美製戰機的時間差距比較

各款美製主要戰機機型在美國與其他亞太國家服役時間點				
機型	美國	我國	日本	南韓	新加坡
F-86	1949	1954	1955	1955	
F-100	1954	1958	未引進	未引進	尚未獨立
F-104	1958	1960	1962	未引進	
F-4	1960	未引進	1968	1969	
F-5	1962*	1965	未引進	1965	1979
F-15	1974	未引進	1981**	2005**	2011**
F-16	1979*** 1984****	1998***	未引進	1989*** 1986****	1988*** 1998****
F-35A	2013*****		2019*****	2018*****	

說明：

*為僅用於假想敵中隊，未列入一線主力作戰機種

**為使用該型機衍生款如 F-15 J（日本）、F-15 K（南韓）、F15 SG（新加坡）

***為 F-16 A/B

****為 F-16 C/D

*****為尚未服役，所列為計畫服役年份

來源：作者自行整理

　　但到了 1960 年代末期，美國對台軍售態度開始有所保留。同樣以空軍戰機為例，美國始終不願供應台灣美軍在越戰主力的 F-4 戰機，但南韓與日本在 1960 年代末期獲得；取而代之的，美軍供應臺灣的是較為輕型低階的 F-5 戰機。美國與臺灣斷交後，美臺軍售更是陷入低迷，1980 年代初臺灣希望獲得比當時現役 F-5 E 更好的戰機（FX 戰機，即 F-16 或 F-5 G 戰機），幾經努力未果。當臺灣再度自美國獲得新戰機（F-16

A/B，於 1998 年服役）的供售（不含技術協助的 IDF 戰機）已是近三十年後的事，我軍目前主力戰機 F-16 A/B 服役時間晚於美軍的時間差已長達十九年。若與亞太周邊國家相比，更可看出美國對台軍售的保留態度：臺灣比起南韓晚了將近十年取得 F-16 A/B，南韓的 F-16 C/D 早在 1986 年服役，但臺灣迄今尚未獲得美方同意供售同型機。臺灣比新加坡空軍早十餘年引進 F-5，因此新加坡空軍建軍初期甚為依賴來自臺灣飛行員的協助。但新加坡獲得 F-16 A/B 比臺灣早了近十年，現在的新加坡空軍擁有 F-16 C/D 與 F-15 SG 戰鬥機。換言之，在戰機水平上，本在 1950 年代落後於臺灣的日本、南韓與新加坡，現在反而超越臺灣至少十年以上。

　　中國軍事現代化是美國對臺態度開始疏遠之外另一個衝擊臺海軍力均衡模式的因素，這個因素直接打消了過去模式中（B）地理與（D）裝備上臺灣的優勢，並抵銷了臺灣在（C）人員上的強項，也間接更進一步降低臺灣在（A）外交上的原已日漸疏遠的憑藉。1980 年代華府政策圈在討論臺灣希望獲得 FX 戰機議題時，反對者的主要理由是：臺灣空軍當時擁有的 F-5 E 戰機在性能上已明顯超越中國人民解放軍空軍的當時現役的任何戰機—包括殲 5、殲 6、殲 7 戰機—與正準備要開始部署的殲 8 戰機都要好，而解放軍在短期內不可能獲得更好的機款，所以如果臺灣獲得 F-16 或是 F-5 G，將會大幅改變臺海軍事均衡，造成中國政軍領導人的緊張，不利區域穩定與美中關係的發展。[52]這樣的論斷並非錯誤，相較於 1950 年代設計水平的殲 5、殲 6 或殲 7，但我國空軍的 F-5 E 則是 1970 年代的科技水準，在性能上當然勝過解放軍。除了飛機素質處於上風外，台灣的飛行員訓練時數高，戰技上也有明顯優勢，而

---

[52] A. Doak Barnett, *The FX Decision: "Another Crucial Moment" in U.S.-China-Taiwan Relations* (Washington D.C.: Brookings Institution, 1981), pp. 2-3, 37-38.

1950 年代幾場空戰大捷後，台灣空軍飛行員士氣也高。最後，再加上台灣防空飛彈的高密度部署，更構成解放軍空軍犯境的極大阻礙。

　　但 1980 年代的論點難以預見未來十、二十年後的發展，當時美國政府以維持臺海兩岸軍力均衡為由拒絕也僅為托辭。中國軍事的現代化大約從 1990 年代初期展開，解放軍雖然起步較早，但台灣在國軍二代兵力整建時，一鼓作氣追上來。在制空方面，中國自俄羅斯獲得 SU-27 戰機，於 1992 年開始成軍，性能上超越台灣當時任何一款戰機，可說是解放軍空軍跨越世代的指標戰機。但是，除了解放軍換裝 SU-27 的適應與補保問題叢生之外，臺灣自 1997 年起開始引進 MIRAGE-2000 戰機與足能與 SU-27 戰機匹敵的 F-16 A/B 戰機，在此波二代兵力整建中，台灣新一代戰機的迅速到位與成軍，使得兩岸制空戰力對比在 2000 年初期前大抵還是略微有利於台灣。然而，台灣空軍在二代兵力整建之後，迄 2000 年代，除了在 2003 年前後引進 AIM-120 中程空對空飛彈之外，無進一步機種更新。而中國則在經濟發展獲得成果後加速反追，除擴充 SU-27 數量外，性能相當的自行研製的殲 10 與外購取得的 SU-30 戰鬥機也陸續部署，這幾款戰機都具備深遠的作戰半徑，即便部署於南京軍區內陸二線基地仍足可迂迴對我本島東部進行攻擊，顛倒了國軍傳統之前線與後方的區別，可威脅到台灣東部基地。況且，解放軍強化飛行員的訓練，並採取輪駐輪戰的制度，各軍區空軍機隊均有機會輪調至台海當面基地，以熟悉台海空域，戰時能立即前進部署支援。這使得解放軍犯台時，對台灣制空的威脅將不再僅限於台海當面的編制部隊。據估計，自 2000 年代中葉起，我軍制空優勢逐漸被逆轉，概略估算台灣與中國在戰機上的戰力比在 2004 年前台灣尚能保持優勢或平分秋色，2006 年時解放軍開始逆轉。[53]

---

[53] 新境界文教基金會，《二○二五年中國對臺軍事威脅評估》，2014 年，頁 29-30。

表2：國軍現役主戰載台服役年齡

	空 軍		
	IDF	F-16 A/B	幻象 2000
2014	14	14	16
2015	15	15	17
2016	16	16	18
2017	17	17	19
2018	18	18	20
2019	19	19	21
2020	20	20	22
2021	21	21	23
2022	22	22	24
2023	23	23	25
2024	24	24	26
2025	25	25	27
	陸 軍		
	M60-A3	AH-1W	AH-64E
2014	11	13	1
2015	12	14	2
2016	13	15	3
2017	14	16	4
2018	15	17	5
2019	16	18	6
2020	17	19	7
2021	18	20	8
2022	19	21	9
2023	20	22	10
2024	21	23	11
2025	22	24	12

	海 軍				
	基隆級艦	康定級艦	成功級艦	濟陽級艦	劍龍級艦
2014	23/8	16	10	47/19	26
2015	24/9	17	11	48/20	27
2016	25/10	18	12	49/21	28
2017	26/11	19	13	50/22	29
2018	27/12	20	14	51/23	30
2019	28/13	21	15	52/24	31
2020	29/14	22	16	53/25	32
2021	30/15	23	17	54/26	33

2022	31/16	24	18	55/27	34
2023	32/17	25	19	56/28	35
2024	33/18	26	20	57/29	36
2025	34/19	27	21	58/30	37

資料說明：IDF 與 F-16AB 最後成軍年份均為 2000 年；MIRAGE-2000 為 1998 年；基隆
級艦於美國海軍成軍年份為 1981 年，於我國海軍成軍於 2006 年；康定級艦
最後成軍年份為 1998 年；成功級艦最後成軍年份為 2004 年；濟陽級艦於美
國海軍最後成軍年份為 1967 年，於我國海軍為 1995 年；劍龍級潛艦最後成
軍年份為 1988 年；AH-1W 眼鏡蛇攻擊直昇機最後一批於 2001 年成軍；
AH-64E 阿帕契攻擊直昇機現正交貨中，美方計畫 2014 年交貨完畢；M60-A3
戰車最後一批於 2003 年成軍。

資料來源：作者自繪

　　2010 年代將是中國與台灣戰鬥機「戰力代溝」擴大的年代，[54]解放
軍除升級並繼續擴大既有與 F-16 A/B 性能相當的殲 10、殲 11、SU-27、
SU-30 等型戰機數量外，同等級的艦載殲 15、殲 16 與俄製 SU-35 戰機
將會成軍，我國在 2011 年啟動的 F-16A/B 升級計畫，就算順利完成也
要到 2020 年代初期，性能也約與屬四代半的 SU-35 相當。在性能相當
下，解放軍數量上的優勢將具有決定性的效果。到了 2020 年代，預期
台灣仍無法更新機種，現役戰機都已服役二十餘年（見表二）。而解放
軍號稱具有「第五代戰機」匿蹤性能的殲 20 戰機（屆時可能經過持續
改善到略具美國 F-22 戰機七八成戰力的性能）將會開始服役，中國在戰
鬥機戰力上將明顯地超越台灣。[55]同時，若再加上解放軍對台導彈的質
量俱增、S-300 或未來 S-400 系列遠程防空飛彈部署於台海當面、空警
系列預警機與無人攻擊載具的服役等等助攻兵力的增進，我空軍機隊不
僅性能優勢不再，更可能在導彈、無人攻擊載具等突襲下，縱有海峽天
險，仍極易被被箝制在地面，而難以及時升空接敵。指標性的制空戰力
不利於臺灣，其他制海與地面防衛戰力自難以存活，更難以有組織性地

---

[54] U.S.-Taiwan Business Council, *The Looming Taiwan Fighter Gap*, 2012.

[55] 《二〇二五年中國對臺軍事威脅評估》，頁 30。

抵抗解放軍後續的犯臺攻擊。依此趨勢下去，臺海軍力均衡模式中四項對我有利條件恐會盡失。國防部在政策文件中引進「創新與不對稱」思維，不僅在描述此一不利態勢（軍力差距所形成的不對稱〔比較正確的稱法為不均等〕），更指出未來改善、甚至逆轉此一不利態勢（以創新與不對稱措施彌補此一戰力差距）的行動方向。

然而，國防部目前可知的行動規劃大抵集中在（D）裝備上，部分涉及（C）人員，欠缺在（A）外交與（B）地理上的行動，也沒有在軍力均衡模式中開發出（E）、（F）、（G）等等新的有利條件。在（D）裝備的作為中，不對稱難為、創新也不足。而以兵役制度（擴大志願役士兵，以下以官方稱法但卻誤導的募兵制一詞稱之）為主軸的（C）項創新不僅失敗的風險高，甚至可能是個方向錯誤的創新。

在（D）項，國防部「創新與不對稱」的思維集中在以反制武器抵銷解放軍科技或數量優勢。為反制中國的制空戰力，國防部加緊巡弋飛彈、無人飛行載具（包括無人攻擊機）的開發，前者用以打擊解放軍沿岸軍事目標遲滯其犯台節奏，後者在跑道修復期間內維持在空的戰力，對克服我國空軍在（D）項上的弱點（機型的不能更新與跑道的脆弱性）而言，巡弋飛彈與無人飛行載具都是價廉的反制戰具選項。對以飛行員、戰機為主體的臺灣空軍而言，巡弋飛彈與無人飛行載具的研發是有其創新度，但相關的準則與組織準備（飛彈指揮部雖早已編成，但隸屬問題仍爭議不斷）的欠缺，是僅限於戰具的創新而已，還是空軍大幅度的轉型前的漸進性變革的一部分，尚難有定論。但無論是巡弋飛彈或無人飛行載具的開發，都難稱之為不是以解放軍所擅長的作戰方式與之交戰，解放軍業已大量部署這兩類裝備，且其技術水平恐不在臺灣之下，難以逆轉不對稱（不均等）的態勢。同時，我國不會（美國也不准）研發大規模殺傷彈頭（甚至技術面較低但屬價值打擊取向〔counter-value，即針對都會人口〕的彈道飛彈）或可能引起衝突升級的遠射程彈種，現有

中國對臺灣的不對稱（戰法不同）的態勢並不會改觀。嚴格說來，巡弋飛彈或無人飛行載具的引進，可能只是不涉組織與準則的持續現狀創新，而這些裝備或能略微彌補劣勢，但並非以不對稱逆轉不對稱。

在（A）外交項上，比起二十年前臺灣空軍自美國獲得新戰機機型的依賴度更高，但獲得的難度也更高。美國現在幾乎已成臺灣取得新式戰機的唯一來源，但不僅美國政府對美中關係考量將持續延宕臺灣自美國取得新型戰機的時間點，美國廠商也因成為中國報復對象而逐漸噤聲。[56]臺灣對軍售取得(foreign military sales)流程的堅持與整機購買的心態，更失去任何彈性與可運作空間。軍購來源的多元化攸關臺灣安全，但法國出售臺灣新機型的機率在佣金案後幾乎已經不可能，而臺灣也沒有與其他國家軍售或自行研製的具體作為。在這一點上，臺灣的表現是保守有餘，確無創新不對稱的念頭。

在（B）地理項上，雖然空軍沒有陸軍兵力分散於外離島情形，但解放軍已顛倒過去台灣防衛前線後方的區隔，臺灣東部並非是必然安全的後方，但臺灣空軍除一部 F-16 A/B 駐地花蓮外，大部分的機隊、基地、指管樞紐、後勤節點都集中於脆弱度極高的本島西部。除了此一脆弱點目前並無任何改善規劃外，隨著中國於 2013 年劃設東海防空識別區後，已嚴重壓縮我空軍可供訓練的空域與應變反應時間。臺灣雖不乏複雜的丘陵山地地形，但現有戰機依賴跑道與基地後勤甚高，無法加以利用。在這方面，空軍也無任何創新思維。

在（C）人員上，空軍本就高度依賴志願役官士兵，募兵制成敗與否對空軍的直接影響甚微，但募兵制對空軍有間接的影響。募兵制無論成敗，均必會降低國軍整體部隊員額，為求軍種平衡，常採各軍種齊頭

---

[56] U.S.-Taiwan Business Council and Project 2049 Institute, *Chinese Reactions to Taiwan Arms Sales*, 2012, p. 6.

式的員額裁減，就會對專業度較高、高階官額較少的空軍產生較大的影響。而空軍飛行員與地勤補保人員養成不易，再加上民間航空公司大量吸納，造成目前空軍在飛行員上已出現短缺。國防部陷於軍種本位思考，無法因應敵情，沒有不均衡建軍的兵力結構；而空軍也無組織轉型以降低飛行員需求。因此，在人員上，並無任何創新思維。

除（一）軍力均衡模式無法維持所造成臺海兩岸的軍力差距急遽拉大外，另外一個—也是更具戰略重要性—的不對稱性是（二）兩岸關係在 2008 年的發展所形成的利益與策略上的不對稱性，這個發展中的結構性改變影響國防安全甚大。隨著兩岸關係在 2008 年後的急速發展，造成門戶大開，而我國相關控管的國家安全法制不及跟上，臺灣的開放社會與自由經濟反而成為中國對臺進行文化不對稱戰法的有利空間，中國對臺的三戰（輿論戰、心理戰、法律戰）被認為是此一不對稱戰法的運用，其力度正與日邊增。

國防部首次在政策文件提到中國對我運用不對稱戰力是在 2002 年的《國防報告書》，但內容為太空戰、電子戰、資訊戰、點穴戰等限定於戰具硬體面，許多項目（如網路攻擊、制電磁權等）臺灣自己也擁有或正在研發，性質上難以符合任何的不對稱性。但該年度的《國防報告書》跨越純軍事性威脅，首次對中國在經濟上、心理上與外交上的威脅、威嚇與封鎖手段有詳盡的論述，雖未冠以三戰一詞，但已有三戰內涵。[57]三戰一詞首見於 2004 年的《國防報告書》，[58]而後國防部對中國對臺運用三戰的強調成為常態。三戰是種文化不對稱戰法，旨在讓臺灣無法以擅長的作戰方式進行作戰。換言之，在前述軍力均衡四項有利條件已經難以維持之際，中國在此戰略層次上的不對稱戰法，就是使這四項有利

---

[57] 國防部，《國防報告書》，2002 年，頁 63-66。

[58] 國防部，《國防報告書》，2004 年，頁 42。

條件從軍力均衡模式中消失，並新增（-E）、（-F）、（-G）等負面不利條件。舉例而言，我國在 2013 年的《四年期國防總檢討》中指出：

> 中共迄未放棄對臺軍事行動整備，並預擬對臺作戰構想與計畫。近年南京及廣州軍區陸續換裝主戰裝備，已具備對我多元作戰能力，各項演訓活動，亦以迅速結束海島衝突，降低他國介入可能性為主。另中共持續抗議美國售我武器，要求美方逐年減少、最終停止對臺軍售，以阻礙我防衛戰力之提升，擴大兩岸軍力差距。同時中共結合心理戰、輿論戰和法律戰的「三戰」策略，對我進行宣傳及交流活動，模糊民眾敵我意識，分化民心團結；試圖影響媒體、公意，於國內及友我國家進行輿論導引、滲透，對我形成強大輿論壓力；主導國際法或戰爭法內涵詮釋權，塑造對臺發動戰爭的正當性與合法性，爭取軍事行動主動權，以防止他國介入臺海軍事衝突。[59]

在國防部的評估中，三戰策略裡的心理戰旨在模糊民眾敵我意識，分化民心團結（且以-E 不利條件稱之）；輿論戰旨在對輿論導引、滲透，形成強大輿論壓力（-F）；法律戰旨在塑造對臺發動戰爭的正當性與合法性（-G）。即便中國的文化不對稱戰法僅以前引文所列為限，所形成的（-E）、（-F）與（-G）不僅自成效果，也將會連帶造成國軍無法發揮（A）、（B）、（C）與（D）的有利條件遂行建軍備戰。

國防部對中國三戰的意圖所下評斷是對的：中國對我運用三戰以達成可以不費武力而「和平統一」臺灣的目標。但國防部對於中國三戰的不對稱性仍乏嚴謹評析，在反三戰（反不對稱）的論述與作法毫無創新。

---

[59] 《四年期國防總檢討》，2013 年，頁 16。

以前引文中「模糊民眾敵我意識」(-E)為例，這也是國防部長期以來一貫強調的講法，首見於 2000 年民進黨執政期間的第一本《國防報告書》(「我國的國家安全威脅，除了中共軍事威脅外，還包括內部的人為威脅與天然災害等因素，如少數國人敵我意識模糊不清，或對國家認同有所分歧」)。[60]在 2006 年，國防大學學者呼應：「國人目前所具有之敵我意識，以及抗拒中共軍事入侵之抵抗決心，的確要比十年前的臺海飛彈危機時要減弱許多，究其原因在於敵我雙方對心理戰之關注與投入資源的消長。」[61]但陸委會的民意調查結果並不支持國人敵我意識模糊或流失的論點，從 2002 年迄今，國人認為中國對我政府「不友善」的比例（最高點為 2004 年 10 月比例為 79.4%，最低點為 2009 年 12 月比例為 39.5%，當時認為「友善」的比例為 46%）一般都高過「友善」；國人認為中國對我民眾「不友善」的比例（最高點為 2004 年 10 月比例為 54.8%，最低點為 2002 年 2 月比例為 38.3%）一般也都高過「友善」。[62]由民意調查的數據觀察：國人始終認為中國對台灣政府或民眾是有敵意的，這是一致的民心團結。產生敵我意識模糊的，不在民眾，而在政府。

在過去，臺灣的敵我意識有很大部分是建立在意識型態與社經發展上的相對優越感。早期，儘管政府追求「統一」，但是以中國國民黨或在臺灣的「正統」政府為主體的統一，「三民主義統一中國」或跟著美國要來「和平演變」中國都是這種優越感的呈現，因此，對於臺灣與中國大陸的歷史文化蓄意連結是有推波助瀾的效果。而臺灣在社經發展上的進步，更強化民眾此一信念，認為敵弱我強、敵貧我富。中國崛起與其成為臺灣經貿出口的重要生產基地與潛在市場固然都是事實，但 2008

---

[60] 國防部，《國防報告書》，2000 年，頁 54。

[61] 馬振坤，〈中共心理戰與對台心戰策略〉，收錄於國防大學政治作戰學院政治系編，《第九屆國軍軍事社會科學學術研討會論文集》，2006 年，頁 356。

[62] 見陸委會網站：<http://www.mac.gov.tw/ct.asp?xItem=107579&ctNode=6332&mp=1>。

年之前，「戒急用忍」代表當時李登輝政府對於與中交流的謹慎，「以商圍政」顯示出當時陳水扁政府面臨到來自商界要加速對中交流的壓力，在這兩任政府，政府本身的態度與民心對於中國的敵意是一致的。但2008年之後，政府在兩岸關係的作為反而與民心走向不同，蓄意營造脫中即貧（沒有中國，台灣經濟就會垮台）、反中即危（反對中國，就在破壞和平），不僅在「和平發展」的同時逐步被帶向「和平的被統一」，在「中國讓利」與「台灣邊陲化」語彙下臺灣的自信逐步喪失。而且現任政府政策既也在呼應「和平發展」，敵我意識自然必須放下，當然要越模糊越好、越流失才越能營造和平的氣氛。當兩岸官員與政治人物互動密切、噓寒問暖之際，何生敵我意識？簡言之，民眾沒有敵我意識模糊流失的問題，政府有。政治問題縱非國軍所能夠處理的，但並非所有中國的三戰運用都超出國防部能夠處理的權責範圍。解放軍統戰與情報部門對臺灣退役軍官的吸收，反讓民眾對國軍自己的敵我意識產生疑問，但迄今國防部對自己的前輩、同僚都拿不出個足以釋疑的辦法，更無取代的論述與反制的行動加以解決。於是，失敗主義者認為：臺灣無論如何強化國防，都不是中國的對手。和平主義者認為：臺灣強化國防，只將引起軍備競賽，戰爭風險增高。反軍主義者認為：軍隊保守反動，不過是執政者與軍火公司的玩具，不值得投入預算。親中派人士認為：不需強化國防，兩岸合作中華民族復興大業為要。親美派人士認為：不需強化國防，有美國當靠山，中國不會打過來。

　　在解放軍尚未發第一槍之前，就讓國軍在國內被解除武裝，這才是在戰具以外值得注意的不對稱。

肆、結論

　　戰略是思維到行動，但沒有清晰的思維理絡，最後不免盲動。如同過去十餘年間「軍事事務革命」或「網絡中心戰（network-centric warfare）」在臺灣國防政策與實務界激起討論的模式：胡亂套用美國人時興的話語，不假思索就試圖仿效起來。一句美軍退役將領的嘀咕，「創新與不對稱」現被國軍引以為圭臬。但誠如前述，不對稱至少帶有劣勢的意涵，如果「軍事事務革命」或「網絡中心戰」的概念在過去有被清楚瞭解、認真推動，兩岸的軍力均衡不會出現今天臺灣需要「不對稱」的問題。

　　國軍有「創新與不對稱」的思維戮力推動建軍備戰嗎？我們從戰具的整備上還看不出有太大的創新，從對中國三戰的無所作為，國軍似乎也反制不了解放軍文化不對稱攻勢。2011 年的《國防報告書》雖首次揭示國軍要「以『創新與不對稱』思維戮力推動建軍備戰，期能發揮『以小搏大』的效果，並使共軍在估算戰爭所須付出代價後，不敢輕啟戰端。」但並無太多論述的準備與行動的啟動。國防部用上「創新與不對稱」，固然對美軍退役將領表達充分敬重，但沒有論述、看不到行動，「創新與不對稱」的結論似乎已定。

從「新型大國關係」看中國戰略
向西位移的發展與侷限

顏建發

（健行科技大學企管系副教授）

壹、中國「新型大國關係」的挑釁與美國的反撲

　　美國為了報復 2001 年的 911 恐怖攻擊，於是年 10 月進駐阿富汗、2003 年 3 月攻打伊拉克，軍事行動成功但其結果卻令自身的國力消耗殆盡。2005 起美國的經濟開始下滑，成長動能趨緩；相反地，中國卻急攀直上。2006 年，中國外匯存底取代日本，成為世界第一；2010 年，中國成為世界第二大經濟體，日本退居其後。在美國陷入戰爭與戰後重建的泥淖之際，中國在政治、經濟、軍事等領域的全球化佈局，顯露了中國正以鴨子划水的姿態向外擴張。2008 年 9 月爆發的全球性金融危機，中國中央政府四兆人民幣的投入內需，再加上以數倍計的地方相對投入，使得中國頓時成為世界經濟的一股穩定力量，同時，中國也是美國的最大債權國，美國對於中國的重視，不言而喻。

　　2010 年 5 月第二輪中美戰略與經濟對話期間，時任中國國務委員戴秉國提出，中美應「開創全球化時代不同社會制度、文化傳統和發展階段的國家相互尊重、和諧相處、合作共贏的新型大國關係」。2012 年 2 月，時任國家副主席習近平訪美，再提到要「努力把兩國合作夥伴關係塑造成 21 世紀的新型大國關係」。2013 年 3 月 14 日，中國全國人大選出習近平為國家主席和中央軍事委員會主席，美國總統奧巴馬在當晚祝賀的電話中表示，「美方希望同中方共同……，努力構建基於健康競爭

而非戰略博弈的新型大國關係」。至此,「新型大國關係」儼然成為北京
之願念,用以反映美中關係。然而,中美對此概念的理解與期待卻是不
同的。北京希望二者之間的關係是平等的;華盛頓卻不希望此一新關係
被解讀成自外於美國的霸權領導之外。新型的美中關係必然是一種美國
主導的金字塔權力結構下的一種妥協,而非中國與美國均分全球支配力。
[1]

　　國際輿論多數相信,中國的崛起應不至於翻轉,中國的經濟有可能
在二十年內,超過美國。[2]中國高層官員顯然也潛意識接受這種預言,而
在與美國交手過程,透露自信以及對現有不相稱地位的不滿。2013 年 7
月 10 日第五輪中美戰略與經濟對話在美國華盛頓閉幕前的中美戰略與
經濟開幕會上,中國國務院副總理汪洋以「夫妻」、「不能走離婚的路」
比喻中美兩國關係的緊密,同時也透露,習近平先前與歐巴馬會晤時說
「兔子急了也踹鷹」,似乎意在釋放一種軟中有硬的對美政策訊息。而 9
月 25 日中國外交部長王毅在第 68 屆聯大會議上表示,中方願為人類發
展事業提供「正能量」,也在表露一種大國的自信。這種自信所支持的
強硬對外政策使得北京對於 2012 年 9 月 11 日日本國有化釣魚台之後,
美國所持的親日立場,自然是不滿的。

　　由上述的發展序列看來,我們不難理解,中美經濟自 2005 年以降,
已有此長彼消的態勢,中國在美國眼中的份量日益增加。然而,在 2012
年 9 月 11 日日本國有化釣魚台後,接連著,在 12 月 26 日安倍晉三就
任日本第 96 屆內閣總理大臣以來,對中國採取了積極的反制策略,氣

---

[1]　Kai Jin, "China Will Have to Face a Stronger US-Japan Alliance," *The Diplomat*, February 19, 2014, <http://thediplomat.com/2014/02/china-will-have-to-face-a-stronger-us-japan-alliance/>.

[2]　Kai Jin, "China and the US-Japan alliance in the East China Sea Dispute," *The Diplomat*, December 27, 2013, <http://thediplomat.com/2013/12/china-and-the-us-japan-alliance-in-the-east-china-sea-dispute/>.

勢正燄，令美國似乎有樂見日本反制中國的舉動出現。由安倍堅定與強硬以及高民意支持的脈絡下來看中美關係，那麼，很顯然，2013 年 6 月 7-8 日習近平於加州和歐巴馬進行雙邊會晤時的「兔子急了也踹鷹」之說，有將美日推到一邊的效力。對於美日而言，面對中國的強勢氣燄，強化美日彼此間的互信，藉以威攝中國在亞太挑戰美國的支配權，乃為合於推論的當急之務，相反地，美日尋求各自與中國的戰略信任或全面的和解反而缺乏誘因。[3]

　　2013 年 10 月 6 日，由美澳日高層會議所做的一份聯合聲明提到「反對可能改變東海現狀的強制性與片面性的行動，以及要求聲索國處理南海問題避免足以引發區域動盪的行動」。中國外交部發言人華春瑩駁斥說，美澳日不應以聯盟的理由作為一種介入東海與南海領土爭端的藉口。[4] 看來，中國所期待的「新型大國關係」的概念，固成功地由歐巴馬嘴裡說出，但它的代價卻是讓中國除了要面對與日本之間的對峙僵局，還要面對美日及其他盟邦之間的強勢聯盟。值得注意的是，七月 9 日美中在北京召開的第 6 輪戰略暨經濟對話舉行前夕，歐巴馬卻改口說，美國承諾要和中國共同發展「新型關係」（a new model relations），並未提及「新型『大國』關係」。

　　由此推論，2013 年 11 月 23 日宣布劃定東海防空識別區（East China Sea ADIZ）應該是中國對於美日不滿所採取的一種對策作為。美國雖一直保持謹慎與克制的態度面對中日關係，但「美+日 vs.中國」的戰略形勢並沒有翻轉過來，甚至可以從 2014 年以來的發展顯示，每況愈下。

---

[3]　Kai Jin, "China Will Have to Face a Stronger US-Japan Alliance,"
　　<http://thediplomat.com/2014/02/china-will-have-to-face-a-stronger-us-japan-alliance/>.

[4]　John Ruwitch, "China warns U.S., Japan, Australia not to gang up in sea disputes," *REUTERS*,
　　October 6, 2013,
　　<http://www.reuters.com/article/2013/10/07/us-asia-southchinasea-china-idUSBRE99602220131007>.

美國國防部長黑格(Chuck Hagel)於 2014 年 4 月 5 日在東京坦率地公開表示，美日關係是美國最強的夥伴、朋友、以及條約關係中的一個。他並表達美國對美日安條約的信守以及對於提昇日本集體防衛能力的承諾。[5]

相反地，接著 4 月 8 日中國國防部長常萬全和首次到訪的黑格，針對中日島嶼爭端、東海防空識別區等敏感問題罕見地強硬交鋒。黑格此一為期 10 天的亞洲行被認為是為 4 月 22 日美總統歐巴馬訪問日、韓、菲、馬的前置作業。在媒體前的公開交鋒中，黑格表示，中國無權單方面在未經協商的情況下宣佈劃設東海防空識別區，並揚言，一旦日中發生爭執之時，美國將保護日本。常萬全則表示，北京不會首先惹事，但為了捍衛中國的領土主權，必要之時，北京也會做好武力準備，他且警告黑格，美國必須對日本的行為保持警惕，不要縱容和支持東京的某些舉動。常萬全且駁斥了美國向亞太地區調集更多軍事資源的計劃。他說，中國永遠不能被遏制。[6]

而同一天，中國駐美大使崔天凱在紐約出席一項主題為「亞洲世紀解決方案」的研討會上表示，中美合作對成功的亞洲世紀至關重要。兩國元首已經決心致力於這個偉大的遠見和目標，但較低階官員仍陷於陳舊思維中，這種現象令人擔心，應當克服。美軍在亞洲存在的使命如果是為了遏制其它國家，或者建立「亞洲的北約」，那就是重回冷戰年代，不符合任何國家利益。[7]憂慮的辭彙有時往往反映出真實實現的高度可能

---

[5] Cheryl Pellerin, "Hagel: U.S.-Japan Partnership Critical to Regional Security," *American Forces Press Service*, April 5, 2014,
　<http://www.defense.gov/news/newsarticle.aspx?id=121988> .

[6] 中評社香港，〈中美防長"硬碰硬" 外媒關注〉，《中國評論新聞網》，2014 年 4 月 9 日，
　<http://hk.crntt.com/doc/1031/2/0/3/103120364.html?coluid=7&kindid=0&docid=103120364&mdate=0409163704>。

[7] 余東暉，〈崔天凱問美國：你是否願被盟友拖入衝突？〉，《中國評論新聞網》，2014 年 4 月 9 日，

性，「亞洲的北約」的想像或讓中國懷疑美國對它的圍堵，而 2014 年 7 月 1 日日本政府解禁集體自衛權後獲得美國的支持，更令中國深信不疑。面對美日同盟的強化，擴大戰略縱深的向西位移，應符於中國的根本利益。

貳、中美在中亞的角力

在世界的大國中，俄國一直沒有終止過其對美國的外交挑戰。敵人的敵人是朋友。俄羅斯對中國的戰略意義，不言而喻。2013 年習近平就任國家主席後於三月中旬外訪首站為俄羅斯，足見中俄關係非比尋常。習近平形容中俄關係是中國在世界上最重要的外交關係，並期望中俄是永遠的好鄰居，永不為敵。是年，9 月 5 日習近平又出席在俄羅斯聖彼得堡舉辦的 20 國集團（G20）峰會，並順道進行了為期 10 天的中亞之旅，出訪國家包括土克曼斯坦，哈薩克斯坦，烏茲別克斯坦，吉爾吉斯斯坦中亞四國。中亞既與中國的後院接壤，又與俄羅斯有微妙的關係，自然也是北京爭取的對象。但歐巴馬決定自阿富汗撤軍的決策勢必連帶造成中亞權力關係的變化。北京憂慮，美軍一旦完成撤離阿富汗之後，權力真空所帶來的動盪會影響到中亞，乃至中國西部地區。而中國西部新疆地區的少數民族維族從語言，到宗教、文化習俗上都與中亞地區相近，但卻由於生活習慣與宗教信仰不同於中國漢族，在加上生存利益的摩擦，部分維族人往往對中國採取了暴力的抗議手段。因此，強化與中亞的關係，將有助於對此區動亂狀況的掌握與管控，對北京而言，也就不僅僅是外交意義，它還富有內政涵義。

此外，中國早就視美國在中亞的軍事部署為限制中國在中亞影響力的眼中釘，還曾敦促吉爾吉斯斯坦終止馬納斯（Manas）主要民用機場

<http://hk.crntt.com/doc/1031/1/8/8/103118898.html?coluid=7&kindid=0&docid=103118898&mdate=0409084126>。

內的美軍空軍基地的租約。北京也曾極力說服俄羅斯在上海合作組織扮
演更積極的角色，以便在美軍 2014 年全部撤出阿富汗後，替代美國在
中亞地區發揮主要影響力。[8]在美日結盟日深的政治氛圍下，中國此舉儼
然有聯俄制美日的意圖。畢竟，2001 年的九一一恐怖攻擊前，美國在中
亞國家原本沒有任何軍事基地，但九一一恐怖攻擊後，美國一方面成功
地租借了吉爾吉斯的瑪納斯(Manas)空軍基地和烏茲別克的卡許汗阿巴
德(Karshi-Khanabad)空軍基地，另方面，動員北約成員國與中亞國家發
展合作夥伴關係，加強與中亞國家的軍事人員交流與聯合軍事演習，並
在打擊塔利班的軍事行動上取得了中亞諸國的廣泛支持。當然，這也間
接促使俄羅斯除了積極在其主導的集體安全架構內加強與中亞國家的
軍事合作外，還針鋒相對地與美國展開了軍事基地的對弈；在吉爾吉斯
一共部署四處的軍事設施。

　　2011 年 6 月，歐巴馬宣佈了阿富汗撤軍計畫，並把最後時間表定在
2014 年。依美國負責南亞與中亞事務的助理國務卿羅伯特・布萊克
(Robert Blake)的說法，隨　　2014 年美軍和國際安全援助部隊撤出阿富
汗的日子的日益接近，中亞國家已成為美國確保阿富汗安定的戰略要地。
美國多次表達爭取瑪納斯基地 2014 年後繼續延期的意願，便是出於這
種的戰略考量。而 2011 年美國國務院與國防部倡議「新絲綢之路」(The
New Silk Road)，意在以建立一條連接中亞與南亞的能源運送通道，打
通阿富汗和世界的經濟關係，並讓沿線的中亞國家均霑利益。美國意在
展示其對於歐亞大陸發展的關注仍是積極的。

　　固然美國的戰略重心移至亞洲，撤出阿富汗後，基於財力的限制，
在中亞的投入的量固極可能減少，但質方面卻不可能降低。2013 年美國

---

[8] 〈習近平本周出訪　闡述中國中亞外交〉，《德國之聲中文網》，2013 年 9 月 2 日，
<http://www.dw.de/%E4%B9%A0%E8%BF%91%E5%B9%B3%E6%9C%AC%E5%91%A8
%E5%87%BA%E8%AE%BF-%E9%98%90%E8%BF%B0%E4%B8%AD%E5%9B%BD%E
4%B8%AD%E4%BA%9A%E5%A4%96%E4%BA%A4/a-17060411>。

對中亞的援助與 2012 年比，雖然減少了 1,530 萬美元，但在安全議題上的援助卻無改變。[9]這應是策略上的靈活轉換與應用，我們可以由 2010 年歐巴馬對中亞所揭櫫的積極與合作的政策，看出端倪：(一)在阿富汗問題上尋求與中亞國家的結盟；(二)確保在中亞能源的取得；(三)促進政治自由化與人權；(四)強調市場經濟與經濟改革; (五)避免政府失敗與提昇政府良治。總體而言，美國是為了確保中亞不至成為國際恐怖主義滋生的溫床。美國的援助計劃特別著重在民主化過程、民主制度、人權、法治、以及族群衝突等議題。在戰略上，美國採取在中亞建立共同價值理念(like-minded)的國家。美國試圖讓中亞逐漸遠離威權政體而形成可靠而透明的議會體系而與自己的民主體制接軌。

　　俄羅斯與美國雖然在中亞的利益上是勁敵關係，但對美國而言，俄羅斯對於中亞的經濟與社會穩定扮演重要角色，美國自然樂於見到俄羅斯的存在。畢竟，中亞國家出現政府失敗，對美國的國際救援而言也是個沉重的負擔。不過，再怎麼說，美國對於俄羅斯的戒心一直存在。2011 年美國國務院與國防部倡議「新絲綢之路」(The New Silk Road)便將俄羅斯以及中國與伊朗排除在外。不過，大有一別苗頭之勢，自 2013 年 9 月以來，習近平也三度在重要出訪中倡議構建「新絲綢之路」。他提出的「絲綢之路經濟帶」、「21 世紀海上絲綢之路」，先後寫入《中共中央關於全面深化改革若干重大問題的決定》、國務院《政府工作報告》，上升為國家戰略。[10]

---

[9]　Kasymova Aigul, "U.S. To Cut Aid To Central Asia," *The Central Asia-Caucasus Analyst*, April 24, 2013, <http://www.cacianalyst.org/publications/field-reports/item/12698-us-to-cut-aid-to-central-asia.html>.

[10]　文匯網訊，〈習近平歐洲行再提新絲綢之路〉，《文匯網》，2014 年 4 月 2 日，<http://news.wenweipo.com/2014/04/02/IN1404020035.htm>。

　　不管如何，在中國方面，這幾年雖明顯看到上海合作組織的軍事功能在下降，中國與中亞國家的軍事合作在萎縮當中，不過，中國與中亞的經貿關係卻在增強，也是事實。2013 年 5 月中國國家主席習近平訪問塔吉克的埃莫馬利·拉赫蒙(Emomalii Rahmon)總統，便達成了有關基礎建設、銀行以及能源的合作協定。另外，土庫曼與中國之間流經烏茲別克與哈薩克的油管的興建投資，也讓參與國分享利益。對北京而言，中亞各國的安定與繁榮，可減輕中國邊界的壓力。自 2011 年以降，中國對中亞開始採更積極的交往政策，對於美軍自阿富汗撤出後，中亞的穩定是有幫助的，就此而言，美中意外地找到了利益共通點。

　　不過，美國希望扶植中亞的政權走向跟它一樣價值系統的政權。這畢竟是最一勞永逸的作法。一旦中亞的政治體制和遊戲規則走美國規格，便會和俄羅斯與中國較為遠離。因此，美國對中亞的政策應會在軟體上的扎根，也就是民主、法治與人權的強調。美中關係終究受美國對此區民主、法治與人權等問題的重視而注定困擾。而再從中亞諸國自身利益來看，他們雖也不免有反美的情緒，但畢竟美國的存在有助於約制俄羅斯和中國在此區的影響力，也樂觀其成。事實上，美國的南亞與中亞事務助理國務卿布萊克已公然主張，2014 年後，美國仍會維持它在阿富汗與中亞的存在。只是，這些面向的倡議往往涉及對中亞現有的政權或既得利益的挑戰，會遭遇阻力，甚至中國與俄羅斯也會伺機見縫插針。

參、中美在印度的角力

　　印度對中國長久以來一直有瑜亮情結，印度的政治精英對崛起的中國始終充滿猜忌與敵意。1962 年印度被中國打敗，使得印度人一直背負著奇恥大辱。除此之外，中印長期存在的問題一直未得其解，包括:邊界問題、中國西部大開發與青藏鐵路的建設對印度的東北邊境產生的威脅、

中國在斯里蘭卡的影響力間接威脅到印度南疆、印度有很多人相信巴基斯坦的核武是中國創造的、中國是印度入常的最主要障礙。印度人內心深處視中國為最大潛在威脅的陰影一直揮之不去，印度還曾舉行數十次以中國為假想敵的軍事演習。[11]相對而言，中國對印度的潛在威脅感比較是遙遠的，不過，民間對印度所存在的鄙視之偏見卻根深蒂固:(1)印度人在人種上劣於中國人:(2)印度在經濟上落後於中國;(3)印度軍事上不如中國;(4)印度幫助西方圍堵中國;(5)印度破壞中國的主權;(6)中印的戰略夥伴關係不穩，彼此三心二意。[12]

　　印度崛起已為國際社會所注意。近年來，印度有意將經濟發展成果轉變為軍事戰略上的優勢。在 2013 至 2014 年的預算中，印度儘管面臨經濟不佳、政府必須縮減開支的情況,但在軍費上面並沒有過多的削減，甚至還比上一財政年度增加了 5%。[13]過去五年，印度一直是世界第一大武器進口國，而世界第七大的軍事花費國。[14]也有估算指出,在 2020 前，印度可望成為世界四大軍事強權之一。[15]

---

[11]　Nabeel A. Mancheri and S. Gopal, "How Does India Perceive China's Rise? *Foreign Policy Journal*,
　　<http://www.foreignpolicyjournal.com/2012/12/18/how-does-india-perceive-chinas-rise/ >;
　　N.A., "India's threat perception of China," Mashup,
　　<http://www.china-defense-mashup.com/indias-threat-perception-of-china.html>; 林若雯，
　　〈中國與印度的安全關係：1989-2006〉，施正鋒、謝若蘭編，《當代印度民主政治》（台北：台灣國際研究學會，2007 年），頁 117、118-119；李明峻，〈印度的領土糾紛與其因應策略〉，施正鋒、謝若蘭編，《當代印度民主政治》（台北：台灣國際研究學會，2007），頁 175。

[12]　Simon Shen, " Exploring the Neglected Constraints on Chindia: Analyzing the Online Chinese Perception of India and its Interaction with China's India Policy," *The China Quarterly*, Vol. 207 (September 2011), pp. 542-544.

[13]　〈2013 年印度軍費計劃增加 5%〉，《國際在線》，2013 年 3 月 6 日 ，
　　<http://gb.cri.cn/27824/2013/03/06/6611s4040816.htm>。

[14]　N. A., *The Economist*, March 30th, 2013, p. 20.

[15]　N. A., *The Economist*, p. 20.

　　但不管如何，印度由於地處南亞及長期奉行不結盟之外交傳統，對於是否與美國結盟，以防堵中國勢力的擴張，態度一向曖昧閃躲，甚至抱持否定。印度並未加入美國的同盟體系，成為抗衡中國崛起的馬前卒。[16]這種態度與位置，在中美之間角力的過程，成為被拉攏的對象。印度不希望看到中國將南海內海化的願望實現，但卻也不想挑釁中國，讓中國認為，印美連成一氣對付它。直到 2005 年，印度對於印中雙邊維持最低軍事化的約定，仍十分樂觀，不過，2006 年卻開始產生變化，中國對與印度的邊界立場趨於強硬。而適值中國積極於從事西藏基礎建設之際，邊界立場的強硬委實讓印度感到不悅而升起敵意。[17]

　　印中關係一直糾纏在邊界問題而難以突破。近年來隨著中國的崛起後，向外擴張，印中的較量也跟著拓展到印度洋來。印度方面，近年來認知到麻六甲海峽在能源安全上之重要性，有意跨出印度洋而對參與南海事務表示興趣。由於麻六甲海峽為世界海運交通要隘，全球四分之三之能源通過此水域。印度與中國同為經濟崛起中的大國，雙方在石油與天然氣的爭奪極為可能，而相對，中國的佈局較早，印度顯然已遠遠瞠乎其後。[18]然而印度洋畢竟是印度的擅長之水域，非中國軍力所能及者。而存有敵意的印度終究不利於中國，為此中國積極拉攏與緬甸的關係，且在緬甸建港與輸油管，既希望解能源安全之不安與焦慮，同時也想藉由緬甸找到進入印度洋的出海口。阿朗薩苟(Arun Sahgal)指出中國與南

---

[16] 陳欣之，〈霸權與崛起強權的互動－美國對中國暨印度的策略〉，《遠景基金會季刊》，第 12 卷，第 1 期（2011 年 1 月），頁 21。
　　<http://www.pf.org.tw:8080/FCKM/upload/upload_file/pfquar2011111/UA-02.PDF >。

[17] Saurav Jha, "Indian Non-Alignment in the 21st Century," and Brahma Chellaney, "Autocratic China becoming arrogant," *The times of India*, Nov 15 (2006), <http://articles.timesofindia.indiatimes.com/2006-11-15/india/27795019_1_chinese-firms-india-sun-yuxi-arunachal-pradesh>.

[18] Harsh V. Pant, *Contemporary Debates in Indian Foreign and Security Policy: India Negotiates Its Rise in the International System* (New York: Palgrave Macmillan, 2008), p. 151, 171.

亞鄰國修好，彷彿是在對印度進行所謂「既圍堵又包圍」的戰略；中國擁有核武與導彈已成印度最立即與長期的威脅。[19]因此基於印度的利益，不要讓中國過快成為一個海權國家是需要的。不過，自美國重返亞洲後，對中國進行有意無意的圍堵，實際上是有利於印度的。尤其是，美國加強與緬甸關係的改善，間接有助於印度抗拒中國在印度洋的發展速度。2011年底緬甸接待希拉蕊。2012年11月中下旬歐巴馬訪問緬甸。接著，2013年五月下旬日本首相安倍訪緬甸。緬中關係出現巨大變化。這使得中國在印度洋擴張的構想能否實現，增添變數。

巴基斯坦是另一個變數。2001年的911恐怖攻擊事件導致美國積極攏絡協助印度及巴基斯坦，而加速印巴關係的正常化。美國倡言要幫助印度實現印度統治下的印度洋和平，此舉使得中國在南亞和印度洋的影響遭到抵消。自2004年3月起，美國即加強改善與巴基斯坦的關係。此舉直接挑戰了中國原有地位。美國似乎有意最終要將中國勢力趕出巴基斯坦。對應於此，北京從以往勢力平衡的策略逐漸轉成對印、巴兩國的「拉攏及容納」。[20]

2009年11月24日，美國總統歐巴馬以國宴盛大歡迎印度總理辛格。2010年3月17日，印度和美國簽署了一項促進貿易和投資合作的框架協定，印美雙方希望促進雙邊投資、增加對彼此知識產權的保護，同時減少設置對彼此商品的貿易壁壘。接著，3月29日美國和印度雙方就印度再處理美國核廢料達成協定。其後，2010年11月初歐巴馬訪問印度。為了拉攏印度、抑制中國，美國除了向印度提供核技術，還與印度簽署一項總價約85億美元的軍火買賣，包括出售10架C17大型軍用運輸機。

[19] Arun Sahgal, "China's Search for Power and Its Impact on India," *The Korean Journal of Defense Analysis,* Vol. XV, No. 1 (Spring 2003), p. 179, <http://kida.re.kr/data/2006/04/14/06_sahgal.pdf>.

[20] 高遠，〈中國是否還是巴基斯坦的戰略夥伴？〉，《大紀元》，2007年1月14日，<http://www.epochtimes.com/b5/7/1/14/n1589745.htm >。

2010 年 11 月 8 日，歐巴馬和印度總理辛格在新德里發表聯合聲明，重申兩國共同的價值觀和共同利益，並宣佈擴大和加強美印全球戰略夥伴關係。2011 年 7 月 19 日印美發表戰略對話聯合聲明。[21]2012 年 6 月 13 日，印美在華盛頓舉行了兩國年度戰略對話，強調進一步加強雙邊經貿合作。由於印度與美國具有共同的價值觀與日益融合的實質利益，印美戰略夥伴關係的擴張顯然成為美國再平衡策略的重要部份。

除此之外，美軍出現於印度洋也受到印度的歡迎。過去冷戰時期印度與美國的關係相對冷淡，印度與蘇聯一直保持著較好的關係。目前印度與俄羅斯的外交關係依然良好，但是俄羅斯的海軍實力長期沒有起色，使得美國戲劇性地成為印度潛在的夥伴。美國的出現對於印度期望平衡中國商船和軍艦在印度洋的頻繁進出以及中國的航運公司已經開始在整個印度洋地區經營港口的發展而言，不啻是重要的一著棋。[22]

印、美、中印度洋地區早已展開角力。從國際現實看，利益本是變動不居，沒有一層不變的事。總體看，印美中三角關係似向印美一端傾斜。不過，不可諱言，美國對印度的經貿關係仍無法與巨大而共生的美中關係相比，同樣地，以 2011 年為例，印度對中國的貿易額 740 億美元也遠比印度與美國的 580 億美元多得多。[23]換言之，印美雙方的經貿強度遠弱於各自與中國者。只是中國已成為世界最有可能挑戰美國霸權優勢的國家，其影響力也滲透至世界各地。印度被迫回應而與美國之間強化夥伴關係，看來也可解釋成是為了制衡中國崛起而發的。[24]

---

[21] Office of the Spokesperson, "U.S.-India Strategic Dialogue Joint Statement," US Department of State, July 19, 2011, <http://www.state.gov/r/pa/prs/ps/2011/07/168745.htm>.

[22] 曹娜娜、仲偉東，〈美媒：印度欲借美力量獨霸印度洋 難影響中國進出〉，《中國新聞網》，2013 年 5 月 10 日，<http://www.chinanews.com/mil/2013/05-10/4806944.shtml>。

[23] N.A., *The Economist*, June 16th, 2012, p. 27.

[24] Pant, *Contemporary Debates in Indian Foreign and Security Policy: India Negotiates Its Rise in the International System*, p. 171.

肆、日本因素對美印聯手制中的助勢

　　隨著中日關係的緊張，中日輿論之爭不斷升級。回顧中日兩國的實力競賽，中國的經濟固然減速，但 2013 年總進出口量世界第一，取代了美國。而安倍經濟學使得日本經濟大有起色，未讓中國獨領風騷，也是周邊各國爭相拉攏的對象。不過，在安全議題上，日中雖各展神通，頻頻出招。2013 年中國國家主席習近平和總理李克強上台後，頻頻出訪。日本首相安倍出訪的頻率也不遑多讓，甚至有「中國打樁而日本隨後拔樁」的態勢。

　　李克強於 2013 年 5 月中旬訪問印度，10 月 23 日印度總理辛格回訪。習近平對到訪的辛格說，「世界有足夠空間供中印共同發展」，並稱道，中方始終視印度為戰略合作夥伴；中印關係正保持全面快速發展勢頭，進入新的上升通道。一時之間，印中關係十分熱絡。但萬沒想到，一個月後，日皇明仁夫婦便於 11 月 30 日訪問印度，接著，日本的防衛大臣小野寺五典於 2014 年 1 月 6 日過訪，與印度國防部長安東尼舉行會談，討論日本出售印度 US-2 水陸兩棲飛機、海上合作，以及區域領土爭端等課題，並為接著的安倍訪印鋪路。安倍將於 1 月 26 日印度國慶日，以國賓身分出席閱兵典禮。這種高層的訪問，必然經過一番安排，不可能出於即興。由此推測，印度的對日中關係已明顯地向日本這邊傾斜。

　　安倍的到訪，應有充分準備。除了上述講的武器供應，經濟與科技的投入也很可觀。印度缺 1 兆美金基礎設施與製造業的投資，日本承諾920 億。安倍的大禮還包括會宣布班加羅爾(Bangalore)到金奈(Chennai)的高速鐵路以及日印之間從美金 150 億加碼到高達 500 億的一個貨幣互換機制。在中日關係惡化的狀況下，印度高規格接待日皇以及安倍，是一個不尋常的政治信號，北京高層應該會很心痛吧！即便印度希望維持等距交往，左右逢源，但相信一般會做印度親日過於親中的判斷。尤其

是安倍參拜靖國神社後，當中韓俄都發表批判言論的時候，印度前國安官員竟為安倍叫屈，認為中韓批評安倍參拜靖國沒有正當理由。[25]由此可見日印關係的發展，絕非泛泛。

當中日對立與矛盾處在高點之際，印度卻高調地接待日本高層，印度的選邊站，中國高層不可能無動於衷。但有意思的是，2014 年 1 月 6 日，中國駐印度大使魏葦在英文報紙《印度教徒報》竟還發表了《開闢中印關係發展新篇章》一文，且正面地說：「中印關係是面向和平與繁榮的戰略合作夥伴關係，中印雙方都高度重視雙邊關係，中方對中印關係抱有充分信心。」[26]深入去推敲，這應該不會是駐印大使個別或北京決策核心授意所做的官場的粉飾太平之說。比較合理的解釋應是，北京希望吞忍下來，想保留一個再加碼而與印度修好、與日本持續較勁的前奏。準此以觀，後續有可能會對印度加碼讓利，以扳回一城。同時，悄然將中國的國家戰略重心適度西移，以期突破或降低背後有美國存在的反中聯盟戰線的圍堵，也符合當前中國的戰略需求。

而事實上，中國確實有這種戰略傾向。據報導，2014 年 2 月初，中國向印度政府遞交了一份五年貿易與經濟規劃合作計劃書，總額高達 3,000 億美元。這筆投資的金額已超過日本在印度的投資，成為單個國家對印度的最大投資。只不過，印度對於中國的忌憚與憂慮，恐怕無法在短時間去除。中國此舉竟遭到許多印度媒體和智庫的質疑，印度政府還為此並專門設立了「安全審查」程式。[27]由此可見，中國試圖從印度

---

[25] 張凱勝，〈參拜靖國神社 安倍獲印聲援〉，《中時電子報》，2014 年 1 月 7 日，
<http://news.chinatimes.com/mainland/17180504/112014010700507.html>。

[26] 中華人民共和國外交部，〈駐印度大使魏葦在《印度教徒報》發表文章《開闢中印關係發展新篇章》〉，《中華人民共和國外交部網站》，2014 年 1 月 6 日，
<http://www.mfa.gov.cn/mfa_chn/dszlsjt_602260/t1114753.shtml>。

[27] 胡志勇，〈中評：中國對印度投資為何如此艱難？〉，《中國評論新聞網》，2014 年 3 月 12 日，
<http://hk.crntt.com/crn-webapp/touch/detail.jsp?coluid=92&kindid=0&docid=103052853>。

下手，以抗衡美國的力量，目前仍障礙重重，更何況，殺出日本這一攔路虎，其在印度洋的位移更加艱辛。尤有甚者，中國在印度洋的大動作反而間接促成美、日、印、菲、越等聯合約制中國的態勢。不只如此，澳大利亞也加入聯盟。而號稱是中國最可靠的盟友俄羅斯很積極於其與印度和越南的關係，對於圍堵中國，也間接產生了助勢作用。

不管如何，印度對於中國的經濟崛起與軍事崛起畢竟是不放心的，而中國在印度洋的擴張是勢在必行之事。目前中國在伊拉克、蘇丹、安哥拉皆是油田的投資大戶，由中東往霍爾木茲海峽（Hormuz Strait）到東亞的輸油量占海上貿易油量的 40%，而印度洋是其必經之地。中國與中東的貿易量在 2020 年前便可望達到 5,000 億美金的水準。再者，中國目前是非洲的主要投資者，有近一百萬國民住在非洲，中非關係如要加強，中國在印度洋的腳跟必須要穩固。中國將注意力轉到印度洋，自然會威脅到印度在該區的存在與威望。為了防範中國，印度與當前分別與中國有疆界爭議的國家如日、越、菲等國，彼此取暖，以對抗中國。尤有甚者，美國也有意用印度牌來牽制中國，正積極尋求與印度的軍事合作，甚至出售給印度用來對抗中國的第五代的 F-35 到 F20 戰機。俄羅斯固然與中國關係交好，但俄羅斯對於崛起中國對其遠東與西伯利亞的威脅，仍存戒心。多年來俄羅斯維持出售更高性能的武器與軍事設施給印度而非中國，絕非偶然。和美國一樣，俄羅斯也希望尋求與印度來聯手平衡崛起的中國。

伍、中國與俄羅斯關係的若即若離與潛在矛盾

國際社會的外交關係邏輯裡，敵人的敵人，就是朋友。在中國崛起的這近二十個年頭，無疑地，俄羅斯多些時候是站在美國的對立面。而回顧歷史，自蘇聯瓦解以來，中俄兩國在很多方面都有共同利益，包括維持中亞的穩定、反對分離主義與極端主義等議題上。中國誓言要投資更多於俄羅斯的遠東地區，同時要購買俄羅斯更多的能源技術。中俄領導人並在亞太安全、伊朗的核武計畫、敘利亞、以及其他國際熱點議題觀點保持一致。近年來，中俄在中亞出現競逐的態勢，但中亞因素的存在反而使中俄雙方因為共享區域安全的利益而更加小心翼翼對待彼此。成立於 2001 年的上海合作組織，使得中俄得以有個多邊平台來處理自身的利益。中俄雙方也有很多交流平台，讓雙方高層領導有更多見面的機會，適時化解一些誤會。雙方在聯合國裡對於西方制裁非西方的態度相當一致。雙方對於彼此的內政議題也不予干涉。

中國的對俄政策向來強調唯物而非唯心。中國領導人每次訪俄都簽下鉅額的採購或合作案，這使得雙方的經貿交流更密切，從而爆發矛盾與衝突的機會跟著減低。俄羅斯政府也殷切盼望中國投資將有助於俄羅斯經濟的現代化。而出售能源給中國已成為俄羅斯國家收入的重要部份；中國是俄羅斯武器的主要買家；中俄兩國的貿易額可望達 1000 億美元，項目主要是中國向俄羅斯購買石油與天然氣。雙方還視北冰洋與遠東(Far East)區以及穿過北冰洋的管線與海上運輸的投資的機會。目前各由俄羅斯的國營企業 Rosneft 和 Gazprom，而中國則是中石油。俄羅斯的非國營 Novatek 也與中石油在西伯利亞北邊有一個 Yamal 液化天然氣的合作案。

習近平 2013 年上台後於 3 月 22 日首訪莫斯科，又於 9 月中旬訪問聖彼得堡。習近平的外交動作，顯示中國對俄羅斯的重視。在敘利亞的

問題上，習近平和普欽一致，希望尋求政治解決而反對美國動武，隱然
間，似乎有聯合抗美的意味。然而，沒多久在 11 月 2 日，普欽卻派遣
外長拉夫羅夫(Sergey Lavrov)與國防部長紹伊古(Sergei Shoigu)赴日出席
首次日俄「2+2」會議。4 月 28 日安倍正式訪問俄羅斯，並與普欽發表
《關於發展日俄夥伴關係的聯合聲明》。雙方簽署 18 項目中，至少 15
項是經濟類協議，涵蓋交通運輸、能源、金融、投資銀行、保險等領域，
並在安全議題方面擴大合作。為了擴展經濟外交，安倍擬與俄方設立一
個 10 億美元的基金，以便支援日本企業到俄羅斯投資。11 月 12 日普欽
到訪與中國有南海衝突的越南，並稱越南為「極其重要的夥伴」。11 月
13 日普欽與朴槿惠在首爾舉行了會談。普欽訪越韓，越過北京，過其門
而不入，根據美國之音電台網站 11 月 13 日的報導，這是俄羅斯不滿意
目前的中俄戰略夥伴關係現狀，普欽總統欲藉由訪問越南和韓國向北京
發出信號。[28]

　　雖然困擾中俄雙邊的邊界問題在 2004 年解決了，但緊張仍有可能
再啟，因為俄羅斯遠東和中國北方人口數量的差距很大。俄羅斯的擔心
至少有四件：俄羅斯遠東的人口在減少、中國對購買此區的石油與其他
能源、中俄經濟的落差在擴大、大規模的非法移民移入遠東。中國目前
是世界第二大經濟體，俄羅斯則為世界第二大軍事國。俄羅斯固然它擁
有大量的核武儲備，但在傳統武器上，中國即將超越俄羅斯。固然，俄
羅斯軍方對俄羅斯的軍事優勢仍很有信心，認為能保持優勢至少到下個
十年，但最近中國對防衛能力的展現以及展現較對抗性的外交作風後，
已引起俄羅斯軍方的不安。俄羅斯的海軍總司令維索茨基上將(Admiral
Vladimir Vysotsky)便曾表示，中國對北冰洋感興趣而需要在此區擴大艦
隊，而向來主要針對北約與美國的俄羅斯軍隊，最近卻紛紛將先進武器

---

[28] 白樺，〈俄羅斯不滿意目前俄中關係〉，《美國之音》，2013 年 11 月 13 日，
　　<http://www.voacantonese.com/content/russia-is-strategic-containment-of-china/1789293.h
　　tml>。

不斷地運入俄羅斯的東邊。這種情況似乎隱含俄羅斯有可能加入圍堵中國的行列。

　　不過,在 2014 年 3 月 1 日,俄羅斯對烏克蘭動武,而導致的克里米亞議題卻使得俄羅斯與歐盟及美國的關係,更進一步惡化,再次為俄中關係的發展鋪墊機會。歐巴馬主張,一旦俄羅斯採取進一步行動破壞烏克蘭穩定,將號召歐盟及其他夥伴對俄採取新的制裁措施時。在權衡各方利益後,中國一方面反對任何分裂主義行徑,以避免自己遭受國內分裂運動的威脅,其次,俄羅斯是反美的外交盟友。再其次,中國也需與美歐保持關係。在這三種情形的考慮下,選擇投棄權票,成為中國的較佳策略。中國在聯合國安理會所採取的模糊立場,投下棄權票的作為,對俄羅斯不啻有取暖的作用。但由於中國並未力挺俄羅斯,因此,中國此舉頂多避開了痛苦的選擇罷了,即便中國有念頭想聯合俄羅斯來突圍美日等民主同盟的戰略包圍,應該沒有太大的助益。

陸、結語

　　在「新型大國關係」的建構過程,中美之間自然仍存有很多合作與互利的空間,但不可否認,在最核心的安全議題上,目前中國處於孤鳥的狀態,並正遭遇美國在亞太糾集日本、澳大利亞、印度、越南與菲律賓等民主陣營的戰略包圍。而這種態勢並非新生事物,而是有基礎的,事實上,早在布希時代,2007 年 4 月上旬美日印也在日本附近的太平洋上舉行為期一周左右的聯合軍事演習,這是三國首次聯合軍演,主要目的是牽制中國的軍事崛起。而當時日本的首相同樣是安倍。當時安倍上台後就表明將建構日美印澳洲四國的戰略對話。這幾年來,隨著東海與南海主權爭議不斷升高,中國也成為箭靶。緊接著宣稱航空識別區,中國又再宣稱擁有 U 型線水域內南海島嶼之主權,且歸海南省管理,並為

保障漁業安全，實施警察權。此舉引來菲律賓與越南的不滿。美方也稱此一行動是挑釁且有潛在的危險。於是，企圖往印度洋擴展的中國，儼然被日、澳、印、菲、越、俄所抵制而陷入一個包圍圈。

在理論的推論上，可以說，隨著美國經濟優勢的衰退，國際霸權體系由一極走向多極的寡頭壟斷。在這種狀態下，作為次級強權者皆希望在面對美國這唯一的超強時，獲得更多的自主性，而次級強權與美國交往時，往往無法克服彼此的不信任，於是，當其中一個次強變得較強的時候，其它的次強並不會想追隨其後，一起對抗美國，反而希望與美國站在一起，對新崛起的次強加以抑制而維持平衡；大家更在意的是如何防止那個次強成為超強。[29]

基本上，中國的戰略西移固然是其綜合國力上升後，對外拓展影響力過程的必然，但更多是與美國重返亞洲政策的推動，乃至於日中關係惡化而日本採取對中突圍的積極作為有關。而除了這客觀態勢的發展外，中國領導階層的主觀作為，亦起了轉轍的效果。相較於鄧小平韜光養晦，不搞對抗的遺訓，中國這個具有太子黨色彩的新統治階級，在面對美國實很明顯地露出不耐的霸氣，但高調的作為，顯然已引來週邊國家的群起圍剿。作為經貿大國，中國與周邊國家的社、經、文各層面的交流固然仍維持多層面的正常開展，但在國家安全層次上，中國顯然陷入孤立處境。而菲律賓、越南、日本與印度對中國戒心的上昇轉變相當關鍵。俄羅斯的不易捉摸，也使中國的孤立狀態難以突破。而中國對美軍建構「亞洲的北約」的企圖的揣測與批判，在軍事與外交兩線皆硬的氣勢下，勢將讓「想像」轉變成「真實」的可能性增加。中國不免成為眾矢之的。

---

[29] Pant, *Contemporary Debates in Indian Foreign and Security Policy: India Negotiates Its Rise in the International System*, p. 61.

　　本文雖然嗅到中國有戰略西移的味道，但以中國政經中心座落在沿海一線的現實以及美日同盟仍是其最為堅固與警戒的假想敵的脈絡觀之，中國戰略向西位移，在戰略層次上毋寧是從而非主；為了穩固後院的安全意義，其戰略核心仍在沿海。而以中國過去分流處理、區別對待、有為有守、能屈能伸的戰略彈性作為來看，其針對性的鬥爭應仍會鎖定在日本與菲律賓，對於其他國家，中國仍可能加強配戴銀彈的柔性拉攏攻勢；只是，這方面也應會遭逢日本的競逐。未來亞太地區的權力角逐與合縱連橫樣態，將更顯詭譎莫測。

　　不過，短期內，中美新型的大國關係中，其背後所能集結的資源與力量，應仍會繼續向美國的這一面傾斜。而後冷戰的歷史經驗顯示，世界主要的大國皆不願見到戰爭發生，未來中國與其對立面的美國仍應會處於一種「鬥而不破」，或者是「爭而避鬥」的狀態。[30]而如果這種劇情的想像與理論推定成真，那麼，台灣的角色將變得更重要，動靜之間將變得更微妙與敏感。相信，短期內中國對待台灣的態度與作為應會更加謹慎，而小心翼翼。

---

[30] P.R. Chari, Pervaiz Iqbal Cheema and Philip Cohen, Perception, *Politics and Security in South Asia: The Compound Crisis of 1990* (London: Routledge Curzon, 2003), p. 143; Mark W. Frazier, " 9. Quiet Competition and the Future of Sino-Indian Relations," pp. 294-295, 317.